# Holzbau kompakt nach Eurocode 5

Prof. Dr.-Ing. Nikolaus Nebgen
Prof. Dr.-Ing. Leif A. Peterson

# Holzbau kompakt nach Eurocode 5

5., überarbeitete Auflage

Beuth Verlag GmbH · Berlin · Wien · Zürich

**Bauwerk**

**© 2015 Beuth Verlag GmbH**
**Berlin · Wien · Zürich**
Am DIN-Platz
Burggrafenstraße 6
10787 Berlin

Telefon: +49 30 2601-0
Telefax: +49 30 2601-1260
Internet: www.beuth.de
E-Mail: kundenservice@beuth.de



Druck und Bindung:
Zakład Graficzny Colonel S.A., Kraków

Gedruckt auf säurefreiem, alterungsbeständigem Papier nach DIN EN ISO 9706.

ISBN 978-3-410-25455-3

# Vorwort zur 5. Auflage

Die Zeit der großen Umbrüche in der Normung für den Holzbau ist seit Dezember 2010, also mit dem Erscheinen der vorläufig endgültigen Version des Eurocode 5 DIN EN 1995-1-1:2010-12, vorbei. Dennoch erforderten Anpassungen von darin vorausgesetzten Normen Änderungen in dem vorliegenden Buch. So wurden z. B. die vorher der DIN EN 1194 zu entnehmenden „Festigkeits- und Steifigkeitskennwerte für Brettschicht- und Balkenschichtholz" durch die in DIN EN 14080:2013-09 ersetzt. Durch das A2-Papier aus 2014 änderten sich vor allem einige Mindestabstände von Verbindungsmitteln.

Vergleicht man die Ergebnisse der Berechnungen in den Beispielen der Kapitel 14 und 15 mit denen der 4. Auflage, so stellt man fest, dass die Unterschiede meist marginal sind; dennoch gibt es kaum eine Zahl darin, die nicht geändert werden musste.

Den praktisch tätigen Tragwerksplanern wünschen die Autoren, dass nun eine Zeit anbricht, in der das Damoklesschwert der Umstellungen nicht mehr über ihnen hängt und sie sich wieder ihren eigentlichen Aufgaben mit Kreativität widmen können.

Für hilfreiche Anregungen und Korrekturhinweise danken die Autoren insbesondere Prof. Dr. François Colling, Prof. Dr. Thomas Uibel und Prof. Dr. Wilfried Moorkamp. Die Autoren bitten auch für die 5. Auflage weiterhin um Zuschriften.

Aachen, Reutlingen im Juli 2015

*Leif A. Peterson*

*Nikolaus Nebgen*

# Inhaltsübersicht

# Formelzeichen

### Hauptzeiger

| | |
|---|---|
| $A$ | Querschnittsfläche |
| $C$ | Federsteifigkeit |
| $E$ | Elastizitätsmodul |
| $F$ | Kraft; Einzellast |
| $G$ | Schubmodul |
| $I$ | Flächenmoment 2. Grades |
| $K$ | Verschiebungsmodul |
| $M$ | Biegemoment |
| $N$ | Normalkraft |
| $R$ | Tragfähigkeit von VM |
| $T$ | Schubkraft |
| $V$ | Querkraft |
| $a$ | Abstand |
| $b$ | Breite |
| $d$ | Durchmesser |
| $e$ | Ausmitte, Abstand |
| $f$ | Festigkeit (eines Baustoffes) |
| $h$ | Höhe |
| $i$ | Trägheitsradius |
| $k$ | Beiwert |
| $\ell$ | Länge |
| $n$ | Anzahl |
| $r$ | Radius, allgemein |
| $t$ | Dicke |
| $u$ | Verformung |
| $w$ | Durchbiegung |
| $\alpha$ | Winkel; Verhältnis |
| $\beta$ | Winkel; Knicklängenbeiwert |
| $\gamma$ | Winkel; Abminderungsbeiwert |
| $\gamma$ | Teilsicherheitsbeiwert |
| $\gamma_G$ | für ständige Einwirkungen |
| $\gamma_M$ | für Baustoffeigenschaften |
| $\gamma_Q$ | für veränderliche Einwirkungen |
| $\eta$ | Ausnutzungsgrad |
| $\lambda$ | Schlankheitsgrad |
| $\rho$ | Rohdichte |
| $\sigma$ | Normalspannung |
| $\tau$ | Schubspannung |
| $\psi$ | Kombinationsbeiwert |
| $\psi_0$ | Kombinationsbeiwert |
| $\psi_2$ | Kombinationsbeiwert |

### Fußzeiger

| | |
|---|---|
| ad | geklebt (adhesive) |
| ap | First (apex) |
| ax | axial |
| c | Druck (compression) |
| c | Dübel (connector) |
| d | Bemessungswert (design value) |
| def | Verformung (deformation) |
| dis | Verteilung (distribution) |
| ef | wirksam |
| f | Gurt, Flansch (flange) |
| fin | End- (final) |
| G | ständige Einwirkung |
| h | Lochleibung |
| inst | Anfangs- (instantantaneous) |
| in | innerer |
| j | Verbindungseinheit |
| k | charakteristisch |
| m | Biegung (moment) |
| M | Material |
| mean | Mittelwert (mean value) |
| mod | Modifikation |
| n | netto |
| Q | veränderliche Einwirkung |
| R | Rollschub (rolling shear) |
| req | erforderlich (required) |
| s | Auflager (support) |
| ser | Gebrauchstauglichkeit (serviceability) |
| t | Zug (tension) |
| v | Schub-, Scher- (shear) |
| V | Querkraft |
| w | Steg (web) |
| y | Fließ- (yield) |
| α | Winkel zwischen Kraft- (oder Spannungs-) und Faserrichtung |
| 0 ; 90 | entsprechende Richtungen in Bezug zur Faserrichtung |
| 05 | 5 %-Quantil eines charakteristischen Wertes |

**Beispiele für zusammengesetzte Formelzeichen**

| | |
|---|---|
| $E_{0,mean}$ | mittlerer Elastizitätsmodul in Faserrichtung |
| $F_k$ | charakteristischer Wert einer Einwirkung |
| $F_{t,90,d}$ | Bemessungswert einer Zugkraft rechtwinklig zur Faserrichtung |
| $G_{k,sup}$ | oberer charakteristischer Wert einer ständigen Einwirkung |
| $K_{ser}$ | Verschiebungsmodul für den Gebrauchstauglichkeitsnachweis |
| $M_{y,k}$ | charakteristisches Fließmoment eines Verbindungsmittels |
| $b_{ef}$ | wirksame Beplankungsbreite |
| $f_{c,90,d}$ | Bemessungswert der Druckfestigkeit rechtwinklig zur Faserrichtung |
| $f_{h,k}$ | charakteristische Lochleibungsfestigkeit |
| $h_{ap}$ | Querschnittshöhe am First |
| $k_{def}$ | Rechenwert für die Verformungsbeiwerte |
| $k_{mod}$ | Rechenwert für die Modifikationsbeiwerte |
| $t_{i,max,d}$ | Bemessungswert des größten Schubflusses im i-ten Querschnittsteil |
| $t_{req}$ | erforderliche Mindestdicke |
| $w_{net,fin}$ | gesamte resultierende Enddurchbiegung |
| $\gamma_M$ | Teilsicherheitsbeiwert für eine Baustoffeigenschaft |
| $\lambda_{rel,m}$ | bezogener Kippschlankheitsgrad |
| $\sigma_{c,\alpha,d}$ | Bemessungswert der Druckspannung unter Winkel $\alpha$ zur Faserrichtung |
| $\sigma_{m,z,d}$ | Bemessungswert der Biegespannung um die $z$-Achse |

# Abkürzungen

| | |
|---|---|
| BZ | Bauaufsichtliche Zulassung |
| BASH | Balkenschichtholz |
| Bo | Bolzen |
| BSH | Brettschichtholz, BS-Holz |
| BSPH | Brettsperrholz |
| c | kombiniert |
| C | Coniferous Tree (Nadelbaum) |
| D | Deciduous Tree (Laubbaum) |
| Dfl | Dachfläche |
| DIBt | Deutsches Institut für Bautechnik |
| Dü | Dübel besonderer Bauart |
| ETA | Europäische Zulassung |
| FSH | Furnierschichtholz |
| g | Lastfall ständige Lasten |
| Gfl | Grundfläche |
| GK | Gebrauchsklasse |
| GL | Glulam (glued laminated timber) |
| GOK | Geländeoberkante |
| h | homogen |
| HW | Holzwerkstoff |
| KI | Kiefer |
| KLED | Klasse der Lasteinwirkungsdauer |
| KVH | Konstruktionsvollholz |
| LF | Lastfall |
| LH | Laubholz |
| LK | Lastfallkombination |
| Na | Nagel |
| NH | Nadelholz |
| NKL | Nutzungsklasse |
| OSB | Oriented Strand Board |
| PB | Passbolzen |
| RNa | Rillennagel |
| s | Lastfall Schnee |
| SDü | Stabdübel |
| SoNa | Sondernagel |
| SPH | Sperrholz |
| Sr | Holzschranbe |
| vb | vorgebohrt |
| VH | Vollholz |
| VM | Verbindungsmittel |
| w | Lastfall Wind |

# 1 Einführung

**Warum Holzbau?**

Holz verfügt über zahlreiche Eigenschaften, die es seit Jahrhunderten als geeigneten Baustoff qualifizieren. Unter anderem aufgrund der Verfügbarkeit und ökonomischer Gesichtspunkte wurde Holz bereits vor Jahrhunderten von Zimmerleuten verwendet. Historische Gebäude aus dieser Zeit belegen die Dauerhaftigkeit dieses Materials bei richtiger Verwendung und Instandhaltung.

Der Umgang mit dem natürlichen, organischen Material hat sich längst zu einer Ingenieurdisziplin entwickelt, die mit modernen Methoden der Planung, der Berechnung, der Fertigung, des Transports und der Montage für heutige Bauaufgaben technisch und wirtschaftlich interessant ist.

Der Baustoff Holz hat als nachwachsender Rohstoff insbesondere in den letzten Jahren stetig an Bedeutung gewonnen. Neben den genannten positiven Eigenschaften der nachhaltigen Verfügbarkeit und der Ökonomie sind hierfür die wichtigen technischen Eigenschaften der Festigkeiten und Steifigkeiten mitverantwortlich. Bei Holz und Holzwerkstoffen sind diese vornehmlich von der Rohdichte abhängigen Eigenschaften trotz der unter anderem daher resultierenden starken Streuungen – zumindest bezogen auf das Eigengewicht – sehr groß.

Wer mit Holz baut, handelt nach dem Grundsatz der Nachhaltigkeit. Der Begriff der Nachhaltigkeit stammt aus der Forstwirtschaft, d. h. aus der Produktion des Baustoffes Holz. Die Nachhaltigkeit ist heutzutage ein sehr strapazierter Begriff und meint grundsätzlich den bewussten Umgang mit Rohstoffen. Es werden nicht mehr Ressourcen verbraucht als nachwachsen und somit stehen diese Ressourcen auch für kommende Generationen zur Verfügung. Dass Holz darüber hinaus auch in der weiteren Wertschöpfungskette eine sehr gute Energie- und Ökobilanz aufweist, ist unstrittig (vgl. [1] bis [3]) und wird sicher zukünftig zunehmend in ganzheitlichen Nachhaltigkeitsanalysen Berücksichtigung finden.

Die Bestandserhaltung der Wälder ist für den Klimaschutz aufgrund ihrer Photosyntheseleistung, bei der Kohlenstoffdioxid ($CO_2$) in Sauerstoff ($O_2$) umgewandelt wird, sowie ihrer damit verbundenen Speicherfunktion entscheidend. Die Verwendung von Holz als Baustoff bedeutet eine langfristige Speicherung von $CO_2$ in den Bauwerken. Zum Aufbau von 1 $m^3$ Holzmasse entzieht der Baum der Atmosphäre 0,8 t $CO_2$. Somit kann man folgenden Vergleich anstellen:

Der Einbau von 5 $m^3$ Holz in einem Gebäude bedeutet die Speicherung von 4 t $CO_2$, die vorher der Atmosphäre entzogen worden sind. Im Gegensatz dazu werden von einem Pkw, der 15 000 km zurückgelegt hat, ca. 4 t $CO_2$ an die Atmosphäre abgegeben.

Auch die weiteren, allgemein als vorteilhaft und angenehm eingestuften Eigenschaften des Holzes wie Geruch, Oberflächenbeschaffenheit, Aussehen, Wärmedämmung und Feuchteaustausch mit der Raumluft kann man zu einem „Wohlfühlfaktor“ subsumieren, der häufig mit für die Wahl von Holz als Baustoff ausschlaggebend ist.

## Wie Holzbau?

*Entwurf*

Hat sich der Bauherr für das Bauen mit Holz und Holzwerkstoffen entschieden, dann ist es für das Gelingen des Holzbauwerkes von entscheidender Bedeutung, dass der mit der Tragwerksplanung betraute Ingenieur und das ausführende Unternehmen das Bauen mit Holz beherrschen. Grundlegende Schritte beim Konstruieren mit Holz und Holzwerkstoffen und ausführliche Beispiele sind deshalb in den nachfolgenden Abschnitten dargestellt.

*Bemessung*

Für die Bemessung, als Kernaufgabe des Tragwerksplaners, ist der Eurocode 5 (EC5) „Bemessung, und Konstruktionen von Holzbaubauten" als DIN EN 1995 [N1] in Verbindung mit den Nationalen Anwendungsdokumenten (NAD) ein wesentliches Hilfsmittel, welcher die DIN 1052 [N4] abgelöst hat. Das vorliegende Buch Holzbau kompakt soll eine schnelle und überschaubare Einführung in die Aufgaben eines Holzingenieurs bei der Bemessung nach EC5 ermöglichen. Mit den genormten Regelungen lassen sich einerseits viele Alltagsaufgaben wirklichkeitsnäher erfassen. Andererseits können auch Sonderfälle – resultierend aus den Umgebungsbedingungen – berücksichtigt werden. Damit ist ein größerer Umfang an detaillierteren Berechnungen und konstruktiven Vorgaben unvermeidlich geworden.

In Einzelfällen werden in diesem Buch anerkannte Regeln der Technik ebenso wie aktuelle Forschungsergebnisse für eine praktikable und realitätsnahe Prognose des Tragverhaltens zusätzlich berücksichtigt.

*Fertigung*

Der moderne Holzbau setzt einen hohen Vorfertigungsgrad voraus. Dieser ist in zweierlei Hinsicht wichtig. Die Fertigung im Betrieb kann wesentlich wirtschaftlicher und mit leistungsfähigeren Verbindungsmitteln als auf der Baustelle erfolgen. Außerdem ist es nur mit einem hohen Vorfertigungsgrad denkbar, das Holzwerk in kurzer Zeit so weit zu vollenden, dass ein wirksamer Witterungsschutz gewährleistet ist. Besonderes Augenmerk ist auf die Ausführung funktionaler Stöße zwischen den vorgefertigten Elementen zu legen. Neben dem Lastabtrag sind hier auch bauphysikalische Belange wie Wärmebrücken und Luftdichtheit zu berücksichtigen. Die Verbindungen, die auf der Baustelle hergestellt werden, sollten daher auf möglichst wenige, einfache und praktikable Mittel beschränkt bleiben. In der Werkstatt wird demgegenüber kleineren Verbindungsmitteln, die in höheren Stückzahlen leistungsfähiger und für den Lastabtrag gefälliger sind als die großen, der Vorzug gegeben.

*Transport und Montage*

Die Aufgabenbereiche Transport und Montage sind für einen erfolgreichen Holzbau ebenfalls von großer Bedeutung, werden aber im Rahmen dieses Buches nicht behandelt. Der Tragwerksplaner ist dennoch verpflichtet, Fertigung, Transport und Montage so weit vorzudenken, dass überall die optimalen Verfahren und Mittel eingesetzt werden. Dazu gehören Entscheidungen über die Größe vorgefertigter Einheiten ebenso wie die statische Berücksichtigung sämtlicher Montagezustände.

# 2 Grundlagen der Bemessung

## 2.1 Einwirkungen

Die Grundlagen der Tragwerksplanung, das Sicherheitskonzept und die Bemessungsregeln des EC5 basieren – wie bei allen Baustoffen – auf dem Eurocode 0 (EC0) „Grundlagen der Tragwerksplanung“ als DIN EN 1990 [N1] in Verbindung mit dem zugehörigen „Nationalen Anwendungsdokument“ (NAD). Für die statische Bemessung werden aus den charakteristischen Einwirkungen (Index k) durch Kombination mit den Teilsicherheitsbeiwerten nach Tabelle 2.1 und den Kombinationsbeiwerten nach Tabelle 2.2 die Bemessungswerte der Einwirkungen (Index d) ermittelt.

Während die Angaben zu den Einwirkungen bzw. Beanspruchungen in den Normen der Reihe DIN EN 1991 [N3] also dem Eurocode 1 (EC1) bauartenunspezifisch enthalten sind, werden im EC5 für die Bemessung im Holzbau zusätzliche, spezielle Festlegungen bezüglich der Beanspruchbarkeiten getroffen, die im Folgenden unter 2.2 und 2.3 genauer erläutert werden.

**Kombinationsregeln für Tragfähigkeitsnachweise (ULS)**

Beim Nachweis der ständigen und vorübergehenden Bemessungssituation (Grundkombination) im Grenzzustand der Tragfähigkeit wird nach EC0 folgende Kombinationsregel zur Bestimmung von Bemessungswerten der Beanspruchungen bzw. der Lastfallkombinationen (LK) angegeben:

$$E_{\mathrm{d}} = E\left\{\sum_{j\geq 1} \gamma_{\mathrm{G,j}} \cdot G_{\mathrm{k,j}} \oplus \gamma_{\mathrm{Q,1}} \cdot Q_{\mathrm{k,1}} \oplus \sum_{i>1} \gamma_{\mathrm{Q,i}} \cdot \psi_{0,\mathrm{i}} \cdot Q_{\mathrm{k,i}}\right\}$$

Für die außergewöhnliche Bemessungssituation ergeben sich die LK unter Berücksichtigung des Bemessungswertes der außergewöhnlichen Einwirkung $A_{\mathrm{d}}$ zu

$$E_{\mathrm{d}} = E\left\{\sum_{j\geq 1} G_{\mathrm{k,j}} \oplus A_{\mathrm{d}} \oplus (\psi_{1,1}\, oder\, \psi_{2,1}) \cdot Q_{\mathrm{k,1}} \oplus \sum_{i>1} \psi_{2,\mathrm{i}} \cdot Q_{\mathrm{k,i}}\right\}.$$

Die Wahl zwischen $\psi_{1,1}$ oder $\psi_{2,1}$ hängt von der maßgebenden außergewöhnlichen Bemessungssituation ab (z. B. Anprall oder Brandbelastung).

| | |
|---|---|
| $\oplus$ | bedeutet „in Kombination mit“ |
| $\gamma_{\mathrm{G}}$, $\gamma_{\mathrm{Q}}$ | Teilsicherheitsbeiwerte der Einwirkungsseite nach Tabelle 2.1 |
| $\psi_{\mathrm{i}}$ | Beiwerte nach Tabelle 2.2 |
| $G_{\mathrm{k,j}}$ | charakteristischer Wert ständiger Einwirkungen |
| $Q_{\mathrm{k,i}}$ | charakteristischer Wert veränderlicher Einwirkungen |

**Kombinationsregeln für Gebrauchstauglichkeitsnachweise (SLS)**

| seltene Bemessungssituation | quasi-ständige Bemessungssituation |
|---|---|
| $E_d = E\left\{\sum_{j\geq 1} G_{k,j} \oplus Q_{k,1} \oplus \sum_{i>1} \psi_{0,i} \cdot Q_{k,i}\right\}$ | $E_d = E\left\{\sum_{j\geq 1} G_{k,j} \oplus \sum_{i\geq 1} \psi_{2,i} \cdot Q_{k,i}\right\}$ |

*Tabelle 2.1: Teilsicherheitsbeiwerte $\gamma$ für Einwirkungen im Grenzzustand der Tragfähigkeit*

| Grenzzustand | Versagen des Tragwerks | | Verlust der Lagesicherheit | |
|---|---|---|---|---|
| Einwirkung | ständig | veränderlich | ständig | veränderlich |
| ungünstig | $\gamma_G = 1{,}35$ | $\gamma_Q = 1{,}5$ | $\gamma_G = 1{,}10$ | $\gamma_Q = 1{,}5$ |
| günstig | $\gamma_G = 1{,}0$ | | $\gamma_G = 0{,}90$ | |

*Tabelle 2.2: Beiwerte $\psi_0$, $\psi_1$ und $\psi_2$*

| Einwirkung | $\psi_0$ | $\psi_1$ | $\psi_2$ |
|---|---|---|---|
| Nutzlasten | | | |
| Kategorien A, B – Wohn-, Aufenthalts- und Büroräume | 0,7 | 0,5 | 0,3 |
| Kategorien C, D – Versammlungs- und Verkaufsräume | 0,7 | 0,7 | 0,6 |
| Kategorie E – Lagerräume | 1,0 | 0,9 | 0,8 |
| Verkehrslasten | | | |
| Kategorie F – Fahrzeuglast ≤ 30 kN | 0,7 | 0,7 | 0,6 |
| Kategorie G – 30 kN ≤ Fahrzeuglast ≤ 160 kN | 0,7 | 0,5 | 0,3 |
| Kategorie H – Dächer | 0 | 0 | 0 |
| Schnee- und Eislasten | | | |
| Orte ≤ 1000 m über NN | 0,5 | 0,2 | 0 |
| Orte > 1000 m über NN | 0,7 | 0,5 | 0,2 |
| Windlasten | 0,6 | 0,2 | 0 |
| Temperatureinwirkungen (nicht Brand) | 0,6 | 0,5 | 0 |
| Baugrundsetzungen | 1,0 | 1,0 | 1,0 |

Mit den Kombinationsbeiwerten $\psi_0$, $\psi_1$ und $\psi_2$ wird die reduzierte Wahrscheinlichkeit des gleichzeitigen Auftretens der ungünstigsten Auswirkungen mehrerer unabhängiger veränderlicher Einwirkungen berücksichtigt. Mit dem Beiwert $\psi_0$ wird dies für die charakteristischen Werte der veränderlichen Einwirkungen berücksichtigt. Die Beiwerte $\psi_1$ und $\psi_2$ geben darüber hinaus den häufigen und den quasi-ständigen Anteil der veränderlichen Einwirkung an. So sind z. B. von den Nutzlasten in Wohnräumen nur 30 % als quasi-ständig wirkend anzunehmen.

**Beispiel:** Normalkräfte einer Innenstütze

| Lastfall | ständige Last | Schneelast (Ort > 1000 m über NN) | Nutzlast Kategorie A |
|---|---|---|---|
| charakteristische Normalkraft | $N_{g,k}$ | $N_{s,k}$ | $N_{q,k}$ |

| LK nach EC0 | Kombinationsregeln zur Ermittlung der Bemessungswerte $N_d$ |
|---|---|
| g | $\gamma_G \cdot N_{g,k} = 1{,}35 \cdot N_{g,k}$ |
| g + s | $\gamma_G \cdot N_{g,k} + \gamma_Q \cdot N_{s,k} = 1{,}35 \cdot N_{g,k} + 1{,}5 \cdot N_{s,k}$ |
| g + q | $\gamma_G \cdot N_{g,k} + \gamma_Q \cdot N_{q,k} = 1{,}35 \cdot N_{g,k} + 1{,}5 \cdot N_{q,k}$ |
| g + s + q | $\gamma_G \cdot N_{g,k} + \gamma_Q \cdot N_{s,k} + \psi_0 \cdot \gamma_Q \cdot N_{q,k} = 1{,}35 \cdot N_{g,k} + 1{,}5 \cdot N_{s,k} + 0{,}7 \cdot 1{,}5 \cdot N_{q,k}$ |
| g + q + s | $\gamma_G \cdot N_{g,k} + \gamma_Q \cdot N_{q,k} + \psi_0 \cdot \gamma_Q \cdot N_{s,k} = 1{,}35 \cdot N_{g,k} + 1{,}5 \cdot N_{q,k} + 0{,}5 \cdot 1{,}5 \cdot N_{s,k}$ |

## 2.2 Klassen der Lasteinwirkungsdauer (KLED)

Die Dauer der Beanspruchung beeinflusst die Festigkeits- und Steifigkeitseigenschaften von Holz und Holzwerkstoffen. Um diesen Einfluss der Lasteinwirkungsdauer vereinfacht zu berücksichtigen, wurden die fünf Klassen der Lasteinwirkungsdauer (KLED) ständig, lang, mittel, kurz und sehr kurz definiert. Ihre Zuordnung zu den Lasten ist Tabelle 2.3 zu entnehmen. Bei Kombinationen von Einwirkungen mit unterschiedlicher Dauer ist die kürzeste Einwirkungsdauer für den Grenzzustand bei dieser Kombination maßgebend, da die gemeinsame Wirkung von mehreren Lasten durch die Dauer der kürzesten Einwirkung begrenzt wird.

Die Einstufung in die KLED ergibt sich aus der Summe aller Zeitspannen, in denen die Einwirkung während der gesamten Nutzungsdauer des Gebäudes mit mindestens dem vollen charakteristischen Wert auftritt. Zeitspannen mit Einwirkungsgrößen unterhalb des charakteristischen Wertes werden bei der Summation demnach nicht berücksichtigt und bleiben für die Einteilung in die KLED unberücksichtigt. Dies erklärt z. B. die Eingruppierung der Schneelasten entsprechend Tabelle 2.3 in kurz bzw. mittel, obwohl der Schnee in vielen Gegenden – über die Nutzungsdauer aufsummiert – wesentlich länger als Lasteinwirkung zu erwarten ist.

*Tabelle 2.3: Klassen der Lasteinwirkungsdauer (KLED)*

| | Einwirkung | KLED |
|---|---|---|
| | **Eigenlasten – DIN EN 1991-1-1** | ständig |
| Kategorie | **Lotrechte Nutzlasten – DIN EN 1991-1-1** | |
| A | Spitzböden, Wohn- und Aufenthaltsräume | mittel |
| B | Büroflächen, Arbeitsflächen, Flure | mittel |
| C | Flächen und Räume, die der Ansammlung von Personen dienen können (mit Ausnahme von unter A, B, D und E festgelegten Kategorien) | kurz |
| D | Verkaufsräume | mittel |
| E | Fabriken und Werkstätten, Ställe, Lagerräume und Zugänge, Flächen mit erheblichen Menschenansammlungen | lang |
| F | Verkehrs- und Parkflächen für leichte Fahrzeuge (Gesamtlast ≤ 25 kN),<br>Zufahrtsrampen zu diesen Flächen | mittel<br>kurz |
| G | Flächen für den Betrieb mit Gegengewichtsstaplern | mittel |
| H | Nicht begehbare Dächer, außer für übliche Erhaltungsmaßnahmen, Reparaturen | kurz |
| K | Hubschrauber-Regellasten | kurz |
| T | Treppen und Treppenpodeste | kurz |
| Z | Zugänge, Balkone und Ähnliches | kurz |
| | **Horizontale Nutzlasten – DIN EN 1991-1-1** | |
| | Horizontale Nutzlasten infolge von Personen auf Brüstungen, Geländern und anderen Konstruktionen, die als Absperrung dienen | kurz |
| | Horizontallasten zur Erzielung einer ausreichenden Längs- und Quersteifigkeit | [a] |
| | Horizontallasten für Hubschrauberlandeplätze auf Dachdecken für<br>horizontale Nutzlasten<br>für Überrollschutz | <br>kurz/<br>sehr kurz |
| | **Windlasten – DIN EN 1991-1-4** | kurz /<br>sehr kurz[b] |
| | **Schnee- und Eislasten – DIN EN 1991-1-3**<br>Geländehöhe des Bauwerkstandortes ≤ 1000 m über NN<br>Geländehöhe des Bauwerkstandortes > 1000 m über NN | <br>kurz<br>mittel |
| | **Anprallasten nach DIN EN 1991-1-7** | sehr kurz |
| | **Horizontallasten aus Kran- und Maschinenbetrieb – DIN EN 1991-3** | kurz |

[a] entsprechend den zugehörigen Lasten
[b] Bei Wind darf für $k_{mod}$ das Mittel aus kurz und sehr kurz verwendet werden.

## 2.3 Nutzungsklassen (NKL)

Die Eigenschaften des natürlichen, hygroskopischen Baustoffs Holz werden durch das Umgebungsklima beeinflusst. Hierbei hat die Luftfeuchte im Vergleich zu den weiteren klimatischen Randbedingungen den maßgebenden Einfluss.

Das Holz gleicht seinen Feuchtegehalt an die Umgebungsbedingungen an.

Bei ausreichend langer Lagerung in einem Klima konstanter Luftfeuchtigkeit und konstanter Temperatur stellt sich im Holz eine sogenannte Ausgleichs- oder auch Gleichgewichtsfeuchte ein. Bei einer Luftfeuchtigkeit von 65 % und einer Temperatur von 20 °C ist diese korrespondierende Holzfeuchte bei Fichtenholz etwa 12 %.

Unterhalb des Fasersättigungsbereiches von ca. 30 % Holzfeuchte ändern sich mit dem Wassergehalt das Volumen, die mechanischen Eigenschaften und das Kriechverhalten unseres Baustoffs.

Die gesamte Bandbreite des Umgebungsklimas während der Nutzungsdauer wird für die Bemessung vereinfachend in drei Nutzungsklassen (NKL) eingeteilt:

In die **NKL 1** sind alle Bauteile einzustufen, die sich in allseitig **dauerhaft geschlossenen und beheizten Bauwerken** befinden und somit vor dem Außenklima geschützt sind. Die mittlere Holzfeuchte von Nadelhölzern beträgt in NKL 1 nicht mehr als 12 %. Wegen der sehr langsamen Feuchtetransportvorgänge im Holz darf die relative Feuchte der Umgebungsluft für einige Wochen pro Jahr den Wert von 65 % übersteigen, was bei längerem Anhalten zu einer höheren Ausgleichsfeuchte führen würde. Die NKL 1 ist z. B. für übliche Aufenthaltsräume anzunehmen.

In die **NKL 2** sind Bauteile einzustufen, die sich in **offenen, aber überdeckten Bauwerken** befinden und somit der unmittelbaren Bewitterung (Regen) nicht ausgesetzt sind. Da die Definition der Nutzungsklassen indirekt über die sich einstellende Holzfeuchte geregelt ist, sind auch geschlossene Bauten in die NKL 2 einzuordnen, wenn die mittlere Holzfeuchte von Nadelhölzern eine Ausgleichsfeuchte von bis zu 20 % erreicht. Wegen der sehr langsamen Feuchtetransportvorgänge im Holz darf die relative Feuchte der Umgebungsluft für einige Wochen pro Jahr den Wert von 85 % übersteigen, was wiederum bei längerem Anhalten zu einer höheren mittleren Feuchte als 20 % führen würde.

In die **NKL 3** müssen alle Bauteile eingestuft werden, bei denen die Bedingungen für die NKL 1 und 2 nicht erfüllt sind, z. B. bei der **Witterung ungeschützt ausgesetzten Bauteilen**. Bei Bauwerken wie bei Kompostieranlagen kann es erforderlich werden, dass Bauteile auch im Innern von Gebäuden der NKL 3 zugeordnet werden müssen.

*Tabelle 2.4: Grobe Einordnung der Nutzungsklassen*

| Nutzungsklasse 1 | Nutzungsklasse 2 | Nutzungsklasse 3 |
|---|---|---|
| innen beheizt | überdacht offen | direkt bewittert |

In Sonderfällen sind Teilbereiche einer Konstruktion verschiedenen Nutzungsklassen zuzuweisen.

## 2.4 Widerstände

Für die Nachweise der Tragfähigkeit von Bauteilen werden aus den charakteristischen Festigkeitskennwerten (Index k) durch Multiplikation mit dem Modifikationsbeiwert $k_{\text{mod}}$ nach Tabelle 2.5 und Division durch den Teilsicherheitsbeiwert für Holz und HW nach Tabelle 2.6 die Widerstände bzw. Beanspruchbarkeiten in Form der Bemessungswerte der Festigkeiten (Index d) ermittelt. Grundsätzlich gilt, dass der Einfluss von Holzfeuchte und Lastdauer auf das Tragverhalten mit $k_{\text{mod}}$ berücksichtigt wird und die Streuung der Materialeigenschaften, die Modellunsicherheiten und die angestrebten Sicherheitsabstände auf der Widerstandsseite mit dem Teilsicherheitsbeiwert $\gamma_{\text{M}}$ in die Tragfähigkeitsberechnung eingehen. Der Bemessungswert $X_{\text{d}}$ einer Festigkeit berechnet sich somit zu:

$$X_{\text{d}} = \frac{k_{\text{mod}} \cdot X_{\text{k}}}{\gamma_{\text{M}}}$$

Hierbei ist $X_{\text{k}}$ der charakteristische Wert einer Festigkeitskenngröße oder Baustoffeigenschaft. Dieser entspricht bei Festigkeiten und Rohdichten den 5 %-Quantilwerten und bei Steifigkeiten den Mittelwerten (Ausnahme: Ersatzstabverfahren!) der statistisch ausgewerteten Grundgesamtheit.

Die charakteristischen Festigkeitskennwerte $X_{\text{k}}$ sind einer Baustoffnorm (z. B. Vollholz: DIN EN 338 [N14], BSH: DIN EN 14080 [N22] sowie für Holzwerkstoffe die Normreihe DIN EN 12369 [N19]) oder einer BZ zu entnehmen.

Bei den zimmermannsmäßigen Versatzverbindungen ist die Beanspruchbarkeitsermittlung analog durchzuführen, da sich die Tragfähigkeiten bei Versätzen über die Festigkeiten der miteinander verbundenen Baustoffe berechnen lassen. Für die Ermittlung von Bemessungswerten aus charakteristischen Werten bei Stift-, Dübel- und Klebverbindungen sowie bei Ausklinkungen, Durchbrüchen und Verstärkungen sind die Regelungen der entsprechenden Abschnitte des EC5 zu berücksichtigen.

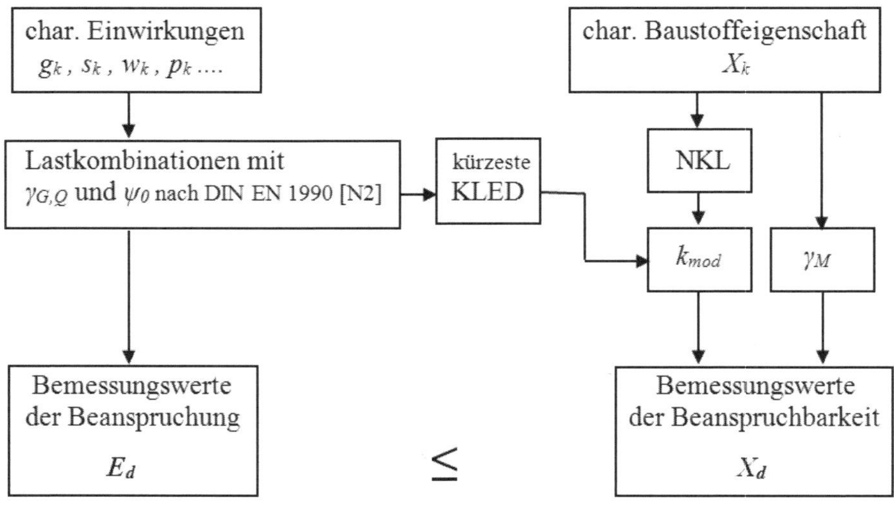


*Bild 2.1: Ablauf der Bemessung beim Nachweis der Tragfähigkeit (ULS)*

Der im Bild 2.1 zu erkennende Einfluss des Modifikationsbeiwertes $k_{mod}$ auf den Bemessungswert der Festigkeitseigenschaft $X_d$ kann wegen seiner Abhängigkeit von der KLED bewirken, dass eine Einwirkungskombination maßgebend wird, die nicht den maximalen Bemessungswert der Beanspruchung liefert. So kann beispielsweise die Lastfallkombination mit der zweitgrößeren Schnittgröße aufgrund eines kleineren $k_{mod}$ – resultierend aus der größeren, kürzesten KLED der kombinierten Lastanteile – durchaus zu einem höheren Auslastungsgrad eines Tragfähigkeitsnachweises führen.

*Tabelle 2.5: Rechenwerte für die Modifikationsbeiwerte $k_{mod}$*

| Baustoff | Norm | NKL | KLED | | | | |
|---|---|---|---|---|---|---|---|
| | | | ständig | lang | mittel | kurz | sehr kurz |
| Vollholz<br>BSH<br>BASH<br>FSH<br>BSPH<br>SPH | EN 14081-1<br>EN 14080<br><br>EN 14279<br><br>EN 636 | 1 | 0,60 | 0,70 | 0,80 | 0,90 | 1,10 |
| | | 2 | 0,60 | 0,70 | 0,80 | 0,90 | 1,10 |
| | | 3 | 0,50 | 0,55 | 0,65 | 0,70 | 0,90 |
| OSB/2 | EN 300 | 1 | 0,30 | 0,45 | 0,65 | 0,85 | 1,10 |
| OSB/3, OSB/4 | | 1 | 0,40 | 0,50 | 0,70 | 0,90 | 1,10 |
| | | 2 | 0,30 | 0,40 | 0,55 | 0,70 | 0,90 |
| Spanplatten | EN 312 | 1 | 0,30 | 0,45 | 0,65 | 0,85 | 1,10 |
| | | 2 | 0,20 | 0,30 | 0,45 | 0,60 | 0,80 |
| Holzfaserplatte hart | EN 622-2 | 1 | 0,30 | 0,45 | 0,65 | 0,85 | 1,10 |
| | | 2 | 0,20 | 0,30 | 0,45 | 0,60 | 0,80 |
| Holzfaserplatte mittelhart<br>MDF | EN 622-3<br>EN 622-5 | 1 | 0,20 | 0,40 | 0,60 | 0,80 | 1,10 |
| | | 2 | – | – | – | 0,45 | 0,80 |
| Gipsplatten | DIN 18180<br>EN 15283-2 | 1 | 0,20 | 0,40 | 0,60 | 0,80 | 1,10 |
| | | 2 | 0,15 | 0,30 | 0,45 | 0,60 | 0,80 |
| zementgebundene Spanplatten | | 1 | 0,30 | 0,45 | 0,65 | 0,85 | 1,10 |
| | | 2 | 0,20 | 0,30 | 0,45 | 0,60 | 0,80 |

*Tabelle 2.6: Teilsicherheitsbeiwerte $\gamma_M$ für Baustoffeigenschaften in ständigen und vorübergehenden Bemessungssituationen*

| Holz und HW | Stahl in Verbindungen | |
|---|---|---|
| | auf Biegung beanspruchte stiftförmige VM | Tragfähigkeits-Plattennachweis bei Nagelplatten |
| 1,3 | 1,3 | 1,25 |

## 2.5 Grenzzustände

Eine zutreffende Modellierung des Trag- und Verformungsverhaltens des Tragwerks in den Grenzzuständen setzt voraus, dass die Anforderungen an die Dauerhaftigkeit des Tragwerks (siehe Kapitel 4) erfüllt sind.

### Grenzzustand der Tragfähigkeit (ULS)

Grenzzustände der Tragfähigkeit sind Zustände, deren Überschreiten rechnerisch zu Einsturz oder ähnlichen Arten des Tragwerksversagens führt. Sie werden in den Kapiteln 8 bis 12 behandelt. Außergewöhnliche Bemessungssituationen wie Anprall und Erdbeben werden nachfolgend nicht berücksichtigt. Erläuterungen zum Lastfall Brand können dem Kapitel 5 entnommen werden.

Der Grenzzustand der Tragfähigkeit $E_d \leq R_d$ wird meistens als

Ausnutzungsgrad $\eta = E_d/R_d \leq 1$ formuliert.

### Grenzzustand der Gebrauchstauglichkeit (SLS)

Für die Nachweise der Gebrauchstauglichkeit sind die Verformungen infolge der charakteristischen Einwirkungen mit empfohlenen oder selbst festgelegten Grenzwerten zu vergleichen. Dabei werden die seltene und die quasi-ständige Bemessungssituation unterschieden:

- *seltene Bemessungssituation*: Die empfohlenen oder selbst festgelegten Grenzwerte sollen Schäden an nicht tragenden Bauteilen oder Einbauten verhindern.
- *quasi-ständige Bemessungssituation*: Die empfohlenen oder selbst festgelegten Grenzwerte sollen die allg. Benutzbarkeit und das Erscheinungsbild sicherstellen.

Alle Teilsicherheitsbeiwerte aufseiten der Beanspruchungsermittlung betragen 1 bzw. dürfen vernachlässigt werden, was die Aussage rechtfertigt, dass hier prinzipiell weiterhin das alte, globale Sicherheitskonzept angewendet wird. Zur Berücksichtigung der holzbauspezifischen Kriechverformungen beim Durchbiegungsnachweis ist zur Ermittlung des Bemessungswertes der Durchbiegung unter ständigen oder quasiständigen Lasten der Verformungsbeiwert $k_{def}$ zu berücksichtigen.

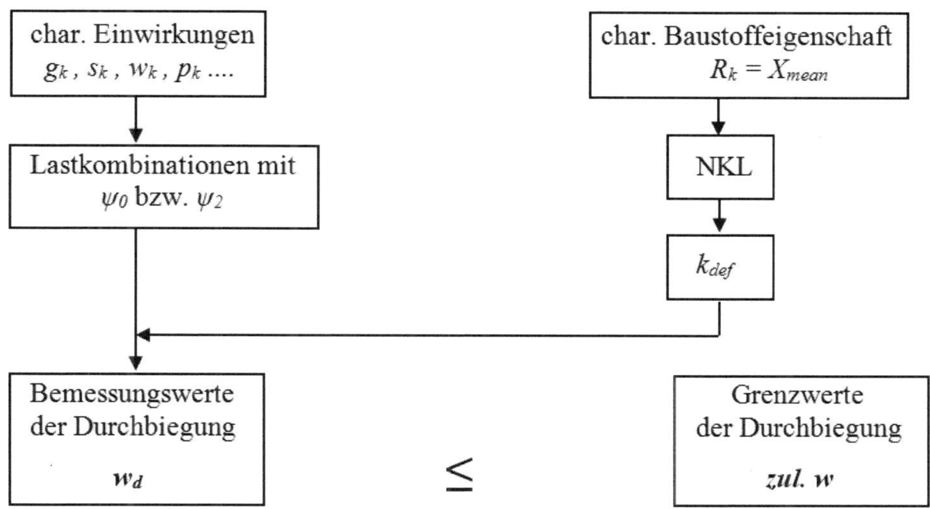


*Bild 2.2: Ablauf der Bemessung beim Nachweis der Durchbiegung*

Die Berücksichtigung des Einflusses unterschiedlicher Lasteinwirkungsdauern findet bei den Gebrauchstauglichkeitsnachweisen für jede Einwirkung getrennt statt. Dies ist notwendig, da ständige Lasten in gesamter Größe und Veränderliche nur mit dem $\psi_2$-fachen Anteil („quasi-ständiger" Lastanteil) Kriechverformungen erzeugen.

Außer dem Durchbiegungsnachweis sieht der EC5 [N1] noch einen vereinfachten Schwingungsnachweis bei Decken unter Wohnräumen im Grenzzustand der Gebrauchstauglichkeit vor (siehe [N1-1] – 7.3.3). Die Gebrauchstauglichkeitsnachweise werden in Kapitel 13 behandelt.

# 3 Baustoffe

## 3.1 Allgemeines

**Holz** ist ein natürlicher, organischer, aus Zellen aufgebauter Stoff. Alle Holzarten weisen weitgehend eine ähnliche Zusammensetzung der Zellwandsubstanz auf. Die artspezifischen Unterschiede werden im Wesentlichen durch die Porosität und die Inhaltsstoffe bestimmt, die Farbe, Geruch, natürliche Dauerhaftigkeit und chemische Reaktionsfähigkeit der jeweiligen Holzart beeinflussen.

*Tabelle 3.1: Besondere Holzeigenschaften und ihre bautechnische Berücksichtigung*

| Eigenschaft | Berücksichtigung |
|---|---|
| Streuungen | durch Verwendung eines charakteristischen Kennwertes $f_k$ und eines Teilsicherheitsbeiwertes $\gamma_M$ für das Material |
| Anisotropie | durch Unterscheidung der Eigenschaften nach Beanspruchung $\parallel$ oder $\perp$ zur Faser, gegebenenfalls auch unter Winkel $\alpha$ zur Faser |
| Hygroskopizität | durch Berechnung von Schwind- und Quellverformungen und durch konstruktive Maßnahmen |
| Feuchtegehalt | durch Modifikationsbeiwert $k_{mod}$ und Verformungsbeiwert $k_{def}$ |
| Belastungsabhängigkeit | durch Modifikationsbeiwert $k_{mod}$ und Verformungsbeiwert $k_{def}$ |
| Wuchseigenschaften | bei der Holzsortierung |

Die Eigenschaftswerte streuen auch innerhalb einer Holzart in zum Teil weiten Grenzen. Deshalb kommt einer zuverlässigen Sortierung des Bauholzes für seinen wirtschaftlichen und hinsichtlich der Tragfähigkeit zuverlässigen Gebrauch besondere Bedeutung zu.

Neben den Streuungen der einzelnen Eigenschaften ist bei der Verwendung des Holzes als Konstruktionsmaterial vor allem zu beachten, dass

- Holz ein anisotroper Baustoff ist, d. h. die Eigenschaften in den verschiedenen Richtungen nicht gleich sind. Für die Baupraxis werden mit ausreichender Genauigkeit die Richtungen parallel und rechtwinklig zur Faserrichtung unterschieden.
- Holz ein hygroskopischer Baustoff ist, d. h. je nach Umgebungsklima Feuchtigkeit aufnimmt oder abgibt,
- sich die Holzeigenschaften mit dem Feuchtegehalt des Holzes verändern,
- das Trag- und Verformungsverhalten des Holzes von der Belastungsdauer abhängig sein kann,
- die Wuchseigenschaften des Holzes wie Jahrringbreite, Ästigkeit und Faserneigung bei seinem Einsatz als Konstruktionsmaterial zu berücksichtigen sind.

Die Berücksichtigung und bautechnische Umsetzung dieser Besonderheiten des Baustoffes Holz sind in Tabelle 3.1 angegeben.

Zur vereinfachten Berücksichtigung von Feuchtegehalt und Belastungsdauer auf Festigkeit und Steifigkeit von Holzbauteilen sind Klassen der Lasteinwirkungsdauer (siehe Tabelle 2.3) und Nutzungsklassen (siehe Abschnitt 2.3) definiert worden. Bei Lastkombinationen ist die Last mit der kürzesten Einwirkungsdauer für die Festlegung des Modifikationsbeiwertes $k_{mod}$ maßgebend.

Eine kurz gefasste Beschreibung der Struktur von Laub- und Nadelholz sowie der Wuchseigenschaften ist im Beitrag A4 in STEP 1, [4] und [34] gegeben.

Die nachfolgende Beschreibung der **Holzwerkstoffe** gliedert sich nach dem zunehmenden Maß der Auftrennung und Zerkleinerung des Stammholzes.

Durch die Herstellweisen der verschiedenen Holzwerkstoffe können die Eigenschaften des Ausgangsmaterials verändert, homogenisiert und daher besser genutzt werden. Mit den plattenförmigen Holzwerkstoffen wird der Übergang von bisher nur stabförmigen Holzbauteilen zu flächenförmigen Bauteilen ermöglicht.

*Tabelle 3.2: Übersicht Holzwerkstoffe*

| Auftrennen des Stammes in | Kurzbeschreibung | Holzwerkstoff | Abk. | charakteristische Werte in |
|---|---|---|---|---|
| Bretter | kreuzweise Verklebung, Deckschichten eventuell auch aus HW-Platten | Brettsperrholz | BSPH | BZ |
| Furniere | Furnierblätter gestoßen und verklebt; alle Lagen faserparallel oder ca. 20 % der Lagen quer verlaufend | Furnierschichtholz<br>Laminated Veneer Lumber (LVL) | FSH | BZ |
| | Furniere abwechselnd mit um 90° gedrehter Faserrichtung verklebt | Sperrholz<br>Plywood | SPH | BZ oder EN 12369-2 |
| Furnierstreifen | Furnierstreifenbündel zu Balken verklebt | Furnierstreifenholz<br>Parallel Strand Lumber (PSL) | | BZ |
| Streifen (strands) | kurze Streifen in Mittelschicht quer, in Deckschichten längs orientiert verklebt | OSB<br>Oriented Strand Board | OSB | BZ oder EN 12369-1 |
| | lange Streifen längs orientiert verklebt | Streifenholz<br>Laminated Strand Lumber (LSL) | | BZ |
| Späne | Ausgangsmaterial Holzspäne | Spanplatten | SP | BZ oder EN 12369-1 |
| Fasern | Ausgangsmaterial Holzfasern | Faserplatten | FP | BZ oder EN 12369-1 |

### 3.1.1 Holzfeuchte

Der porige, hygroskopische Baustoff Holz besitzt auch als „toter Baum“ die Eigenschaft, je nach Umgebungsbedingungen Wasser in dampfförmiger und/oder flüssiger Form aufzunehmen oder abzugeben. Die beschreibende Eigenschaft nennt man die Holzfeuchte, welche mit den Bedingungen der Umgebung korrespondiert. Die Holzfeuchte $u$ wird aus der Masse $m_{\omega}$ im feuchten Zustand und der Masse $m_0$ im darrtrockenen Zustand wie folgt berechnet:

$$u = \frac{m_{\mathrm{u}} - m_0}{m_0} \cdot 100 \quad \text{in \%} \quad \text{mit}$$

$m_{\mathrm{u}}$ Masse feucht (Holzfeuchte $u$ %)

$m_0$ Masse darrtrocken (Holzfeuchte 0 %)

Im darrtrockenen Zustand weist Holz einen Feuchte $u$ von praktisch 0 % auf. Die darrtrockene Holzmasse gewinnt man, indem man das Holz in einem Ofen bis zur Gewichtskonstanz trocknet (Darren). Da die Masse des aufgenommen Wassers besonders bei leichten Nadelhölzern die darrtrockene Holzmasse übersteigen kann, sind Holzfeuchten von über 100 % möglich.

DIN 4074 [N5] unterscheidet im Hinblick aus Schädlingsbefall:

- frisches Bauholz Holzfeuchte > 30 %
- halbtrockenes Bauholz Holzfeuchte 20–30 %
- trockenes Bauholz Holzfeuchte < 20 %

In einem konstanten Umgebungsklima stellt sich nach ausreichend langer Anpassungszeit im Holz die zugehörige Ausgleichsfeuchte $u_{\psi}$ ein, bei der Holz weder Feuchte an die umgebende Luft abgibt noch Feuchte aus der umgebenden Luft aufnimmt.

Für Holzbauwerke gelten folgende Normalwerte der Gleichgewichtsfeuchte:

9 ± 3 % Holzfeuchte für allseitig geschlossene Bauwerke mit Heizung

12 ± 3 % Holzfeuchte für allseitig geschlossene Bauwerke ohne Heizung

15 ± 3 % Holzfeuchte für überdeckte, offene Bauwerke

18 ± 6 % Holzfeuchte für allseitig der Witterung ausgesetzte Bauwerke

Grundsätzlich ist bei der Holzfeuchte nach freiem Wasser innerhalb der Holzhohlräume und gebundenem Wasser in den Zellwänden zu unterscheiden. Als gebundenes Wasser bezeichnet man Wasser, das molekular gebunden ist, sowie das Wasser innerhalb der Zellen, das durch Haftungskräfte an die Zellwände gebunden ist.

Die Wasserdampfaufnahme des gebundenen Wassers beginnt mit der Chemosorption, eine Wechselwirkung zwischen den OH-Gruppen der Zellulose und den Wasserdipolen (bis etwa 8 %). Daran anschließend geschieht die Adsorption von $H_2O$-Molekülen auf der Faseroberfläche durch Wasserstoffbrückenbindungen. Hierdurch lassen sich etwa weitere 7 % $H_2O$ adsorbieren. Darüber hinaus findet nur noch Kapillarkondensation zwischen den Zellulosefasern der Zellwände statt, die bis zum sogenannten Fasersättigungspunkt geht.

Am Fasersättigungspunkt sind die Zellwände mit Wasser gesättigt, wobei jedoch noch kein freies Wasser innerhalb der Holzhohlräume auftritt. Diesen Punkt erreichen die europäischen Hölzer bei etwa 28 bis 30 % Holzfeuchte. Der Fasersättigungspunkt ist für die bautechnischen Holzeigenschaften von großer praktischer Bedeutung. Es darf angenommen werden, dass sich unterhalb des Fasersättigungspunktes praktisch alle wichtigen Holzeigenschaften mit der Holzfeuchte ändern, wohingegen die Holzeigenschaften bei Holzfeuchten oberhalb des Fasersättigungspunktes ihre Abhängigkeit von der Holzfeuchte verlieren und als nahezu konstant angenommen werden können.

Mit abnehmender Holzfeuchte erhöhen sich unterhalb des Fasersättigungspunktes beispielsweise:

- die elastischen Eigenschaften,
- die Festigkeitseigenschaften und
- die Wärmedämmungseigenschaften.

Für Holzfeuchten zwischen 8 und 20 % kann näherungsweise ein linearer Zusammenhang zwischen der Feuchte und den Holzeigenschaften angenommen werden. Werte zur Abschätzung des Feuchtigkeitseinflusses auf die mechanischen Eigenschaften des Holzes finden sich in der nachfolgenden Tabelle 3.3.

*Tabelle 3.3: Änderung der Eigenschaften von fehlerfreiem Holz je % Holzfeuchteänderung (Basis sind die Holzeigenschaften bei einem Feuchtegehalt von 12 %)*

| Eigenschaft | Änderung in % |
|---|---|
| Druck in Faserrichtung | 6 |
| Druck rechtwinklig zur Faserrichtung | 5 |
| Biegung | 4 |
| Zug in Faserrichtung | 2,5 |
| Zug rechtwinklig zur Faserrichtung | 2 |
| Schub rechtwinklig zur Faserrichtung | 2,5 |
| Schlagzähigkeit | 0,5 |
| Elastizitätsmodul in Faserrichtung | 1,5 |

Der Einfluss der Holzfeuchte auf das Festigkeitsverhalten ist durch die Wirkung des gebundenen Wassers erklärbar. Die Wasserstoffbrückenbindungen zwischen den einzelnen Zellulosemolekülen werden gelockert, dadurch erfolgt eine Abnahme der Holzfestigkeit.

Nach DIN EN 384 [N16] verringert bzw. erhöht sich die Rohdichte des Holzes um 0,5 % je Prozent Holzfeuchteänderung, falls die vorhandene Holzfeuchte von der Bezugsholzfeuchte (12 %) abweicht.

Zur Bestimmung der Holzfeuchte bedient man sich

- des exakten Verfahrens durch Messen und Wiegen von Proben im feuchten Zustand und nach Trocknung bei etwa 100 °C im darrtrockenen Zustand oder
- des indirekten und schnellen Verfahrens durch Messen des spezifischen elektrischen Widerstandes des Holzes mit einer Messgenauigkeit von etwa ± 2 % im Holzfeuchtebereich von 6 % bis 30 %.

### 3.1.2 Schwind- und Quellmaße

Im hygroskopischen Bereich mit $u \leq 30$ % verursachen Feuchteänderungen nicht nur Veränderungen der Festigkeits- und Elastizitätseigenschaften, sondern es treten auch Änderungen der Form und der Abmessungen des betrachteten Holzkörpers auf. Diese Vorgänge werden als Quellen und Schwinden und somit als das „Arbeiten" des Holzes bezeichnet. Beim Quellen handelt es sich um eine Volumenausdehnung, wohingegen das Schwinden eine Verkleinerung des Volumens bezeichnet. Das Schwind- und Quellverhalten wird in erheblichem Maße von der Rohdichte des Holzes beeinflusst, da mit steigender Rohdichte der Gehalt an Zellmaterial und somit die Feuchteaufnahmefähigkeit für gebundenes Wasser ansteigt. Das Volumen der Zellhohlräume hingegen bleibt bei Schwind- bzw. Quellvorgängen nahezu konstant.

*Bild 3.1: Schwind-Verformungen*

Quellen und Schwinden sind in tangentialer Richtung am größten, in radialer Richtung etwa halb so groß und in longitudinaler Richtung sind sie derart gering, dass sie in baupraktischen Berechnungen in der Regel vernachlässigt werden dürfen.

Folgende Richtwerte für die Quell- und Schwindmaße in die verschiedenen Richtungen können für Nadelholz angenommen werden:

*Tabelle 3.4: Quell- und Schwindmaße in % je % Holzfeuchteänderung*

| longitudinal | radial | tangential | volumenmäßig |
|---|---|---|---|
| 0,01 | 0,12 | 0,24 | 0,37 |

Die Abmessungen des Holzes verändern sich, wie in Bild 3.1 beispielhaft angegeben, annähernd linear mit der Feuchte im Bereich zwischen 0 und 30 % Holzfeuchte. In diesem Bereich können feuchtebedingte Verformungen berechnet werden mit der Formel:

$$h_2 = h_1 \cdot \left[ 1 + \frac{\beta}{100} \cdot (u_2 - u_1) \right],$$

wobei $h_1$ bzw. $h_2$ die Abmessungen und $u_1$ bzw. $u_2$ die Holzfeuchten im Ausgangs- oder Endzustand des Holzes sind. $\beta$ ist das mittlere Schwind- und Quellmaß in % je % Holzfeuchteänderung. Diese Kenngröße, welche das Quell- und Schwindverhalten von Holz beschreibt, kann je nach Holzart große Unterschiede aufweisen. Rechenwerte für das Schwind- und Quellmaß sind für die üblichen Bauhölzer in Tabelle 3.5 angegeben. Auf der sicheren Seite liegend wird dort aber nur ein Schwind- und Quellmaß rechtwinklig zur Faserrichtung angegeben. Hierbei handelt es sich um das Maßgebende in tangentialer Richtung.

*Tabelle 3.5: Rechenwerte der Schwind- und Quellmaße für Vollholz $\perp$ zur Faser in % je % Holzfeuchteänderung*

| NH[1)], Eiche, Afzelia | Buche | Teak, Yellow Cedar | Azobé (Bongossi), Ipe |
|---|---|---|---|
| 0,24 | 0,3 | 0,2 | 0,36 |
| Schwinden oder Quellen ∥ zur Faser ( ≈ 0,01 %/%) bleibt normalerweise unberücksichtigt.<br>[1)] Ausgenommen Yellow Cedar. | | | |

Die Werte in Tabelle 3.5 gelten bei unbehindertem Quellen und Schwinden für Holzfeuchten unterhalb des Fasersättigungsbereiches von ca. 30 %. Bei behinderter Schwindung oder Quellung dürfen die Tabellenwerte halbiert werden.

Das unbehinderte Quellen und Schwinden des Holzes sind reversible Vorgänge. Bei Planungen von Holzkonstruktionen ist stets darauf zu achten, dass keine unverträglichen Verformungen oder Spannungen aus Schwinden und Quellen entstehen. Zur Vermeidung empfiehlt es sich grundsätzlich, Verformungen infolge des „Holzarbeitens“ zuzulassen. Der erhebliche Quelldruck des Holzes kann sonst zu Zerstörungen am Bauwerk, z. B. zum Lösen von Anschlüssen, zu Querschnittsverwölbungen und zu unzulässig großen Zwängungsspannungen führen. Schwindvorgänge zwischen z. B. rechtwinklig zur Faser gehaltenen Punkten können durch Überschreitung der zulässigen Querzugfestigkeit zu erheblichen Längsrissen führen. Um solche Probleme infolge zu großer Verformung durch Feuchteeinflüsse zu vermeiden, sollte das Holz mit der Feuchte eingebaut werden, die später auch als Gleichgewichtsfeuchte zu erwarten ist.

Durch das anisotrope Schwinden und Quellen entstehen auch in unbehinderten Querschnitten innere Spannungen. Das Holz wird beim Schwinden bestrebt sein, diese Spannungen durch radiale Risse abzubauen. Grundsätzlich ist zu beachten, dass die Schwindrissbildung umso größer wird, je größer der Holzquerschnitt dimensioniert und je schneller das Holz getrocknet wird. Zu den grundlegenden technologischen Zusammenhängen liegt im Holzbau mit [33] ein sehr umfassendes Werk vor, was trotz seines Herstellungsdatums immer noch interessante weitergehende Abhängigkeiten darlegt.

### 3.1.3 Resistenz- und Dauerhaftigkeitsklassen

Die Resistenz des Kernholzes gegen Holz zerstörende Pilze wird nach DIN 68364 [N9] in fünf Klassen eingeteilt (siehe Tabelle 3.6). Das Splintholz aller Holzarten ist den Resistenzklassen 4 und 5 zuzuordnen.

*Tabelle 3.6: Resistenz des Kernholzes verschiedener Holzarten gegen Holz zerstörende Pilze nach DIN 68364*

| Resistenzklasse | | Holzart |
|---|---|---|
| 1 | sehr resistent | Afzelia, Angelique, Azobé (Bongossi), Teak |
| 1–2 | | Merbau |
| 2 | resistent | Eiche |
| 3 | mäßig resistent | Douglasie, Keruing, Lärche |
| 3–4 | | Kiefer |
| 4 | wenig resistent | Fichte, Tanne |
| 5 | nicht resistent | Buche |

Die natürliche Dauerhaftigkeit des Kernholzes zahlreicher Holzarten gegen Holz zerstörende Pilze wird nach DIN EN 350-2 [N15-2] ebenfalls in fünf Klassen eingeteilt (siehe Tabelle 3.7). Das Splintholz aller Holzarten ist den Dauerhaftigkeitsklassen 4 und 5 zuzuordnen. Die Holzarten Angelique und Keruing zeigen ein ungewöhnlich hohes Maß an Variabilität.

*Tabelle 3.7: Natürliche Dauerhaftigkeit des Kernholzes verschiedener Holzarten gegen Holz zerstörende Pilze nach DIN EN 350-2*

| Dauerhaftigkeitsklasse | | Holzart |
|---|---|---|
| 1 | sehr dauerhaft | Afzelia, Teak |
| 1–2 | | Merbau |
| 2 | dauerhaft | Eiche, Angelique, Azobé (Bongossi) |
| 2–3 | | Yellow Cedar |
| 3 | mäßig dauerhaft | Keruing |
| 3–4 | | Lärche, Kiefer, Douglasie |
| 4 | wenig dauerhaft | Fichte, Southern Pine, Tanne, Western Hemlock |
| 5 | nicht dauerhaft | Buche |

Die natürliche Dauerhaftigkeit des Splintholzes gegen Hausbock (*Hylotrupes bajulus*), der üblicherweise nur das Splintholz der Nadelholzarten befällt, und gegen Anobien (*Anobium punctatum*) wird nach DIN EN 350-2 [N15-2] in die Klassen dauerhaft (D) und anfällig (S) eingeteilt (siehe Tabelle 3.8).

*Tabelle 3.8: Natürliche Dauerhaftigkeit des Splintholzes verschiedener Holzarten gegen Hausbock und Anobien nach DIN EN 350-2*

| | natürliche Dauerhaftigkeit | | natürliche Dauerhaftigkeit | |
|---|---|---|---|---|
| Holzart | Hausbock | Anobien | Holzart | Anobien |
| Fichte | SH | SH | Eiche | *) |
| Tanne | SH | SH | Buche | S |
| Kiefer | S | S | Teak | *) |
| Lärche | S | S | Keruing | *) |
| Douglasie | S | S | Afzelia | *) |
| Southern Pine | S | S | Merbau | *) |
| Western Hemlock | S | SH | Angelique | *) |
| Yellow Cedar | S | S | Azobé (Bongossi) | *) |
| SH: Auch Kernholz ist als anfällig bekannt. | | | *) nur unzureichende Daten verfügbar. | |

Diesen Widerstandsgrößen gegenüber dem biologischen Zerfall stehen Gefährdungs- bzw. Gebrauchsklassen in Abhängigkeit der Einbausituation und der zugehörigen klimatischen Beanspruchung gegenüber. Die daraus für die Dauerhaftigkeit einer Holzkonstruktion ableitbaren Bewertungsmaßstäbe werden in Kapitel 4 ausführlicher diskutiert.

# 3.2 Holz

## 3.2.1 Allgemeines

### Regeln für Eignung und Anwendung

Die in Abschnitt 3.2 zusammengefassten Holzprodukte für tragende und aussteifende Zwecke müssen einer

- Norm
    - bauaufsichtlich eingeführte nationale Norm (DIN)
    - mandatierte europäische Norm (EN)
- deutschen allgemeinen bauaufsichtlichen Zulassung (BZ)
- europäischen Zulassung (ETA)
- Zustimmung im Einzelfall

entsprechen.

### Sortierung

Vollholz muss nach einem visuellen oder maschinellen Sortierverfahren festigkeitssortiert sein. Solche Verfahren enthält z. B. die DIN 4074 [N5] mit den Teilen

- 1 Nadelschnittholz
- 2 Nadelrundholz
- 3 Sortiermaschinen für Schnittholz, Anforderungen und Prüfung
- 4 Nachweis der Eignung zur maschinellen Schnittholzsortierung
- 5 Laubschnittholz.

Die **visuelle Sortierung** erfolgt nach den Sortierkriterien

1 Äste
2 Faserneigung
3 Markröhre
4 Jahrringbreite
5 Risse
6 Baumkante
7 Krümmung
8 Verfärbungen, Fäule
9 Druckholz
10 Insektenfraß durch Frischholzinsekten
11 sonstige Merkmale.

Die Sortierkriterien Schwindrisse und Krümmung können nur bei trocken sortierten (TS) Hölzern berücksichtigt werden. Somit ist eine Zuordnung von Sortierklassen zu einer Festigkeitsklasse (siehe Tabelle 3.14) nur für trocken sortiertes Holz möglich.

Es wird unterschieden in die Sortierung von

- Kanthölzern und vorwiegend hochkant (K) auf Biegung beanspruchten Brettern und Bohlen aus **NH** in die Sortierklassen S7, S7K, S10, S10K, S13, S13K
- Kanthölzern und vorwiegend hochkant (K) auf Biegung beanspruchten Brettern und Bohlen aus **LH** in die Sortierklassen LS7, LS7K, LS10, LS10K, LS13, LS13K
- Brettern und Bohlen aus **NH** in die Sortierklassen S7, S10, S13
- Brettern und Bohlen aus **LH** in die Sortierklassen LS7, LS10, LS13
- Latten aus **NH** in Sortierklassen S10, S13
- **Nadelrundholz**; die in DIN 4074-2 definierte Güteklasse III (GK III) entspricht der Sortierklasse S7, die GKII der Sortierklasse S10 und die GKI der Sortierklasse S13.

Die Sortierung muss an den Hölzern vorgenommen werden, die auch endgültig eingebaut werden. Z. B. würde eine Längsauftrennung eines Holzes nach der Sortierung eine erneute Sortierung zwingend erforderlich machen.

Mit der **maschinellen Sortierung** wird Schnittholz Sortierklassen zugeordnet, die Festigkeitsklassen z. B. nach DIN EN 338 [N14] entsprechen. Die Bezeichnung der Sortierklassen besteht aus der Abkürzung für die Festigkeitsklasse ergänzt durch den Buchstaben M für maschinelle Sortierung, z. B. C24M. Sortiermaschinen für Schnittholz müssen den Anforderungen nach DIN 4074-3 entsprechen und für die Betriebe, die Schnittholz nach DIN 4074-1 und DIN 4074-5 sortieren, legt DIN 4074-4 fest, wie die Eignung zur maschinellen Sortierung nachzuweisen ist [N5-i].

## Oberflächen

*Vollholz*

Soweit nichts anderes gefordert und vereinbart ist, werden Vollhölzer sägerau verarbeitet.

Wird Hobeln oder eine andere Oberflächenbehandlung gefordert, ist die Qualität festzulegen. Beim Hobeln mit Zimmerei-Handhobelmaschinen mit niedriger Drehzahl sind Hobelschläge und raue Hobelstellen nicht zu vermeiden. Beim Hobeln mit stationären, hochtourigen Hobelmaschinen ist eine einheitlich gehobelte Oberfläche zu erwarten.

Nach [5] sollten bei egalisierten Oberflächen zumindest 50 % der Flächen von der Hobelmaschine gestreift werden.

*Konstruktionsvollholz*

KVH-Si: gehobelt und gefast

KVH-NSi: egalisiert und gefast

*Balkenschichtholz*

Für sichtbare Anwendung: gehobelt und gefast

Für nicht sichtbare Anwendung: egalisiert und gefast

*Brettschichtholz*

In [6] sind drei Oberflächenqualitäten definiert. Neben der Bearbeitung der Oberfläche (siehe Tabelle 3.9) sind für weitere Kriterien, wie

- festverwachsene und lose oder ausgefallenen Äste,
- Harzgallen, Insektenbefall, Markröhren,
- Ausbesserungen mittels Astlochstopfen, „Schiffchen“ oder Füllmassen,
- Breite von Schwindrissen,
- Verfärbungen infolge Bläue sowie rote und braune nagelfeste Streifen und
- Schimmelbefall, Verschmutzungen und Keilzinkenabstände

die Grenzwerte der drei Qualitäten festgelegt worden. Wenn nicht anders vereinbart, gilt Sichtqualität.

*Tabelle 3.9: Bearbeitung der Oberfläche*

| Industriequalität | Sichtqualität | Auslesequalität |
|---|---|---|
| egalisiert | gehobelt und gefast<br>Hobelschläge<br>bis 1 mm Tiefe zulässig | gehobelt und gefast<br>Hobelschläge<br>bis 0,5 mm Tiefe zulässig |

### Eigenlast

Die charakteristischen Eigenlasten von Bauteilen aus Holz werden aus den Wichten nach EC1 1-1 [N3] und dem Bauteilvolumen ermittelt. Die dort angegebenen Werte beziehen sich auf einen halbtrockenen Zustand. Zuschläge für kleine Stahlteile (Verbindungsmittel), Hartholzteile und Anstriche sind enthalten.
Auf keinen Fall dürfen die Eigenlasten aus den charakteristischen Rohdichten ermittelt werden, da es sich hierbei um 5 %-Quantilwerte handelt. Das Eigengewicht wäre dann mit 95-%ger Sicherheit unterschätzt!

*Tabelle 3.10: Wichten in $kN/m^3$ für Holz*

| Nadelholz | | | Laubholz | | | |
|---|---|---|---|---|---|---|
| C24 | C30 | C35 | D30 | D35 | D40 | D50 |
| 4,2[1)] | 4,6[1)] | 4,8[1)] | 6,4 | 6,7 | 7,0 | 7,8 |

1) Es wird empfohlen weiterhin mit 5,0 zu rechnen.

## 3.2.2 Vollholz (VH)

### Bezeichnung

Schnittholz: < Breite in mm > / < Höhe in mm > < Holzart > < Festigkeitsklasse >

z. B. 120/200 VH C24 100/160 VH D30

Rundholz: ∅ < mittlerer Durchmesser in mm > < Holzart > < Festigkeitsklasse >

z. B. ∅ 260 mm VH C30

### Maße

*Tabelle 3.11: Schnittholzeinteilung nach DIN 4074-1*

| Schnittholzart | Dicke $d$ bzw. Höhe $h$ | Breite $b$ |
|---|---|---|
| Latte | $d \leq 40$ mm | $b < 80$ mm |
| Brett[1)]<br>Bohle[1)] | $d \leq 40$[2)] mm<br>$d > 40$ mm | $b \geq 80$ mm<br>$b > 3 \cdot d$ |
| Kantholz | $b \leq h \leq 3 \cdot b$ | $b > 40$ mm |

1) Vorwiegend hochkant biegebeanspruchte Bretter und Bohlen sind wie Kantholz zu sortieren und entsprechend zu kennzeichnen.

2) Dieser Grenzwert gilt nicht für Bretter von BSH-Lamellen.

### Holzfeuchte

Die Sortierkriterien der DIN 4074-1 und -5 sind auf eine mittlere Holzfeuchte von 20 % bezogen (Messbezugsfeuchte).

### Keilzinkung

Die Nadelholzarten Fichte, Tanne, Kiefer, Lärche, Douglasie, Southern Pine, Western Hemlock und Yellow Cedar dürfen mittels Keilzinkung verbunden werden. Die Anforderungen an die Keilzinkenverbindung von Bauholz (Holzdicke über 45 mm) und Lamellen für Brettschichtholz (Brettdicke ≤ 45 mm) sind in DIN EN 14080 [N22] geregelt. Die Angaben der DIN 1052-10 [N4-1] sind zu beachten. Die Holzfeuchte der durch Keilzinkung verbundenen Hölzer darf höchstens 18 % betragen.

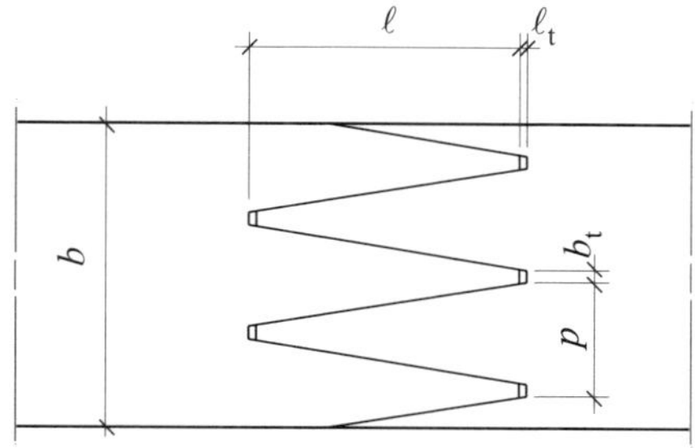


$b$ Querschnittsbreite ($\geq 5 \cdot p$)

$\ell$ Zinkenlänge

$p$ Zinkenteilung

$\ell_t$ Zinkenspiel

$b_t$ Breite des Zinkengrundes

*Bild 3.2: Keilzinkenverbindung*

### Charakteristische Rohdichte

Die wichtigste Eigenschaft des Holzes ist die Rohdichte $\rho$, weil sich die meisten elastomechanischen Eigenschaften bei zunehmender Rohdichte ebenfalls verbessern. Dies gilt auch für die Lochleibungsfestigkeit und somit für die Tragfähigkeit mechanischer Verbindungen. Aber auch die vom Zellwandanteil abhängigen Eigenschaften Wärmeleitfähigkeit und Quellen/Schwinden korrelieren mit der Rohdichte. Je höher die Rohdichte eines Holzes ist, umso höher ist der Zellwandanteil bei abnehmendem Porenanteil. Damit verringert sich die Wärmedämmfähigkeit und das „Arbeiten" unterhalb des Fasersättigungspunktes wird ausgeprägter.

$\rho = \frac{m}{V}$ in kg/m³ mit der Masse $m$ und dem Volumen $V$

Im EC5 ist die charakteristische Rohdichte $\rho_k$ als 5 %-Quantilwert definiert, ermittelt aus Masse und Volumen im Zustand der Ausgleichsfeuchte bei einer Temperatur von 20 °C und einer relativen Luftfeuchte von 65 %.

Aus Masse und Volumen von Holz der Feuchte $u$ = 0 % erhält man die Darr-Rohdichte $\rho_0$.

*Tabelle 3.12: Rechenwerte für die Rohdichtekennwerte in kg/m³ für Vollholz*

| | | Festigkeitsklasse für NH | | | | Festigkeitsklasse für LH | | | |
|---|---|---|---|---|---|---|---|---|---|
| | | C24 | C30 | C35 | C40 | D30 | D35 | D40 | D60 |
| charakteristische Rohdichte | $\rho_k$ | 350 | 380 | 400 | 420 | 530 | 540 | 550 | 700 |
| mittlere Rohdichte | $\rho_m$ | 420 | 460 | 480 | 500 | 640 | 650 | 660 | 840 |

## Steifigkeitskennwerte

Im Allgemeinen geht man bei der Spannungsberechnung von einem linearen Stoffgesetz (elastisches Verhalten) aus:

$\sigma = E \cdot \varepsilon$

$\tau = G \cdot \gamma$

- $\sigma$ Normalspannung (rechtwinklig zur Schnittfläche)
- $\tau$ Schubspannung (tangential zur Schnittfläche)
- $\varepsilon$ Dehnung/Stauchung
- $\gamma$ Gleitwinkel
- $E$ Elastizitätsmodul } Steifigkeitskennwerte
- $G$ Schubmodul } Steifigkeitskennwerte

Schubspannungen, die in einer Ebene rechtwinklig zur Faserrichtung Gleitungen erzeugen, z. B. in Brettsperrholz (siehe Abschnitt 3.3.2), werden als Rollschub $\tau_R$ bezeichnet, da sich die Fasern, zumindest wenn sie unverklebt wären, unter dieser Beanspruchung wie aufgestapelte Rundholzstämme gegeneinander abrollen könnten. Der zugehörige Steifigkeitskennwert ist $G_R$.

Bei den charakteristischen Steifigkeitskennwerten unterscheidet man

- Mittelwert $E_{mean}$ für Gebrauchstauglichkeitsnachweise
- 5 %-Quantilwert $E_{05}$ für Tragfähigkeitsnachweise

*Tabelle 3.13: Rechenwerte für die mittleren und die charakteristischen Steifigkeitskennwerte in N/mm² für Vollholz*

| Modul | Festigkeitsklasse für NH | | | | Festigkeitsklasse für LH | | | |
|---|---|---|---|---|---|---|---|---|
| | C24 | C30 | C35 | C40 | D30 | D35 | D40 | D60 |
| $E_{0,mean}$ | 11 000 | 12 000 | 13 000 | 14 000 | 10 000 | 10 000 | 11 000 | 17 000 |
| $E_{90,mean}$ | 370 | 400 | 430 | 470 | 640 | 690 | 750 | 1 130 |
| $G_{mean}$ | 690 | 750 | 810 | 880 | 600 | 650 | 700 | 1 060 |

Für die charakteristischen Steifigkeitskennwerte $E_{0,05}$, $E_{90,05}$ und $G_{05}$ gilt bei

NH: $E_{0,05} = 2/3 \cdot E_{0,mean}$ $E_{90,05} = 2/3 \cdot E_{90,mean}$ $G_{05} = 2/3 \cdot G_{mean}$

LH: $E_{0,05} = 5/6 \cdot E_{0,mean}$ $E_{90,05} = 5/6 \cdot E_{90,mean}$ $G_{05} = 5/6 \cdot G_{mean}$

Bei nur von Rinde und Bast befreitem Nadelrundholz darf in den Bereichen ohne Schwächung der Randzone ein um 20 % erhöhter Wert von $E_{0,mean}$ in Rechnung gestellt werden.

Der Schubmodul bei Rollschubbeanspruchung darf mit $G_{R,mean} = 0{,}1 \cdot G_{mean}$ angenommen werden.

**Bemessungswerte der Festigkeiten**

Die Zuordnung der Sortierklassen zu Festigkeitsklassen des Holzes ist der Tabelle 3.14 zu entnehmen.

In DIN EN 338 [N14] sind für die verschiedenen Beanspruchungsarten und für 12 NH-Festigkeitsklassen sowie 8 LH-Festigkeitsklassen die charakteristischen Festigkeitskennwerte $f_{i,k}$ angegeben. Mit diesen Werten berechnen sich die Bemessungswerte zu

$$f_{i,d} = \frac{k_{mod} \cdot f_{i,k}}{\gamma_M}$$

mit

$k_{mod}$ Modifikationsbeiwert
in Abhängigkeit der NKL und der KLED (siehe Tabellen 2.4 bis 2.6)

$\gamma_M$ Teilsicherheitsbeiwert (siehe Tabellen 2.7)

$f_{i,k}$ charakteristische Festigkeitskennwert aus DIN EN 338 [N14]

*Tabelle 3.14: Zuordnung von Nadelholz/Laubholz und Sortierklassen zu Festigkeitsklassen für trocken sortiertes Holz (TS)*

| Nadelholz | | | Laubholz | | |
|---|---|---|---|---|---|
| Holzart | Sortierklasse nach DIN 4074-1 bzw. Güteklasse nach DIN 4074-2 | Festigkeitsklasse | Holzart | Sortierklasse nach DIN 4074-5 | Festigkeitsklasse |
| Fichte<br>Tanne<br>Kiefer<br>Lärche<br>Douglasie<br>Southern Pine<br>Western Hemlock<br>Yellow Cedar | S7/C16M bzw. III | C16 | Eiche, Teak, Keruing | LS10 | D30 |
| | S10/C24M bzw. II | C24 | Buche | LS10 | D35 |
| | S13/C30M bzw. I | C30 | Buche | LS13 | D40 |
| | C35M | C35 | Afzelia, Merbau, Angelique | LS10 | D40 |
| | C40M | C40 | Azobé (Bongossi) | LS10 | D60 |
| | | | Ipe | LS10 | D60[1)] |

Vorwiegend hochkant biegebeanspruchte Bretter und Bohlen sind wie Kantholz zu sortieren und mit K zu kennzeichnen, z. B. S10K.

[1)] Rohdichte mindestens 1000 kg/m³

Tabelle 3.15 enthält für die wichtigsten Festigkeitsklassen die charakteristischen Festigkeitskennwerte.

*Tabelle 3.15: Charakteristische Festigkeitswerte für Vollholz in kN/cm²*

| Beanspruchungsart | | Festigkeitsklasse für NH | | | | Festigkeitsklasse für LH | | | |
|---|---|---|---|---|---|---|---|---|---|
| | | C24 | C30 | C35 | C40 | D30 | D35 | D40 | D60 |
| Biegung | $f_{m,k}$ | 2,4 | 3,0 | 3,5 | 4,0 | 3,0 | 3,5 | 4,0 | 6,0 |
| Zug, parallel | $f_{t,0,k}$ | 1,4 | 1,8 | 2,1 | 2,4 | 1,8 | 2,1 | 2,4 | 3,6 |
| Zug, rechtwinklig | $f_{t,90,k}$ | 0,04 | | | | 0,06 | | | |
| Druck, parallel | $f_{c,0,k}$ | 2,1 | 2,3 | 2,5 | 2,6 | 2,3 | 2,5 | 2,6 | 3,2 |
| Druck, rechtwinklig | $f_{c,90,k}$ | 0,25 | 0,27 | 0,28 | 0,29 | 0,80 | 0,81 | 0,83 | 1,05 |
| Schub und Torsion | $f_{v,k}$ | 0,4[1)] | | | | 0,4[1)] | | | 0,45[1)] |
| Rollschub | $f_{R,k}$ | 0,08 | | | | 0,12 | | | |

Bei nur von Rinde und Bast befreitem Nadelrundholz darf in den Bereichen ohne Schwächung der Randzone mit $1{,}2 \cdot f_{m,d}$, $1{,}2 \cdot f_{t,0,d}$ und $1{,}2 \cdot f_{c,0,d}$ gerechnet werden.

[1)] Diese Werte gelten für fehlerfreies Holz. Im Schubspannungsnachweis nach EC5 [1] – 6.1.7 und NPD zu 6.1.7(2) wird der Einfluss von Rissen über eine Reduzierung der Schubfläche berücksichtigt.

### Druck unter einem Winkel $\alpha$ zur Faserrichtung

Für Druckspannungen unter einem Winkel zwischen 0° und 90° zur Faserrichtung muss die Bedingung

$\frac{\sigma_{c,\alpha,d}}{f_{c,\alpha,d}} \le 1$ erfüllt sein, mit

$$\sigma_{c,\alpha,d} = \frac{F_{c,\alpha,d}}{A_{ef}}$$

$A_{ef}$ wirksame Querschnittsfläche (siehe Bild 3.3)

$$f_{c,\alpha,d} = \frac{f_{c,0,d}}{\frac{f_{c,0,d}}{k_{c,90} \cdot f_{c,90,d}} \cdot \sin^2\alpha + \cos^2\alpha} = k_{c,\alpha} \cdot f_{c,0,d}$$

$\alpha$ ist der Winkel zwischen der Beanspruchungsrichtung und der Faserrichtung des Holzes

$k_{c,90}$ Beiwert nach Tabelle 12.31 zur Berücksichtigung der Auflagersituation

$k_{c,\alpha}$ Beiwert nach Tabellen 3.16 und 3.17

*Tabelle 3.16: Beiwert $k_{c,\alpha}$ für Nadel- und Laubholz*

| Winkel $\alpha$ | Nadelholz C24 | | | Laubholz mit $k_{c,90} = 1$ | | |
|---|---|---|---|---|---|---|
| | $k_{c,90} = 1{,}00$ | $k_{c,90} = 1{,}25$ | $k_{c,90} = 1{,}50$ | D30 | D35 | D40 |
| 0° | 1,000 | 1,000 | 1,000 | 1,000 | 1,000 | 1,000 |
| 5° | 0,947 | 0,958 | 0,966 | 0,986 | 0,984 | 0,984 |
| 10° | 0,818 | 0,853 | 0,878 | 0,946 | 0,941 | 0,940 |
| 15° | 0,669 | 0,723 | 0,764 | 0,888 | 0,877 | 0,875 |
| 20° | 0,536 | 0,599 | 0,650 | 0,820 | 0,804 | 0,800 |
| 25° | 0,431 | 0,495 | 0,549 | 0,749 | 0,729 | 0,724 |
| 30° | 0,351 | 0,412 | 0,465 | 0,681 | 0,657 | 0,652 |
| 35° | 0,291 | 0,347 | 0,398 | 0,618 | 0,593 | 0,588 |
| 40° | 0,246 | 0,297 | 0,345 | 0,563 | 0,537 | 0,532 |
| 45° | 0,213 | 0,259 | 0,303 | 0,516 | 0,489 | 0,484 |
| 50° | 0,187 | 0,230 | 0,270 | 0,476 | 0,450 | 0,444 |
| 55° | 0,168 | 0,207 | 0,245 | 0,443 | 0,417 | 0,411 |
| 60° | 0,153 | 0,189 | 0,225 | 0,416 | 0,390 | 0,385 |
| 65° | 0,141 | 0,175 | 0,209 | 0,394 | 0,368 | 0,363 |
| 70° | 0,133 | 0,165 | 0,198 | 0,377 | 0,352 | 0,347 |
| 75° | 0,127 | 0,158 | 0,189 | 0,364 | 0,339 | 0,334 |
| 80° | 0,122 | 0,153 | 0,183 | 0,355 | 0,331 | 0,326 |
| 85° | 0,120 | 0,150 | 0,180 | 0,350 | 0,326 | 0,321 |
| 90° | 0,119 | 0,149 | 0,179 | 0,348 | 0,324 | 0,319 |

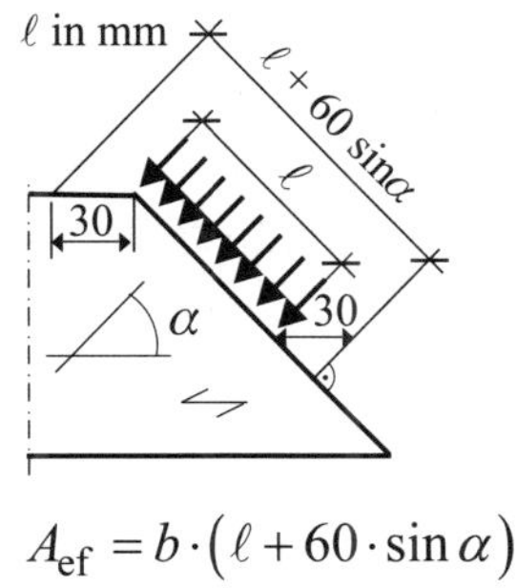


$$A_{ef} = b \cdot (\ell + 60 \cdot \sin\alpha)$$

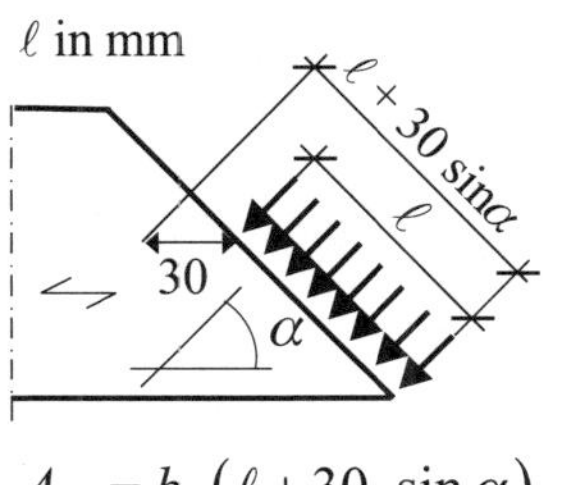


$$A_{ef} = b \cdot (\ell + 30 \cdot \sin\alpha)$$

*Bild 3.3: Wirksame Querschnittsfläche $A_{ef}$*

*Tabelle 3.17: Beiwert $k_{c,\alpha}$ für Brettschichtholz*

| Winkel $\alpha$ | $k_{c,90}$ = 1,00 | | | | $k_{c,90}$ = 1,50 | | | | $k_{c,90}$ = 1,75 | | | |
|---|---|---|---|---|---|---|---|---|---|---|---|---|
| | GL24h | GL24c | GL28h | GL28c | GL24h | GL24c | GL28h | GL28c | GL24h | GL24c | GL28h | GL28c |
| 0° | 1,000 | 1,000 | 1,000 | 1,000 | 1,000 | 1,000 | 1,000 | 1,000 | 1,000 | 1,000 | 1,000 | 1,000 |
| 5° | 0,939 | 0,945 | 0,928 | 0,939 | 0,961 | 0,965 | 0,953 | 0,961 | 0,967 | 0,971 | 0,961 | 0,967 |
| 10° | 0,794 | 0,814 | 0,765 | 0,794 | 0,860 | 0,875 | 0,837 | 0,860 | 0,881 | 0,894 | 0,860 | 0,881 |
| 15° | 0,634 | 0,663 | 0,594 | 0,634 | 0,734 | 0,759 | 0,698 | 0,734 | 0,769 | 0,792 | 0,734 | 0,769 |
| 20° | 0,499 | 0,529 | 0,456 | 0,499 | 0,613 | 0,644 | 0,569 | 0,613 | 0,656 | 0,686 | 0,613 | 0,656 |
| 25° | 0,394 | 0,424 | 0,354 | 0,394 | 0,509 | 0,542 | 0,464 | 0,509 | 0,555 | 0,589 | 0,509 | 0,555 |
| 30° | 0,317 | 0,345 | 0,282 | 0,317 | 0,426 | 0,458 | 0,382 | 0,426 | 0,471 | 0,505 | 0,426 | 0,471 |
| 35° | 0,261 | 0,286 | 0,230 | 0,261 | 0,360 | 0,391 | 0,320 | 0,360 | 0,404 | 0,437 | 0,360 | 0,404 |
| 40° | 0,220 | 0,242 | 0,192 | 0,220 | 0,309 | 0,338 | 0,272 | 0,309 | 0,350 | 0,382 | 0,309 | 0,350 |
| 45° | 0,189 | 0,208 | 0,164 | 0,189 | 0,270 | 0,297 | 0,236 | 0,270 | 0,308 | 0,338 | 0,270 | 0,308 |
| 50° | 0,165 | 0,183 | 0,143 | 0,165 | 0,240 | 0,265 | 0,209 | 0,240 | 0,275 | 0,303 | 0,240 | 0,275 |
| 55° | 0,148 | 0,164 | 0,127 | 0,148 | 0,216 | 0,239 | 0,187 | 0,216 | 0,249 | 0,276 | 0,216 | 0,249 |
| 60° | 0,134 | 0,149 | 0,116 | 0,134 | 0,198 | 0,220 | 0,171 | 0,198 | 0,229 | 0,254 | 0,198 | 0,229 |
| 65° | 0,124 | 0,138 | 0,107 | 0,124 | 0,184 | 0,205 | 0,158 | 0,184 | 0,213 | 0,237 | 0,184 | 0,213 |
| 70° | 0,116 | 0,130 | 0,100 | 0,116 | 0,173 | 0,193 | 0,149 | 0,173 | 0,202 | 0,224 | 0,173 | 0,202 |
| 75° | 0,111 | 0,124 | 0,095 | 0,111 | 0,166 | 0,185 | 0,142 | 0,166 | 0,193 | 0,215 | 0,166 | 0,193 |
| 80° | 0,107 | 0,119 | 0,092 | 0,107 | 0,160 | 0,179 | 0,138 | 0,160 | 0,187 | 0,208 | 0,160 | 0,187 |
| 85° | 0,105 | 0,117 | 0,090 | 0,105 | 0,157 | 0,176 | 0,135 | 0,157 | 0,183 | 0,205 | 0,157 | 0,183 |
| 90° | 0,104 | 0,116 | 0,089 | 0,104 | 0,156 | 0,174 | 0,134 | 0,156 | 0,182 | 0,203 | 0,156 | 0,182 |

## 3.2.3 Konstruktionsvollholz (KVH)

KVH ist ein Güte-überwachtes Nadelvollholz mindestens der Sortierklasse S10TS, das über die Anforderungen der DIN 4074-1 [N5] hinaus Kriterien erfüllt in Bezug auf

- Holzfeuchte
- Einschnittart (siehe Bild 3.4)
- Maßhaltigkeit der Querschnitte
- Astzustand
- Harzgallen
- Oberflächenbeschaffenheit.

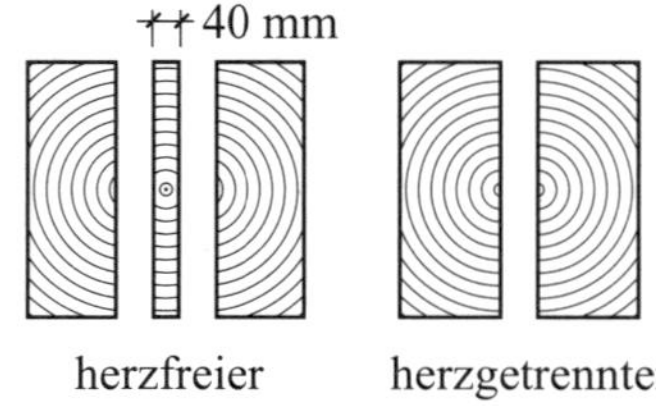


*Bild 3.4: Einschnittart*

**Bezeichnung**

KVH im sichtbaren Bereich:

< Breite > / < Höhe > KVH-Si < Holzart > < Festigkeitsklasse >

KVH im nicht sichtbaren Bereich:

< Breite > / < Höhe > KVH-NSi < Holzart > < Festigkeitsklasse >

z. B. 80/160 KVH-Si FI C24

**Maße**

*Tabelle 3.18: KVH-Vorzugsquerschnitte (NSi)*

| Dicke $b$ in mm | Breite $h$ in mm | | | | | | |
|---|---|---|---|---|---|---|---|
| | 100 | 120 | 140 | 160 | 180 | 200 | 240 |
| 60 | | ∝ | ∝ | ∝ | ∝ | | |
| 80 | | ∝ | ∝ | ∝ | ∝ | ∝ | ∝ |
| 100 | ∝ | ∝ | ∝ | ∝ | ∝ | ∝ | ∝ |
| 120 | | ∝ | ∝ | ∝ | ∝ | ∝ | ∝ |
| 140 | | | ∝ | ∝ | ∝ | ∝ | ∝ |

**Holzfeuchte**

KVH wird technisch getrocknet bis auf eine Holzfeuchte von 15 % ± 3 %.

**Keilzinkung**

zulässig in NKL 1 und 2

**Rohdichte**

nach Tabelle 3.12 für die Festigkeitsklasse C24: $\rho_k = 350$ kg/m$^3$

**Steifigkeitskennwerte**

nach Tabelle 3.13 für die Festigkeitsklasse C24

**Charakteristische Werte der Festigkeiten**

nach Tabelle 3.15 für die Festigkeitsklasse C24

### 3.2.4 Balkenschichtholz (BASH)

Nach BZ Z-9.1-440 besteht BASH aus zwei (Duo-Balken) oder drei (Trio-Balken) miteinander verklebten Bohlen oder Kanthölzern aus NH mindestens der Sortierklasse S10TS bzw. C24M. Die Anwendung ist nur in den NKL 1 und 2 zulässig. Extreme klimatische Wechselbeanspruchungen sind auszuschließen.

**Bezeichnung**

< Breite > / < Höhe > BASH < Festigkeitsklasse >

**Maße**

*Tabelle 3.19: BASH-Vorzugsquerschnitte*

| Breite $b$ in mm | Höhe $h$ in mm | | | | | | | |
|---|---|---|---|---|---|---|---|---|
| | 100 | 120 | 140 | 160 | 180 | 200 | 220 | 240 |
| 60 | NSi | NSi | NSi | NSi | NSi | NSi | NSi | NSi |
| 80 | NSi | NSi | NSi | Si/NSi | Si/NSi | Si/NSi | NSi | NSi |
| 100 | NSi | NSi | Si/NSi | Si/NSi | Si/NSi | Si/NSi | Si/NSi | Si/NSi |
| 120 | | Si/NSi | | Si/NSi | Si/NSi | Si/NSi | Si/NSi | Si/NSi |
| 140 | | | Si/NSi | Si/NSi | Si/NSi | Si/NSi | Si/NSi | Si/NSi |
| 160 | | | | Si/NSi | | Si/NSi | Si/NSi | Si/NSi |

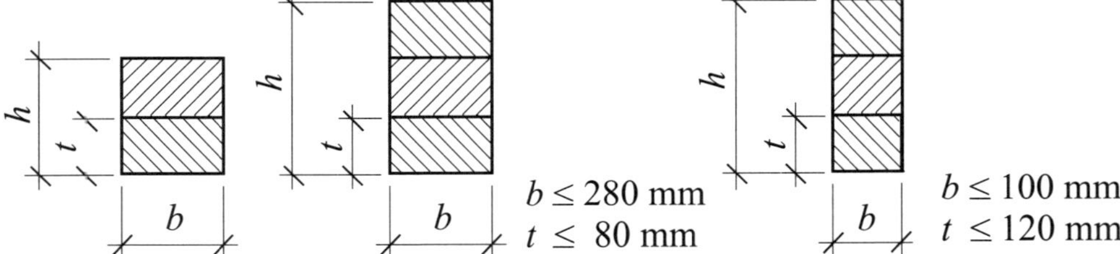


*Bild 3.5: Anforderungen an BASH-Querschnitte*

**Holzfeuchte**

Bei der Verklebung darf die Holzfeuchte der Einzelhölzer höchstens 15 % betragen.

**Keilzinkung**

zulässig in NKL 1 und 2

**Rohdichte**

nach Tabelle 3.12 für die Festigkeitsklasse C24: $\rho_k = 350$ kg/m$^3$

**Steifigkeitskennwerte**

nach Tabelle 3.13 für die Festigkeitsklasse C24

**Charakteristische Werte der Festigkeiten**

nach Tabelle 3.15 für die Festigkeitsklasse C24

### 3.2.5 Brettschichtholz (BSH)

Unter Brettschichtholz versteht man Hölzer, die aus mindestens drei breitseitig faserparallel verleimten, getrockneten Brettern oder Brettlagen bestehen. Die Dicke der Einzelbretter darf aus Gründen der Eigenspannungsreduzierung bei Feuchteschwankungen höchstens 45 mm betragen und wird bei gekrümmten Trägern noch zusätzlich in Abhängigkeit vom Krümmungsradius begrenzt.

Die Leistungsanforderungen und die Mindestanforderungen an die Herstellung von Brettschichtholz sind zukünftig in der DIN EN 14080 [N22] geregelt. Darüber hinaus finden sich zusätzliche nationale Anforderungen in DIN 1052-10 [N4-1].

Hinsichtlich des Querschnitts- bzw. Lamellenaufbaus werden folgende Unterscheidungen verwendet:

| | |
|---|---|
| homogenes BS-Holz (Abkürzung: h): | gleiche Festigkeitsklasse aller Lamellen |
| kombiniertes BS-Holz (Abkürzung: c): | Festigkeitsklasse der inneren und äußeren Lamellen unterschiedlich. |

Bei kombiniertem Brettschichtholz, welches besonders für Träger unter Hochkant-Biegebeanspruchung geeignet ist, gehören die inneren Brettlamellen einer niedrigeren Festigkeitsklasse als die äußeren an. Die äußeren Brettlamellen umfassen die Bereiche von 1/6 der Trägerhöhe auf beiden Seiten, mindestens jedoch zwei Brettlamellen.

Bei überwiegend auf Biegung beanspruchtem – homogenem und kombiniertem – Brettschichtholz dürfen außerdem bis zu 10 % der Lamellen im Bereich der Querschnittsachse einer niedrigeren Festigkeitsklasse entsprechen.

Lamellenaufbauten, die von denen des kombinierten BS-Holzes abweichen, dürfen unter Zugrundelegung der Angaben in DIN EN 14080 [N22] als Verbundquerschnitte berechnet und verwendet werden.

Üblicherweise besteht BSH aus Fichte, seltener aus Tanne, Kiefer, Lärche, Douglasie, Southern Pine, Western Hemlock und Yellow Cedar. Vereinzelt existieren auch Zulassungen für BSH aus Laubholz (z. B. Eiche: BZ Z-9.1-704 oder Buche: BZ Z 9.1-67)

**Bezeichnung**

< Breite > / < Höhe > < Festigkeitsklasse >

z. B. 160/600 GL24h

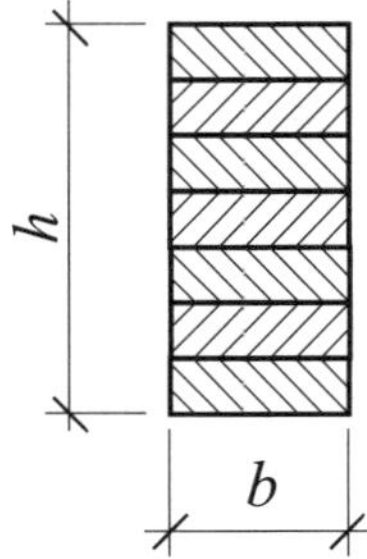


*Bild 3.6: Querschnitt*

**Maße**

Übliche Maße der Bauteile aus BSH mit Rechteckquerschnitt:

Höhe bis 2000 mm (einzelne Hersteller bis 3000 mm)

Breite bis 220 mm (einzelne Hersteller bis 300 mm)

Länge bis 30 m (einzelne Hersteller bis 60 m)

*Tabelle 3.20: Standardquerschnitte in Sichtqualität und Festigkeitsklasse GL24*

| Höhe *h* in mm | Breite *b* in mm | | | | | | |
|---|---|---|---|---|---|---|---|
| | 60 | 80 | 100 | 120 | 140 | 160 | 180 |
| 100 | | ∝ | | | | | |
| 120 | ∝ | ∝ | ∝ | ∝ | | | |
| 140 | | | | | ∝ | | |
| 160 | ∝ | ∝ | ∝ | ∝ | ∝ | ∝ | |
| 200 | | ∝ | ∝ | ∝ | ∝ | ∝ | ∝ |
| 240 | | | | ∝ | ∝ | ∝ | |
| 280 | | | | ∝ | ∝ | ∝ | |
| 320 | | | | ∝ | ∝ | ∝ | ∝ |
| 360 | | | | | ∝ | ∝ | ∝ |
| 400 | | | | | | ∝ | ∝ |

| | | |
|---|---|---|
| maximale Lamellendicke: | 45 mm | in NKL 1 und 2 |
| | 35 mm | in NKL 3 |
| Biegeradius gekrümmter Bauteile: | $R \geq 230 \cdot t$ | in NKL 1 und 2 |
| | $R \geq 205 \cdot t$ | in NKL 3 |

Biegeradien bis zu 150 *t* sind zulässig, wenn die Lamellendicke *t* der Bedingung $t \leq 13 + 0{,}4 \cdot (R/t - 150)$ mit Biegeradius *R* und Lamellendicke *t* in mm entspricht.

**Holzfeuchte** $\leq 15\ \%$

**Rohdichte**

*Tabelle 3.21: Rechenwerte für die Rohdichtekennwerte in kg/m³ für BSH*

| | | Festigkeitsklasse | | | | | |
|---|---|---|---|---|---|---|---|
| | | GL24h | GL24c | GL28h | GL28c | GL32h | GL32c |
| charakteristische Rohdichte | $\rho_k$ | 385 | 365 | 425 | 390 | 440 | 400 |
| mittlere Rohdichte | $\rho_m$ | 420 | 400 | 460 | 420 | 490 | 440 |

## Steifigkeitskennwerte

*Tabelle 3.22: Rechenwerte für die mittleren und die charakteristischen Steifigkeitskennwerte in N/mm² für BSH nach DIN EN 14080 [N22]*

| Modul | Festigkeitsklasse | | | | | | | |
|---|---|---|---|---|---|---|---|---|
| | GL20h | GL20c | GL24h | GL24c | GL28h | GL28c | GL32h | GL32c |
| $E_{0,mean}$ | 8 400 | 10 400 | 11 500 | 11 000 | 12 600 | 12 500 | 14 200 | 13 500 |
| $E_{90,mean}$ | 300 | | | | | | | |
| $G_{mean}$ | 650 | | | | | | | |

Für die charakteristischen Steifigkeitskennwerte $E_{0,05}$, $E_{90,05}$ und $G_{05}$ gelten in etwa die Schätzwerte: $E_{0,05} = 5/6 \cdot E_{0,mean}$ , $E_{90,05} = 5/6 \cdot E_{90,mean}$ und $G_{05} = 5/6 \cdot G_{mean}$

Der Schubmodul bei Rollschubbeanspruchung darf mit $0{,}1 \cdot G_{mean}$ angenommen werden.

## Charakteristische Werte der Festigkeiten

*Tabelle 3.23: Charakteristische Werte der Festigkeiten in N/mm² für BSH*

| Beanspruchung | Festigkeitsklasse | | | | | | | |
|---|---|---|---|---|---|---|---|---|
| | GL20h | GL20c | GL24h | GL24c | GL28h | GL28c | GL32h | GL32c |
| $f_{m,k}$ | 20 | 20 | 24 | 24 | 28 | 28 | 32 | 32 |
| $f_{t,0,k}$ | 16 | 15 | 19,2 | 17 | 22,3 | 19,5 | 25,6 | 19,5 |
| $f_{t,90,k}$ | 0,5 | | | | | | | |
| $f_{c,0,k}$ | 20 | 18,5 | 24 | 21,5 | 28 | 24 | 32 | 24,5 |
| $f_{c,90,k}$ | 2,5 | | | | | | | |
| $f_{v,k}$ | 3,5 | | | | | | | |
| $f_{R,k}$ | 1,2 | | | | | | | |

Bei Flachkant-Biegebeanspruchung der Lamellen von BSH-Trägern mit $h \leq 600$ mm darf $f_{m,d}$ mit dem Beiwert $k_h = (600/h)^{0,14} \leq 1{,}1$ multipliziert werden, mit $h$ in mm.

Bei Hochkant-Biegebeanspruchung der Lamellen von homogenem BSH aus mindestens vier nebeneinander liegenden Lamellen darf $f_{m,d}$ mit dem Systembeiwert $k_\ell = 1{,}2$ multipliziert werden oder $k_{sys}$ nach [N1-1 6.6(4) bzw. N1-2 NCI zu 3.3]

# 3.3 Holzwerkstoffe

## 3.3.1 Allgemeines

### Regeln für Eignung und Anwendung

Die in Abschnitt 3.3 zusammengefassten Holzwerkstoffe für tragende und aussteifende Zwecke müssen einer

- Norm
    - bauaufsichtlich eingeführte nationale Norm (DIN)
    - mandatierte europäische Norm (EN)
- deutschen allgemeinen bauaufsichtlichen Zulassung (BZ)
- europäischen Zulassung (ETA)
- Zustimmung im Einzelfall

entsprechen.

Der DIN EN 13986 [N21] können Angaben zu den Anwendungsbereichen geregelter HW entnommen werden. Für HW nach BZ sind Angaben zu den Anwendungsbereichen in der entsprechenden BZ zu finden. Für die Zuordnung zu Anwendungsbereichen werden die tragenden HW in folgende Verwendungskategorien des Bauwesens unterschieden:

- HW für die Innenverwendung als tragende Bauteile im Trockenbereich,
- HW für die Innenverwendung als tragende Bauteile im Feuchtbereich und
- HW zur Verwendung als tragende Bauteile im Außenbereich.

### Beanspruchungsarten

Im EC5 [N1] werden Bemessungsregeln für die Holzwerkstoffe (HW) Furnierschichtholz (FSH), Brettsperrholz (BSPH) und Massivholzplatten, Sperrholz (SPH), Oriented Strand Board (OSB), kunstharzgebundene und zementgebundene Spanplatten, Faserplatten und Gipskartonplatten angegeben. Bei HW-Platten ist zwischen der Beanspruchung als Platte (Plattenbeanspruchung) und der Beanspruchung als Scheibe (Scheibenbeanspruchung) zu unterscheiden.

Scheibenbeanspruchung Plattenbeanspruchung

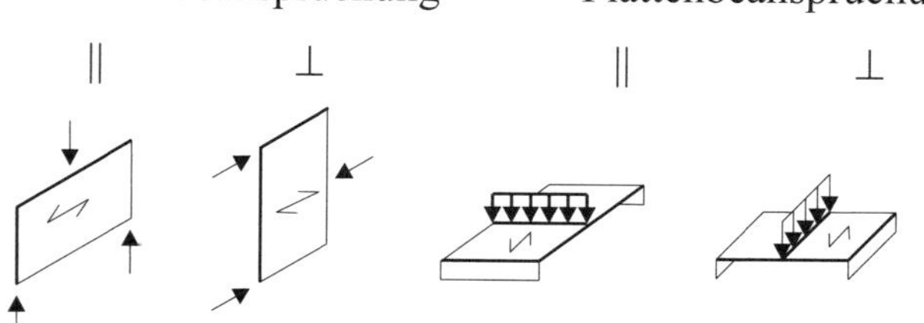


|| parallel zur Faser- bzw. Spanrichtung in der Deckschicht

⊥ rechtwinklig zur Faser- bzw. Spanrichtung in der Deckschicht

*Bild 3.7: Beanspruchungsarten*

### Eigenlasten

Die charakteristischen Eigenlasten von Bauteilen aus Holzwerkstoffen werden aus den Wichten nach Tabelle 3.24 und dem Bauteilvolumen ermittelt.

*Tabelle 3.24: Wichten in kN/m³ für HW*

| HW | BSPH | FSH | SPH mit $\rho_k < 600$ kg/m³ | SPH mit $\rho_k \geq 600$ kg/m³ |
|---|---|---|---|---|
| $g_k$ | 5,0 | 5,5 | 6,0 | 8,0 |
| HW | OSB | Spanplatte | harte Faserplatte | mittelharte Faserplatte |
| $g_k$ | 6,0 | 6,0 | 10,0 | 7,0 |

### Schwind- und Quellmaße

*Tabelle 3.25: Rechenwerte der Schwind- und Quellmaße in Plattenebene in % je % Holzfeuchteänderung für HW*

| Holzwerkstoff | | Holzwerkstoff | |
|---|---|---|---|
| FSH ohne Querfurniere | | Sperrholz, Brettsperrholz | 0,02 |
| ∥ zur Faserrichtung der Deckfurniere | 0,01 | kunstharzgebundene SP | 0,035 |
| ⊥ zur Faserrichtung der Deckfurniere | 0,32 | Faserplatten | 0,035 |
| FSH mit Querfurnieren | | zementgebundene SP | 0,03 |
| ∥ zur Faserrichtung der Deckfurniere | 0,01 | OSB-Platten (Typ OSB/2, OSB/3) | 0,03 |
| ⊥ zur Faserrichtung der Deckfurniere | 0,03 | OSB-Platten (Typ OSB/4) | 0,015 |

## 3.3.2 Brettsperrholz (BSPH)

BSPH ist zurzeit noch in allgemeinen bauaufsichtlichen Zulassungen geregelt. Als Norm liegt DIN EN 16351 [N28] im Entwurf vor. Die Bauteile erfüllen gleichzeitig tragende und Raum abschließende Funktionen und bestehen aus mindestens drei rechtwinklig miteinander verklebten Brettlagen aus NH. BSPH muss symmetrisch zur Mittellage aufgebaut sein. Bezüglich des Plattenaufbaus und der Maße sind zu unterscheiden:

- Massivholz-Bauteile aus kreuzweise verklebten Brettlagen (siehe Bild 3.8), z. B. Lenoplan nach Zulassung Z-9.1-501 mit Breiten bis zu 4,8 m, Längen bis zu 30 m und Dicken bis zu 300 mm.
- Drei- und Fünfschichtplatten mit Plattendicken bis zu 80 mm.

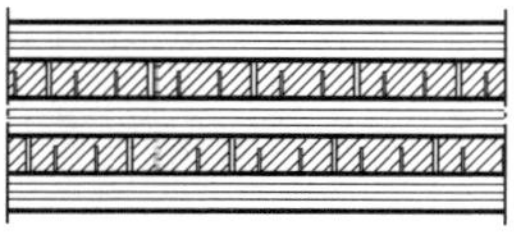

*Bild 3.8: Querschnitt BSPH*

Im Gegensatz zum Sperrholz mit Schichten (Furnieren) von etwa 3 bis 4 mm Dicke spielt die Schubweichheit des Materials von Brettsperrholz eine nicht mehr zu vernachlässigende Rolle. Dies kann an den geringen Werten der Rollschubfestigkeit $f_R$ und dem Rollschubmodul $G_R$ abgelesen werden. Die auf den Vollquerschnitt bezogenen Festigkeits- und Steifigkeitskennwerte von Platten aus BSPH, die den BZ zu entnehmen sind, beinhalten den Einfluss der Schubweichheit. Eine genauere Spannungsermittlung für BSPH-Querschnitte kann nach dem Verfahren der Schubanalogie nach EC5 [N1] – NCI NA.5.5 „Flächentragwerke" vorgenommen werden.

### 3.3.3 Furnierschichtholz (FSH)

Furnierblätter aus NH mit Faserrichtung parallel zur Plattenlängsrichtung werden zu Furnierschichtholz (Laminated Veneer Lumber (LVL)) miteinander verklebt. Nur bei FSH Kerto-Q verlaufen ca. 20 % der Furniere quer zur Plattenlängsrichtung, weshalb es auch für Flächentragwerke geeignet ist. FSH ist wie BSH zu verwenden, sofern in der BZ keine abweichenden Festlegungen enthalten sind.

Bezeichnung:

< Produkt > < Zulassungs-Nr. > < FSH-Art > < Dicke in mm >, < Länge × Breite in mm >

z. B.: FSH Kerto, Z-9.1-100, Kerto S, 63 mm, 8000 × 400 mm

z. B.: FSH SVL, Z-9.1-539, SVL™, 100 mm, 4000 × 50 mm

### 3.3.4 Sperrholz (SPH)

Die Eigenschaften von Sperrholz zur Verwendung im Bauwesen sind in DIN EN 13986 [N21] bzw. DIN EN 636 [N17] festgelegt oder in einer BZ geregelt. Charakteristische Kennwerte sind DIN V 20000-1 [N7] gegeben oder individuell in BZ enthalten. Man unterscheidet die technischen Klassen

- trocken
- feucht
- außen

und außerdem

- die Biegefestigkeitsklassen F sowie
- die Biege-$E$-Modul-Klassen E.

SPH muss symmetrisch zur Mittelebene aus Furnieren aufgebaut sein, wobei die Faserrichtungen benachbarter Furnierlagen rechtwinklig zueinander verlaufen und sich somit gegenseitig „absperren“. Eine Furnierlage darf aus mehreren Furnieren bestehen. Dreilagiges Sperrholz darf nur für aussteifende Zwecke oder als mittragende Beplankung von Wandscheiben für Holzhäuser in Tafelbauart verwendet werden. Alle sonstigen tragenden Bauteile müssen aus mindestens fünf Lagen bestehen.

Bezeichnung:

< Sperrholz > < Technische Klasse > < DIN EN 636 bzw. Zulassungs-Nr. > < Biegefestigkeitsklasse / Biege-*E*-Modul-Klasse > < Dicke in mm > < Länge × Breite in mm>

z. B.: Sperrholz, außen, DIN EN 636, F 40/40, E 60/40, 30 mm, 2200 × 1830 mm

*Tabelle 3.26: Rechenwerte für die mittleren und die charakteristischen Steifigkeitskennwerte in N/mm² für Sperrholz der Biege-E-Modul-Klasse E 40/20, $\rho_k \geq 350$ kg/m³*

| | Plattenbeanspruchung | | Scheibenbeanspruchung | |
|---|---|---|---|---|
| | ‖ zur Faserrichtung der Deckfurniere | ⊥ zur Faserrichtung der Deckfurniere | ‖ zur Faserrichtung der Deckfurniere | ⊥ zur Faserrichtung der Deckfurniere |
| $E_{mean}$ | 4000 | 2000 | 4000 | 3000 |
| $G_{mean}$ | 250 | | 500 | |
| Für die charakteristischen Steifigkeitskennwerte $E_{05}$ und $G_{05}$ gelten die Rechenwerte: $E_{05} = 0{,}8 \cdot E_{mean}$ und $G_{05} = 0{,}8 \cdot G_{mean}$. | | | | |

*Tabelle 3.27: Charakteristische Werte der Festigkeiten in N/mm² für Sperrholz der Biegefestigkeitsklasse F 20/10, Rohdichte $\rho_k \geq 350$ kg/m³*

| Beanspruchung | Plattenbeanspruchung | | Scheibenbeanspruchung | |
|---|---|---|---|---|
| | ‖ zur Faserrichtung der Deckfurniere | ⊥ zur Faserrichtung der Deckfurniere | ‖ zur Faserrichtung der Deckfurniere | ⊥ zur Faserrichtung der Deckfurniere |
| Biegung $f_{m,k}$ | 20 | 10 | 9 | 7 |
| Zug $f_{t,k}$ / Druck $f_{c,k}$ | | | 9 | 7 |
| Druck | $f_{c,90,k} = 4$ | | $f_{c,k} = 15$ | $f_{c,k} = 10$ |
| Schub $f_{v,k}$ | 0,9 | 0,6 | 3,5 | |

*Tabelle 3.28: Rechenwerte für die charakteristischen Steifigkeitskennwerte in N/mm² für Sperrholz der Biege-E-Modul-Klassen E 60/40, E 70/25 und E 90/10, $\rho_k \geq 600$ kg/m³*

| Klasse | E 60/40 | | E 70/25 | | E 90/10 | |
|---|---|---|---|---|---|---|
| | parallel*) | rechtwinklig*) | parallel*) | rechtwinklig*) | parallel*) | rechtwinklig*) |
| Plattenbeanspruchung | | | | | | |
| $E_{mean}$ | 6000 | 4000 | 7000 | 2500 | 9000 | 1000 |
| $G_{mean}$ | 150 | | 200 | | | |
| Scheibenbeanspruchung | | | | | | |
| $E_{mean}$ | 4400 | 4700 | 5500 | 3650 | 5500 | 3700 |
| $G_{mean}$ | 600 | | 700 | | | |
| Für die charakteristischen Steifigkeitskennwerte $E_{05}$ und $G_{05}$ gelten die Rechenwerte $E_{05} = 0{,}8 \cdot E_{mean}$ und $G_{05} = 0{,}8 \cdot G_{mean}$. *) zur Faserrichtung der Deckfurniere | | | | | | |

*Tabelle 3.29: Charakteristische Werte der Festigkeiten in N/mm² für Sperrholz der Biegefestigkeitsklassen F 40/30, F 50/25 und F 60/10, $\rho_k \geq 600$ kg/m³*

| Klasse | F 40/30 | | F 50/25 | | F 60/10 | |
|---|---|---|---|---|---|---|
| | parallel*) | rechtwinklig*) | parallel*) | rechtwinklig*) | parallel*) | rechtwinklig*) |
| Plattenbeanspruchung | | | | | | |
| Biegung $f_{m,k}$ | 40 | 30 | 50 | 25 | 60 | 10 |
| Druck $f_{c,90,k}$ | 9 | | 10 | | | |
| Schub $f_{v,k}$ | 2,2 | | 2,5 | | | |
| Scheibenbeanspruchung | | | | | | |
| $f_{m,k} = f_{t,k}$ | 29 | 31 | 36 | 24 | 36 | 24 |
| Druck $f_{c,k}$ | 21 | 22 | 36 | 17 | 26 | 18 |
| Schub $f_{v,k}$ | 9,5 | | 11 | | | |
| *) zur Faserrichtung der Deckfurniere | | | | | | |

### 3.3.5 OSB-Platten (OSB)

OSB-Platten (oriented strand boards, auch: Grobspanplatten) bestehen aus langen, flachen und in Plattenhauptrichtung ausgerichteten, verklebten „strands", das sind etwa 75 mm lange, ca. 35 mm breite und 0,6 mm dicke Holzspäne. Die Holzspäne sind in den Deckschichten in Plattenlängsrichtung orientiert und in der Mittelschicht meistens quer zur Plattenlängsrichtung ausgerichtet. Für tragende Zwecke müssen die Platten **Mindestdicken** von 8 mm haben. Eine Ausnahme stellt hier die Verwendung als aussteifende Beplankungen im Holztafelbau dar, wo Dicken ab 6 mm ausgeführt werden dürfen.

Die Eigenschaften von OSB-Platten zur Verwendung im Bauwesen sind in DIN EN 13986 [N21] bzw. EN 300 [N11] festgelegt oder darüber hinausgehend in einer BZ geregelt. Es werden die **technischen Klassen** OSB/1 bis OSB/4 unterschieden. OSB/1-Platten sind nicht statisch tragend ansetzbar. Platten der Klasse OSB/2 dürfen nur in der Nutzungsklasse 1 verwendet werden. OSB/3- und OSB/4-Platten dürfen auch in Nutzungsklasse 2 zum Einsatz kommen. Charakteristische Kennwerte sind in DIN EN 12369-1 [N19-1] gegeben. Individuell sind in den BZ der Hersteller z. T. deutlich höhere Werte enthalten.

**Charakteristische Rohdichte**

$\rho_k = 550\ \text{kg/m}^3$

*Tabelle 3.30: Rechenwerte für die mittleren und die charakteristischen Steifigkeitskennwerte in N/mm² für OSB-Platten der technischen Klassen OSB/2[1)], OSB/3 und OSB/4*

| | OSB/2[1)], OSB/3 | | OSB/4 | |
|---|---|---|---|---|
| Beanspruchung | parallel[2)] | rechtwinklig[2)] | parallel[2)] | rechtwinklig[2)] |
| Plattenbeanspruchung | | | | |
| $E$-Modul $E_{mean}$ | 4930 | 1980 | 6780 | 2680 |
| $G$-Modul $G_{mean}$ | 50 | | 60 | |
| Scheibenbeanspruchung | | | | |
| $E$-Modul $E_{mean}$ | 3800 | 3000 | 4300 | 3200 |
| $G$-Modul $G_{mean}$ | 1080 | | 1090 | |

Für die charakteristischen Steifigkeitskennwerte $E_{05}$ und $G_{05}$ gelten die Rechenwerte

$E_{05} = 0{,}85 \cdot E_{mean}$ und $G_{05} = 0{,}85 \cdot G_{mean}$.

1) Platten des Typs OSB/2 dürfen nur in NKL 1 verwendet werden.

2) zur Spanrichtung der Deckschicht

*Tabelle 3.31: Charakteristische Werte der Festigkeiten in N/mm² für OSB-Platten der technischen Klassen OSB/2[1)] und OSB/3, Rohdichte $\rho_k$ mindestens 550 kg/m³*

| Beanspruchung | parallel zur Deckschichtrichtung | | | rechtwinklig zur Deckschicht | | |
|---|---|---|---|---|---|---|
| Nenndicke der Platten in mm | > 6 bis 10 | > 10 bis 18 | > 18 bis 25 | > 6 bis 10 | > 10 bis 18 | > 18 bis 25 |
| Plattenbeanspruchung | | | | | | |
| Biegung $f_{m,k}$ | 18,0 | 16,4 | 14,8 | 9,0 | 8,2 | 7,4 |
| Druck $f_{c,90,k}$ | 10,0 | | | | | |
| Schub $f_{v,k}$ | 1,0 | | | | | |
| Scheibenbeanspruchung | | | | | | |
| $f_{m,k} = f_{t,k}$ | 9,9 | 9,4 | 9,0 | 7,2 | 7,0 | 6,8 |
| Druck $f_{c,k}$ | 15,9 | 15,4 | 14,8 | 12,9 | 12,7 | 12,4 |
| Schub $f_{v,k}$ | 6,8 | | | | | |
| [1)] Platten des Typs OSB/2 dürfen nur in NKL 1 verwendet werden. | | | | | | |

*Tabelle 3.32: Charakteristische Werte der Festigkeiten in N/mm² für OSB-Platten der technischen Klasse OSB/4, Rohdichte $\rho_k$ mindestens 550 kg/m³*

| Beanspruchung | parallel zur Deckschichtrichtung | | | rechtwinklig zur Deckschicht | | |
|---|---|---|---|---|---|---|
| Nenndicke der Platten in mm | > 6 bis 10 | > 10 bis 18 | > 18 bis 25 | > 6 bis 10 | > 10 bis 18 | > 18 bis 25 |
| Plattenbeanspruchung | | | | | | |
| Biegung $f_{m,k}$ | 24,5 | 23,0 | 21,0 | 13,0 | 12,2 | 11,4 |
| Druck $f_{c,90,k}$ | 10,0 | | | | | |
| Schub $f_{v,k}$ | 1,1 | | | | | |
| Scheibenbeanspruchung | | | | | | |
| $f_{m,k} = f_{t,k}$ | 11,9 | 11,4 | 10,9 | 8,5 | 8,2 | 8,0 |
| Druck $f_{c,k}$ | 18,1 | 17,6 | 17,0 | 14,3 | 14,0 | 13,7 |
| Schub $f_{v,k}$ | 6,9 | | | | | |

### 3.3.6 Kunstharzgebundene Spanplatten

Kunstharzgebundene Spanplatten, die bisher als Flachpressplatten bezeichnet worden sind, bestehen aus kleinen Holzspänen und Klebstoff. Die Späne liegen vorzugsweise parallel zur Plattenebene. Durch die Herstellung ergibt sich überwiegend ein mehrschichtiger Aufbau über die Dicke der Platte. Die Mittelschicht hat gegenüber den Deckschichten eine geringere Rohdichte. Mit zunehmender Plattendicke nimmt auch die Mittelschicht zu, wodurch sich die Abhängigkeit der Platteneigenschaften von der Plattendicke erklärt.

Die Eigenschaften von Spannplatten zur Verwendung im Bauwesen sind in DIN EN 13986 [N21] bzw. DIN EN 312 [N12] festgelegt oder in einer BZ geregelt. Charakteristische Kennwerte sind in DIN EN 12369-1 [N19-1] gegeben.

Es wird in sieben **Plattentypen** unterschieden, von denen die technischen Klassen P4 bis P7 für tragende Zwecke im Bauwesen verwendet werden dürfen:

- P4 und P6 zur Verwendung im Trockenbereich (NKL 1)
- P5 und P7 zur Verwendung im Trocken- und Feuchtbereich (NKL 1 und 2).

Die **Mindestdicken** betragen:

- 8 mm für tragende Platten
- 6 mm für aussteifende Platten.

**Charakteristische Rohdichte**

*Tabelle 3.33: Rechenwerte für die charakteristische Rohdichte in kg/m³ für kunstharzgebundene Spanplatten*

| Nenndicke in mm | > 6 bis 13 | > 13 bis 20 | >20 bis 25 | > 25 bis 32 | > 32 bis 40 | >40 bis 50 |
|---|---|---|---|---|---|---|
| $\rho_k$ | 650 | 600 | 550 | | 500 | |

**Charakteristische Steifigkeitskennwerte**

*Tabelle 3.34: Rechenwerte für die mittleren und die charakteristischen Steifigkeitskennwerte in N/mm² für kunstharzgebundene Spanplatten*

| Nenndicke in mm | > 6 bis 13 | > 13 bis 20 | > 20 bis 25 | > 25 bis 32 | > 32 bis 40 | > 40 bis 50 |
|---|---|---|---|---|---|---|
| Plattenbeanspruchung | | | | | | |
| Klasse P4 | | | | | | |
| *E*-Modul $E_{mean}$ | 3200 | 2900 | 2700 | 2400 | 2100 | 1800 |
| *G*-Modul $G_{mean}$ | 200 | | | 100 | | |

*Tabelle 3.34: Rechenwerte für die charakteristischen Steifigkeitskennwerte in N/mm² für kunstharzgebundene Spanplatten (Fortsetzung)*

| Klasse P5 | | | | | | |
|---|---|---|---|---|---|---|
| $E$-Modul $E_{mean}$ | 3500 | 3300 | 3000 | 2600 | 2400 | 2100 |
| $G$-Modul $G_{mean}$ | 200 | | | 100 | | |
| Klasse P6 | | | | | | |
| $E$-Modul $E_{mean}$ | 4400 | 4100 | 3500 | 3300 | 3100 | 2800 |
| $G$-Modul $G_{mean}$ | 200 | | | 100 | | |
| Klasse P7 | | | | | | |
| $E$-Modul $E_{mean}$ | 4600 | 4200 | 4000 | 3900 | 3500 | 3200 |
| $G$-Modul $G_{mean}$ | 200 | | | 100 | | |
| Scheibenbeanspruchung | | | | | | |
| Klasse P4 | | | | | | |
| $E$-Modul $E_{mean}$ | 1800 | 1700 | 1600 | 1400 | 1200 | 1100 |
| $G$-Modul $G_{mean}$ | 860 | 830 | 770 | 680 | 600 | 550 |
| Klasse P5 | | | | | | |
| $E$-Modul $E_{mean}$ | 2000 | 1900 | 1800 | 1500 | 1400 | 1300 |
| $G$-Modul $G_{mean}$ | 960 | 930 | 860 | 750 | 690 | 660 |
| Klasse P6 | | | | | | |
| $E$-Modul $E_{mean}$ | 2500 | 2400 | 2100 | 1900 | 1800 | 1700 |
| $G$-Modul $G_{mean}$ | 1200 | 1150 | 1050 | 950 | 900 | 880 |
| Klasse P7 | | | | | | |
| $E$-Modul $E_{mean}$ | 2600 | 2500 | 2400 | 2300 | 2100 | 2000 |
| $G$-Modul $G_{mean}$ | 1250 | 1200 | 1150 | 1100 | 1050 | 1000 |
| Für die charakteristischen Steifigkeitskennwerte $E_{05}$ und $G_{05}$ gelten die Rechenwerte $E_{05} = 0{,}8 \cdot E_{mean}$ und $G_{05} = 0{,}8 \cdot G_{mean}$. | | | | | | |

## Charakteristische Werte der Festigkeiten

*Tabelle 3.35: Charakteristische Werte der Festigkeiten in N/mm² für kunstharzgebundene Spanplatten*

| Nenndicke in mm | > 6 bis 13 | > 13 bis 20 | >20 bis 25 | > 25 bis 32 | > 32 bis 40 | > 40 bis 50 |
|---|---|---|---|---|---|---|
| Plattenbeanspruchung | | | | | | |
| Klasse P4 | | | | | | |
| Biegung | 14,2 | 12,5 | 10,8 | 9,2 | 7,5 | 5,8 |
| Druck ⊥ Platte | 10,0 | | | 8,0 | 6,0 | 6,0 |
| Schub | 1,8 | 1,6 | 1,4 | 1,2 | 1,1 | 1,0 |
| Klasse P5 | | | | | | |
| Biegung | 15,0 | 13,3 | 11,7 | 10,0 | 8,3 | 7,5 |
| Druck ⊥ Platte | 10,0 | | | 8,0 | 6,0 | 6,0 |
| Schub | 1,9 | 1,7 | 1,5 | 1,3 | 1,2 | 1,0 |
| Klasse P6 | | | | | | |
| Biegung | 16,5 | 15 | 13,3 | 12,5 | 11,7 | 10,0 |
| Druck ⊥ Platte | 10,0 | | | 8,0 | 6,0 | 6,0 |
| Schub | 1,9 | 1,7 | | | | |
| Klasse P7 | | | | | | |
| Biegung | 9,15 | 8,35 | 7,70 | 7,10 | 6,65 | 6,25 |
| Druck ⊥ Platte | 5,00 | 5,00 | 5,00 | 4,00 | 3,00 | 3,00 |
| Schub | 1,20 | 1,10 | 1,00 | 0,95 | 0,95 | 0,90 |

*Tabelle 3.35: Charakteristische Werte der Festigkeiten in N/mm² für kunstharzgebundene Spanplatten (Fortsetzung)*

| Nenndicke in mm | > 6 bis 13 | > 13 bis 20 | > 20 bis 25 | > 25 bis 32 | > 32 bis 40 | > 40 bis 50 |
|---|---|---|---|---|---|---|
| Scheibenbeanspruchung | | | | | | |
| Klasse P4 | | | | | | |
| Biegung, Zug | 8,9 | 7,9 | 6,9 | 6,1 | 5,0 | 4,4 |
| Druck | 12,0 | 11,1 | 9,6 | 9,0 | 7,6 | 6,1 |
| Schub | 6,6 | 6,1 | 5,5 | 4,8 | 4,4 | 4,2 |
| Klasse P5 | | | | | | |
| Biegung, Zug | 9,4 | 8,5 | 7,4 | 6,6 | 5,6 | 5,6 |
| Druck | 12,7 | 11,8 | 10,3 | 9,8 | 8,5 | 7,8 |
| Schub | 7,0 | 6,5 | 5,9 | 5,2 | 4,8 | 4,4 |
| Klasse P6 | | | | | | |
| Biegung, Zug | 10,5 | 9,5 | 8,5 | 8,3 | 7,8 | 7,5 |
| Druck | 14,1 | 13,3 | 12,8 | 12,2 | 11,9 | 10,4 |
| Schub | 7,8 | 7,3 | 6,8 | 6,5 | 6,0 | 5,5 |
| Klasse P7 | | | | | | |
| Biegung, Zug | 11,5 | 10,6 | 9,8 | 9,4 | 9,0 | 8,0 |
| Druck | 15,5 | 14,7 | 13,7 | 13,5 | 13,2 | 13,0 |
| Schub | 8,6 | 8,1 | 7,9 | 7,4 | 7,2 | 7,0 |

## 3.3.7 Zementgebundene Spanplatten

Die zementgebundenen Spanplatten bestehen aus kleinen Teilen aus Holz oder anderen Teilchen pflanzlichen Ursprungs. Als Bindemittel dient Portlandzement. Die Platten dürfen im Trockenbereich (NKL 1), Feuchtbereich (NKL 2) und Außenbereich (NKL 3) verwendet werden. Es gibt zwei Klassen von zementgebundenen Spanplatten, die sich im Biege-*E*-Modul unterscheiden. Die Eigenschaften von Spannplatten zur Verwendung im Bauwesen sind in DIN EN 13986 [N21] festgelegt.

Die **Mindestdicke** beträgt für tragende und aussteifende Platten 8 mm.

**Charakteristische Rohdichte** $\rho_k = 1000$ kg/m$^3$

### Charakteristische Steifigkeitskennwerte

*Tabelle 3.36: Rechenwerte für die charakteristischen Steifigkeitskennwerte in N/mm$^2$ für zementgebundene Spanplatten , Nenndicke 8 bis 30 mm*

| Beanspruchung | Plattenbeanspruchung | Scheibenbeanspruchung |
|---|---|---|
| *E*-Modul $E_{mean}$ | Klasse 1: 4500<br>Klasse 2: 4000 | 4500 |
| *G*-Modul $G_{mean}$ | | 1500 |
| Für die charakteristischen Steifigkeitskennwerte $E_{05}$ und $G_{05}$ gelten die Rechenwerte $E_{05} = 0{,}8 \cdot E_{mean}$ und $G_{05} = 0{,}8 \cdot G_{mean}$. | | |

### Charakteristische Werte der Festigkeitskennwerte

*Tabelle 3.37: Charakteristische Werte der Festigkeiten in N/mm$^2$ für zementgebundene Spanplatten der technischen Klassen 1 und 2, Nenndicke 8 bis 30 mm*

| Beanspruchung | Plattenbeanspruchung | Scheibenbeanspruchung |
|---|---|---|
| Biegung | 9,0 | 8,0 |
| Zug | | 2,5 |
| Druck | | 11,5 |
| Schub | 2,0 | 6,5 |
| Druck ⊥ Platte | 12,0 | |

### 3.3.8 Faserplatten

Bei den Faserplatten gibt es eine Vielzahl technischer Klassen, die auch als Plattentypen bezeichnet werden. Hier werden nur die charakteristischen Werte der technischen Klasse HB.HLA2 (harte Faserplatten) und die der technische Klasse MBH.LA2 (mittelharten Faserplatten) angegeben. Zum besseren Verständnis der ungewohnten Klassenbezeichnungen sind nachfolgend die verschiedenen Klassen für harte und mittelharte FP aufgelistet:

**harte Faserplatten**:

Platten für

| | |
|---|---|
| – allgemeine Zwecke zur Verwendung im Trockenbereich | HB |
| – allgemeine Zwecke zur Verwendung im Feuchtbereich | HB.H |
| – allgemeine Zwecke zur Verwendung im Außenbereich | HB.E |
| – tragende Zwecke zur Verwendung im Trockenbereich | HB.LA |
| – tragende Zwecke zur Verwendung im Feuchtbereich | HB.HLA1 |
| hochbelastbare Platten für | |
| – tragende Zwecke zur Verwendung im Feuchtbereich | HB.HLA2 |

**mittelharte Faserplatten**:

Platten für

| | |
|---|---|
| – allgemeine Zwecke zur Verwendung im Trockenbereich | MBL u. MBH |
| – allgemeine Zwecke zur Verwendung im Feuchtbereich | MBL u. MBH.H |
| – allgemeine Zwecke zur Verwendung im Außenbereich | MBL.E u. MBH.E |
| – tragende Zwecke zur Verwendung im Trockenbereich | MBH.LA1 |
| – tragende Zwecke zur Verwendung im Feuchtbereich | MBH.HLS1 |
| hochbelastbare Platten für | |
| – tragende Zwecke zur Verwendung im Trockenbereich | MBH.LA2 |
| – tragende Zwecke zur Verwendung im Feuchtbereich | MBH.HLS2 |

Die **Mindestdicke** beträgt für tragende und aussteifende harte Faserplatten 4 mm und für tragende und aussteifende mittelharte Faserplatten 6 mm.

## Charakteristische Rohdichte

*Tabelle 3.38: Rechenwerte für die charakteristische Rohdichte in kg/m³ für Faserplatten*

| | harte FP (Typ HB.HLA2) | | mittelharte FP (Typ MBH.LA2) | |
|---|---|---|---|---|
| Nenndicke in mm | > 3,5 bis 5,5 | > 5,5 | ≤ 10 | > 10 |
| $\rho_k$ | 850 | 800 | 650 | 600 |

## Charakteristische Steifigkeitskennwerte

*Tabelle 3.39: Rechenwerte für die charakteristischen Steifigkeitskennwerte in N/mm² für Faserplatten*

| | harte FP (Typ HB.HLA2) | | mittelharte FP (Typ MBH.LA2) | |
|---|---|---|---|---|
| Nenndicke in mm | > 3,5 bis 5,5 | > 5,5 | ≤ 10 | > 10 |
| Plattenbeanspruchung | | | | |
| $E$-Modul $E_{mean}$ | 4800 | 4600 | 3100 | 2900 |
| $G$-Modul $G_{mean}$ | 200 | 200 | 100 | 100 |
| Scheibenbeanspruchung | | | | |
| $E$-Modul $E_{mean}$ | 4800 | 4600 | 3100 | 2900 |
| $G$-Modul $G_{mean}$ | 2000 | 1900 | 1300 | 1200 |
| Für die charakteristischen Steifigkeitskennwerte $E_{05}$ und $G_{05}$ gelten die Rechenwerte $E_{05} = 0{,}8 \cdot E_{mean}$ und $G_{05} = 0{,}8 \cdot G_{mean}$. | | | | |

## Charakteristische Werte der Festigkeitskennwerte

*Tabelle 3.40: Charakteristische Werte der Festigkeiten in N/mm² für Faserplatten*

| | harte FP (Typ HB.HLA2) | | mittelharte FP (Typ MBH.LA2) | |
|---|---|---|---|---|
| Nenndicke in mm | > 3,5 bis 5,5 | > 5,5 | ≤ 10 | > 10 |
| Plattenbeanspruchung | | | | |
| Biegung | 35,0 | 32,0 | 17,0 | 15,0 |
| Druck ⊥ Platte | 12,00 | | 8,0 | |
| Schub | 3,0 | 2,5 | 0,3 | 0,25 |
| Scheibenbeanspruchung | | | | |
| Biegung, Zug | 26,0 | 23,0 | 9,0 | 8,0 |
| Druck | 27,0 | 24,0 | 9,0 | 8,0 |
| Schub | 18,0 | 16,0 | 5,5 | 4,5 |
| Für die charakteristischen Steifigkeitskennwerte $E_{05}$ und $G_{05}$ gelten die Rechenwerte $E_{05} = 0{,}8 \cdot E_{mean}$ und $G_{05} = 0{,}8 \cdot G_{mean}$. | | | | |

# 4 Dauerhaftigkeit

## 4.1 Allgemeines

Die dauerhafte Funktionstüchtigkeit, d. h. die Dauerhaftigkeit einer Holzkonstruktion, ist vorrangig durch vorbeugende bauliche Maßnahmen (siehe DIN 68800-2 [N10-2]) und erforderlichenfalls zusätzlich durch vorbeugenden chemischen Holzschutz (siehe DIN 68800-3 [N10-3]) sicherzustellen. Ausführungen ohne chemischen Holzschutz sollen gegenüber jenen bevorzugt werden, bei denen ein vorbeugender chemischer Holzschutz erforderlich ist. Auf den vorbeugenden chemischen Holzschutz kann verzichtet werden, wenn eine Gefährdung der Holzteile durch Pilze und Insekten während der Nutzungsdauer ausreichend zuverlässig durch bauliche Maßnahmen ausgeschlossen ist. Als Nutzungsdauer können nach DIN EN 1991-1-1 [N3] bei Gebäuden 50 Jahre angesetzt werden.

Bei Transport im Regen und auch bei kurzzeitiger Lagerung im Freien sind Holz und HW durch eine Abdeckung vor Feuchtigkeit und intensiver Sonnenbestrahlung zu schützen. Holz und HW sind möglichst mit der Ausgleichsfeuchte nach Abschnitt 3.1.1 einzubauen. Vereinfacht dürfen diese Ausgleichsfeuchten auch für Sperrholz und Spanplatten zugrunde gelegt werden. Bei Faserplatten liegen die Werte um etwa 3 % niedriger.

## 4.2 Gebrauchsklassen (GK)

Nach DIN 68800-1 [N10-1] werden Holzbauteile entsprechend ihren zu erwartenden Gebrauchsbedingungen in die Gebrauchsklassen (GK) 0 bis 5 eingestuft. Grundsätzlich ist chemischer Holzschutz nur dann erforderlich, wenn Hölzer eingesetzt werden, die für die jeweilige Gebrauchsklassen nicht ausreichend dauerhaft sind (siehe Abschnitt 4.3).

*Tabelle 4.1: Zuordnung der Gebrauchsbedingungen zu den Gebrauchsklassen*

| Gebrauchsklassen | Beanspruchung | allgemeine Gebrauchsbedingungen | erforderliche Prüfprädikate der Holzschutzmittel[1)] |
|---|---|---|---|
| 0 | innen verbautes Holz, ständig trocken Holzfeuchte < 20 % | Keine Bewitterung oder Befeuchtung Insektenbefall kann ausgeschlossen oder rechtzeitig festgestellt werden. | – |
| 1 | | keine Bewitterung oder Befeuchtung | Iv |
| 2 | Vorübergehende Befeuchtung > 20 % möglich, z. B. durch Kondensation | Keine Bewitterung, aber hohe Umgebungsfeuchten können zu gelegentlicher Befeuchtung führen – kein direktes Spritzwasser. | Iv<br>P |

*Tabelle 4.1: Zuordnung der Gebrauchsbedingungen zu den Gebrauchsklassen (Fortsetzung))*

<table>
<tr><td rowspan="2">3</td><td>3.1</td><td>gelegentlich > 20 %<br>Anreicherung von Wasser nicht zu erwarten</td><td>Außenbauteile mit Bewitterung<br>kein ständiger Erd- oder Wasserkontakt – schnelle Rücktrocknung gewährleistet</td><td rowspan="2">Iv<br>P<br>W</td></tr>
<tr><td>3.2</td><td>gelegentlich > 20 %<br>Anreicherung von Wasser zu erwarten</td><td>Außenbauteile mit Bewitterung<br>kein ständiger Erd- oder Wasserkontakt – schnelle Rücktrocknung nicht gewährleistet</td></tr>
<tr><td colspan="2">4</td><td>vorwiegend bis ständig feucht<br>> 20 %</td><td>Holzteile mit ständigem Erd- und/oder Süßwasserkontakt, auch bei Ummantelung</td><td>Iv<br>P<br>W<br>E</td></tr>
<tr><td colspan="2">5</td><td>ständig feucht<br>> 20 %</td><td>ständig dem Meerwasser ausgesetzt</td><td></td></tr>
<tr><td colspan="5">1) siehe Tabelle 4.3<br>2) wie GK4, zusätzlich Wirksamkeit gegen Holzschädlinge im Meerwasser</td></tr>
</table>

*Tabelle 4.2: Prüfprädikate für Holzschutzmittel*

| Prüfprädikat | Wirksamkeit | für GK |
|---|---|---|
| Iv | gegen Insekten vorbeugend wirksam | 1 bis 4 |
| P | gegen Pilze vorbeugend wirksam | 2 bis 4 |
| W | auch für Holz, das der Witterung ausgesetzt ist, jedoch nicht im ständigen Erdkontakt und nicht im ständigen Kontakt mit Wasser | 3 und 4 |
| E | auch für Holz, das extremer Beanspruchung ausgesetzt ist (im ständigen Erdkontakt und/oder im ständigen Kontakt mit Wasser sowie bei Schmutzablagerungen in Rissen und Fugen) | 4 |

Ergibt sich die Notwendigkeit des chemischen Holzschutzes, kommen wasserlösliche oder ölige Holzschutzmittel und Präparate für besondere Anwendungsgebiete zum Einsatz. Es sind nur Mittel zu verwenden, die vom Deutschen Institut für Bautechnik (DIBt) eine BZ sowie die ihren Eigenschaften entsprechenden amtlichen Prüfprädikate erhalten haben (siehe Tabelle 4.2). Diese Präparate sind im vom DIBt veröffentlichten Holzschutzmittelverzeichnis oder in dem Verzeichnis der allgemeinen bauaufsichtlichen Zulassungen, Zulassungsbereich: Holzschutzmittel [7] zusammengestellt.

Für andere als in den Tabellen 4.1 und 4.2 angeführte Anwendungsbereiche und im Falle von Abweichungen von den Tafeln ist ein besonderer Verwendbarkeitsnachweis zu führen (siehe [8]).

**Natürliche Dauerhaftigkeit des Holzes**

Das Kernholz der nach EC5 verwendbaren Holzarten ist nach DIN 68364 [N9] in Resistenzklassen (siehe Tabelle 3.6) und nach DIN EN 350-2 [N15-2] in Dauerhaftigkeitsklassen (siehe Tabelle 3.7) eingeteilt. Das Splintholz aller Holzarten ist den Klassen 4 und 5 zuzuordnen.

## 4.3 Vorbeugende bauliche Maßnahmen

Entwurf und konstruktive Durchbildung eines Bauwerks sollen sicherstellen, dass Holzbauteile nicht hohen Feuchtigkeiten ausgesetzt werden, die zu dauerhaften Holzfeuchten von mehr als 20 % führen und damit eine Holzzerstörung durch Pilze ermöglichen. Konkret bedeutet das

- Hirnholzflächen abdecken
- Dachüberstände ausführen
- Bodenabstand von ca. 300 mm über der Geländeoberkante
- Abtropfkanten ausbilden
- Belüftung des Holzes
- schnelle Wasserabführung.

Eine sehr gute bauliche Maßnahme stellt die Verwendung von Holzarten mit für die bestehende GK ausreichend hoher natürlicher Dauerhaftigkeit (Resistenz) dar (siehe Tabelle 4.3).

*Tabelle 4.3: Einsatz des Kernholzes von Holzarten mit ausreichend hoher Resistenz (Dauerhaftigkeit), statt der Verwendung von Holzschutzmitteln*

| Gebrauchsklasse | 1 | 2 | 3 | 4 |
|---|---|---|---|---|
| Resistenzklasse | 3–4 | 3 | 2 | 1 |
| Dauerhaftigkeits-klasse | 3–4 | 3–4 | 2 | 1, 2 (Azobé) |
| Holzarten wie | Kiefer | Douglasie, Lärche | Eiche | Afzelia, Teak, Azobé |

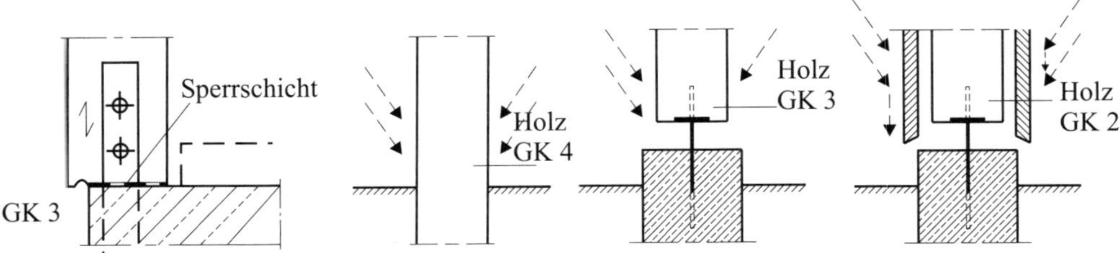


Schutz der Bauteile gegen aufsteigende Feuchte durch Sperrschichten

Stützen im Freien (aus [10])

*Bild 4.1: Beispiele für die Zuordnung von Holzstützen im Freien zu GK*

Weitere Beispiele können z. B. [9] bis [12] entnommen werden.

# 5 Brandschutz

## 5.1 Allgemeines

**Baustoffe** werden hinsichtlich ihres Brandverhaltens nach DIN 4102-1 [N6] in die Baustoffklassen A und B eingeteilt. Die Klasse A umfasst die nichtbrennbaren Baustoffe. Die brennbaren Baustoffe der Klasse B werden weiter unterteilt in

- B1 schwerentflammbar
- B2 normalentflammbar
- B3 leichtentflammbar.

Holz und Holzwerkstoffe sind im Allgemeinen der Klasse B2 zuzuordnen.

**Bauteile** werden im Brandfall danach beurteilt, wie lange sie dem Feuer Widerstand leisten, d. h. wie lange ihre tragende bzw. raumabschließende Funktion im Brandfall erhalten bleibt. Die entscheidende brandschutztechnische Eigenschaft von Bauteilen ist die Feuerwiderstandsdauer. Entsprechend dieser Feuerwiderstandsdauer in Minuten wird das Bauteil einer Feuerwiderstandsklasse zugeordnet (siehe Tabelle 5.1). Durch geeignete Querschnittsformen oder Bekleidungen kann die Feuerwiderstandsdauer erhöht werden. Mit wachsendem Verhältnis Volumen/Oberfläche steigt der Widerstand gegen Feuer und liegt bei BSH höher als bei VH (Schwindrisse vergrößern die Oberfläche). Anforderungen an die Feuerwiderstandsdauer in Abhängigkeit von Gebäudegröße, Geschosszahl und Nutzung sind den Landesbauordnungen zu entnehmen und bei Sonderfällen möglichst frühzeitig mit den zuständigen Behörden zu klären.

*Tabelle 5.1: Beispiele für Feuerwiderstandsklassen von Holzbauteilen*

| Feuerwiderstandsklasse | Feuerwiderstandsdauer in min | bauaufsichtlicher Begriff |
|---|---|---|
| F30-B | $\geq 30$ | feuerhemmend |
| F60-B | $\geq 60$ | hochfeuerhemmend |
| F90-B | $\geq 90$ | feuerbeständig |

Werden Holz und Holzwerkstoffe einem Vollbrand ausgesetzt, zeigen sie im Vergleich zu anderen Baustoffen ein sehr günstiges Verhalten, obwohl sie brennbar sind. Die Holzoberfläche entzündet sich und der Abbrand entwickelt sich von außen nach innen, wobei sich eine Holzkohleschicht bildet. Die Wärmeleitfähigkeit dieser Holzkohleschicht ist im Vergleich zu der des unveränderten Holzes deutlich geringer und verzögert den Abbrand des Restquerschnitts. Holzbauteile verlieren ihre Tragfähigkeit erst dann, wenn die Restquerschnittsfläche so klein geworden ist, dass die Spannungen infolge der wirkenden Schnittgrößen die Festigkeit des Holzes bei der momentanen Temperatur im Restquerschnitt erreichen.

Der Teil 1-1 des EC5 [N1-1] gilt für die Bemessung von Bauwerken bei normaler Temperatur (sogenannte „kalte“ Bemessung). Im Brandfall ist der Nachweis auf der

Grundlage des Teils 1-2 des EC5 [N1-3] mit dem zugehörigen NAD zu führen (sogenannte „heiße" Bemessung).

Im Zuge der europäischen Harmonisierung sollen zukünftig die DIN EN 13501-1 [N20-1] bezüglich des Brandverhaltens bzw. die DIN EN 13501-2 [N20-3] hinsichtlich des Feuerwiderstands gelten.

## 5.2 Einwirkungen im Brandfall

Anstelle der Kombinationsregel für außergewöhnliche Bemessungssituationen nach EC0 [N2] darf im Holzbau der Bemessungswert der Einwirkungen mit Ausnahme für Nutzlasten in Lagerräumen berechnet werden zu:

$$E_{\mathrm{dA}} = \eta_{\mathrm{fi}} \cdot E_{\mathrm{d}} = 0{,}6 \cdot E_{\mathrm{d}}$$

mit

| | |
|---|---|
| $E_{\mathrm{dA}}$ | Bemessungswert der Einwirkungen im Brandfall |
| $E_{\mathrm{d}}$ | Bemessungswert der Einwirkungen für ständige und vorübergehende Bemessungssituationen für den Nachweis des Grenzzustandes der Tragfähigkeit nach EC0 [N2] |
| $\eta_{\mathrm{fi}}$ | Faktor zur Berücksichtigung verminderter Sicherheitsbeiwerte im Brandfall |

## 5.3 Feuerwiderstand unbekleideter Holzbauteile

Für die Berechnungsverfahren des Feuerwiderstandes unbekleideter Holzbauteile gilt:

- Unterscheidung in 3-seitige und 4-seitige Brandbeanspruchung
- Rechteckquerschnitt aus Holz mit der Festigkeitsklasse von mindestens C24, D30 oder GL24c
- kein Querzugspannungsnachweis für F 30-B erforderlich, wenn $b \geq 160$ mm und $h/b \geq 3$
- Berechnung wahlweise mit dem vereinfachten Verfahren mit ideellen Restquerschnitten oder mit dem genaueren Verfahren mit reduzierter Festigkeit und Steifigkeit.

**Vereinfachtes Verfahren der Bemessung mit ideellen Restquerschnitten**

Es wird angenommen, dass die Festigkeits- und Steifigkeitseigenschaften im Restquerschnitt durch den Brand und die erhöhte Temperatur nicht beeinflusst werden.

*ideeller Restquerschnitt*

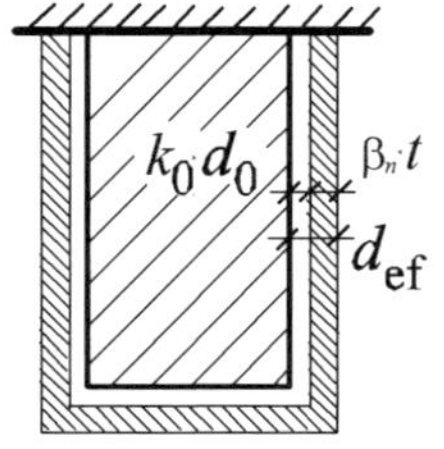


3-seitiger Abbrand

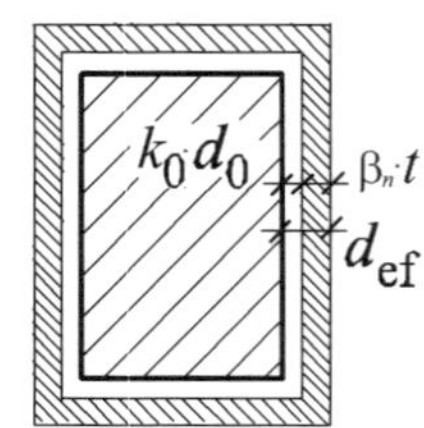


4-seitiger Abbrand

*Bild 5.1: Rechteckquerschnitt bei Brandbeanspruchung*

Der Verlust an Festigkeit und Steifigkeit unter Brandbeanspruchung wird durch Erhöhung der Abbrandtiefe mit $d_0 = 7$ mm berücksichtigt:

$$d_{\mathrm{ef}} = \beta_{\mathrm{n}} \cdot t + k_0 \cdot d_0$$

mit $d_{\mathrm{ef}}$ ideelle Abbrandtiefe
$\beta_{\mathrm{n}}$ Abbrandrate in mm/min nach Tabelle 5.2
$t$ geforderte Feuerwiderstandsdauer in min
$k_0$ Faktor für ungeschützte Oberflächen
$k_0 = t/20$ für $t < 20$ min und
$k_0 = 1$ für $t > 20$ min

Den ideellen Restquerschnitt erhält man, wenn der Ausgangsquerschnitt um die ideelle Abbrandtiefe reduziert wird (siehe Bild 5.1), wobei $k_0 \cdot d_0$ die verminderten Festigkeiten und Steifigkeiten berücksichtigt.

*Tabelle 5.2: Abbrandraten $\beta_n$*

| Baustoff | $\beta_{\mathrm{n}}$ in mm/min |
|---|---|
| Vollholz aus NH mit $\rho_{\mathrm{k}} \geq 290$ kg/m$^3$ und einer Mindestabmessung von 35 mm | 0,8 |
| BSH aus NH mit $\rho_{\mathrm{k}} \geq 290$ kg/m$^3$ | 0,7 |
| Vollholz aus LH mit $290 \leq \rho_{\mathrm{k}} < 450$ kg/m$^3$ | 0,7 |
| Vollholz aus LH mit $\rho_{\mathrm{k}} \geq 450$ kg/m$^3$ und Eiche | 0,55 |
| Buche | wie NH |
| Furnierschichtholz | 0,7 |
| Brettsperrholz[1)] | 0,9 |
| Sperrholz[1)] | 1,0 |
| OSB-Platten[1)], Spanplatten[1)], Faserplatten[1)] | 0,9 |

[1)] Die Werte beziehen sich auf eine charakteristische Rohdichte von 450 kg/m$^3$ und eine Plattendicke $h_p$ von 20 mm. Für andere Rohdichten und $h_p \geq 20$ mm ist die Abbrandrate $\beta_{\mathrm{n,\rho,t}} = \beta_{\mathrm{n}} \cdot k_{\rho} \cdot k_{\mathrm{h}}$ mit

$k_{\rho} = \sqrt{450 / \rho_{\mathrm{k}}}$ $\rho_{\mathrm{k}}$ charakteristische Rohdichte in kg/m$^3$

$k_{\mathrm{h}} = \sqrt{20 / h_p} \leq 1$ $h_p$ Werkstoffdicke in mm

*Bemessungswerte der Festigkeit und Steifigkeit*

Siehe genaueres Verfahren, jedoch mit $k_{\mathrm{mod,fi}} = 1{,}0$.

**Genaueres Verfahren der Bemessung mit reduzierter Festigkeit und Steifigkeit**

Die Tragfähigkeit des Restquerschnitts wird unter Berücksichtigung der Abnahme der Festigkeiten und Steifigkeiten infolge Temperaturerhöhung ermittelt.

*Restquerschnitt*

Siehe vereinfachtes Verfahren, jedoch mit $d_0 = 0$.

*Bemessungswerte der Festigkeit und Steifigkeit*

$$f_{\mathrm{d,fi}} = k_{\mathrm{mod,fi}} \cdot k_{\mathrm{fi}} \cdot f_{\mathrm{k}} / \gamma_{\mathrm{M,fi}}$$

$$E_{\mathrm{d,fi}} = k_{\mathrm{mod,fi}} \cdot k_{\mathrm{fi}} \cdot E_{0,05} / \gamma_{\mathrm{M,fi}}$$

$$G_{\mathrm{d,fi}} = k_{\mathrm{mod,fi}} \cdot k_{\mathrm{fi}} \cdot \frac{2}{3} \cdot G_{05} / \gamma_{\mathrm{M,fi}} \quad \text{für VH}$$

$$G_{\mathrm{d,fi}} = k_{\mathrm{mod,fi}} \cdot k_{\mathrm{fi}} \cdot G_{05} / \gamma_{\mathrm{M,fi}} \quad \text{für BSH}$$

mit

$f_{\mathrm{k}}$ charakteristischer Festigkeitskennwert bei Normaltemperatur

$E_{0,05}$ charakteristischer $E$-Modul bei Normaltemperatur

$G_{05}$ charakteristischer $G$-Modul bei Normaltemperatur

$\gamma_{\mathrm{M,fi}} = 1$

$k_{\mathrm{mod,fi}}$ Modifikationsbeiwert, der die Auswirkungen von Temperatur auf die Festigkeit und Steifigkeit berücksichtigt

$$k_{\mathrm{mod,fi}} = 1 - \frac{1}{200} \cdot \frac{p}{A_{\mathrm{r}}} \quad \text{für die Biegefestigkeit}$$

$$k_{\mathrm{mod,fi}} = 1 - \frac{1}{125} \cdot \frac{p}{A_{\mathrm{r}}} \quad \text{für die Druckfestigkeit}$$

$$k_{\mathrm{mod,fi}} = 1 - \frac{1}{330} \cdot \frac{p}{A_{\mathrm{r}}}$$ für die Zugfestigkeit parallel zur Faser, den $E$-Modul und den $G$-Modul

$p$ Restquerschnittsumfang der beflammten Seiten in m

$A_{\mathrm{r}}$ Restquerschnittsfläche in $\mathrm{m}^2$

$k_{\mathrm{fi}}$ Beiwert zur Ermittlung des 20 %-Fraktilwertes der Festigkeit und Steifigkeit aus dem 5 %-Fraktilwert (siehe *Tabelle 5.3*)

*Tabelle 5.3: Beiwert $k_{fi}$*

| Baustoff, Verbindung | $k_{\text{fi}}$ |
|---|---|
| Vollholz | 1,25 |
| Brettschichtholz | 1,15 |
| Furnierschichtholz | 1,1 |
| Holzwerkstoffe | 1,15 |
| auf Abscheren beanspruchte Holz-Holz- bzw. HW-Holz-Verbindungen | 1,15 |
| auf Abscheren beanspruchte Stahl-Holz-Verbindungen | 1,05 |
| auf Herausziehen beanspruchte Verbindungen | 1,05 |

**Hinweise zum Stabilitätsnachweis**

Wenn die Aussteifung während der maßgebenden Brandbeanspruchung versagt, ist der Nachweis wie für einen unausgesteiften Stab zu führen. Ist das Versagen der Aussteifung mit einem gleichzeitigen oder vorherigen Versagen der lasteinleitenden Konstruktion verbunden, kann ein Stabilitätsnachweis druck- oder biegebeanspruchter Bauteile entfallen. Es darf angenommen werden, dass die Aussteifung nicht versagt, wenn der verbleibende Restquerschnitt der Aussteifung 60 % der für die „kalte“ Bemessung erforderlichen Querschnittsfläche beträgt. Mechanische Verbindungsmittel müssen die Anforderungen nach Abschnitt 5.4 erfüllen.

## 5.4 Feuerwiderstand von Verbindungen

Hinsichtlich Verbindungen in Holzkonstruktionen enthält EC5 Teil 1-2 [N1-3] Abschnitt 6 ausführliche Regelungen zu:

- allgemeinen Regeln und Holzmaßen
- Verbindungen mit Dübeln besonderer Bauart
- Stabdübel- und Passbolzenverbindungen
- Bolzenverbindungen
- Nagelverbindungen
- Versätzen
- nicht allgemein regelbaren Verbindungen.

# 6 Konstruieren mit Holz und Holzwerkstoffen

## 6.1 Grundsätzliches

Konstruieren mit Holz und Holzwerkstoffen ist eine besondere Herausforderung für den planenden Ingenieur. Er muss sich mit dem Verhalten dieser Baustoffe intensiv auseinandersetzen, um nicht Gefahr zu laufen, Bauschäden zu produzieren. Für den Ingenieur, der mit Holzbau keine Erfahrung hat, bedeutet dies, dass er Gegebenheiten beachten muss, die er von anderen Baustoffen nicht oder nur in abgeschwächter Form kennt. Dafür gibt es aber auch eine ganze Reihe von sehr „gutmütigen" Eigenschaften des Holzes, mit denen er ebenfalls rechnen kann.

Problematische Eigenschaften:

- Schwinden und Quellen quer zur Faser infolge von Feuchteänderungen, wobei das Schwind- und Quellmaß der bei uns verwendeten Holzarten in tangentialer Richtung etwa doppelt so groß ist wie das in radialer Richtung
- extrem niedrige Festigkeit für Zug quer zur Faser
- Gefahr von Pilzbefall ab einer Holzfeuchte von ca. 20 %.

Zur Vertiefung der Kenntnisse darüber wird [12] empfohlen.

„Gutmütige" Eigenschaften:

- nur marginale Längenänderungen infolge von Temperaturänderungen
- gute Wärmedämmeigenschaften
- sehr hohe Festigkeiten längs zur Faser
- geringes Eigengewicht.

Mit Kenntnis dieser Eigenschaften lassen sich grazile und dauerhafte Holzkonstruktionen errichten, für die es viele intakte Beispiele aus vergangenen Jahrhunderten gibt.

Vergleicht man die Holzkonstruktionen von Zweckbauten aus der ersten Hälfte des vorigen Jahrhunderts mit denen, die in neuerer Zeit entstanden sind, so muss man feststellen, dass aufgelöste, Material sparende Konstruktionen zugunsten von vollwandigen massigeren Konstruktionen gewichen sind. Dies hängt eindeutig mit dem Verhältnis von Lohnkosten zu Materialkosten zusammen. Während es früher kostengünstiger war, Material zu sparen, ist es heute die Einsparung von Lohnkosten, die zu kostengünstigeren Lösungen führt. Leider sind die Tragstrukturen dadurch „ärmer" geworden, fantasievolle Lösungen dadurch weniger gefragt.

Gelegenheiten für den Ingenieur, sich „auszutoben", bieten jedoch repräsentative Bauten, bei denen immer mehr den Holzkonstruktionen der Vorzug gegeben wird.

Die folgenden Abschnitte sind nach der Einteilung in Leistungsphasen nach [13], Honorarordnung für Architekten und Ingenieure (HOAI), gegliedert. Die HOAI ist in der Regel Grundlage für Verträge zwischen Bauherren und Planern. Sie regelt u. a. sehr detailliert die berechtigten Ansprüche des Bauherren auf Leistungen des Planers.

Damit der Planungs- und Fertigungsablauf reibungslos möglich ist, muss der Informationsfluss während aller Leistungsphasen gut abgestimmt werden.

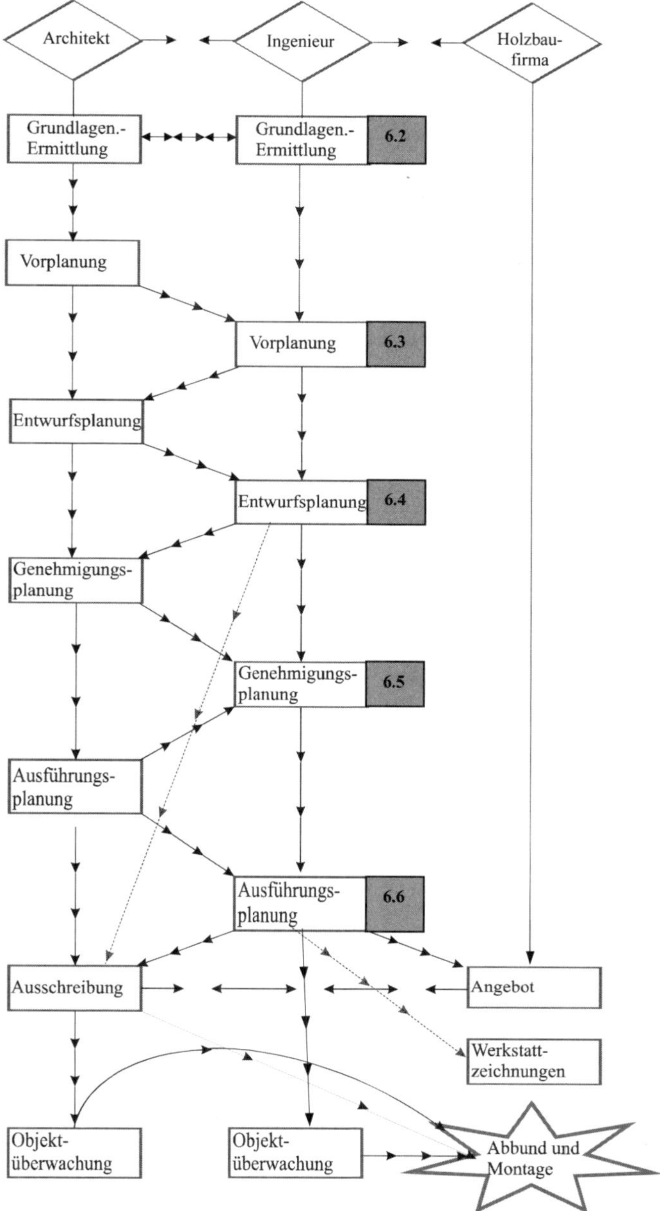


*Bild 6.1: „Zusammenspiel" der wichtigsten Beteiligten bei Planung und Ausführung*

## 6.2 Grundlagenermittlung

Auszug aus [13], § 64 (3)

*Klären der Aufgabenstellung auf dem Fachgebiet Tragwerksplanung im Benehmen mit dem Objektplaner ...*

In dieser Leistungsphase sind alle Randbedingungen zur Tragwerksplanung, die von außen kommen, zu klären und andere mit den übrigen am Bau Beteiligten festzulegen.

**Checkliste Grundlagenermittlung:**

- Bestehen Einschränkungen aus dem Bebauungsplan?
- Gibt es Gründungshindernisse (z. B. Rohre, Leitungen)?
- Ist ein Bodengutachten erforderlich?
- Sind nach der Landesbauordnung (LBO) oder den zugehörigen Ausführungsverordnungen (AVO) Brandschutzanforderungen zu erfüllen?
- Welche Anforderungen an den Schallschutz sind zu erfüllen?
- Welche Anforderungen an den Wärmeschutz sind zu erfüllen?
- Ist eine bautechnische Prüfung erforderlich oder genügt eine bautechnische Bestätigung?
- Ist die Tragwerksplanung im vorgesehenen Zeitrahmen zu bewältigen?

## 6.3 Vorplanung

### 6.3.1 Allgemeines

Auszug aus [13], § 64 (3)

*... Beraten in statisch-konstruktiver Hinsicht unter Berücksichtigung der Belange der Standsicherheit, der Gebrauchsfähigkeit und der Wirtschaftlichkeit.*

*Mitwirken bei dem Erarbeiten eines Planungskonzepts einschließlich Untersuchung der Lösungsmöglichkeiten des Tragwerks unter gleichen Objektbedingungen mit skizzenhafter Darstellung, Klärung und Angabe der für das Tragwerk wesentlichen konstruktiven Festlegungen für zum Beispiel Baustoffe, Bauarten und Herstellungsverfahren, Konstruktionsraster und Gründungsart ...*

Diese Leistungsphase ist für die Entwicklung eines angemessenen Tragwerkes von größter Wichtigkeit. Vom Tragwerksplaner wird erwartet, dass er mit viel Kreativität mehrere Lösungsmöglichkeiten mit sorgfältiger Abwägung der Vor- und Nachteile aufzeigt und mit den übrigen an der Planung Beteiligten bespricht.

Ziel dieser Leistungsphase muss sein, die unter Berücksichtung der Belange aller Planungsbeteiligten optimale Lösung auszuwählen, um sie in der Entwurfsplanung weiter zu bearbeiten.

Für die Darstellung sind Freihandskizzen ausreichend, die auf Grundlage der Vorplanung des Architekten, mit Hilfe von transparentem Skizzierpapier, durchaus einigermaßen maßstäblich sein können. Ein Strich ist oft „ehrlicher“ als die Darstellung einer Dimension, die man noch nicht kennt. Für aufgelöste Träger können die Systemhöhen aus der Tabelle im Abschnitt 6.3.3 herangezogen werden.

Zur Vertiefung der Kenntnisse darüber werden [14] und [15] empfohlen.

Auch diese Leistungsphase muss dokumentiert werden, um gegebenenfalls eine Rechtfertigung der Wahl zu einem späteren Zeitpunkt zu ermöglichen.

**Checkliste Vorplanung**

- Sind alle der Bauaufgabe angemessenen Tragwerksvarianten skizziert?
- Sind alle Bauteile für die Abtragung der Vertikallasten dargestellt?
- Sind alle Bauteile für die Abtragung der Horizontallasten dargestellt?
- Ist die gesamte Konstruktion durch die dargestellten Grundrisse und Schnitte nachzuvollziehen?
- Sind alle Vor- und Nachteile der einzelnen Vorschläge dokumentiert?
- Sind die Skizzen an den Bauherren und alle Planungsbeteiligten verschickt worden?
- Sind die Ergebnisse der Entscheidung, mit Begründung, für die weitere Bearbeitung dokumentiert und allen Beteiligten zugeschickt worden?

### 6.3.2 Beispiel für eine Werkhalle

Das folgende Beispiel zeigt die Vorplanung für eine kleine Werkhalle. Die Wände sind aus Holztafeln mit beidseitiger Beplankung aus Holzwerkstoffplatten vorgesehen.

**Vorstellungen des Architekten:**

- Positives Beispiel setzen in einem kleinen Baugebiet für Industrie und Handwerk, wo nicht immer architektonisch ansprechende Gebäude erstellt werden.
- Die Kosten dürfen nicht höher liegen als die anderer kostengünstiger Beispiele.
- Ideen und Bauteile aus anderen Baubereichen werden gerne aufgegriffen.
- Grundrissabmessungen ca. 15 × 10 m
- Raumbedarf: Werkstatt, Büro, WC und Abstellraum

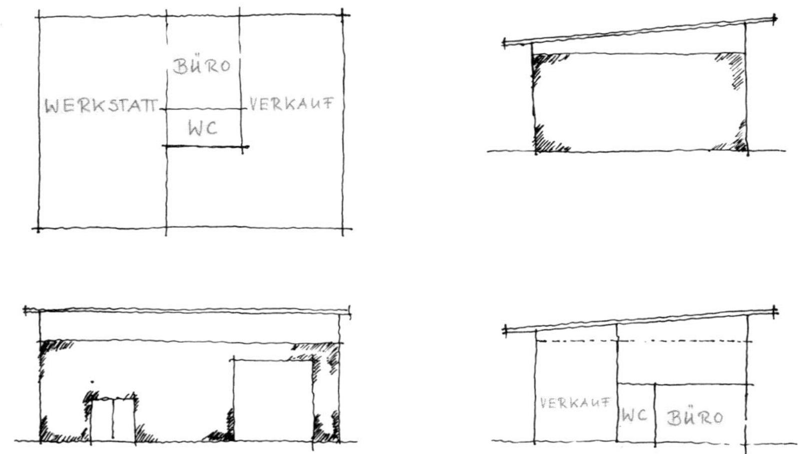


*Bild 6.2: Vorplanungsskizzen des Architekten*

## Vorschläge für das Dachtragwerk – Abtragung der Vertikalkräfte

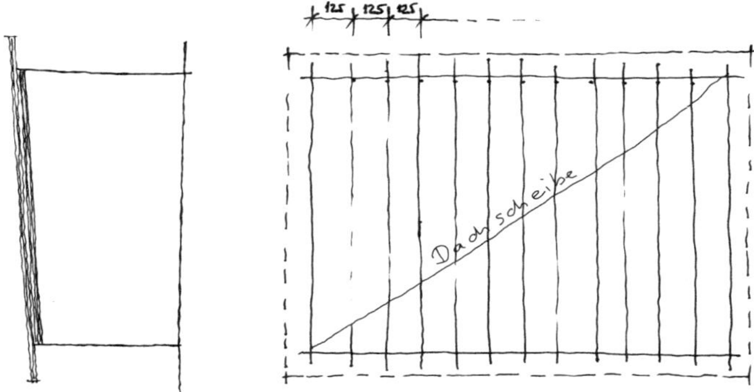


*Bild 6.3: Variante mit Brettschichtholzträgern*

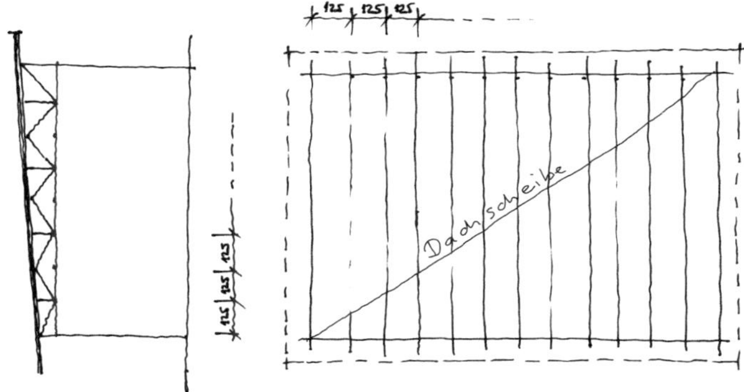


*Bild 6.4: Variante mit genagelten Brettbindern*

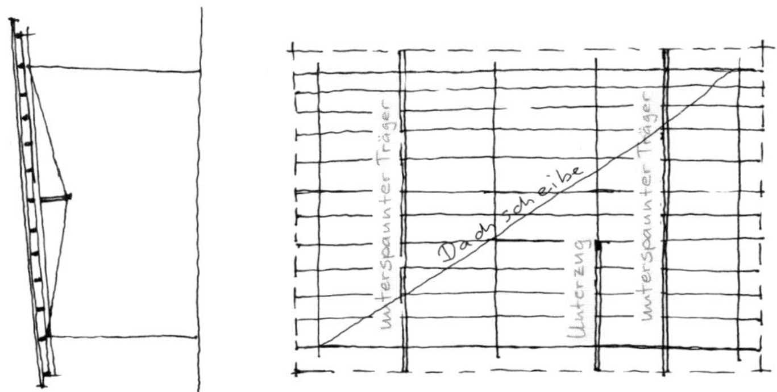


*Bild 6.5: Variante mit unterspannten Trägern und Sparrenpfetten*

## Vorschlag für die Abtragung der Horizontalkräfte aus Wind

Die Dachfläche wird für alle Varianten als Scheibe ausgebildet.
Die Stiele der Wandscheiben laufen hinter dem Oberlichtband durch bis zur Dachscheibe, d. h. sie kragen aus den Wandscheiben nach oben aus.

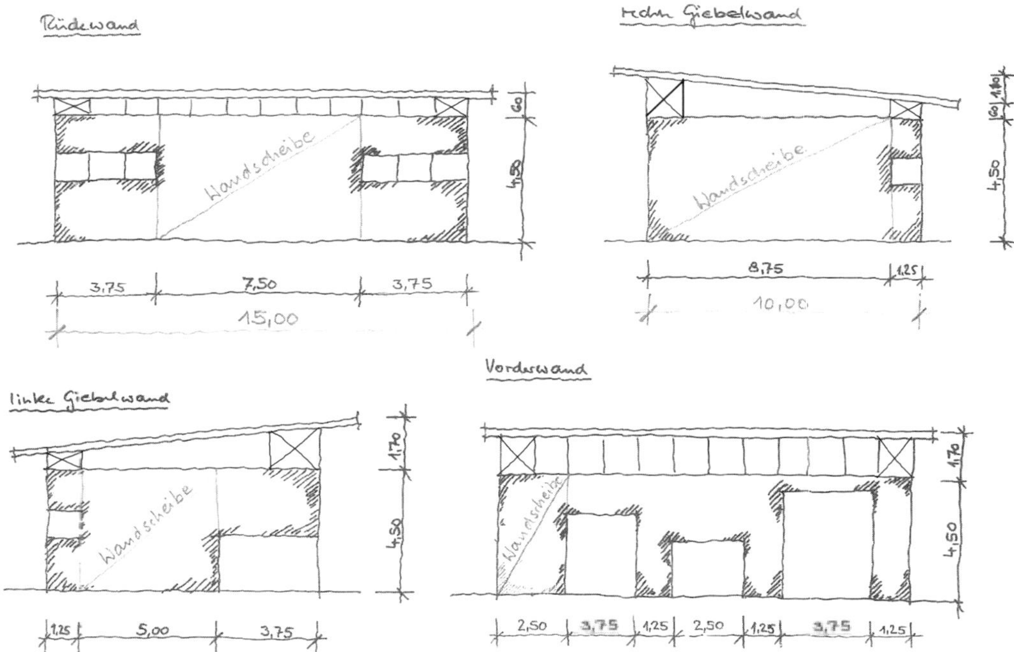


*Bild 6.6: Aussteifungselemente*

## 6.3.3 Vorplanungshilfen

Zur Erarbeitung von standsicheren Gesamttragwerken sind fundierte Kenntnisse der Mechanik und der Baustatik erforderlich. Darüber hinaus muss der Tragwerksplaner ein möglichst großes Repertoire an Tragwerkslösungen besitzen oder selbst entwickeln können, um das optimale angemessene Tragwerk herauszukristallisieren.

Exakte Berechnungen sind für die Leistungsphase Vorplanung jedoch zu aufwändig. Hier benötigt der planende Ingenieur „Handwerkszeuge", die eine dieser Phase angemessene Genauigkeit ermöglichen.

Im Folgenden sind einige dieser „Handwerkszeuge" zusammengestellt.

### Größe der Beanspruchungen

Vollwandträger

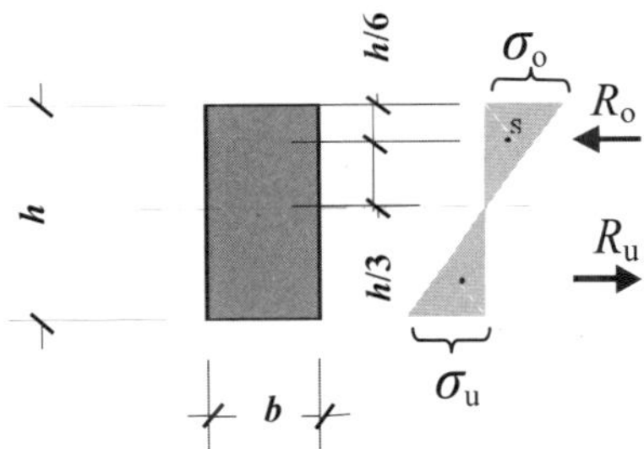


$$R_o = \sigma_o \cdot \frac{1}{2} \cdot b \cdot \frac{h}{2} = \sigma_o \cdot \frac{h \cdot b}{4}$$

$$M = \left(\sigma_o + |\sigma_u|\right) \cdot \frac{h \cdot b}{4} \cdot \frac{h}{3} \qquad mit \quad \sigma_o = |\sigma_u|:$$

$$M = 2 \cdot \sigma_o \cdot \frac{h^2 \cdot b}{12} = \sigma_o \cdot \boxed{\frac{h^2 \cdot b}{6}} \rightarrow W$$

$W$ = Widerstandsmoment

Fachwerkträger

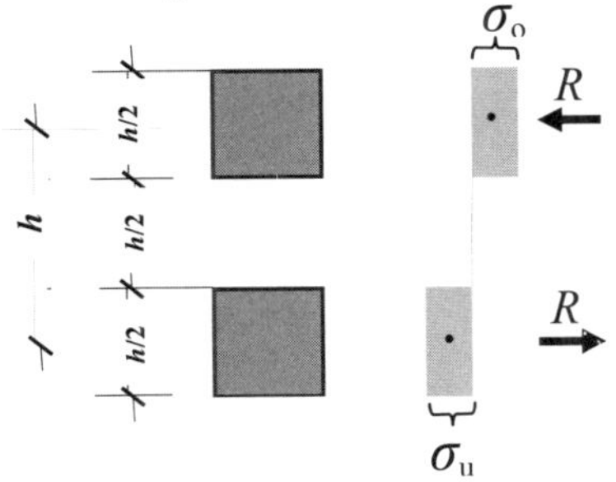


wie oben:

$$M = 2 \cdot \sigma_o \cdot b \cdot \frac{h}{2} \cdot \frac{h}{2} = \sigma_o \cdot b \cdot \frac{h^2}{2}$$

$\Rightarrow$ dieser Querschnitt kann das ca. 3-fache Moment*) des obigen aufnehmen!!!

bei einer Spreizung**) von $2h$:

$\Rightarrow$ das ca. 6-fache Moment*), usw.

*) Zu beachten: Die charakteristischen Festigkeitskennwerte für Biegung, Druck parallel und Zug parallel sind nicht gleich.

**) Spreizung = Abstand der Gurtschwerpunkte

*Bild 6.7: Aufnahme der Momente durch Spannungen*

## „Momentendeckungslinien" für Einfeldträger

Um Tragwerksvarianten zu beurteilen, ist es notwendig zu wissen, an welchen Stellen die einzelnen Bestandteile ausgenutzt sind und wo noch Reserven vorhanden sind. Legt man den Momentenverlauf in die Umrisslinien des Systems, wird die Beurteilung leichter, da augenscheinlicher. Das folgende Bild zeigt einen Vollwandträger und unterschiedliche Fachwerkträger, bei denen eine direkte Beziehung zwischen den Gurtkräften und dem Moment besteht. Ähnliche Überlegungen können für die Beziehungen zwischen den Kräften der Füllstäbe und der Querkraft angestellt werden. Die Vorstellung ist dem Stahlbetonbau entliehen, wo die erforderliche Anzahl der Stahlstäbe und die erforderliche Verankerungslänge an der sogenannten „Zugkraftdeckungslinie" festgelegt werden.

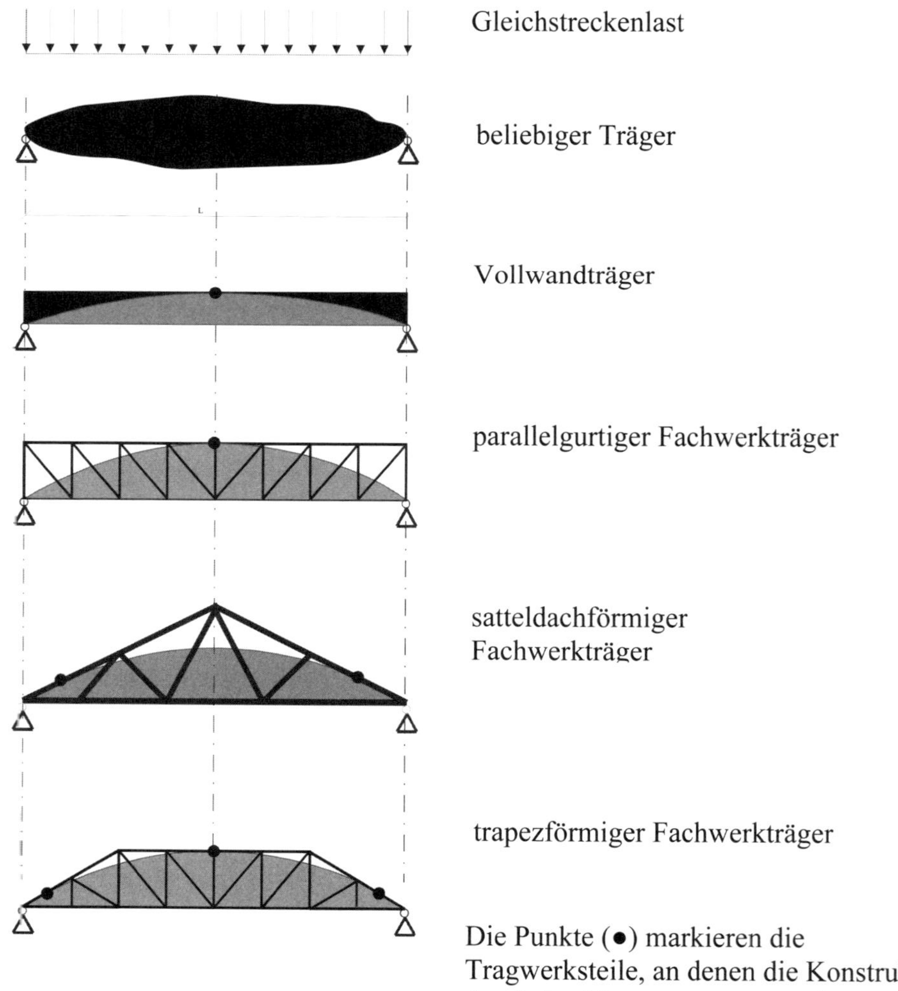


*Bild 6.8: „Momentendeckungslinien"*

## Abnahme der Momente durch Auflösen

Die Beanspruchung eines Tragwerkes durch Momente kann reduziert werden, indem man das Tragwerk auflöst, denn die Füllstäbe eines Fachwerkträgers oder die Pfosten eines unterspannten Trägers stellen für den direkt belasteten Gurt elastische Auflager dar. Die Gurte, als Tragwerkselemente für sich betrachtet, können als Durchlaufträger mit elastischer Unterstützung angesehen werden. Je kleiner der Abstand dieser „Auflager" wird, desto kleiner wird die Momentenbeanspruchung.

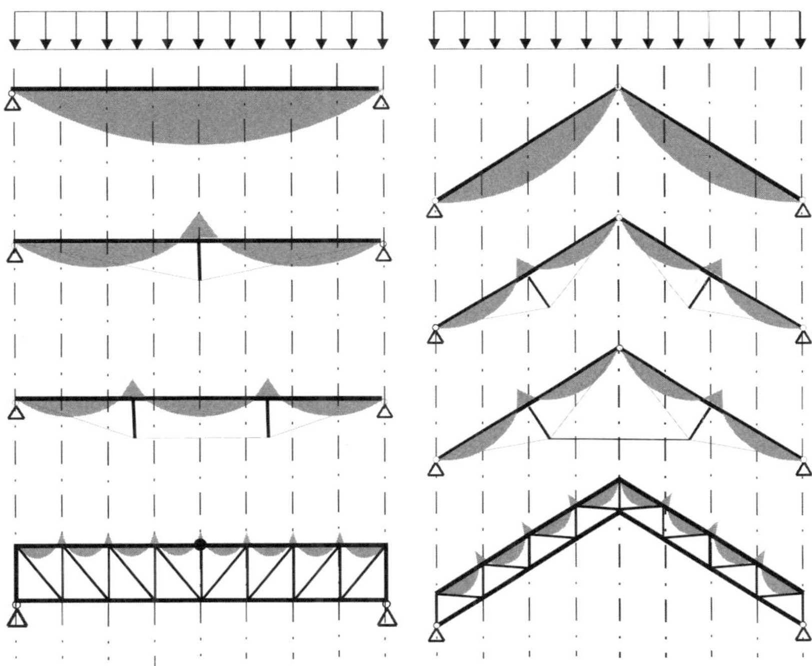

*Bild 6.9: Abnahme der Momente durch Auflösen*

**Dachtragsysteme**

Pfettendächer

Sparrendächer

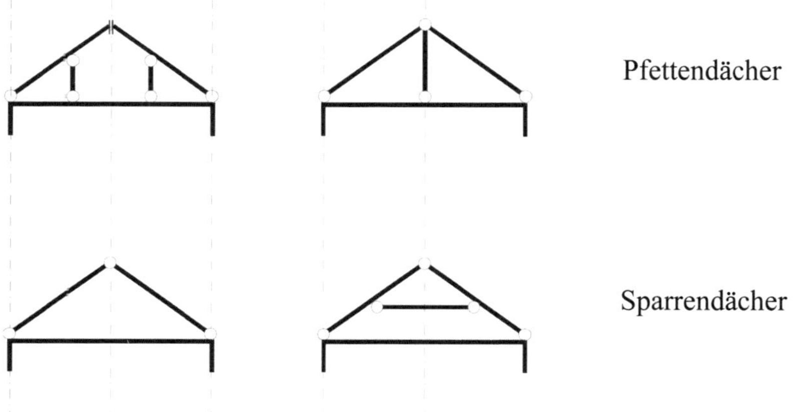

*Bild 6.10: „Stehende" und „liegende" Dachtragsyteme*

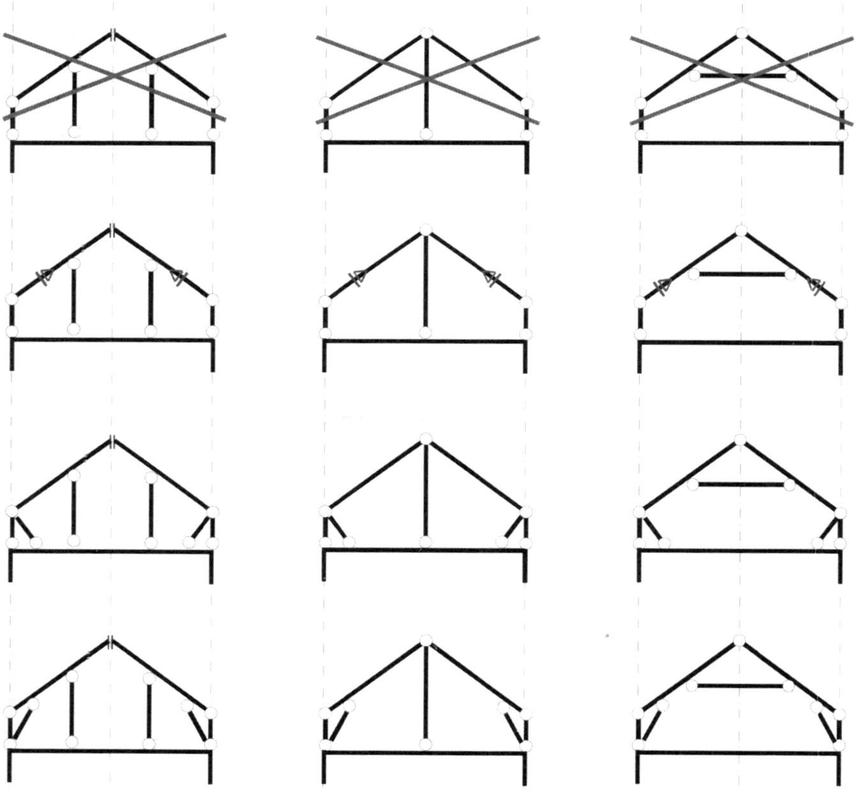

labile Systeme!!!

Systeme mit Dachscheiben

Systeme mit fallenden Streben

Systeme mit steigenden Streben

*Bild 6.11: Dachtragsyteme mit Kniestock*

## Verteilung von Deckenbalken

In der Praxis werden unterschiedliche Abstände von Deckenbalken gewählt. Der planende Ingenieur ersetzt die Einzellasten aus den Auflagerkräften der Deckenbalken üblicherweise durch „verschmierte“ Gleichstreckenlasten. Dabei entstehen die Fragen, wie groß die Ungenauigkeit durch diese Vereinfachung wird und ob man sich damit noch auf der sicheren Seite befindet.

Die folgende Skizze zeigt unterschiedlich große Balkenfelder auf einem Einfeldträger als Unterzug. Die daneben stehenden Momente geben Aufschluss über die Ungenauigkeiten.

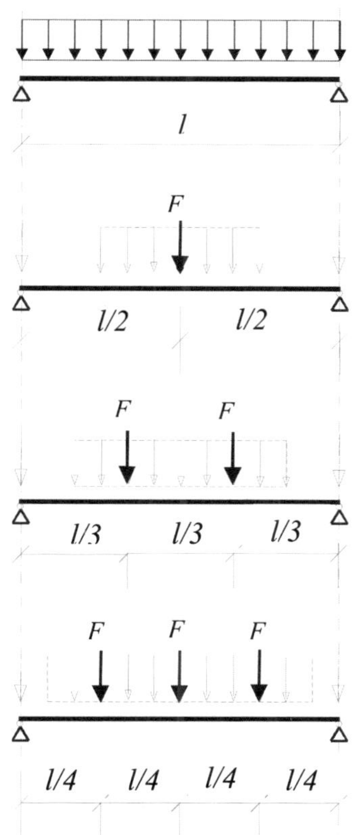


„verschmierte Einzellasten“

$$\max M = \frac{q \cdot l^2}{8}$$

2 Balkenfelder

$$F = \frac{q \cdot l}{2} \Rightarrow \max M = \frac{n \cdot F \cdot l}{8} = \frac{q \cdot l^2}{8}$$

3 Balkenfelder

$$F = \frac{q \cdot l}{3} \rightarrow \max M = \frac{n \cdot F \cdot l}{8} \cdot \left(1 - \frac{1}{n^2}\right) = \frac{q \cdot l^2}{8} \cdot \left(1 - \frac{1}{9}\right)$$

4 Balkenfelder

$$F = \frac{q \cdot l}{4} \rightarrow \max M = \frac{4 \cdot F \cdot l}{8} = \frac{q \cdot l^2}{8}$$

allgemein

$n$ = gerade $\Rightarrow$ $F = \frac{q \cdot l}{n} \rightarrow \max M = \frac{n \cdot F \cdot l}{8} = \frac{q \cdot l^2}{8}$

$n$ = ungerade $F = \frac{q \cdot l}{n} \rightarrow \max M = \frac{n \cdot F \cdot l}{8}\left(1 - \frac{1}{n^2}\right) = \frac{q \cdot l^2}{8} \cdot \left(1 - \frac{1}{n^2}\right)$

($n$ = Anzahl der Felder) Ungenauigkeitsfaktor ↗

*Bild 6.12: Auswirkungen „verschmierter“ Einzellasten*

## Höhenlage der Deckenbalken

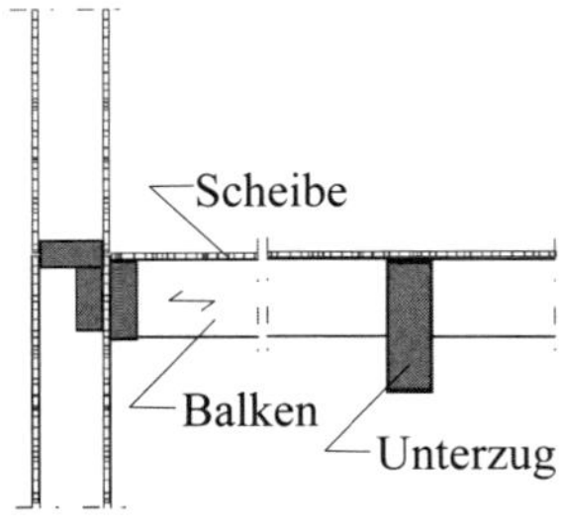


**Vorteile:**

- einfacher kraftschlüssiger Anschluss der Deckenscheibe an die Wandscheibe
- Die Dampfbremse kann innen an der Außenwand durchgeführt werden.

**Nachteile:**

- Die Deckenbalken müssen an jedem Auflager angeschlossen werden.

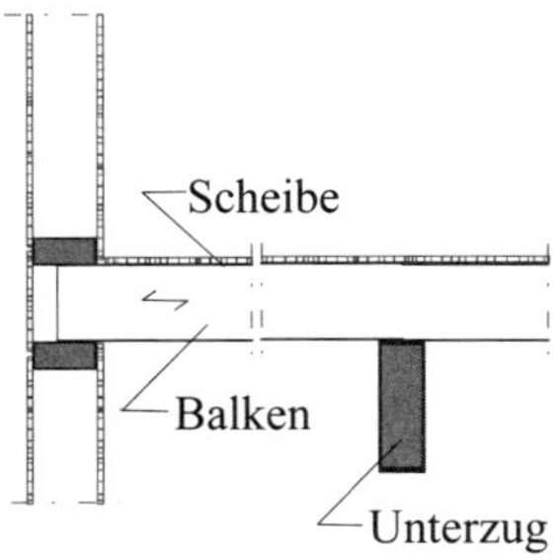


**Vorteile:**

- einfache Auflagerung der Deckenbalken

**Nachteile:**

- schwieriger kraftschlüssiger Anschluss der Deckenscheibe an die Wandscheibe
- Die Dampfbremse kann nicht innen durchgeführt werden.

*Bild 6.13: Anschluss von Deckenbalken an der Außenwand*

## Hallentragwerke

### Sparrenpfetten-Systeme

Die Abstände der Haupttragsysteme von Hallen werden häufig durch die Grenzen bestimmt, die von der Verwendung von Vollholz für die Sparrenpfetten abhängig sind. Allgemein gültige Grenzen können nicht festgelegt werden, da die Höhe der Schneelasten, je nach Scheelastzone und Höhe über NN, sehr unterschiedlich ist. Die maximalen Abstände sind bei Einfeldpfetten kleiner als bei Pfettensystemen, bei denen eine Durchlaufwirkung erzielt werden kann. Koppelpfetten haben gegenüber den sonstigen Systemen mit Durchlaufwirkung den zusätzlichen Vorteil, dass an den Stellen der größten Stützmomente zwei Querschnitte zur Aufnahme der Momentenspitze zur Verfügung stehen. Dort, wo ein hochwertiger Ausbau vorgesehen ist, können Koppelpfetten jedoch zu aufwändigeren Detailausbildungen führen. Deshalb ist ihre Anwendung in manchen Fällen fragwürdig.

Bild 6.14 zeigt die am häufigsten verwendeten Sparrenpfetten-Systeme.

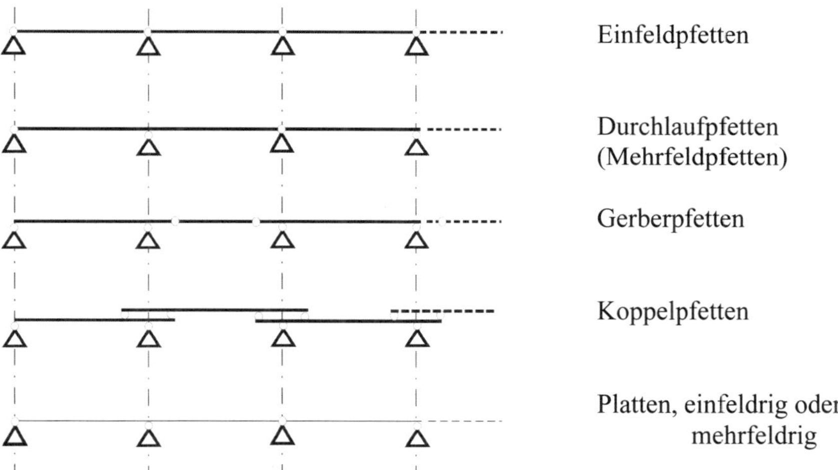


*Bild 6.14: Sparrenpfetten-Systeme*

## Tragsysteme für die Abtragung von Horizontallasten in Querrichtung

Zur Abtragung von Horizontallasten, z. B. aus Wind, werden bei Hallen in der Regel zwei unterschiedliche Möglichkeiten mit jeweils vielen Varianten in Betracht gezogen. Entweder findet die Weiterleitung in jeder Systemachse statt oder die Kräfte werden mittels eines in der Dachebene liegenden Trägers gesammelt und über Tragkonstruktionen in den Giebel- oder Zwischenwänden nach unten weitergeleitet. Für den ersten Fall kommen hauptsächlich Rahmentragwerke (**a**) oder eingespannte Stützen infrage, für den zweiten Fall Fachwerkträger (**b**) oder scheibenartig ausgebildete Flächenelemente (**c**).

In den folgenden Skizzen sind diese Möglichkeiten dargestellt. Hier sind jedoch, der Übersichtlichkeit wegen nur die Tragsysteme für die Abtragung von Horizontallasten in eine Richtung eingezeichnet und für den zweiten Fall nur die Tragsysteme für eine Hallenseite. In vielen Fällen ist es sinnvoll, die auf beiden Seiten auftretenden Kräfte, z. B. Winddruck und Windsog, getrennt aufzunehmen.

Die Tragsysteme für die Abtragung von Horizontallasten in Hallenlängsrichtung folgen auf Seite 75.

*Bild: 6.15 Abtragung von Horizontallasten in Querrichtung*

| | **Horizontalkräfte werden übertragen …** | **Besonderheiten** |
|---|---|---|
| 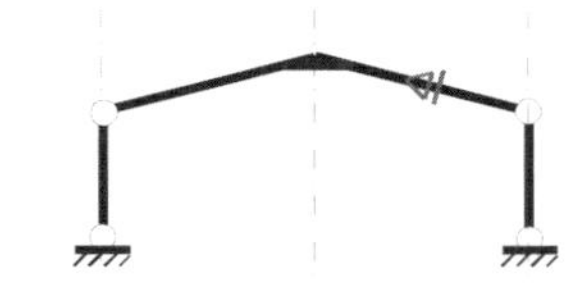 | durch Dachscheibe(n) oder Verbände (Fachwerkträger) auf die Giebelwände *bzw.Zwischenwände* | |
|  | durch eine eingespannte Stütze in jeder Achse auf die Fundamente | Horizontalkräfte von der Pendelstütze müssen vom Binder auf die eingespannte Stütze übertragen werden. |
|  | durch zwei eingespannte Stützen in jeder Achse auf die Fundamente | |
|  | durch einen Dreigelenkrahmen in jeder Achse auf die Fundamente | horizontale Auflager-reaktionen auch aus Vertikallasten |
|  | durch einen einhüftigen Rahmen in jeder Achse auf die Fundamente | horizontale Auflager-reaktionen auch aus Vertikallasten, Sonder-form des Dreigelenk-rahmens |
|  | durch einen Zweigelenk-rahmen in jeder Achse auf die Fundamente | horizontale Auflager-reaktionen auch aus Vertikallasten |
|  | durch seitliche Abspannungen in jeder Achse auf die Fundamente | |

*Bild 6.16: Hallen-Tragsysteme*

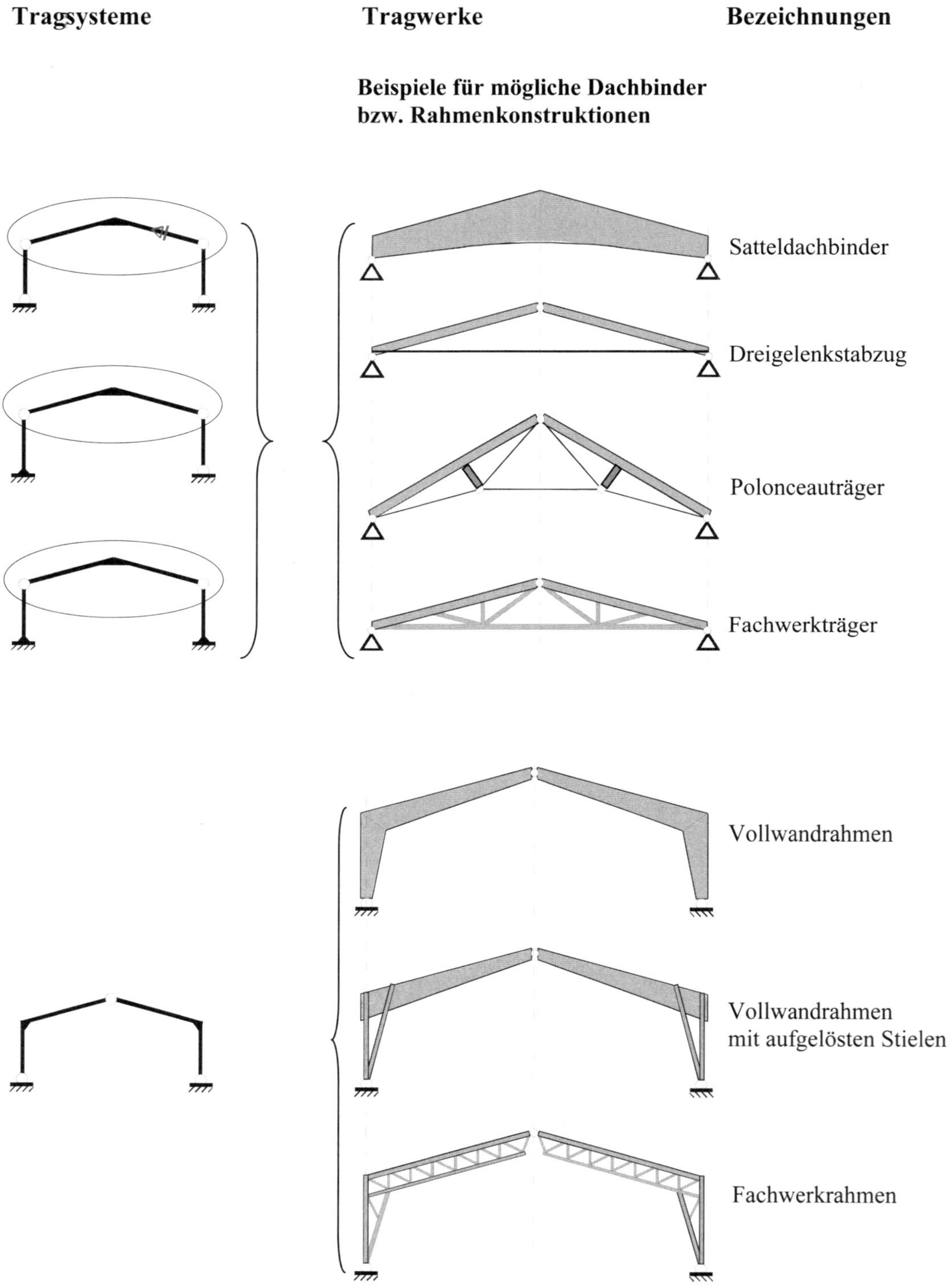

**Tragsysteme** **Tragwerke** **Bezeichnungen**

**Beispiele für mögliche Dachbinder bzw. Rahmenkonstruktionen**

Satteldachbinder

Dreigelenkstabzug

Polonceauträger

Fachwerkträger

Vollwandrahmen

Vollwandrahmen mit aufgelösten Stielen

Fachwerkrahmen

*Bild 6.17: Hallen-Tragwerke*

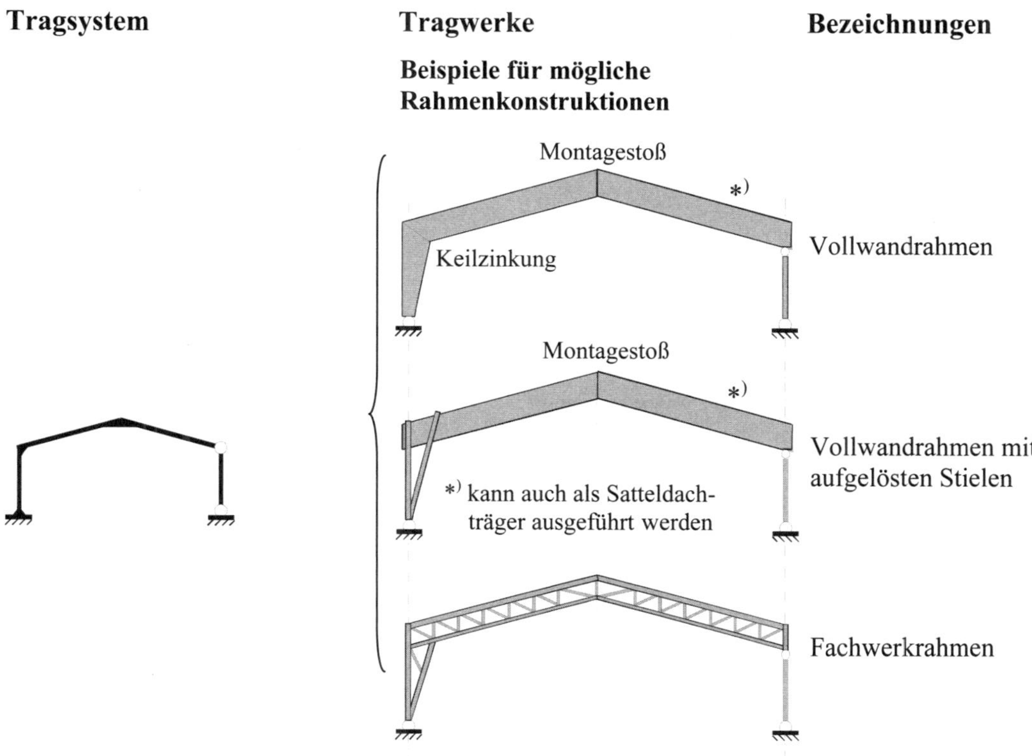


*Bild 6.18: Hallen-Tragwerke*

## Tragsysteme für die Abtragung von Horizontallasten in Längsrichtung

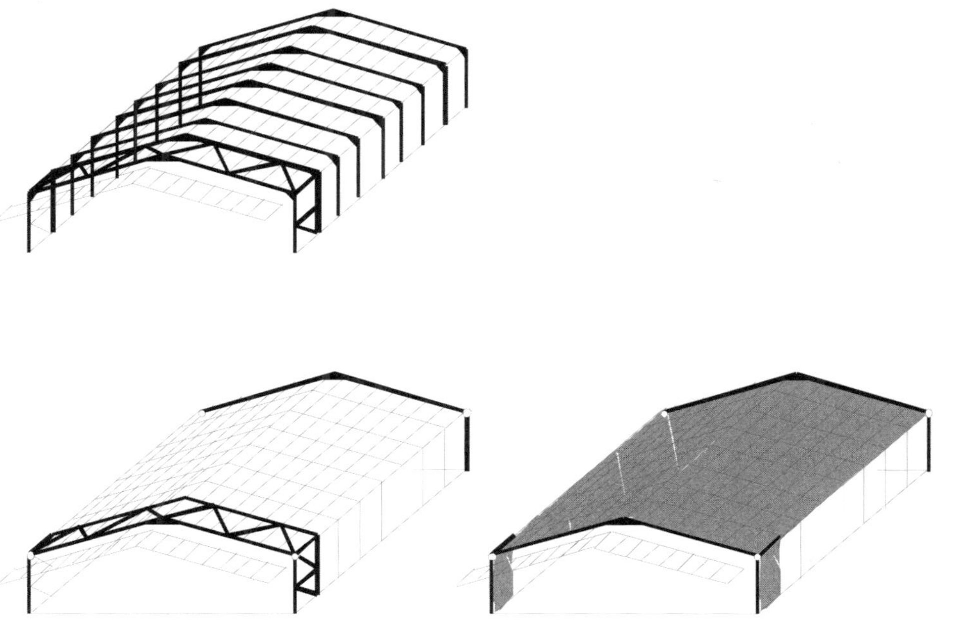

*Bild 6.19: Abtragung von Horizontallasten in Längsrichtung*

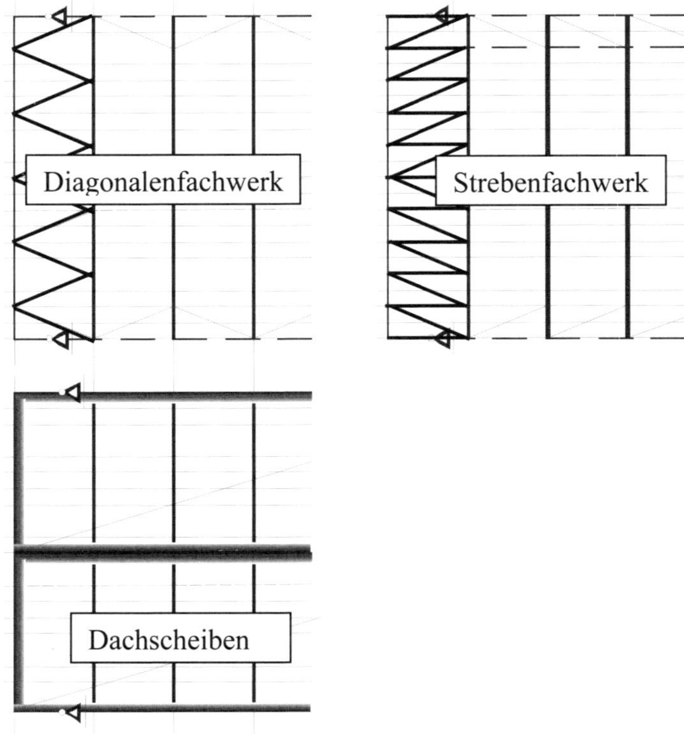


*Bild 6.20: Verbände (Fachwerkträger) und Scheiben in den Dachflächen*

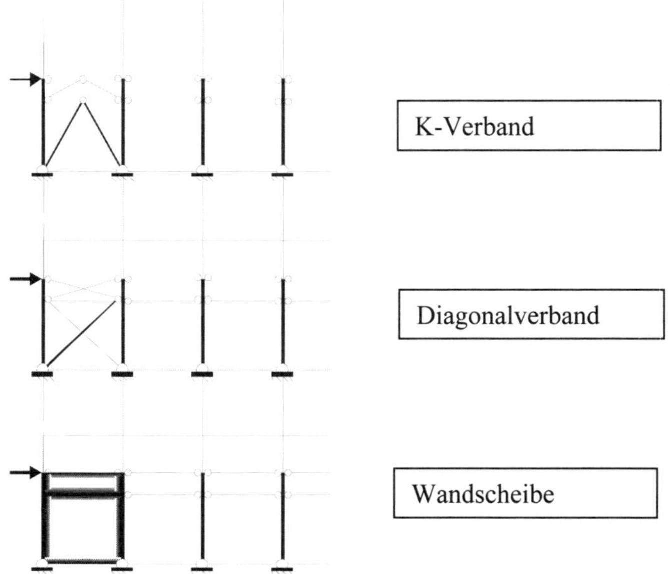


*Bild 6.21: Verbände und Scheiben in Längswänden*

*Überschlägige Bemessung. Für die grobe Abschätzung von Trägerhöhen kann die folgende Tabelle verwendet werden.*

| statisches System | Bezeichnung | übl. Spannweiten | Bauteilhöhe |
|---|---|---|---|
| 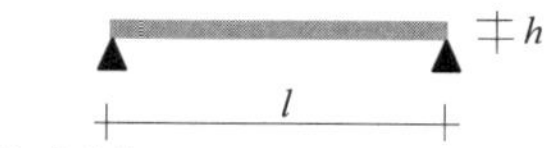 Einfeldträger ($l$, $h$) | Pfetten | $l = 5$ bis $20\,m$ | $\frac{l}{25}$ |
| | Träger | $l = 10$ bis $30\,m$ | $\frac{l}{17}$ |
| 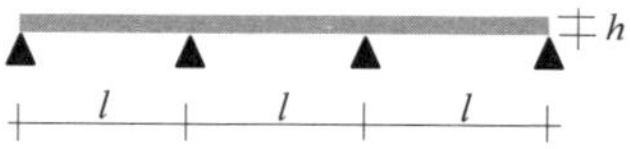 Durchlaufträger ($l$, $l$, $l$, $h$) | Pfetten | $l = 5$ bis $20\,m$ | $\frac{l}{30}$ |
| | Träger | $l = 10$ bis $25\,m$ | $\frac{l}{20}$ |
| 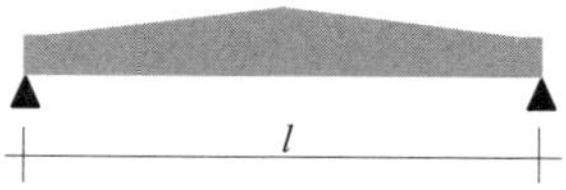 Einfeldträger ($l$) | Satteldachträger mit horizontalem Untergurt | $l = 10$ bis $35\,m$ | $\frac{l}{30}$ bzw. $\frac{l}{16}$ |
| 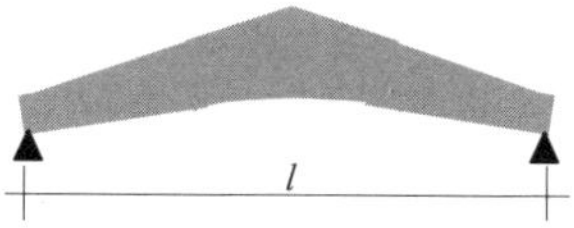 Einfeldträger ($l$) | Satteldachträger mit gekrümmtem Untergurt | $l = 10$ bis $30\,m$ | $\frac{l}{30}$ bzw. $\frac{l}{14}$ |
| 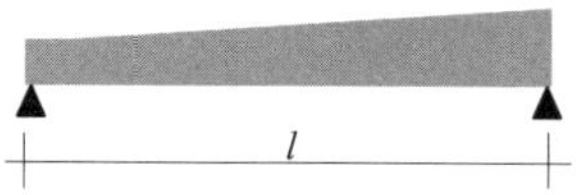 Einfeldträger ($l$) | Pultdachträger | $l = 10$ bis $30\,m$ | $\frac{l}{25}$ bzw. $\frac{l}{18}$ |
| 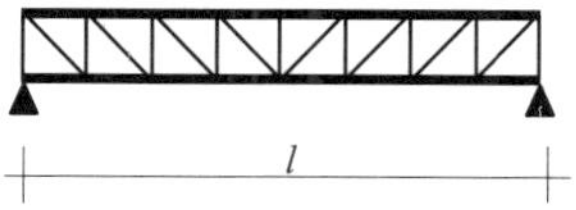 Einfeldträger ($l$) | parallelgurtiger Fachwerkträger | $l = 15$ bis $60\,m$ | $\frac{l}{15}$ |
| 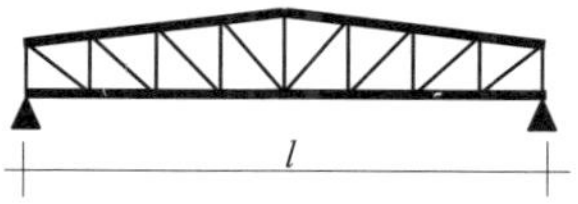 Einfeldträger ($l$) | trapezförmiger Fachwerkträger | $l = 15$ bis $30\,m$ | $\frac{l}{12}$ |
| 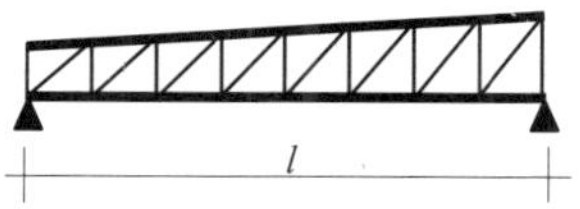 Einfeldträger ($l$) | pultdachförmiger Fachwerkträger | $l = 10$ bis $30\,m$ | $\frac{l}{12}$ in Trägermitte |
| 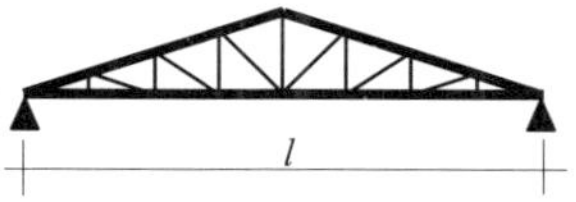 Einfeldträger ($l$) | satteldachförmiger Fachwerkträger | $l = 10$ bis $30\,m$ | $\frac{l}{10}$ |

Fortsetzung der Tabelle

| statisches System | Bezeichnung | übl. Spannweiten | Bauteilhöhe |
|---|---|---|---|
| 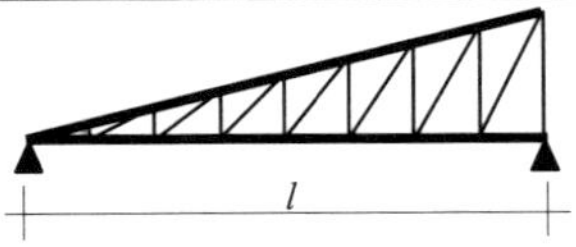 $l$<br>Einfeldträger | dreieckförmiger Fachwerkträger | $l = 10$ bis $20\,\text{m}$ | $\frac{l}{10}$ in Trägermitte |
| 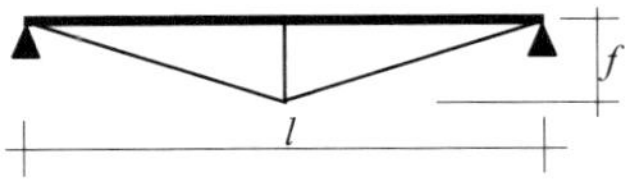 $f$ $l$<br>Einfeldträger | unterspannter Träger | $l = 15$ bis $30\,\text{m}$ | $f \geq \frac{l}{12}$ |
| 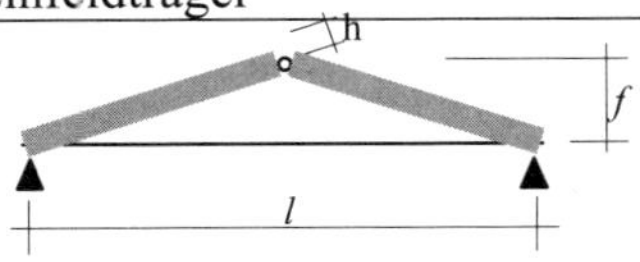 $h$ $f$ $l$<br>Einfeldträger | Dreigelenkstabzug mit Zugband | $l = 15$ bis $50\,\text{m}$ | $h \geq \frac{l}{35}$ |
| 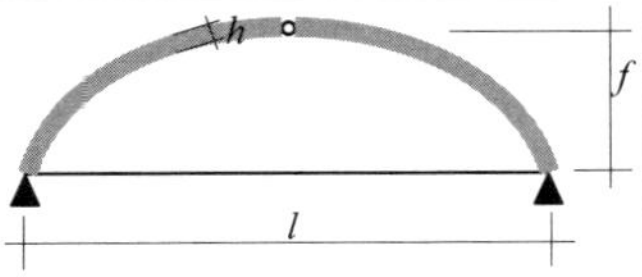 $h$ $f$ $l$<br>Einfeldträger | Dreigelenkbogen mit Zugband | $l = 20$ bis $100\,\text{m}$ | $f \geq \frac{l}{8}$<br>$h \geq \frac{l}{50}$ |
| 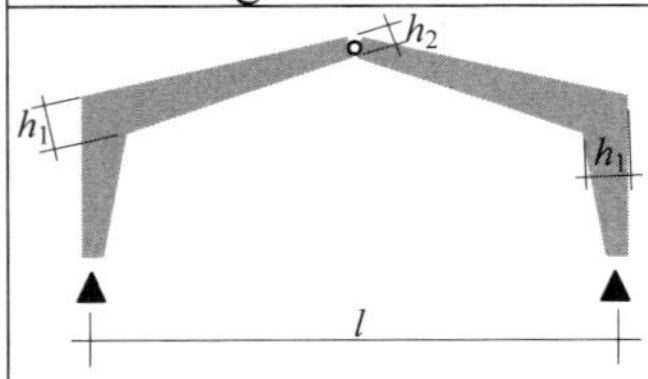 $h_2$ $h_1$ $h_1$ $l$<br>Dreigelenkrahmen | Dreigelenk-Vollwandrahmen | $l = 15$ bis $50\,\text{m}$ | $h_1 \geq \frac{l}{20}$<br>$h_2 \geq \frac{l}{50}$ |
| 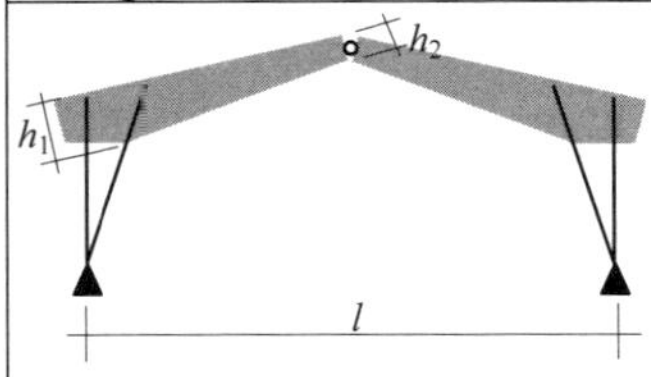 $h_2$ $h_1$ $l$<br>Dreigelenkrahmen | Dreigelenk-Vollwandrahmen mit aufgelösten Stielen | $l = 15$ bis $40\,\text{m}$ | $h_1 \geq \frac{l}{20}$<br>$h_2 \geq \frac{l}{50}$ |
| 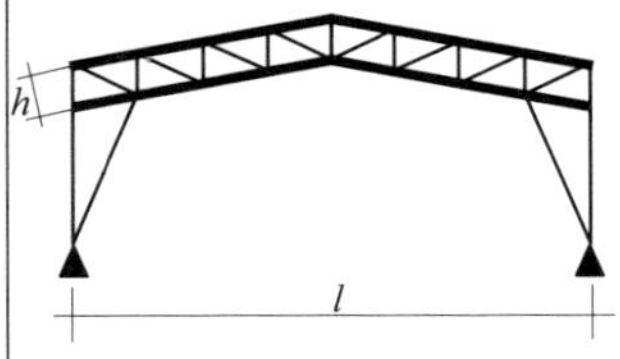 $h$ $l$<br>Zweigelenkrahmen | Zweigelenk-Fachwerkrahmen | $l = 15$ bis $50\,\text{m}$ | $h \geq \frac{l}{12}$ bis $\frac{l}{18}$ |

## Anwendungsmöglichkeiten von Holzwerkstoffplatten

Holzwerkstoffe sind aus dem heutigen Holzbau nicht mehr wegzudenken. Die Vorteile gegenüber Vollholz liegen vor allem in der

- Unabhängigkeit von den Abmessungen des Baumstammes
- Verbesserung der Auswirkungen von Quellen und Schwinden
- Verbesserung der Querzug- und Querdruckfestigkeit
- Verwendung von Holz minderer Qualität
- Formbarkeit.

Oft erfüllt ein einzelnes Element mehrere Anforderungen zugleich. Die folgenden Skizzen zeigen die Funktionen an einem Ausschnitt aus der Tragkonstruktion eines Wohnhauses.

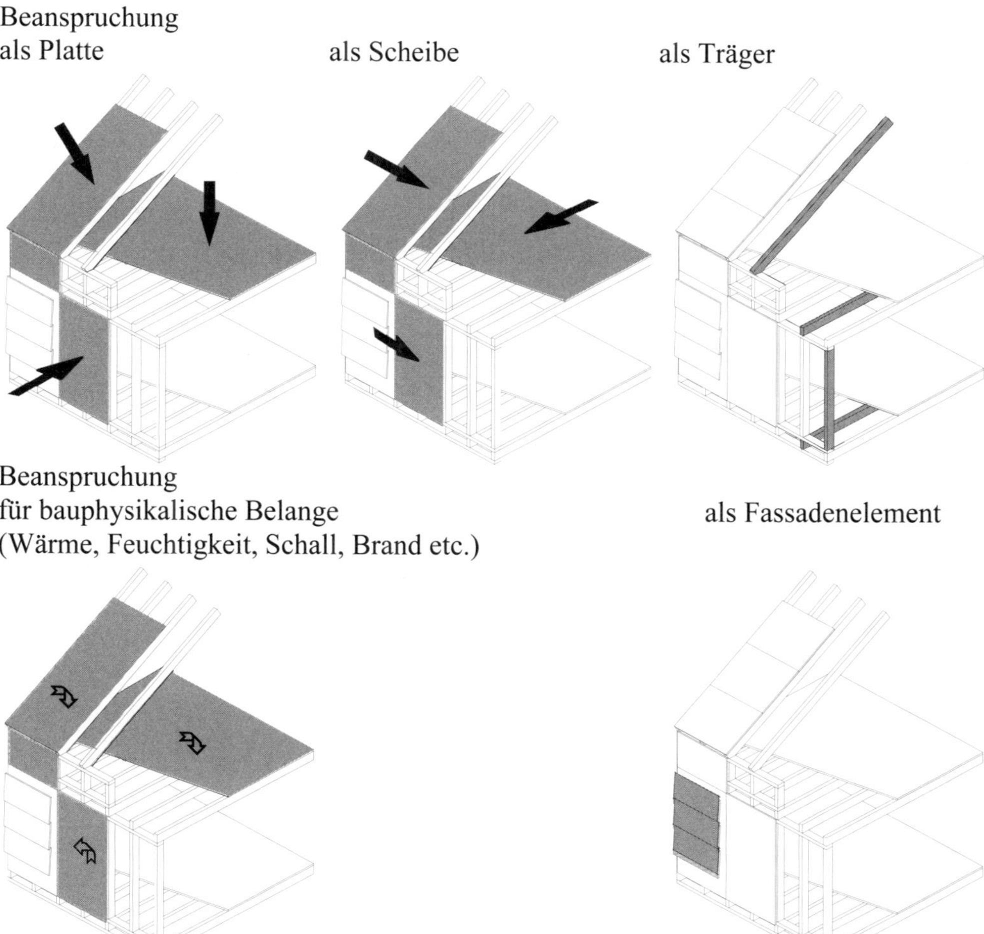


*Bild 6.22: Beanspruchungen von Holzwerkstoffplatten – Leistungsfähigkeit von Verbindungsmitteln*

Die Leistungsfähigkeit, darunter ist das Verhältnis von Tragfähigkeit zu erforderlicher Anschlussfläche zu verstehen, von Verbindungsmitteln ist oft ein entscheidendes Kriterium beim Konstruieren von Anschlüssen, da meist nicht beliebig viel Fläche dafür zur Verfügung steht. Im heutigen Holzbau haben sich vor allem die stiftförmigen Verbindungsmittel, z. B. Nägel und Stabdübel, durchgesetzt, da ihre Leistungsfähigkeit bei richtiger Anwendung die aller anderen Verbindungsmittel übersteigt. Allgemein kann festgestellt werden, dass Stifte mit abnehmendem Durchmesser leistungsfähiger werden. Bei Nägeln kommt eine zusätzliche Steigerung hinzu, wenn vorgebohrt wird.

Die folgenden Skizzen zeigen Zuganschlüsse mit annähernd gleicher Tragfähigkeit.

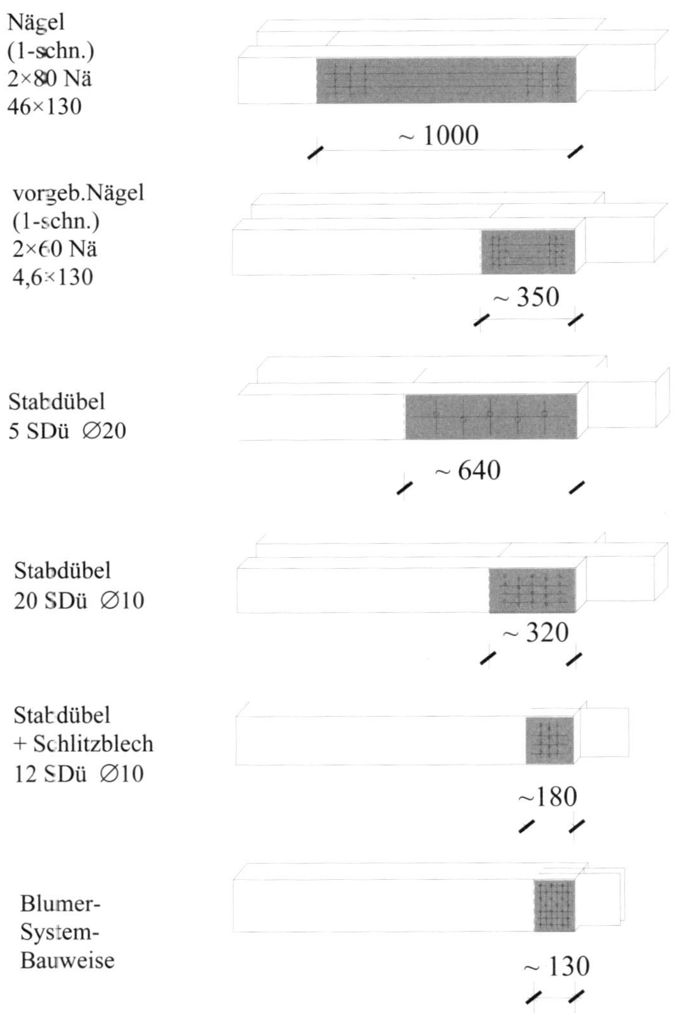


*Bild 6.23: Leistungsunterschiede stiftförmiger Verbindungsmittel*

**Zimmermannsmäßige Verbindungen** werden immer mehr verdrängt, da ihre Tragfähigkeit oft nicht den Anforderungen entspricht. Das hängt nicht damit zusammen, dass man in früheren Zeiten weniger sicher konstruiert hätte, weil man die Verbindungen noch nicht berechnen konnte, sondern vielmehr mit unseren gestiegenen Ansprüchen. Betrachtet man einen Deckenbalken, so wird man feststellen, dass die erforderliche Tragfähigkeit der Anschlüsse heute meist ein Vielfaches derer in alten Holzhäusern sein muss und damit der früher übliche Zapfen nicht mehr ausreicht. Der Grund liegt in den heute sehr viel schwereren Deckenaufbauten, bei meist auch größeren Spannweiten, die hohe Anforderungen an den Schallschutz erfüllen müssen.

## Queranschlüsse

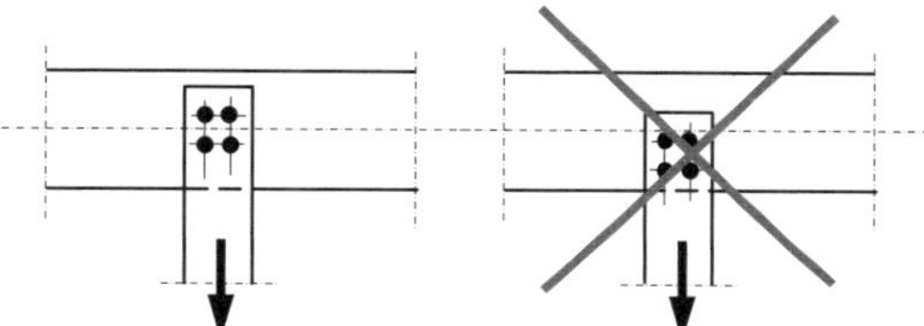

*Bild 6.24 Anschlusspunkt nicht unterhalb der Schwerlinie des Trägers*

Holz hat quer zur Faser eine sehr geringe Festigkeit. Dadurch bedingt ist es beim Konstruieren mit Holz von höchster Wichtigkeit, sorgfältig darauf zu achten, dass Querzugspannungen vermieden werden bzw. sehr gering gehalten werden, dort wo sie sich nicht vermeiden lassen. Queranschlüsse, meist handelt es sich um an Biegeträger angehängte Lasten, sind die häufigste Fehlerquelle. Hier gilt es, die Lasteinleitung möglichst weit oben vorzusehen, um Querzugspannungen im Holz zu vermeiden. Als Faustregel kann gelten, dass der Anschlusspunkt (Schwerpunkt des Anschlusses) nicht unterhalb der Schwerlinie des Biegeträgers liegen sollte. Für Fälle, in denen sich eine ungünstigere Einleitung nicht vermeiden lässt, bietet [EN+NA 1] Möglichkeiten für Nachweise. Wenn man diese in Anspruch nehmen muss, sollte man immer hinterfragen, ob man noch holzgerecht konstruiert.

## Nagelplattenkonstruktionen

Nagelplattenbinder lassen sich so wirtschaftlich herstellen, dass sie sich in vielen Bereichen des Holzbaus einen festen Marktanteil gesichert haben. Durch Formen, die der Beanspruchung optimal angepasst werden, und angepasste Querschnitte lässt sich der Holzverbrauch minimieren. Die Ausbildung vieler Knotenpunkte stellt mit den meisten Verbindungsmitteln einen wesentlichen Kostenfaktor dar, da sie sehr lohnintensiv ist. Anders ist dies bei Nagelplattenkonstruktionen, bei denen der hohe Rationalisierungsgrad dazu führte, dass die so hergestellten Binder in weiten Bereichen konkurrenzlos kostengünstig sind.

Diese Bauweise bietet jedoch auch Gefahren:

- Bedingt durch die schon erwähnte geringe Querschnittsbreite, besitzen die verwendeten Hölzer in horizontaler Richtung eine große Schlankheit und würden ohne zusätzliche seitliche Halterungen ausknicken. Um dieses zu vermeiden, müssen sie ausgesteift werden, d. h. so oft seitlich gehalten werden, dass die Knicklänge zwischen den Halterungen von dem betroffenen Stab „aus eigener Kraft" bewältigt werden kann. Weiterhin muss dafür gesorgt werden, dass die durch das seitliche „Ausweichenwollen" entstehenden Kräfte zu Bauteilen geleitet werden, die dazu in der Lage sind, diese Kräfte aufzunehmen.

- Wenn Nagelplattenbinder verwendet werden, sind oft drei Firmen an dem Zustandekommen der Konstruktion beteiligt. **Der „Statiker"** überlässt meistens die Berechnung und die Pläne für diese Sonderbauart dem Hersteller. **Die ausführende Firma**, wenn nicht selbst zur Herstellung der Binder in der Lage, vergibt den Auftrag an **die herstellende Firma**. Dieses Vorgehen kann dazu führen, dass keiner der Beteiligten sich für unbedingt erforderliche Verbände verantwortlich fühlt. Werden diese dann wirklich nicht eingebaut, führt das unweigerlich zur Katastrophe. Die dünnen Druckstäbe sind nur bei sehr kleiner Knicklänge dazu in der Lage, die bei Belastung entstehenden Druckkräfte aufzunehmen.

## 6.4 Entwurfsplanung

### 6.4.1 Allgemeines

Auszug aus [13], § 64 (3)

*... Erarbeiten der Tragwerkslösung unter Beachtung der durch die Objektplanung integrierten Fachplanungen bis zum konstruktiven Entwurf mit zeichnerischer Darstellung.*

*Überschlägige statische Berechnung und Bemessung*

*Grundlegende Festlegungen der konstruktiven Details und Hauptabmessungen des Tragwerks für zum Beispiel Gestaltung der tragenden Querschnitte, Aussparungen und Fugen; Ausbildung der Auflager- und Knotenpunkte sowie der Verbindungsmittel ...*

In der Entwurfsplanung müssen alle für die Tragstruktur wichtigen Bauteile so genau festgelegt werden, dass Abweichungen gegenüber der endgültigen Planung ein angemessenes Maß (15–20 %) nicht überschreiten. Die Abmessungen vieler, auch für das Tragwerk relevanten Bauteile, werden durch andere Anforderungen bestimmt. So werden z. B. die Stiele in einer Außenwand häufig durch die erforderliche Wärmedämmdicke und durch die Beanspruchung aus Wind und Vertikallasten festgelegt.

Daher werden im Folgenden auch nur die Bauteile vorbemessen, bei denen man abschätzen kann, dass die Dimensionen hauptsächlich von der Tragwirkung abhängig sind.

### 6.4.2 Beispiel für eine überschlägige Bemessung (Bsp. aus Vorplanung)

**Pos. 1: Fachwerkbinder als genagelte Brettbinder**

Ständige Einwirkungen:

| | | |
|---|---|---|
| – Extensivbegrünung | | ~ 1,00 kN/m² |
| – Dachhaut | | ~ 0,05 kN/m² |
| – Wärmedämmung | | ~ 0,20 kN/m² |
| – Holzwerkstoffplatte | | ~ 0,20 kN/m² |
| – Eigengewicht der Träger | | ~ 0,20 kN/m² |
| Summe der ständigen Einwirkungen | $g_k$ | ~ 1,70 kN/m² |

Schnee: $H = 317$ m über NN, Schneelastzone 2 DIN EN 1991-1-3

$$s_k = 0,25 + 1,91 \cdot \left(\frac{317+140}{760}\right)^2 = 0,94 \text{ kN/m}^2;\ \mu_1 = 0,8;\ s_k' = \mu_1 \cdot s_k = 0,8 \cdot 0,94 = 0,75 \text{ kN/m}^2$$

Bei einer Dachneigung von 8° wirkt der Wind nur abhebend! DIN EN 1991-1-4

Lastfallkombination:

$(g + s)_d = 1{,}35 \cdot 1{,}70 + 1{,}50 \cdot 0{,}75$ $= 3{,}42$ kN/m²

Pro Binder im Abstand von 1,25 m: $1{,}25 \cdot 3{,}42$ $= 4{,}28$ kN/m

System:

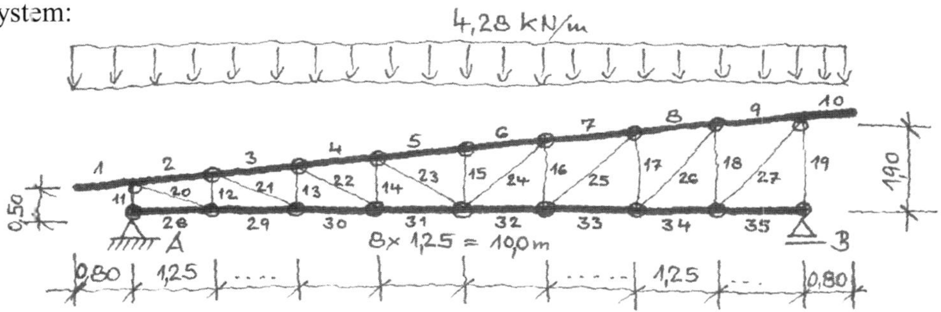


Anm.: Die Trägerhöhe wird durch die Höhe des umlaufenden Oberlichtbandes bestimmt, jedoch: $h_m = 120$ cm $> l/12 = 83$ cm

Schnittgrößen:

Vorüberlegungen

- Die Gurte erhalten in Trägermitte die größten Normalkräfte.
- Die Neigung des Obergurtes von 8° darf hier vernachlässigt werden.
- Die Strebe mit geringster Neigung $\left(\arctan\frac{50}{125} = 22°\right)$ erhält die größte Zugkraft.
- Der mit 190 cm längste Pfosten ist gegen Knicken nachzuweisen.
- Der Obergurt ist durch die Dachschalung seitlich kontinuierlich gehalten.

Am „globalen" System:

$$\max M_\text{d} = \frac{q \cdot l^2}{8} = \frac{4{,}28 \cdot 10{,}0^2}{8} = 53{,}5\,\text{kNm}$$

$$\max V_\text{d} = \frac{q \cdot l}{2} - \frac{q \cdot \frac{l}{8}}{2} = \frac{q \cdot l \cdot \frac{7}{8}}{2} = \frac{4{,}28 \cdot 10 \cdot \frac{7}{8}}{2} = 18{,}7\,\text{kN}$$

Am Dachüberstand: $\min M_\text{d} = -\frac{4{,}28 \cdot 0{,}80^2}{2} = -1{,}37\,\text{kNm}$

Stabkräfte:

$$S_{1,\text{d}} = \frac{\max V_\text{d}}{\sin 22°} = \frac{18{,}7}{\sin 22°} = 49{,}9\,\text{kN} \qquad G_{\text{m,d}} = \frac{\max M_\text{d}}{h_\text{mean}} = \frac{53{,}5}{1{,}20} = \pm 44{,}6\,\text{kN}$$

$$P_\mathrm{d} = V_\mathrm{d} + \left(\frac{1,25}{2} + 0,80\right) \cdot 4,28 = 24,8 \text{ kN}$$

Bemessung:

Untergurt: gewählt: 60/120 C 24

$A = 72 \cdot 10^2$ mm²; $W = 144 \cdot 10^3$ mm³; $I = 864 \cdot 10^4$ mm⁴

NKL 1; KLED „kurz" $\Rightarrow k_\mathrm{mod} = 0,90$

$$\max \sigma_\mathrm{t,d} = \frac{N}{A} = \frac{44,6 \cdot 10^3}{72 \cdot 10^2} = 6,18 \text{ N/mm}^2 \quad f_\mathrm{t,0,d} = \frac{k_\mathrm{mod} \cdot f_\mathrm{t,0,k}}{\gamma_\mathrm{M}} = \frac{0,9 \cdot 14}{1,3} = 9,69 \text{ N/mm}^2$$

$$\boxed{\frac{\sigma_\mathrm{t,d}}{f_\mathrm{t,0,d}} = \frac{6,18}{9,69} = 0,63 < 1}$$

Obergurt: gewählt: 60/180 C 24

$A = 108 \cdot 10^2$ mm²; $W = 324 \cdot 10^3$ mm³; $I = 2\,916 \cdot 10^4$ mm⁴

Moment an der Auskragung wird maßgebend.
Kippen wird erst bei der endgültigen Bemessung berücksichtigt.

$$\max \sigma_\mathrm{m,d} = \frac{M}{W} = \frac{1,37 \cdot 10^6}{324 \cdot 10^3} = 4,23 \text{ N/mm}^2 \quad f_\mathrm{m,0,d} = \frac{k_\mathrm{mod} \cdot f_\mathrm{m,0,k}}{\gamma_\mathrm{M}} = \frac{0,9 \cdot 24}{1,3} = 16,6 \text{ N/mm}^2$$

$$\boxed{\frac{\sigma_\mathrm{m,d}}{f_\mathrm{m,d}} = \frac{4,23}{16,6} = 0,25 < 1}$$

Pfosten: gewählt: 60/180 C 24

$A = 108 \cdot 10^2$ mm²; $W = 324 \cdot 10^3$ mm³; $I = 2\,916 \cdot 10^4$ mm⁴

$$s_\mathrm{k} = 0,8 \cdot \frac{125}{\cos 8°} = 101 \text{ cm}; \quad i = \frac{h}{\sqrt{12}} = \frac{6}{\sqrt{12}} = 1,73 \text{ cm}; \quad \lambda = \frac{s_\mathrm{k}}{i} = \frac{190}{1,7} = 110$$

$$E_{0,05} = 7\,400 \text{ N/mm}^2$$

$$\sigma_\mathrm{c,crit} = \pi^2 \cdot \frac{E_{0,05}}{\lambda^2} = \pi^2 \cdot \frac{7\,400}{110^2} = 6,0 \text{ N/mm}^2$$

$$\lambda_\mathrm{rel,c} = \sqrt{\frac{f_\mathrm{c,0,k}}{\sigma_\mathrm{c,crit}}} = \sqrt{\frac{21}{6,0}} = 1,87$$

$$k = 0,5\left[1 + \beta_\mathrm{c} \cdot (\lambda_\mathrm{rel,c} - 0,3) + \lambda^2_\mathrm{rel,c}\right] = 0,5\left[1 + 0,2 \cdot (1,87 - 0,3) + 1,87^2\right] = 2,41$$

$$k_\mathrm{c} = \frac{1}{k + \sqrt{k^2 - \lambda^2_\mathrm{rel,c}}} = \frac{1}{2,41 + \sqrt{2,41^2 - 1,87^2}} = 0,25$$

oder: $k_c = 0,252$ aus Tabelle 9.1

$$\max \sigma_{c,d} = \frac{N}{A} = \frac{24,8 \cdot 10^3}{108 \cdot 10^2} = 2,3 \text{ N/mm}^2 \qquad f_{c,0,d} = \frac{k_{mod} \cdot f_{c,0,k}}{\gamma_M} = \frac{0,9 \cdot 21}{1,3} = 14,5 \text{ N/mm}^2$$

$$\boxed{\frac{\sigma_{c,0,d}}{k_c \cdot f_{c,0,d}} = \frac{2,3}{0,25 \cdot 14,5} = 0,63 < 1}$$

Strebe: gewählt: 2×30/120 C 24$A = 72 \text{ cm}^2$

$$\max \sigma_{t,d} = \frac{N}{A} = \frac{49,9 \cdot 10^3}{72 \cdot 10^2} = 6,93 \text{ N/mm}^2 \qquad f_{t,0,d} = \frac{k_{mod} \cdot f_{t,0,k}}{\gamma_M} = \frac{0,9 \cdot 14}{1,3} = 9,69 \text{ N/mm}^2$$

$$\boxed{\frac{\sigma_{t,d}}{f_{t,0,d}} = \frac{6,93}{9,69} = 0,72 < 1}$$

Anschluss Strebe-Gurt: gewählt: glattschaftige Nägel 3,4×80, vorgebohrt

Lochleibungsfestigkeit:

$$f_{h,0,k} = 0,082 \cdot (1 - 0,01 \cdot d) \cdot \rho_k = 0,082 \cdot (1 - 0,01 \cdot 3,4) \cdot 350 = 27,7 \text{ N/mm}^2$$

Fließmoment für runde glattschaftige Nägel:

$$M_{y,Rk} = 0,3 \cdot f_{u,k} \cdot d^{2,6} = 0,3 \cdot 600 \cdot 3,4^{2,6} = 4336 \text{ Nmm}$$

Charakteristischer Wert der Tragfähigkeit: DIN EN 1995-1-1, 8.3.1.2 NCI NA.8.2.4

$$F_{v,Rk} = \sqrt{2 \cdot M_{y,Rk} \cdot f_{h,1,k} \cdot d} = \sqrt{2 \cdot 4336 \cdot 27,7 \cdot 3,4} = 904 \text{ N} = 0,904 \text{ kN} \qquad \text{(NA 113)}$$

Bemessungswert der Tragfähigkeit:

$$F_{v,Rd} = \frac{k_{mod} \cdot F_{v,Rk}}{\gamma_M} = \frac{0,9 \cdot 0,904}{1,1} = 0,74 \text{ kN}$$

$$n_{req} = \frac{S}{F_{v,Rk}} = \frac{49,9}{0,74} = 68 \text{ Nä} \Rightarrow 34 \text{ Nä pro Seite}$$

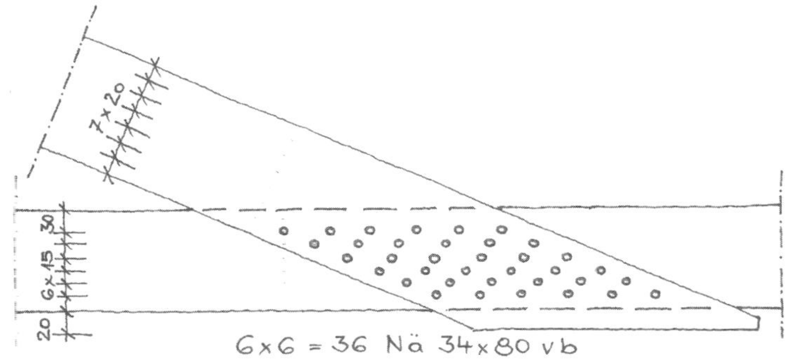

Die Dimensionen der übrigen tragenden Bauteile werden abgeschätzt bzw. durch bauphysikalische Anforderungen bestimmt:

- Die Dachschalung besteht aus OSB/4-Platten mit einer Dicke von 25 mm.
- Die Stützen sind, außer im Bereich des Oberlichts, Bestandteil von beidseitig mit Holzwerkstoffplatten beplankten Wandtafeln. Da die Wärmedämmschicht 200 mm dick sein muss, werden Ständer mit 60/200 aus C 24 (KVH) verwendet. Der gewählte Wandaufbau erfüllt die Anforderungen an die Feuerwiderstandsdauer F30-B.
- An die tragenden Bauteile des Daches sind bei einer eingeschossigen Werkhalle keine Brandschutzanforderungen gestellt.

### 6.4.3 Checkliste Entwurfsplanung

- Sind die Dimensionen der wichtigsten Tragwerkselemente ausreichend genau vorbemessen?
- Sind die wichtigsten Anschlüsse ausreichend genau vorbemessen?
- Sind die System- und Rasterachsen vermaßt?
- Ist in dem Plan das gesamte Tragwerk zu erkennen?
- Sind an den Bauteilen die Dimensionen aller Hölzer und Holzwerkstoffplatten angegeben?
- Sind alle Materialien und Festigkeitsklassen eindeutig angegeben?
- Sind dort, wo erforderlich, Holzschutzmaßnahmen erwähnt?
- Sind dort, wo erforderlich, Brandschutzmaßnahmen berücksichtigt?
- Sind die Pläne an den Bauherren und alle Planungsbeteiligten verschickt worden?
- Sind die Ergebnisse aller Entscheidungen mit Begründung für die weitere Bearbeitung dokumentiert und allen Beteiligten zugeschickt worden?

Auszug aus einem Entwurfsplan siehe Anhang.

## 6.5 Genehmigungsplanung

### 6.5.1 Allgemeines

Auszug aus [13], § 64 (3)

*... Aufstellen der prüffähigen statischen Berechnungen für das Tragwerk unter Berücksichtigung der vorgegebenen bauphysikalischen Anforderungen.*

*Bei Ingenieurbauwerken:*

*... Erfassen von normalen Bauzuständen, Anfertigen der Positionspläne für das Tragwerk ...*

*Zusammenstellen der Unterlagen der Tragwerksplanung zur bauaufsichtlichen Genehmigung*

*Verhandlungen mit Prüfämtern und Prüfingenieuren*

*Vervollständigen und Berichtigen der Berechnungen und Pläne*

In der Genehmigungsplanung müssen alle für die Tragstruktur wichtigen Bauteile und Anschlüsse endgültig festgelegt und nachgewiesen werden. Im Holzbau nehmen die Nachweise für die Abtragung der Horizontalkräfte gegenüber den Nachweisen für die Abtragung der Vertikalkräfte einen vergleichsweise großen Raum ein. Sind Brandschutzanforderungen an die Tragkonstruktion oder an Bauteile gestellt, dann muss gegebenenfalls eine sogenannte „heiße Bemessung“ durchgeführt werden, bei der das Versagen von Tragwerkselementen und Anschlüssen oder der Durchbrand von Bauelementen berücksichtigt wird.

Damit Lage und Systemwerte nachvollziehbar sind, wird ein Positionsplan angefertigt, mit Positionsnummern der einzelnen Tragsysteme, die dann in der statischen Berechnung, landläufig mit „Statik“ bezeichnet, als Ordnungsnummern verwendet werden.
Für den Prüfingenieur und für die eigene Nachvollziehbarkeit nach einem größeren Zeitraum ist es sehr wichtig, dass in den Berechnungen eine durchgehende Ordnung eingehalten wird und alles festgehalten wird, was für die Nachweise wichtig ist. Skizzen und Bemerkungen zur Erläuterung erleichtern die Prüfung sehr. Der dafür entstehende Zeitaufwand zahlt sich schnell aus, da die Alternative in ständigen Nachfragen am Telefon besteht.

Die in der Genehmigungsplanung ermittelten Querschnitte und Anschlüsse sind Grundlage für die Konstruktionspläne der Ausführungsplanung.

### 6.5.2 Checkliste Genehmigungsplanung

- Deckblatt mit Angaben zur Nutzung des Bauvorhabens, zum Bauherren und zum Verfasser der Tragwerksplanung
- Baubeschreibung mit den wichtigsten Abmessungen des geplanten Gebäudes, der Nutzung und des Tragverhaltens der wichtigsten Tragkonstruktionen
- Positionspläne als weiterentwickelte Entwurfspläne
- Zusammenstellung der charakteristischen ständigen Einwirkungen von Dach-, Decken- und Wandaufbauten mit Skizzen
- Bemessung der einzelnen Bauteile mit jeweils
  - Skizze des statischen Systems mit Belastungsbild
  - Lastannahmen
  - Lastfallkombination, wenn nur gleichartige Belastungen berücksichtigt werden müssen
  - Ermittlung der Schnittgrößen
  - Bemessung der Holzbauteile, ggf. mit Berücksichtigung der Brandschutzanforderungen
  - Bemessung der Verbindungen und Anschlüsse, ggf. mit Berücksichtigung der Brandschutzanforderungen
- Literaturverzeichnis mit Ordnungsnummern, die in der Berechnung für Hinweise verwendet werden
- Verzeichnis der verwendeten Normen mit Ordnungsnummern, die in der Berechnung für Hinweise verwendet werden
- Verzeichnis der verwendeten Computerprogramme mit Ordnungsnummern, die in der Berechnung für Hinweise verwendet werden
- Sind die Berechnungen und der Positionsplan an das Bauamt bzw. den Prüfingenieur verschickt worden?
- Sind die Grüneintragungen des Prüfingenieurs in die Berechnung eingearbeitet worden?
- Sind die Ergebnisse aller Entscheidungen mit Begründung für die weitere Bearbeitung dokumentiert und allen Beteiligten zugeschickt worden?

## 6.5.3 Bemessungsbeispiel

### Pos. 1: Die OSB-Platten

*Skizze des Dachaufbaus*

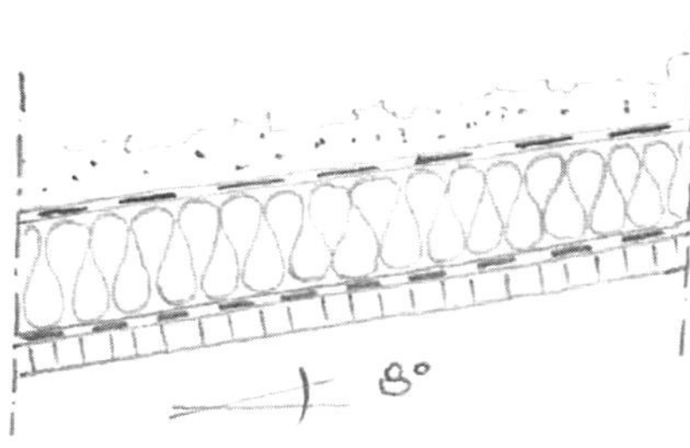


Ständige Einwirkungen:

| | | |
|---|---|---|
| – Extensivbegrünung | | $\approx 1{,}00\ \mathrm{kN/m^2}$ |
| – Dachhaut | | $\approx 0{,}05\ \mathrm{kN/m^2}$ |
| – Wärmedämmung | $20 \cdot 0{,}01$ | $= 0{,}20\ \mathrm{kN/m^2}$ |
| – Holzwerkstoffplatte | $0{,}025 \cdot 6$ | $= 0{,}15\ \mathrm{kN/m^2}$ |

Summe der ständigen Einwirkungen $g_k' = 1{,}40\ \mathrm{kN/m^2}$

Auf den Grundriss bezogen: $g_k = 1{,}40/\cos 8° = 1{,}41\ \mathrm{kN/m^2Gfl}$

Schnee: $H = 250$ m über NN, Schneelastzone II $s_k = 0{,}75\ \mathrm{kN/m^2Gfl}$

Bei einer Dachneigung von 8° wirkt der Wind nur abhebend!

Einzellast für Dächer $Q_k = 1{,}0\ \mathrm{kN}$

Lastfallkombination:

$$r_d = 1{,}35 \cdot 1{,}41 + 1{,}50 \cdot 0{,}75 = 3{,}03\ \mathrm{kN/m^2}$$

Die Kombination „Ständige Einwirkungen“ und „Personenlast“ darf erst bei der Schnittkraftermittlung erfolgen.

System:

Die OSB-Platten mit einer Länge von 2,50 m werden über zwei Feldern versetzt angeordnet. Dadurch entstehen am Ortgang jeweils in jedem zweiten Plattenstrang Einfeldträger.

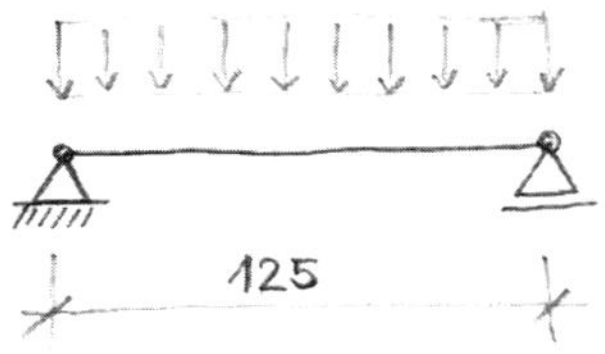

Schnittgrößen:

$$\max M_{\text{d}} = \frac{q \cdot l^2}{8} = \frac{3,03 \cdot 1,25^2}{8} = 0,59 \text{ kNm}$$

ohne Schnee, aber mit Einzellast:

$$\max M_{\text{d}} = 1,35 \cdot \frac{g_{\text{k}} \cdot l^2}{8} + 1,5 \cdot \frac{Q_{\text{k}} \cdot l^2}{4} = 1,35 \cdot \frac{1,41 \cdot 1,25^2}{8} + 1,5 \cdot \frac{1,00 \cdot 1,25}{4} = 0,84 \text{ kNm}$$

Bemessung: gewählt: OSB/3, $d = 25$ mm; $W = 104{\cdot}10^3\text{mm}^3$; $I_{\text{y}} = 130{\cdot}10^4\text{mm}^4$

Am Dachüberstand sind die Platten zwar nicht den Niederschlägen, jedoch dem Außenklima ausgesetzt. Daher ist die Nutzungsklasse 2 vorauszusetzen. Die kürzeste Lasteinwirkungsdauer ist sowohl aus der Schneebelastung als auch aus der Einzellast mit „kurz" anzunehmen. $\Rightarrow k_{\text{mod}} = 0,70$

Nachweis der Tragfähigkeit:

$$\max \sigma_{\text{m,d}} = \frac{M_{\text{d}}}{W} = \frac{0,84 \cdot 10^6}{104 \cdot 10^3} = 8,08 \text{ N/mm}^2 \quad f_{\text{m,0,d}} = \frac{k_{\text{mod}} \cdot f_{\text{m,0,k}}}{\gamma_{\text{M}}} = \frac{0,7 \cdot 14,8}{1,3} = 7,97 \text{kN/cm}^2$$

$$\boxed{\frac{\sigma_{\text{m,d}}}{f_{\text{m,d}}} = \frac{8,08}{7,97} = 1,01 \approx 1}$$

Nachweis der Gebrauchstauglichkeit:

Da einfeldrige Plattenstücke nur am Rand der Scheibe vorkommen, darf der Nachweis der Durchbiegung am Zweifeldträger erfolgen. Die Nutzungsklasse, da nur im Innenbereich, darf mit 1 angenommen werden.

$$E_{0,\text{mean}} = 4930 \text{ N/mm}^2$$

$$w_{\text{g,inst}} = \frac{g_{\text{k}} \cdot l^4}{184,6 \cdot E \cdot I} = \frac{1,41 \cdot 1250^4}{184,6 \cdot 4930 \cdot 130 \cdot 10^4} = 2,9 \text{ mm (nach [16], S. 4.7)}$$

$$w_{\text{q,inst}} = \frac{q_{\text{k}} \cdot l^4}{184,6 \cdot E \cdot I} = \frac{0,75 \cdot 1250^4}{184,6 \cdot 4930 \cdot 130 \cdot 10^4} = 1,5 \text{ mm}$$

$$w_{\text{inst}} = 2,9 + 1,5 = 4,3 \text{mm} \qquad \boxed{4,3 \text{mm} = \frac{l}{290} > \frac{l}{300}}$$

Quasi-ständige Bemessungssituation

$$w_{\text{g,fin}} = w_{\text{g,inst}} \cdot (1 + k_{\text{def}}) = 2,9 \cdot (1 + 1,5) = 7,3 \text{ mm}$$

$$w_{\text{q,fin}} = w_{\text{q,inst}} \cdot (1 + \psi_2 \cdot k_{\text{def}}) = 1,5 \cdot (1 + 0 \cdot 1,5) = 1,5 \text{ mm}$$

$$w_{\text{fin}} = 7,3 + 1,5 = 8,8 \text{ mm} \qquad \boxed{8,8 \text{mm} = \frac{l}{142} > \frac{l}{150}}$$

In DIN EN 1995-1-1 werden im Abschnitt 7.2 (2) Spannen für die Grenzwerte der Durchbiegung empfohlen, nicht gefordert. Die Entscheidung liegt alleine beim Tragwerksplaner.
Da keine angrenzenden Bauteile vorhanden sind, die betroffen sein könnten, und die errechnete Durchbiegung auch keine optische Beeinträchtigung darstellt, werden die Durchbiegungen von 4,3 bzw. 8,8 mm akzeptiert, obwohl die empfohlenen Wert für Anfangsdurchbiegung und die Durchbiegung für die quasi-ständige Bemessungssituation nicht eingehalten sind.

## Pos 2: Die Fachwerkträger

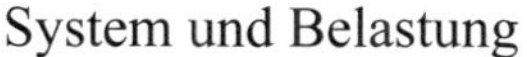

System und Belastung

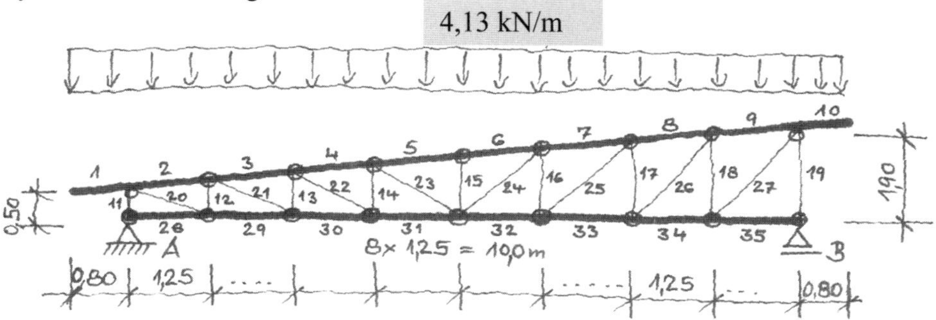


Ständige Einwirkungen:

– Aus dem Dachaufbau (siehe oben) $= 1{,}41$ kN/m²
– Eigengewicht der Träger $\sim 0{,}20$ kN/m²
– Summe der ständigen Einwirkungen $g_k = 1{,}61$ kN/m²

Schnee: $H = 250$ m über NN, Schneelastzone II $s_k \sim 0{,}75$ kN/m²

Bei einer Dachneigung von 8° wirkt der Wind nur abhebend!

Lastfallkombination:
$(g{+}s)_d = 1{,}35 \cdot 1{,}61 + 1{,}50 \cdot 0{,}75 = 3{,}30$ kN/m²
Pro Binder im Abstand von 1,25 m: $1{,}25 \cdot 3{,}30 = 4{,}13$ kN/m

Am „globalen" System:

$$\max M_d = \frac{q_d \cdot l^2}{8} = \frac{4{,}13 \cdot 10{,}0^2}{8} = 51{,}6 \text{ kNm}$$

$$\max V_d = \frac{q_d \cdot l}{2} - \frac{q_d \cdot \frac{l}{8}}{2} = \frac{q_d \cdot l \cdot \frac{7}{8}}{2} = \frac{4{,}13 \cdot 10 \cdot \frac{7}{8}}{2} = 18{,}1 \text{ kN}$$

Obergurt am Dachüberstand: $\min M_d = -\dfrac{4{,}13 \cdot 0{,}80^2}{2} = -1{,}32 \text{ kNm}$

über den Pfosten 12 bis 18: $\min M_d = -\dfrac{4{,}13 \cdot 1{,}25^2}{12} = -0{,}54 \text{ kNm}$

Stabkräfte:

$$S_{1,d} = \frac{\max V_d}{\sin 21{,}8°} = \frac{18{,}1}{\sin 21{,}8°} = 48{,}7 \text{ kN}$$

$$\max G^{\mathrm{U}}_{\mathrm{m,d}} = \frac{\max M_{\mathrm{d}}}{h_{\mathrm{mean}}} = \frac{51,6}{1,20} = \pm 43,0 \text{ kN}$$

$$\max G^{\mathrm{O}}_{\mathrm{m,d}} = \frac{\max M_{\mathrm{d}}}{h_{\mathrm{mean}} \cdot \cos\alpha} = \frac{51,6}{1,20 \cdot \cos 8°} = \pm 43,4 \text{ kN}$$

$$P_{\mathrm{d}} = V_{\mathrm{d}} + \left(\frac{1,25}{2} + 0,80\right) \cdot 4,13 = 24,0 \text{ kN}$$

Die übrigen Füllstabkräfte werden in einer Tabelle zusammengestellt.

| | Nr. | Höhe bzw. Neigung[ °] | $V_{\mathrm{d}}$ | Stabkräfte |
|---|---|---|---|---|
| Pfosten | 11 | 0,50 m | | 24,0 kN |
| | 12 | 0,68 m | | 15,5 kN |
| | 13 | 0,85 m | | 10,3 kN |
| | 14 | 1,03 m | | 5,2 kN |
| | 15 | 1,20 m | | 5,2 kN |
| | 16 | 1,38 m | | 5,2 kN |
| | 17 | 1,55 m | | 10,3 kN |
| | 18 | 1,73 m | | 15,5 kN |
| | 19 | 1,90 m | | 24,0 kN |
| Streben | 20 | 21,8 ° | 18,1 kN | 48,7 kN |
| | 21 | 28,4 ° | 12,9 kN | 27,2 kN |
| | 22 | 34,2 ° | 7,7 kN | 13,8 kN |
| | 23 | 39,4 ° | 2,6 kN | 4,1 kN |
| | 24 | 47,7 ° | 2,6 kN | 3,5 kN |
| | 25 | 51,1 ° | 7,7 kN | 9,9 kN |
| | 26 | 54,1 ° | 12,9 kN | 15,9 kN |
| | 27 | 56,7 ° | 18,1 kN | 21,6 kN |

Bemessung:

Untergurt: gewählt: 60/120 C 24; $A = 72 \cdot 10^2$ mm²; $W = 144 \cdot 10^3$ mm³; $I = 864 \cdot 10^4$ mm⁴

NKL 1; KLD kurz $\Rightarrow k_{\mathrm{mod}} = 0,90$

$$\max \sigma_{\mathrm{t,d}} = \frac{N_{\mathrm{d}}}{A} = \frac{43,0 \cdot 10^3}{72 \cdot 10^2} = 6,0 \text{ N/mm}^2 \qquad f_{\mathrm{t,0,d}} = \frac{k_{\mathrm{mod}} \cdot f_{\mathrm{t,0,k}}}{\gamma_{\mathrm{M}}} = \frac{0,9 \cdot 14}{1,3} = 9,69 \text{ N/mm}^2$$

auf die Erhöhung um $k_{\mathrm{h}} = \left(\frac{150}{h}\right)^{0,2} = 1,2$ wird verzichtet DIN EN 1995-1-1, 3.2(3)

$$\frac{\sigma_{\mathrm{t,d}}}{f_{\mathrm{t,0,d}}} = \frac{6,0}{9,69} = 0,62 < 1$$

Obergurt: gewählt: 60/180 C 24

$A = 108 \cdot 10^2$ mm²; $W = 324 \cdot 10^3$ mm³; $I = 2\,916 \cdot 10^4$ mm⁴

Das Knicken aus der Fachwerkebene heraus wird durch die Dachscheibe verhindert. Für den Knicknachweis in Fachwerkebene darf die Knicklänge mit 0,8 $s$ angenommen werden.

Über dem Pfosten Stab 15: $N_d = 43{,}4$ kN; $M_d = 0{,}54$ kNm

$$s_k = 0{,}8 \cdot \frac{125}{\cos 8°} = 101 \text{ cm}; \quad i = \frac{h}{\sqrt{12}} = \frac{18}{\sqrt{12}} = 5{,}2 \text{ cm}; \quad \lambda = \frac{s_k}{i} = \frac{101}{5{,}2} = 20$$

$$E_{0,05} = 7\,400 \text{ N/mm}^2$$

$$\sigma_{c,crit} = \pi^2 \cdot \frac{E_{0,05}}{\lambda^2} = \pi^2 \cdot \frac{7\,400}{20^2} = 183 \text{ N/mm}^2 \qquad \lambda_{rel,c} = \sqrt{\frac{f_{c,0,k}}{\sigma_{c,crit}}} = \sqrt{\frac{21}{183}} = 0{,}34$$

$$k = 0{,}5\left[1 + \beta_c \cdot (\lambda_{rel,c} - 0{,}3) + \lambda_{rel,c}^2\right] = 0{,}5\left[1 + 0{,}2 \cdot (0{,}34 - 0{,}3) + 0{,}34^2\right] = 0{,}56$$

$$k_c = \frac{1}{k + \sqrt{k^2 - \lambda_{rel,c}^2}} = \frac{1}{0{,}56 + \sqrt{0{,}56^2 - 0{,}34^2}} = 1$$

$$f_{m,0,d} = \frac{k_{mod} \cdot f_{m,0,k}}{\gamma_M} = \frac{0{,}9 \cdot 24}{1{,}3} = 16{,}6 \text{ N/mm}^2$$

$$f_{c,0,d} = \frac{k_{mod} \cdot f_{c,0,k}}{\gamma_M} = \frac{0{,}9 \cdot 21}{1{,}3} = 14{,}5 \text{ N/mm}^2$$

$$\max \sigma_{m,d} = \frac{M_d}{W} = \frac{0{,}54 \cdot 10^6}{324 \cdot 10^3} = 1{,}66 \text{ N/mm}^2 \qquad \max \sigma_{c,0,d} = \frac{G_d}{A} = \frac{43{,}4 \cdot 10^3}{108 \cdot 10^2} = 4{,}0 \text{ N/mm}^2$$

$$\boxed{\frac{\sigma_{c,0,d}}{k_c \cdot f_{c,d}} + \frac{\sigma_{m,d}}{f_{m,d}} = \frac{4{,}0}{1 \cdot 14{,}5} + \frac{1{,}66}{16{,}6} = 0{,}38 < 1}$$

Mit Moment an der Auskragung:

$$\max \sigma_{m,d} = \frac{M_d}{W} = \frac{1{,}32 \cdot 10^6}{162 \cdot 10^3} = 8{,}1 \text{ N/mm}^2 \qquad \boxed{\frac{\sigma_{m,d}}{f_{m,d}} = \frac{8{,}1}{16{,}6} = 0{,}50 < 1}$$

Pfosten: gewählt: 60/180 C 24

$A = 108 \cdot 10^2$ mm$^2$; $W = 324 \cdot 10^3$ mm$^3$; $I = 2\,916 \cdot 10^4$ mm$^4$

$$s_k = 190 \text{ cm}; \quad i = \frac{h}{\sqrt{12}} = \frac{6}{\sqrt{12}} = 1{,}72 \text{ cm}; \quad \lambda = \frac{s_k}{i} = \frac{190}{1{,}72} = 110$$

$$E_{0,05} = 7\,400 \text{ N/mm}^2$$

$$\sigma_{c,crit} = \pi^2 \cdot \frac{E_{0,05}}{\lambda^2} = \pi^2 \cdot \frac{7400}{110^2} = 6,0 \text{ N/mm}^2 \qquad \lambda_{rel,c} = \sqrt{\frac{f_{c,0,k}}{\sigma_{c,crit}}} = \sqrt{\frac{21}{6,0}} = 1,87$$

$$k = 0,5\left[1 + \beta_c \cdot \left(\lambda_{rel,c} - 0,3\right) + \lambda_{rel,c}^2\right] = 0,5\left[1 + 0,2 \cdot (1,87 - 0,3) + 1,87^2\right] = 2,41$$

$$k_c = \frac{1}{k + \sqrt{k^2 - \lambda_{rel,c}^2}} = \frac{1}{2,41 + \sqrt{2,41^2 - 1,87^2}} = 0,25$$

$$\max \sigma_{c,0,d} = \frac{N_d}{A} = \frac{24 \cdot 10^3}{108 \cdot 10^2} = 2,22 \text{ N/mm}^2 \qquad \boxed{\frac{\sigma_{c,0,d}}{k_c \cdot f_{c,0,d}} = \frac{2,22}{0,25 \cdot 14,5} = 0,61 < 1}$$

Strebe Stab 20: gewählt: 2 × 40/140 C 24 $A = 112 \cdot 10^2$ mm²

$$\max \sigma_{t,0,d} = \frac{N_d}{A} = \frac{48,7 \cdot 10^3}{112 \cdot 10^2} = 4,3 \text{ N/mm}^2$$

$$f_{t,0,d} = k_h \cdot \frac{k_{mod} \cdot f_{t,0,k}}{\gamma_M} = 1,3 \cdot \frac{0,9 \cdot 14}{1,3} = 12,6 \text{N/mm}^2$$ DIN EN 1995-1-1, 3.2(3)

Wegen ausmittiger Krafteinleitung Abminderung um 60 % NCI NA.8.1.6

$$\boxed{\frac{\sigma_{t,d}}{0,4 \cdot f_{t,0,d}} = \frac{4,3}{0,4 \cdot 12,6} = 0,85 < 1}$$

Anschluss Strebe-Gurt: gewählt: glattschaftige Nägel 3,4 × 80, vorgebohrt

Lochleibungsfestigkeit:

$$f_{h,0,k} = 0,082 \cdot (1 - 0,01 \cdot d) \cdot \rho_k = 0,082 \cdot (1 - 0,01 \cdot 3,4) \cdot 350 = 27,7 \text{ N/mm}^2$$

Fließmoment für runde glattschaftige Nägel:

$$M_{y,Rk} = 0,3 \cdot f_{u,k} \cdot d^{2,6} = 0,3 \cdot 600 \cdot 3,4^{2,6} = 4336 \text{ Nmm}$$

Charakteristischer Wert der Tragfähigkeit: NCI zu NA. 8.3.1.2

$$F_{v,Rk} = \sqrt{2 \cdot M_{y,Rk} \cdot f_{h,1,k} \cdot d} = \sqrt{2 \cdot 4336 \cdot 27,7 \cdot 3,4} = 904\text{N} = 0,904 \text{ kN}$$ (NA 113)

Bemessungswert der Tragfähigkeit:

$$F_{v,Rd} = \frac{k_{mod} \cdot F_{v,Rk}}{\gamma_M} = \frac{0,9 \cdot 0,904}{1,1} = 0,74 \text{ kN}$$

$$n_{\text{req}} = \frac{S}{F_{\text{v,Rk}}} = \frac{48,7}{0,74} = 66\,\text{Nä} \quad \Rightarrow 33 \text{ Nä pro Seite}$$

Bei nicht versetzter Anordnung der Nägel müsste mit $n_{\text{ef}} = n^{k_{\text{ef}}}$ gerechnet werden.

DIN EN 1995-1-1, 8.3.1.1(8)

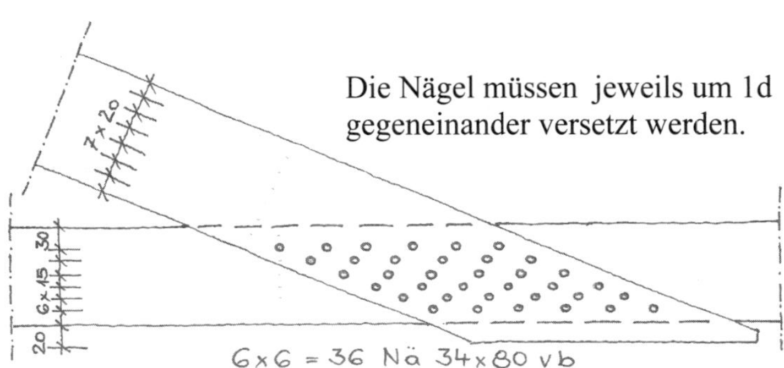


*Stabkräfte und erforderliche Anzahl von Nägeln*

| | Nr. | Höhe bzw. Neigung[ °] | $V$ | Stabkräfte | $n_{\text{req}}$ für Nägel pro Seite |
|---|---|---|---|---|---|
| Pfosten | 11 | 50 cm | | 24,0 kN | |
| | 12 | 68 cm | | 15,5 kN | |
| | 13 | 85 cm | | 10,3 kN | |
| | 14 | 103 cm | | 5,2 kN | |
| | 15 | 120 cm | | 5,2 kN | |
| | 16 | 138 cm | | 5,2 kN | |
| | 17 | 155 cm | | 10,3 kN | |
| | 18 | 173 cm | | 15,5 kN | |
| | 19 | 190 cm | | 24,0 kN | |
| Streben | 20 | 21,8 ° | 18,1 kN | 48,7 kN | 33 |
| | 21 | 28,4 ° | 12,9 kN | 27,2 kN | 19 |
| | 22 | 34,2 ° | 7,7 kN | 13,8 kN | 10 |
| | 23 | 39,4 ° | 2,6 kN | 4,1 kN | 3 |
| | 24 | 47,7 ° | 2,6 kN | 3,5 kN | 3 |
| | 25 | 51,1 ° | 7,7 kN | 9,9 kN | 7 |
| | 26 | 54,1 ° | 12,9 kN | 15,9 kN | 11 |
| | 27 | 56,7 ° | 18,1 kN | 21,6 kN | 15 |

# 6.6 Ausführungsplanung

## 6.6.1 Allgemeines

Auszug aus [13], § 64 (3)

*Durcharbeiten der Ergebnisse der Leistungsphasen 3 und 4 unter Beachtung der durch die Objektplanung integrierten Fachplanungen ...*

*Zeichnerische Darstellung der Konstruktionen mit Einbau- und Verlegeanweisungen*

Die Ausführungsplanung ist das „Fenster zur Außenwelt". Die hierfür erstellten Konstruktionspläne werden allen an dem Bauvorhaben Beteiligten zugestellt. Sie prägen somit das Image des Tragwerksplaners stärker als alle anderen Ergebnisse der übrigen Leistungsphasen. Reibungslosigkeit bei der gesamten Abwicklung des Bauvorhabens muss beim Erstellen oberste Priorität bekommen.

Da die Ausführungspläne Grundlage für die Werkstattzeichnungen sind, oftmals auch zu solchen ergänzt werden, ist von ihnen auch die Qualität des Tragwerks sehr stark abhängig.

Der Zeichnende muss hierin alles darstellen und genau bezeichnen, was für die Fertigung wichtig ist. Er sollte in der Lage sein, sich in die Rolle des Fertigenden zu versetzen, um beurteilen zu können, welche Angaben dieser zwingend benötigt. Falsche Sparsamkeit, z. B. bei Maßangaben, stellt sich meist bald als erhöhter Aufwand dar, wenn Rückrufe erforderlich werden, um Fakten abzuklären, die auf den Plänen nicht oder nur unzureichend dargestellt sind.

## 6.6.2 Checkliste Ausführungsplanung [siehe auch [17]]

- **Grundrisse, 1:50 oder 1:100**
  - Ansichtskanten der Holzbauteile mit durchgezogenen mitteldicken Strichen (0,35 mm)
  - unterstützende Bauteile mit durchgezogenen dicken Strichen, so, als wären sie geschnitten, auch wenn sie unterhalb der Ansichtsebene liegen.
  - belastende Bauteile, z. B. Wände, gestrichelt mit mitteldicken Strichen
  - Maßketten mit dünnen Strichen (0,18 mm) und dicken Schrägstrichen
  - Querschnittsangaben, z. B. 60/240
  - Begrenzungen von nicht komplett dargestellten Grundrissen mit dünnen strichpunktierten Linien

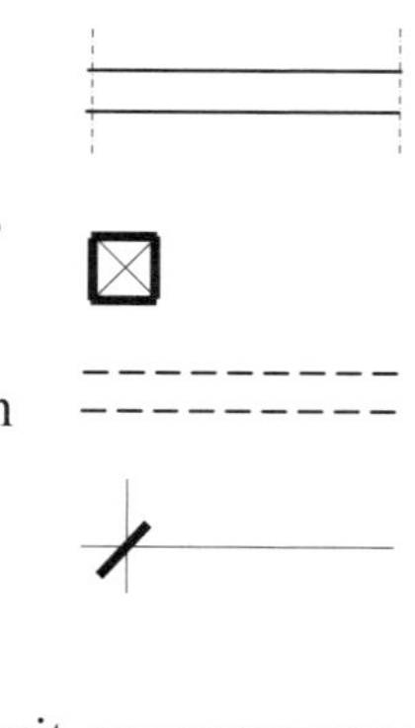

- **Schnitte, 1:50 oder 1:100**
  - Ansichtskanten der Holzbauteile mit durchgezogenen mitteldicken Strichen (0,35 mm)
  - geschnittene Bauteile mit durchgezogenen dicken Strichen

- **Details, 1:5 oder 1:10**
  - Vermaßung der Verbindungsmittelabstände
  - Abmessungen der Bleche
  - eindeutige Darstellung (Anzahl der Schnitte)
- **Plankopf auf allen Plänen, mit Angaben zu**
  - Bauvorhaben, Bauort und Bauherr
  - Tragwerksplaner
  - Kürzel des Planfertigers
  - Planinhalt
  - Maßstab, Projektnummer, Datum und Plannummer (bei geänderten Plänen mit Index)
  - Änderungstabelle mit Indizes

| i | Änderung | Datum | gef |
|---|---|---|---|
| *a* | *Vermaßung der Tore* | *15.3.2005* | *MV* |
| | | | |
| | | | |
| | | | |

| | |
|---|---|
| Maßstab: 1:100; 1:10<br>Projekt-Nr.: 1130<br>Datum: 4.3.2005 | Plan.-Nr.:<br>A3a<br>gefertigt: MV |

Bauvorhaben, Bauort, Bauherr:
Neubau einer Werkhalle
Ritterstraße 25
72770 Reutlingen

Planinhalt:
Konstruktionsplan
(Ausführungsplanung)
Grundriss, Schnitte, Details

**Ingenieurbüro für Tragwerksplanung**

Dipl.-Ing. Peter Mustermann
Auf dem Katzenstieg 69, 74359 Albstadt
Tel.: 071…./………
Fax: 071…./………. mustermann@t-online.de

*Bild 6.25: Beispiel für einen Plankopf*

Auszug aus einem Ausführungsplan siehe Anhang.

# 7 Schnittgrößen

## 7.1 Allgemeines

Wirklichkeitsnahe Schnittgrößen erhält man, wenn die Wirklichkeit durch das **statische Modell**, die Einwirkungen und die **Steifigkeiten** der Bauteile und der Verbindungen bei der Berechnung möglichst gut erfasst wird. Es darf von einem linearelastischen Baustoffverhalten und von linearen Last-Verschiebungsbeziehungen der Verbindungen ausgegangen werden.

Die Tragkonstruktion eines Bauwerks stellt grundsätzlich ein räumliches System dar und bei in Stabachse auf Druck beanspruchten Bauteilen haben die Verformungen eine Vergrößerung der Schnittgrößen zur Folge. Somit sind wirklichkeitsnahe Schnittgrößen an räumlichen Systemen unter Berücksichtigung der Verformungen zu ermitteln.

Die räumliche Tragfähigkeit des Gesamtsystems kann als offensichtlich gegeben angesehen werden, wenn bei Aufteilung in ebene Teilsysteme diese Systeme stabil sind und dafür die Nachweise erbracht werden. Deshalb werden üblicherweise räumliche Systeme in zwei oder mehr ebene Systeme aufgeteilt, um den Aufwand zu verringern.

Die Vergrößerung der Schnittgrößen infolge der Verformungen wird entweder mit dem Ersatzstabverfahren oder der Theorie II. Ordnung berücksichtigt.

### 7.1.1 Statisches Modell

#### Achsen der Stäbe

Die *Achsen der Stäbe* müssen mit den Systemlinien des statischen Modells übereinstimmen, da auch sämtlich Querschnittsgrößen wie das statische Moment, das Flächenträgheitsmoment und das Widerstandsmoment immer auf die Schwerpunktsachse als Systemlinie bezogen sind. Werden z. B. bei einem parallelgurtigen Fachwerkträger (siehe Bild 7.1) die Systemlinien der Gurte fälschlicherweise in die äußeren Gurtober- und Gurtunterseiten statt in die Stabachse gelegt, berechnet sich für eine Gurthöhe $h = 0{,}12 \cdot H$ die Gurtnormalkraft auf der unsicheren Seite liegend zu

$$N_{\text{ist}} = \frac{M}{H + h} = 0{,}89 \cdot N_{\text{soll}}.$$

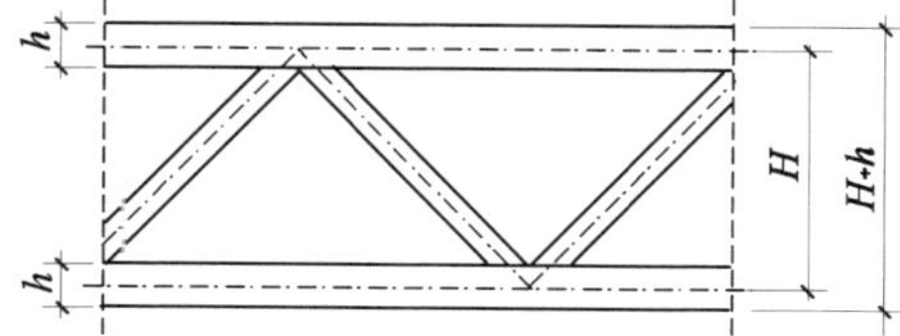


*Bild 7.1: Stabachsen identisch mit Systemlinien*

## Verbindungen der Stäbe

Bei der Verbindung der Stäbe untereinander wird in *direkte und indirekte Verbindungen* unterschieden. Bei direkter Verbindung eines Stabes 1 mit einem Stab 2 wird die Kraft entweder über Kontakt oder über mechanische Verbindungsmittel übertragen. In beiden Fällen handelt es sich um nachgiebige Verbindungen, die bei einer genauen Berechnung durch Dehnfedern (mit Dehnfedersteifigkeiten $K_j$) und gegebenenfalls Drehfedern (mit Drehfedersteifigkeiten $K_\varphi$) im statischen Modell berücksichtigt werden.

*Direkte Verbindungen*

Im Falle des Kontaktanschlusses ist der Kraftverlauf von Stab 1 zum Stab 2

– für die Beispiele in Bild 7.2:
Stabachse 1 → Anschlusspunkt (AP), der auf der Stabachse 1 liegt → fiktiver Stab zwischen AP und Stabachse 2 → Stabachse 2;

– für das Beispiel in Bild 7.3:
Stabachse 1 → fiktiver Stab zwischen Stabachse 1 und AP → AP, der nicht auf Stabachse 1 liegt → fiktiver Stab zwischen AP und Stabachse 2 → Stabachse 2.

Der AP stellt im statischen Modell ein Gelenk dar. Der weitere Kraftverlauf im Stab 2 hängt vom statischen Modell ab, in das der Stab 2 eingebunden ist.

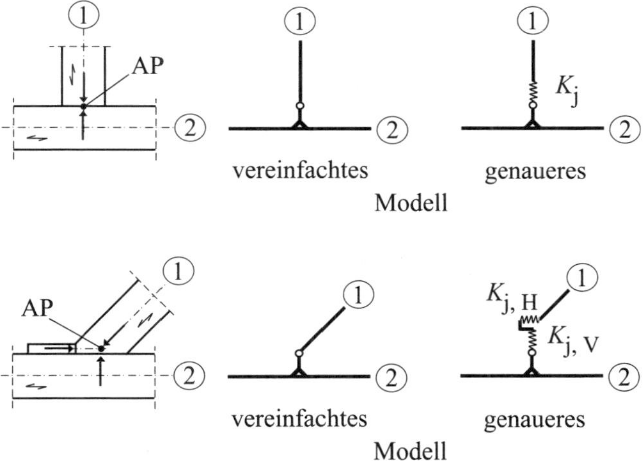


*Bild 7.2: Direkte Verbindung über Kontakt; Anschlusspunkt (AP) liegt auf Stabachse 1*

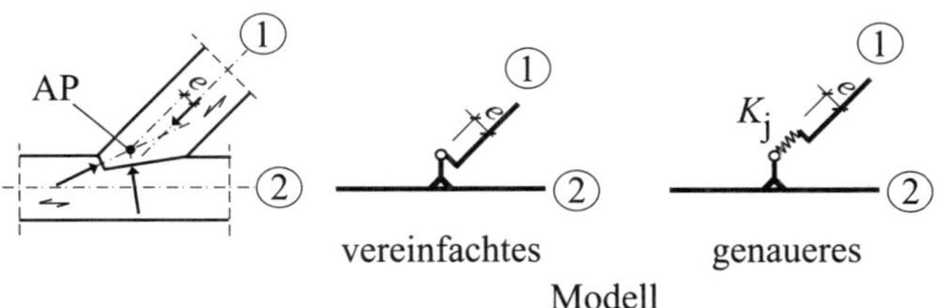


*Bild 7.3: Direkte Verbindung über Kontakt; AP liegt nicht auf Stabachse 1*

Im Fall der direkten Verbindung über mechanische Verbindungsmittel ergibt sich ein Kraftverlauf von Stab 1 zum Stab 2 für das Beispiel in Bild 7.4:

Stabachse 1 → AP → Stabachse 2, wenn der AP auf dem Schnittpunkt der beiden Stabachsen liegt; für das Beispiel in Bild 7.5

Stabachse 1 → AP → fiktiver Stab zwischen AP und Stabachse 2 → Stabachse 2, wenn der AP nicht auf der Stabachse 2 liegt.

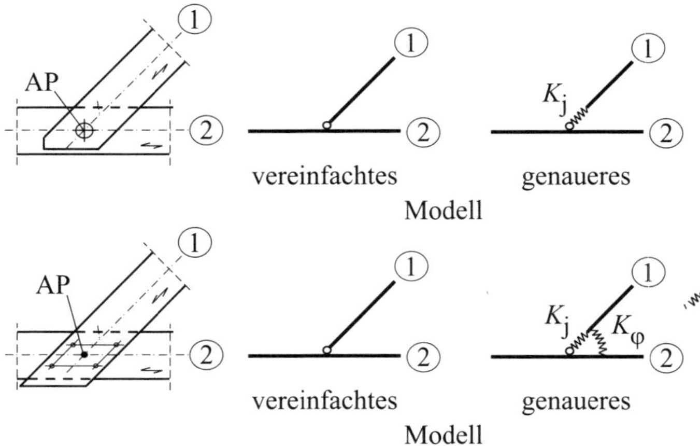


*Bild 7.4: Direkte Verbindung; AP liegt auf dem Schnittpunkt der Stabachsen*

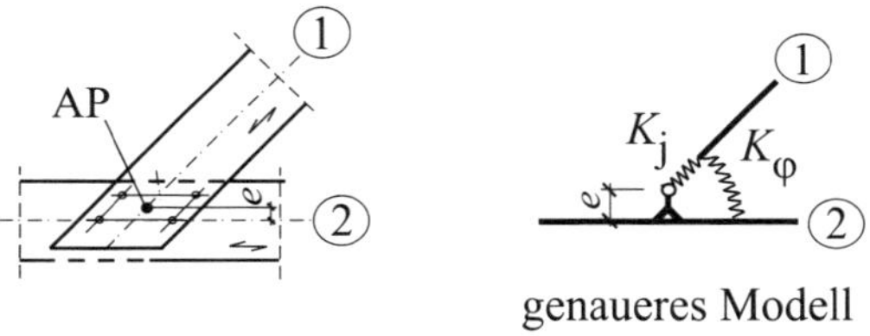


*Bild 7.5: Direkte Verbindung; AP liegt nicht auf Stabachse 2*

Je nach Ausbildung des Anschlussbildes ist der AP als Gelenk oder als drehsteifer Anschluss zu betrachten. Die Anordnung von Dehnfedern zur Berücksichtigung der Nachgiebigkeit bei der Übertragung von Normal- und Querkraft zeigt Bild 7.6b.

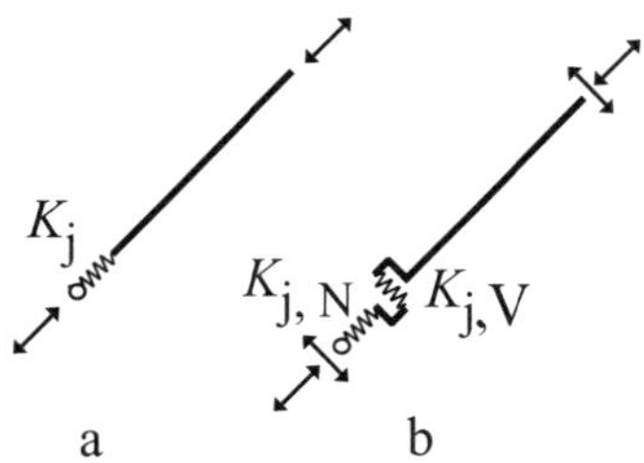


*Bild 7.6: Dehnfedern im AP zur Berücksichtigung der Nachgiebigkeit des Anschlusses bei (a) Normalkräften und (b) Normal- und Querkräften*

Ob in allen Fällen eine vorhandene Federsteifigkeit rechnerisch berücksichtigt wird, hängt auch von Faktoren wie Robustheit der Konstruktion oder Art und Größe der Einwirkungen und Schnittgrößen ab. Für die direkten Verbindungen über Kontakt sind zur Bestimmung der Federsteifigkeiten mechanische Ingenieurmodelle zugrunde zu legen. Neben der Kontaktfläche können Elastizitätsmodule rechtwinkelig bzw. winkelig zur Faserrichtung hierfür verwendet werden.

Für die mechanischen Verbindungsmittel sind Gleichungen in Abhängigkeit der Rohdichten und der Verbindungsmitteldurchmesser im EC5 [N1] angegeben. Diese gelten jeweils für ein Verbindungsmittel. Werden die Anschlusskräfte über mehrere wohlmöglich unterschiedlich steife Verbindungsmittel abgetragen, bietet es sich zur Reduktion des Modellierungsaufwandes an, sie in einer Feder zusammenzufassen. Hierbei wird unterschieden, ob die Federn parallel oder in Reihe angeordnet sind.

Reihenschaltung:

$$\frac{1}{K_{\text{gesamt}}} = \sum_{i=1}^{n} \frac{1}{K_i}$$

Parallelschaltung:

$$K_{\text{gesamt}} = \sum_{i=1}^{n} K_i$$

Verbindungsmittelgruppen werden für eine statische Modellierung örtlich auf ihren Schwerpunkt reduziert, der grundsätzlich auch als Drehpunkt angenommen wird. Eine Darstellung der Modellierung und Berechnung und weitere Literatur kann z. B. [18] entnommen werden.

Wie die Stabsteifigkeiten, so wirken sich auch die Verbindungssteifigkeiten bei statisch unbestimmten Systemen nicht nur auf die Gesamtverformung, sondern auch auf die Schnittgrößen aus.

*Indirekte Verbindungen*

Bei indirekten Verbindungen wird die Kraft eines Stabes 1 über ein Verbindungselement (VE) und mechanische Verbindungsmittel an einen Stab 2 übertragen (siehe Bild 7.7a). Das Verbindungselement wird in das statische Modell als Stab eingeführt, dessen Stabenden die Anschlusspunkte bilden. Je nach Ausbildung des Anschlussbildes ist der Anschlusspunkt wie beim direkten Anschluss als Gelenk oder als drehsteifer Anschluss zu betrachten.

Die Drehsteifigkeit der Anschlüsse an ein Verbindungselement ist so zu berücksichtigen, dass das Tragwerk nicht kinematisch (verschieblich) wird. Dies wird erreicht, indem

- die Drehsteifigkeit aller Anschlüsse durch gelenkige Anschlüsse mit Drehfedern berücksichtigt wird (siehe Bild 7.7b) oder
- die Anschlusspunkte aller Stäbe drehstarr angenommen werden und an einen gemeinsamen Gelenkpunkt auf dem Verbindungselement angeschlossen werden (siehe Bild 7.7c) oder
- eine hinreichende Zahl oder alle Stäbe drehstarr an das Verbindungselement angeschlossen werden.

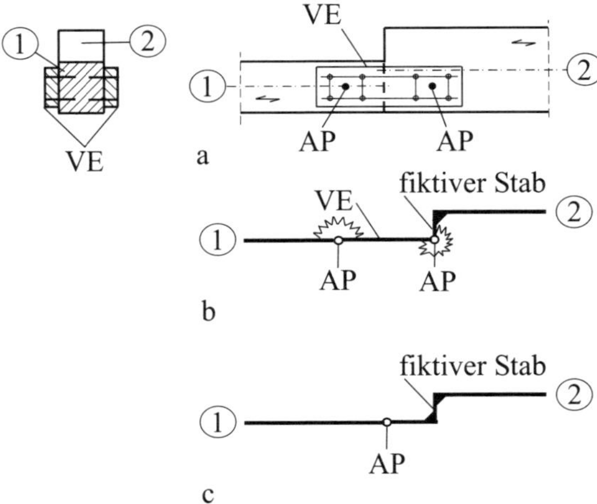


*Bild 7.7: Modellbildung mit Verbindungselement*

Im häufigen Fachwerkknotenanschluss mit Schlitzblechen (siehe Bild 7.8) berechnet sich, unter Berücksichtigung der Verbindungsmittelanzahl $n$ und den oben gegebenen Gleichungen zur Reihen- und Parallelschaltung, die Dehnfedersteifigkeit $K^*$ je Strebenanschluss am Schlitzblech des idealen Fachwerks jeweils zu

$$K^* = \frac{1}{\frac{1}{n_\text{D} \cdot K_\text{j,D}} + \frac{1}{n_\text{G} \cdot K_\text{j,G}}}.$$

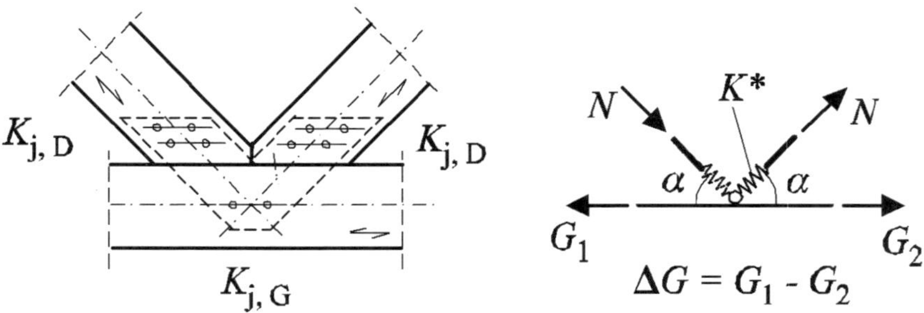


*Bild 7.8: Modellierung mit Schlitzblech als Verbindungselement*

Die Modellierung der Auflager von Stabtragwerken hat Ausmittigkeiten und gegebenenfalls die Steifigkeit der Unterkonstruktion z. B. durch Federsteifigkeiten zu berücksichtigen.

Die beschriebene, wirklichkeitsnahe Modellierung ist für Vorbemessungen und einfachere Bauwerke nicht erforderlich und darf durch auf der sicheren Seite liegende Annahmen vereinfacht werden.

### 7.1.2 Steifigkeiten

Zur möglichst wirklichkeitsnahen Modellierung einer Tragstruktur gehören neben dem statischen Modell und zutreffenden Lastannahmen auch die Steifigkeiten der Stäbe und Verbindungen nach Tabelle 7.1.

*Tabelle 7.1: Steifigkeiten*

| Stab | |
|---|---|
| Dehnsteifigkeit $D = \frac{E_{0,\text{mean}} \cdot A}{\gamma_M}$ | Biegesteifigkeit $B = \frac{E_{0,\text{mean}} \cdot I}{\gamma_M}$ |
| Schubsteifigkeit $S = \frac{G_{\text{mean}} \cdot A_v}{\gamma_M}$ | Torsionssteifigkeit $T = \frac{G_{\text{mean}} \cdot I_T}{\gamma_M}$ |
| **Verbindung** | |
| Dehnfedersteifigkeit $K_j = \frac{2 \cdot \sum_{i=1}^{n} K_{\text{ser}}}{3 \cdot \gamma_M}$ | Drehfedersteifigkeit $K_\varphi = \frac{2 \cdot \sum_{i=1}^{n} K_{\text{ser,i}} \cdot r_i^2}{3 \cdot \gamma_M}$ |
| $n$ Anzahl der Scherfugen der Stifte<br>$n$ Anzahl der Dübel besonderer Bauart | $r_i$ Abstand des VM vom Drehpunkt des Anschlusses (Schwerpunkt des Anschlussbildes) |

## 7.2 Ersatzstabverfahren

### 7.2.1 Druckstäbe

Beim Ersatzstabverfahren dürfen die Schnittgrößen nach Theorie I. Ordnung berechnet werden. Vorverformungen sind in der Herleitung des Knickbeiwertes $k_c$ (siehe Kap. 9) berücksichtigt.

*Einzelabstützungen eines Druckstabes*

Bei Zwischenabstützungen nach Bild 7.9 darf mit der Ersatzstablänge $a$ gerechnet werden.

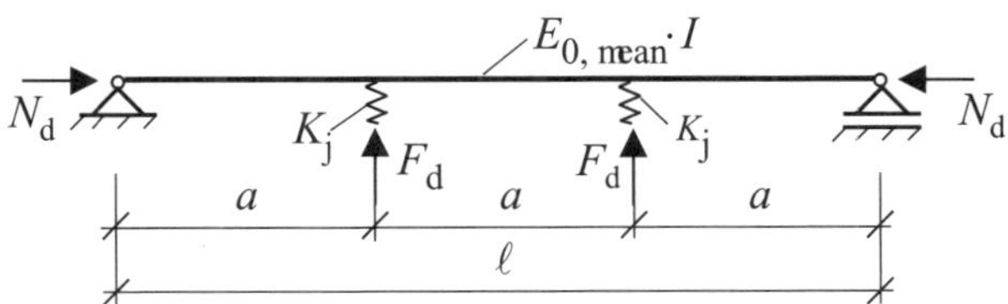


*Bild 7.9: Beispiel für Einzelabstützungen eines Druckstabes*

Die Vorkrümmung zwischen den Einzelabstützungen darf höchstens betragen:

$\leq a/300$ bei Stäben aus VH und BASH

$\leq a/500$ bei Stäben aus BSH und FSH

Die Federsteifigkeit der Einzelabstützung muss dabei mindestens

$K_j = \dfrac{4 \cdot N_d}{a}$ betragen.

| | |
|---|---|
| $N_d$ | Bemessungswert der mittleren Druckkraft im Bauteil |
| $A$ | Abstand zwischen zwei Abstützungen |

Übliche konstruktive Abstützungen sind ausreichend steif, sodass sich ein Nachweis der Federsteifigkeit der Einzelabstützung zumeist erübrigt. Erfolgt z. B. die Einzelabstützung über einen biegeweichen Stab, ist die Überprüfung der Mindeststeifigkeit am nachfolgenden Beispiel durchgeführt worden.

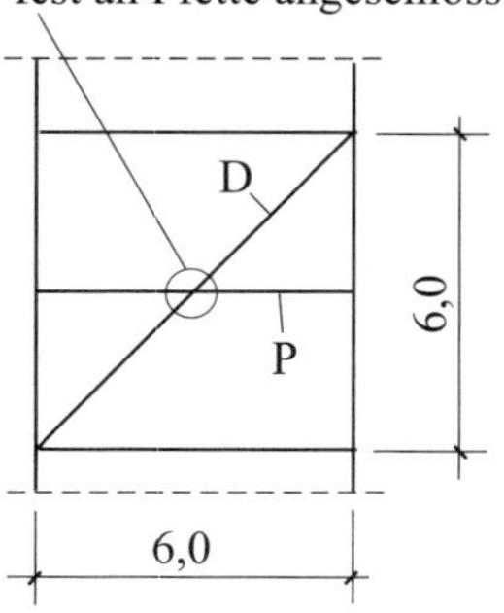

*Bild 7.10: Draufsicht*

**Beispiel:**

Verbandsdiagonale D wird von Pfette P in Stabmitte gegen ein Ausweichen aus der Dachebene abgestützt.

D: 120/120 mm VH C24 $\ell_D = 6{,}0 \cdot \sqrt{2} = 8{,}48$ m

P: 140/200 mm VH C24 $\ell_P = 6{,}0$ m

Federsteifigkeit der Einzelabstützung durch die Pfette

$$K_j = \frac{F}{w} = \frac{F \cdot 48 \cdot (EI)_P}{F \cdot \ell_P^3} = \frac{48 \cdot 11000 \cdot 140 \cdot 200^3}{12 \cdot 6000^3} = 228 \text{ N/mm}$$

Mindeststeifigkeit

$$\frac{4 \cdot N_d}{(\ell_D/2)} = \frac{4 \cdot N_d}{(8480/2)} \leq 228 \text{ N/mm} \Rightarrow N_d \leq 242 \, k\text{N}$$

Maximale Druckkraft aus Ersatzstabverfahren

$$\lambda = \frac{424}{0{,}289 \cdot 12} = 118{,}6 \Rightarrow k_c = 0{,}22$$

$$\Rightarrow N_d \leq \frac{k_c \cdot f_{c,0,k} \cdot k_{mod}}{\gamma_m} \cdot A = \frac{0{,}22 \cdot 21 \cdot 1}{1{,}3} \cdot 120^2 = 51 \text{ kN}$$

Nachweis: $N_{d,\text{Mindeststeifigkeit}} = 224 \text{ kN} > 51 \text{ kN} = N_{d,\text{Ersatzstabverfahren}}$

Der Bemessungswert der Abstützeinzellast lautet:

$F_d = N_d/50$ für VH und BASH

$F_d = N_d/80$ für BSH und FSH

mit $N_d$ Bemessungswert der mittleren Normalkraft im Druckstab

*Aussteifungskonstruktion für die Einzelabstützungen*

Die Aussteifungskonstruktion für die Einzelabstützungen darf alternativ zu den einzelnen Abstützungslaste $F_d$ zusätzlich zu anderen Einwirkungen für eine als gleichmäßig verteilt angenommene Ersatzlast

$$q_d = \frac{N_d \cdot (1 - k_c)}{30 \cdot \ell}$$ bemessen werden.

Der Faktor $(1 - k_c)$ berücksichtigt die Knicksteifigkeit des Stabes mit der unausgesteiften Gesamtlänge.

## 7.2.2 Biegestäbe

Beim Ersatzstabverfahren für Biegestäbe dürfen die Schnittgrößen nach Theorie I. Ordnung berechnet werden. Vorverformungen sind in der Herleitung des Kippbeiwertes $k_{crit}$ (siehe Kapitel 10) berücksichtigt.

*Einzelabstützungen des Druckgurts eines Biegestabes*

Bedingung für die Federsteifigkeit der Einzelabstützung wie bei Einzelabstützungen eines Druckstabes.

Bemessungswert der Abstützeinzellast wie bei Einzelabstützungen eines Druckstabes:

$$N_d = (1 - k_{crit}) \cdot \frac{M_d}{h}$$ mit

$k_{crit}$ Kippbeiwert für den nicht ausgesteiften Biegestab nach Kapitel 10
$M_d$ Bemessungswert des größten Biegemoments im Stab
$h$ Höhe des Stabquerschnitts

Der Faktor $(1 - k_{crit})$ berücksichtigt die Kippsteifigkeit des Trägers mit der unausgesteiften Gesamtlänge.

*Aussteifungskonstruktion für Druckgurte von Biegestäben oder Fachwerkträgern*

Die Aussteifungskonstruktion ist zusätzlich zu äußeren Einwirkungen (z. B. Windlast)

für die Ersatzlasten $q_d = k_\ell \cdot \dfrac{n \cdot N_d}{30 \cdot \ell}$

zu bemessen

mit

$k_\ell = \sqrt{15/\ell} \leq 1$
berücksichtigt, dass bei großen Stützweiten die Vorverformung nicht mehr linear mit $\ell$ zunimmt

$n$ Anzahl der auszusteifenden Biegestäbe oder Fachwerkträger
$N_d$ siehe Einzelabstützungen des Druckgurts eines Biegestabes oder die mittlere Normalkraft im Druckgurt bei Fachwerkträgern

Nachweis der rechnerischen Ausbiegung $v$ der Aussteifungskonstruktion infolge $q_d$ und äußeren Einwirkungen mit einem Grenzwert von $\ell / 500$.

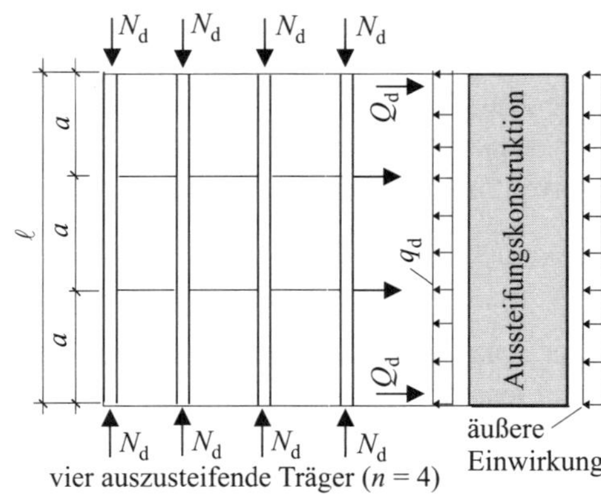


*Bild 7.11: Aussteifung von Druckgurten (Grundriss)*

*Gabellager*

Die bei Biegestäben erforderliche Gabellagerung an den Stabenden ist so zu bemessen, dass sie mindestens folgendes Torsionsmoment aus $M_d$ (Bemessungsmoment des größten Biegemoments im Stab) aufgenommen werden kann:

$$T_d = \frac{M_d}{80}$$

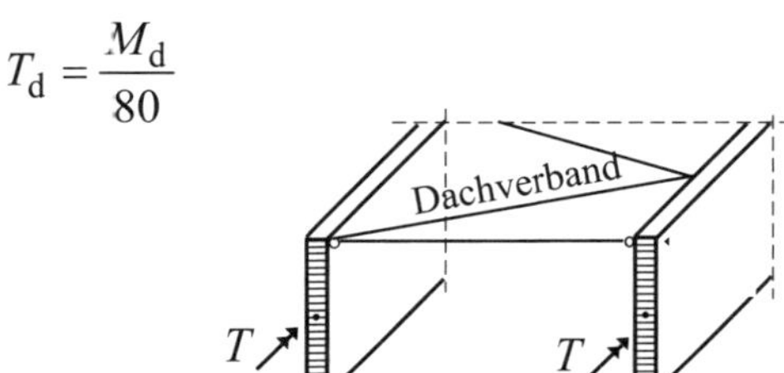


*Bild 7.12: Torsionsmoment T am Auflager*

Neben dem Nachweis der Torsions-Kraftableitung am Auflager ist auch der Nachweis der Querschnittstragfähigkeit an Auflagern unter dieser zusätzlichen Beanspruchung zu führen. Diese kann entfallen, wenn für die mit der Ersatzstablänge $l_{ef}$ ermittelte Kippschlankheit gilt:

$$\lambda_{ef} = \frac{\ell_{ef} \cdot h}{b^2} \leq 225$$

## 7.3 Theorie II. Ordnung

**Anwendung** der Theorie II. Ordnung oder des Ersatzstabverfahrens bei auf Druck beanspruchten Systemen ist erforderlich, wenn für die Stäbe des Systems die Bedingung

$$\ell_{ef} \cdot \sqrt{\frac{N_d \cdot \gamma_M}{E_{mean} \cdot I}} \leq 1$$ nicht mehr eingehalten ist.

| | | | |
|---|---|---|---|
| $\ell_{ef}$ | Ersatzstablänge | $N_d$ | Bemessungswert der Druckkraft im Stab |
| $\gamma_M = 1{,}3$ | | $I$ | Flächenmoment 2. Grades |

**Regeln für Theorie II. Ordnung**

- Ausmitte $e = 0{,}0025 \cdot \ell$ mit $\ell$ als Stablänge bzw. Abstand der Knotenpunkte;
- Vorkrümmungen bei verschieblichen Rahmensystemen nicht erforderlich;

- Rechenwert des Schrägstellungswinkels $\varphi$ im Bogenmaß in Abhängigkeit von der Tragwerkshöhe $h$:

  $\varphi = 0{,}005$ für $h \leq 5$ m

  $\varphi = 0{,}005 \cdot \sqrt{5/h}$ für $h > 5$ m

Die Steifigkeitskennwerte sind nach 7.1.2 anzunehmen, ausgenommen bei Einzelstäben, bei denen $E_{mean}$ durch $E_{05}$ zu ersetzen ist. Dies kann damit begründet werden, dass nicht alle Stäbe eines Systems die 5 %-Quantilwerte der Steifigkeit haben. Für die Berechnung eines einzelnen Stabes, als Tragwerk oder als statisch bestimmt gelagerter Stab in einem Tragwerk, müssen dagegen als Steifigkeitskennwerte die 5 %-Quantilwerte verwendet werden. Damit werden nach dem Ersatzstabverfahren und nach Theorie II. Ordnung für den Einzelstab ähnliche Ergebnisse erhalten. Es gelten dann die Werte nach Tabelle 7.2.

*Tabelle 7.2: Steifigkeiten für einzelne Stäbe für den Grenzzustand der Tragfähigkeit*

| | Anfangszustand | Endzustand |
|---|---|---|
| Bauteile | $\dfrac{E_{mean}}{\gamma_M}$ ; $\dfrac{G_{mean}}{\gamma_M}$ | $\dfrac{E_{mean}}{\gamma_M \cdot (1+k_{def})}$ ; $\dfrac{G_{mean}}{\gamma_M \cdot (1+k_{def})}$ |
| Ersatzstabverfahren | $E_{0,05}$ | |
| Verbindungen | $\dfrac{2}{3} \cdot \dfrac{K_{ser}}{\gamma_M}$ | $\dfrac{2}{3} \cdot \dfrac{K_{ser}}{(1+k_{def}) \cdot \gamma_M}$ |

Da für die Verschiebungsmoduln $K$ keine 5 %-Quantilwerte angegeben sind, sollte der Mittelwert für Stabilitätsuntersuchungen im Verhältnis des charakteristischen Elastizitätsmoduls zum Mittelwert des Elastizitätsmoduls abgemindert werden.

*Tabelle 7.3: Steifigkeiten für Systeme für den Grenzzustand der Gebrauchstauglichkeit*

| | Anfangszustand | Endzustand |
|---|---|---|
| Bauteile | $\dfrac{E_{mean}}{\gamma_M}$ ; $\dfrac{G_{mean}}{\gamma_M}$ | $\dfrac{E_{mean}}{\gamma_M \cdot (1+k_{def})}$ ; $\dfrac{G_{mean}}{\gamma_M \cdot (1+k_{def})}$ |
| Verbindungen | $K_{ser} \cdot \dfrac{1}{\gamma_M}$ | $K_{ser} \cdot \dfrac{1}{(1+k_{def}) \cdot \gamma_M}$ |

Der Abminderungsbeiwert $1/(1+k_{def})$ braucht nach [N1-2 NA.5.9] nur berücksichtigt zu werden, wenn der Bemessungswert der ständigen und quasi-ständigen Lastanteil 70 % der Gesamtlast überschreitet. Bei Holz-Holz-Verbindungen mit gleichem rheologischen Verhalten ist $k_{def}$ nach [N1-1 2.3.2.2] zu verdoppeln.

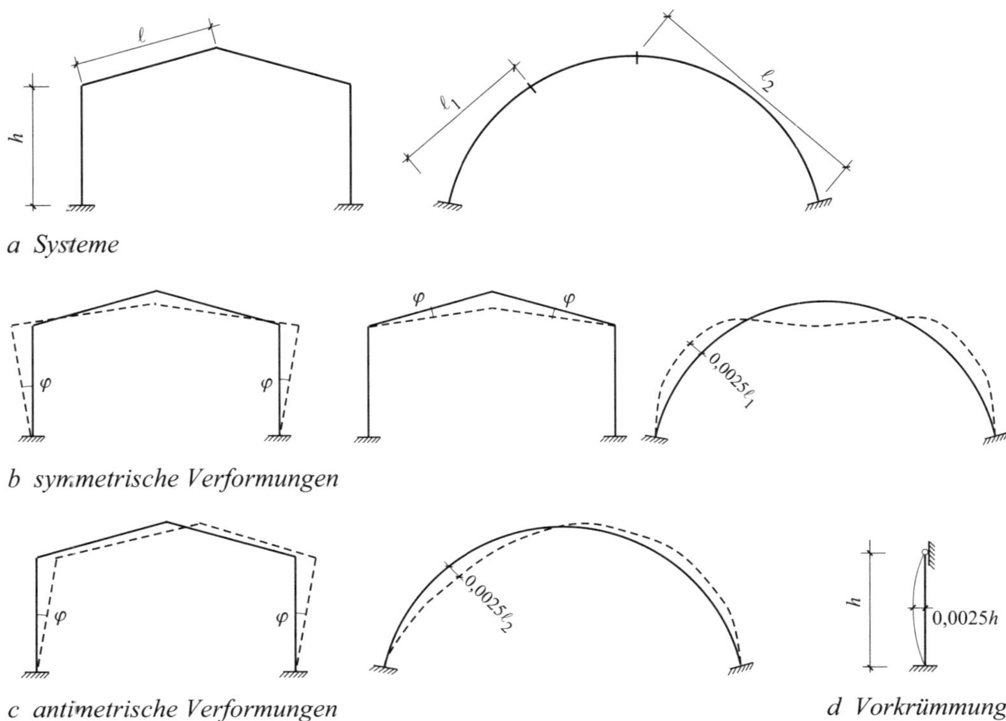


*Bild 7.13: Beispiele von Vorverformungen für Stäbe, Rahmen und Bögen*

Die Bilder 7.14 und 7.15 veranschaulichen die Möglichkeiten, die man zur Berücksichtigung des Einflusses von Vorverformungen auf die Schnittgrößen hat.

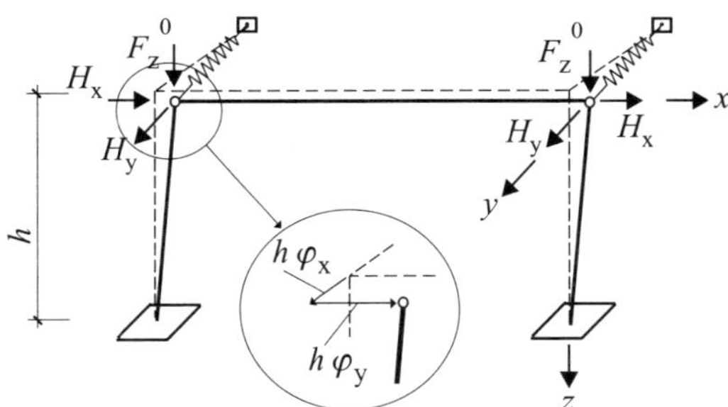


*Bild 7.14: Räumliches Modell zur Berechnung nach Theorie II. Ordnung*

Bild 7.14 zeigt die Modellierung eines Zweigelenkrahmens in der $x$-$z$-Ebene und der Abstützungen der Rahmenecken in der Dachebene in $y$-Richtung. Die Vorverformungen nach Bild 7.13 führen zu den Auslenkungen an den Stützenköpfen. Am vorverformten System werden die Schnittgrößen infolge der äußeren Lasten ermittelt. Dies erfordert die aufwändige Eingabe der Geometrie des vorverformten Systems in das Berechnungsprogramm.

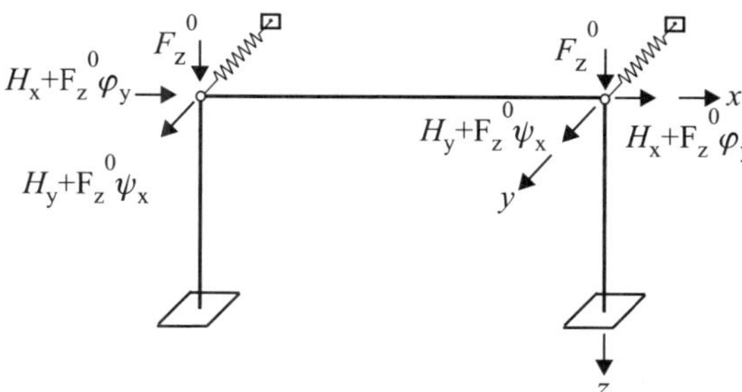


*Bild 7.15: Aufteilung in zwei ebene Systeme*

Bild 7.15 zeigt dasselbe System wie in Bild 7.14, bei dem anstelle der Vorverformungen Ersatzlasten angesetzt werden. Am unverformten System werden die Schnittgrößen infolge der äußeren Lasten und der Ersatzlasten ermittelt. Die Verformungen in der *x-y*-Ebene müssen kontrolliert werden, weil die Größe der Ersatzlasten $H(\psi_x)$ von den Verformungen abhängt. Dieser Nachweis der Verformungen ist deshalb mit den Bemessungslasten zu führen.

## 7.4 Fachwerke

Bei einem idealen Fachwerksystem geht man von gelenkiger und zentrischer Verbindung der Stäbe und Einleitung der Lasten in den Knotenpunkten aus. Die Systemlinien stimmen mit den Achsen der Stäbe überein. Die Berechnung liefert mit geringem Aufwand die Stabkräfte. Aus Dreiecken zusammengesetzte Bauteile dürfen vereinfacht als Fachwerksystem berechnet werden,

– wenn ein Teil der Auflagerfläche unterhalb des Auflagerknotenpunktes liegt. Da vor allem an den Auflagerpunkten Ausmittigkeiten häufig unvermeidbar sind, ist das Maß der Ausmittigkeit in allgemeiner Form begrenzt. Bild 7.16 zeigt Möglichkeiten der Lage der Auflagerfläche unter dem Anschlusspunkt des Auflagerknotens mit in diesem Beispiel direkter Verbindung. Die Grenzfälle b) und d), bei denen der Anschlusspunkt des Auflagerknotens über dem Rand der Auflagerfläche liegt, schließen die Anwendung der vereinfachten Berechnung nicht aus.

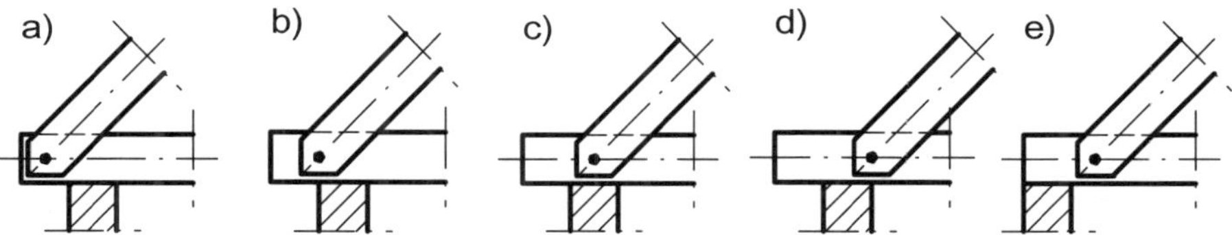


*Bild 7.16: Lage der Auflagerfläche: (a) und (d) unzulässig exzentrisch, (b) bis (d) Bereich zulässiger Exzentrizität [20]*

– wenn die Fachwerkträgerhöhe $H$ in Feldmitte mehr als $0{,}15 \cdot l$ beträgt, mit $l$ als Stützweite. Die Forderung, dass die Fachwerkträgerhöhe $H > 15\ \%$ der Spannweite $l$ sein soll, ist vergleichbar mit dem Richtwert $H/l > 1/6$, für dessen Einhaltung bei üblichen Fachwerkausführungen davon ausgegangen werden darf, dass die Steifigkeit als ausreichend groß angesehen wird und der Durchbiegungsnachweis nicht maßgebend wird. Auf die Einhaltung der Bedingung $H/l > 0{,}15 = 1/6{,}7$ könnte eventuell verzichtet werden, wenn bei der Durchbiegungsberechnung der Wert der elastischen Durchbiegung infolge der Verformung der Fachwerkstäbe zur näherungsweisen Berücksichtigung der Anschlussnachgiebigkeiten verdoppelt wird. Wird der genauere Durchbiegungsnachweis geführt, muss die Bedingung $H/l > 0{,}15$ nicht eingehalten werden.

– wenn $H >$ siebenfache maximale Gurthöhe $h_{f,max}$. Die durchlaufenden Gurte des Fachwerkträgers mit der maximalen Gurthöhe $h$ übertragen entsprechend ihrer Biegesteifigkeit $E_f I_f$ einen Teil des einwirkenden Biegemoments. Der Anteil $M_f$, den ein Gurt vom Gesamtmoment $M$ aufnimmt, berechnet sich zu

$$M_f = \frac{E_f \cdot I_f}{2 \cdot E_f \cdot I_f + 2 \cdot \gamma \cdot E_f \cdot A_f \cdot (H/2)^2} \cdot M = \varphi \cdot M \quad \text{mit}$$

$A_f$ $= b \cdot h$ Querschnittsfläche eines Gurtes

$\gamma$ ist der Abminderungsbeiwert zur Berücksichtigung der Nachgiebigkeiten der Querverbindungen zwischen den Gurten infolge Längenänderung der Füllstäbe und infolge der Nachgiebigkeiten in den Anschlüssen. Zur Berechnung von $\gamma$ für Fachwerkträger siehe [19].

$\gamma = 0$ Nur die beiden Gurte übertragen das Moment ($M_f = M/2$)

$\gamma = 1$ Der Steineranteil der Gurte wirkt voll mit bei der Biegesteifigkeit

Der Momentenanteil eines Gurtes ergibt sich damit zu

$$M_f = \varphi \cdot M = \frac{M}{2 + 6 \cdot \gamma \cdot (H/h)^2}$$

– wenn der kleinste Winkel einer Verbindung zwischen Ober- und Untergurt ≥ 15° beträgt. Ober- und Untergurt werden bei Dreieckbindern oder Mansardbindern aneinander angeschlossen. Im Regelfall sind es die maximalen Stabkräfte des Fachwerksystems, die an dieser Stelle zusammentreffen. Bei kleinen Winkeln zwischen den beiden Stäben sind größere Anschlussausmittigkeiten und große Anschlussflächen in vielen Fällen unvermeidbar. Eine vereinfachte Berechnung mit der Annahme zentrischer und gelenkiger Stabverbindung weicht dann zu weit von der tatsächlichen Ausführung ab.

Sind die obigen Bedingungen nicht erfüllt, ist die vereinfachte Berechnung trotzdem zulässig, wenn die Biegesteifigkeit durchlaufender Stäbe und die Verschiebungen in den Verbindungen im statischen Modell berücksichtigt werden.

Gelenkige Stabverbindungen sind eine der Voraussetzungen für das ideale Fachwerk und dessen einfache Berechnung. Lasten quer zur Stabachse außerhalb der Knoten treten vor allem bei den Gurten auf und sind nicht mit dem idealen Fachwerk vereinbar. In solchen Fällen dürfen die in den Knoten durchlaufenden Gurte als Mehrfeldträger berechnet werden. Die Modellierung des Tragwerks für die Berechnung als Fachwerk muss Ausmittigkeiten bei den Gurtachsen vermeiden und darf bei den Füllstäben nur Abweichungen der Systemlinie von der Stabachse innerhalb der Ansichtsfläche des betreffenden Stabes zulassen.

Anschlusspunkte zwischen den Stäben oder zwischen Stab und Verbindungselement, die nicht auf der Stabachse liegen, haben Zusatzbeanspruchungen der Stäbe infolge Biegung zur Folge, die zu berücksichtigen sind (siehe Bild 7.17).

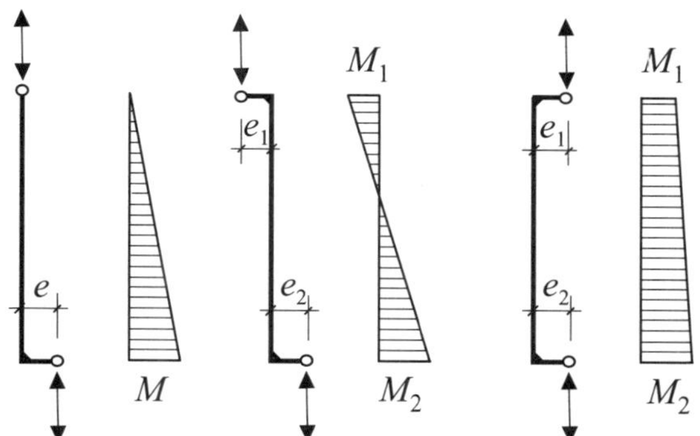


*Bild 7.17: Biegemomente infolge Ausmittigkeiten*

Eine Ausnahme von der Regel, dass Biegemomente in den Stäben infolge ausmittiger Anschlusspunkte zu berücksichtigen sind, darf bei flächigen Anschlüssen von Füllstäben an den durchlaufenden Gurt genutzt werden, wenn die Ausmitte $e$ (siehe Bild 7.18) kleiner als die halbe Gurthöhe $h$ ist. Dies entspricht der bisherigen Regelung, die sich bewährt hat. Bei gleichen Gurtfeldweiten verteilt sich das Moment $R \cdot e$ in Bild 7.18 gleichmäßig auf den Gurt links und rechts des Knotens. Die Momentenlinie in Bild 7.18 geht von folgender Vereinfachung aus: $F_1 \cdot \cos\alpha_1 \cdot a_1 - F_2 \cdot \cos\alpha_2 \cdot a_2 \approx 0$.

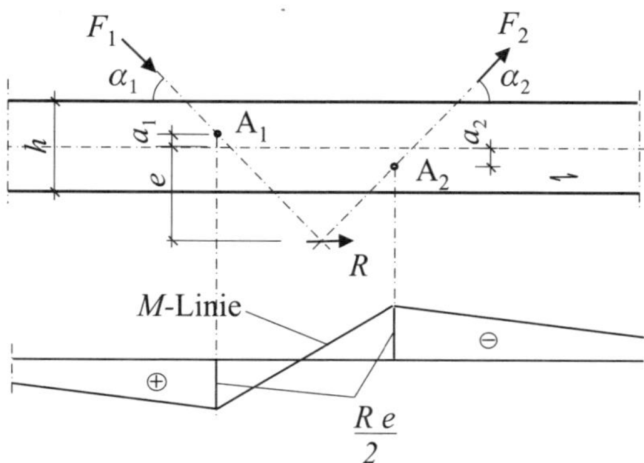


*Bild 7.18: Momentenverlauf im Gurt bei ausmittigen Füllstabanschlüssen*

**Beanspruchungen und Verformungen im Bereich von Verbindungen**

Normalkraft-, Schubkraft- und Biegeverformungen von Knotenplatten, Laschen und Nagelplatten sind im Vergleich zu den Verformungen der Verbindungen und der Stäbe vernachlässigbar.

Das Maximalmoment der ausgerundeten Momentenlinie berechnet sich mit der Auflagerkraft $V$ und der Auflagerlänge $\ell_A$ nach Bild 7.19 zu

$$\overline{M} = M - V \cdot \frac{\ell_A}{8}.$$

Stützmomente in Fachwerkknoten durchlaufender Gurte dürfen in Anlehnung an Bild 7.19 ausgerundet werden. Die konstant angenommene Querlast $V/\ell_A$ ist mit der Auflagerkraft $V$ aus den Gurtlasten und mit der Länge in der Gurtachse des für $V$ erforderlichen Anschlussbildes zu berechnen.

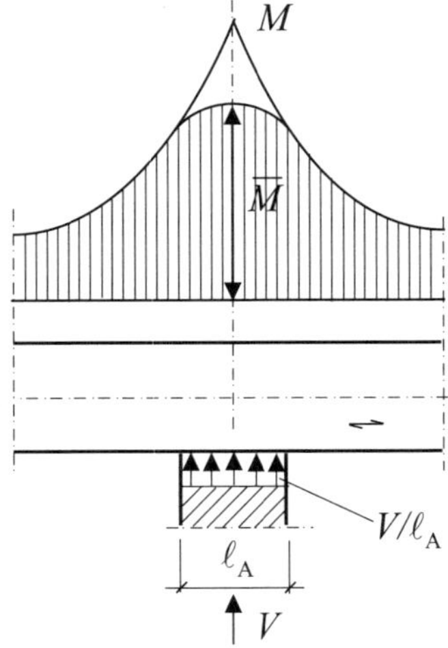


*Bild 7.19: Momentausrundung*

Knotenplatten, die mit stiftförmigen Verbindungsmitteln flächig angeschlossen sind, oder Nagelplatten bewirken eine Erhöhung der Schubtragfähigkeit des Stabes, wenn die Verbindungselemente einen Großteil der Stabhöhe abdecken.

Auflagernahe Querlasten werden teilweise direkt in das Auflager am unteren Rand des Fachwerkgurtes eingeleitet. Dadurch reduziert sich die rechnerische Querkraft auf die Schubspannung erzeugende Querkraft $V_{red}$.

Für die Fälle mit $a/h > 0{,}7$, z. B. nach Bild 7.20, ist der Nachweis der Querzugspannung, die durch $F \cdot \sin\alpha$ im Gurt verursacht wird, nicht erforderlich. In Anlehnung an die bisherige Regel für Verbindungen mit Dübeln besonderer Bauart ist ein Querzugnachweis auch entbehrlich, wenn der Gurt höchstens 300 mm hoch ist und der Anschlusspunkt in der Stabachse oder darüber liegt, d. h. im ungünstigsten Fall $a/h$ den Wert 0,5 annimmt.

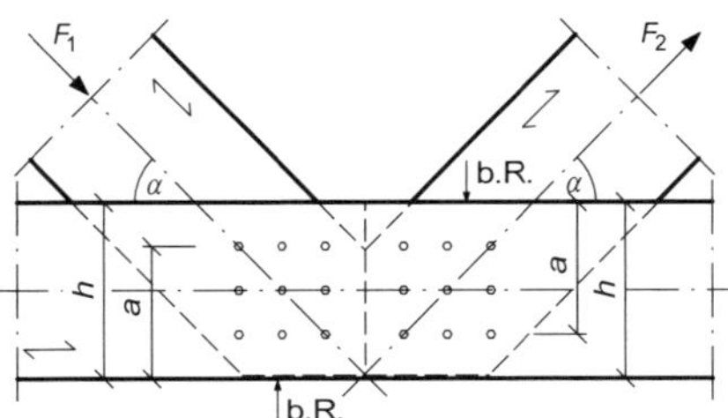


*Bild 7.20: Beispiele der Definition des Maßes a aus [20] (b. R.: belasteter Rand)*

Stöße in Füllstäben kommen praktisch nicht vor. Stöße in Gurten hingegen sind wegen begrenzter Längen bei Stäben aus Vollholz, aus Gründen des Transports oder der Montage in vielen Fällen nicht zu vermeiden. Wenn man den Stoß als drehstarr annehmen darf, ist keine Schnittgrößen- und Verformungsberechnung durchzuführen, bei der die Drehsteifigkeit an der Stelle des Stoßes im statischen System rechnerisch erfasst werden muss.

Die Annahme eines drehstarren Stoßes ist vertretbar, wenn

- bei einer maßgebenden Normalkraft $N_d$ im Gurt der Bemessungswert $R_d$ der Tragfähigkeit der Verbindung im Stoß mindestens $1{,}5 \cdot N_d$ beträgt oder
- bei einem maßgebenden Biegemoment $M_d$ im Gurt der Bemessungswert $R_d$ der Biegetragfähigkeit der Verbindung im Stoß mindestens $3 \cdot M_d$ beträgt.

Bei Beanspruchungen aus Biegung + Normalkraft sind beide Bedingungen zu erfüllen.

**Kontakt zwischen Stäben in indirekten Verbindungen**

Beim Kontakt zwischen den Stäben in indirekten Verbindungen von Fachwerkknoten bleiben bis auf die Ausnahmen in den Bildern 7.21 und 7.22 Kontaktkräfte rechnerisch unberücksichtigt. Alle Kräfte sind über die Verbindungselemente (VE) von einem Stab in den anderen zu übertragen. In den Fällen nach Bild 7.21 ist der Kontaktanschluss für die halbe, rechtwinklig zur Kontaktfläche wirkende Kraft oder Kraftkomponente nachzuweisen. Die andere Hälfte muss durch die Verbindungsmittel zwischen Verbindungselement und Stab übertragen werden.

Bei sonstigen Kontaktanschlüssen ist ebenfalls die Kraft stets rechtwinklig zur Kontaktfläche gerichtet und wird zu 100 % durch Druckspannungen übertragen.

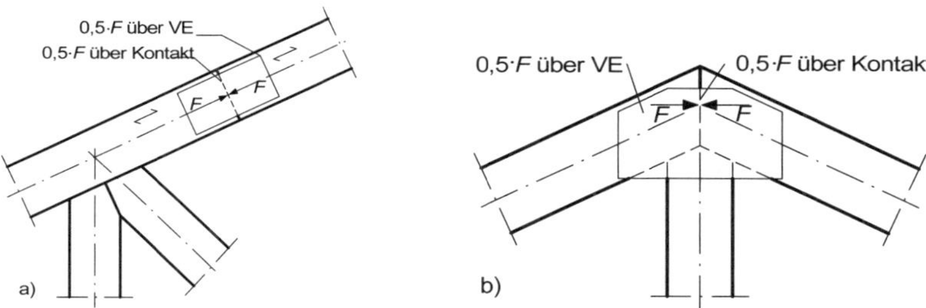


*Bild 7.21: Rechnerisch zu 50 % ansetzbare Kontaktflächen aus [20]: (a) faserparalleler Stoß (Gurtstoß), (b) Kontaktverbindung der Gurte im Firstknoten*

Bei Traufknoten von z. B. Nagelplattenbindern darf die Kraftübertragung durch Kontakt außerhalb der Nagelplatten zusätzlich berücksichtigt werden (siehe Bild 7.22). Kontaktelemente übertragen Kräfte rechtwinklig zur Kontaktfläche und sind mit den Balkenelementen gelenkig verbunden. Die Steifigkeit der Kontaktelemente sollte den Winkel zwischen Kraft- und Faserrichtung in beiden Stäben berücksichtigen.

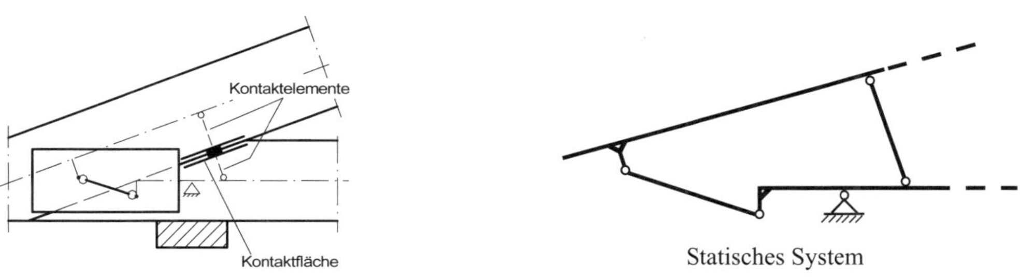


*Bild 7.22: Modellieren von Kontaktelementen in Traufknoten aus [20]*

# 8 Zugstäbe

## 8.1 Mittige Zugkraft und symmetrische Krafteinleitung

Die Zugspannung $\sigma_{t,0,d}$ wird mit dem Bemessungswert der mittigen Zugkraft $F_d$ und der Nettoquerschnittsfläche $A_n$ berechnet und mit dem Bemessungswert der Zugfestigkeit $f_{t,0,d}$ verglichen:

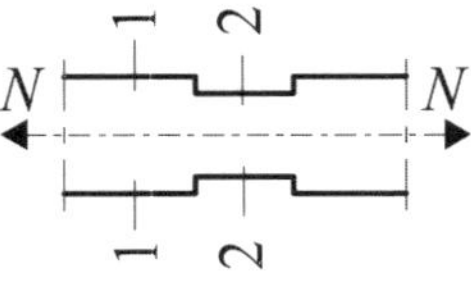

*Bild 8.1: Zugstab*

Schnitt 1-1: $A$ = Bruttofläche

Schnitt 2-2: $A_n = A - \Delta A$

$$\sigma_{t,0,d} = \frac{N_d}{A_n}$$

$$\sigma_{t,0,d} \leq f_{t,0,d} \text{ bzw. } \frac{\sigma_{t,0,d}}{f_{t,0,d}} \leq 1$$

*Tabelle 8.1: Faustformeln für $\Delta A = 0,2 \cdot A$ bei NKL 1 oder 2 und Wind in der Beanspruchung ($k_{mod}$=1,0)*

| Baustoff | $N_{max,d}$ in N mit $A$ in mm$^2$ | $A_{req}$ in mm$^2$ mit $N_d$ in N |
|---|---|---|
| Nadelholz C24 | $8,6 \cdot A$ | $0,116 \cdot N_d$ |
| Nadelholz C30 | $11,0 \cdot A$ | $0,091 \cdot N_d$ |
| Nadelholz C40 | $14,8 \cdot A$ | $0,068 \cdot N_d$ |
| Laubholz D30 | $11,0 \cdot A$ | $0,091 \cdot N_d$ |
| Laubholz D40 | $14,8 \cdot A$ | $0,068 \cdot N_d$ |
| Brettschichtholz GL24h | $10,2 \cdot A$ | $0,098 \cdot N_d$ |
| Brettschichtholz GL32h | $13,8 \cdot A$ | $0,072 \cdot N_d$ |
| Sperrholz F25/10 \|\| zur Faser | $11,0 \cdot A$ | $0,091 \cdot N_d$ |

## 8.2 Mittige Zugkraft und einseitige Krafteinleitung

Für einseitig beanspruchte Bauteile in symmetrischen Zugverbindungen (siehe Bild 8.2) mit ausziehfesten Verbindungsmitteln wie Schrauben, Bolzen, Passbolzen und Nägeln in nicht vorgebohrten Nagellöchern wird die Biegebeanspruchung infolge einseitiger Krafteinleitung durch die Abminderung von $f_{t,0,d}$ um ein Drittel berücksichtigt, sodass der Nachweis lautet:

$$\frac{N_d / A_n}{0,67 \cdot f_{t,0,d}} \leq 1.$$

Werden die nicht ausziehfesten Stabdübel oder Dübel besonderer Bauart verwendet, so ist $f_{t,0,d}$ um 60 % abzumindern.

$$\frac{N_d / A_n}{0{,}4 \cdot f_{t,0,d}} \leq 1$$

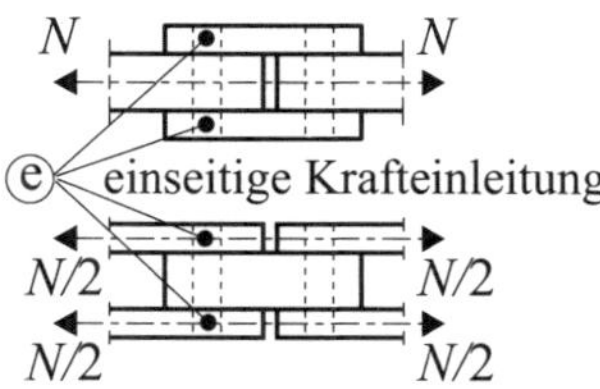


*Bild 8.2: Einseitige Krafteinleitung*

## 8.3 Ausmittige Zugkraft

Siehe Abschnitt 10.1.3, Biegung und Zug.

**Beispiel**

Für einen Zugstab mit der dargestellten einseitigen Schwächung ist der Nachweis der Tragfähigkeit im Schnitt 1-1 zu führen.

Zugkraft: $F_{t,d}$ = 135 kN

Stab: 160/160 mm, VH C30

KLED: mittel

NKL: 2

$M_{ex,d} = 135 \cdot 0{,}015 = 2{,}03$ kNm

mit der Ausmitte $e$ = 15 mm

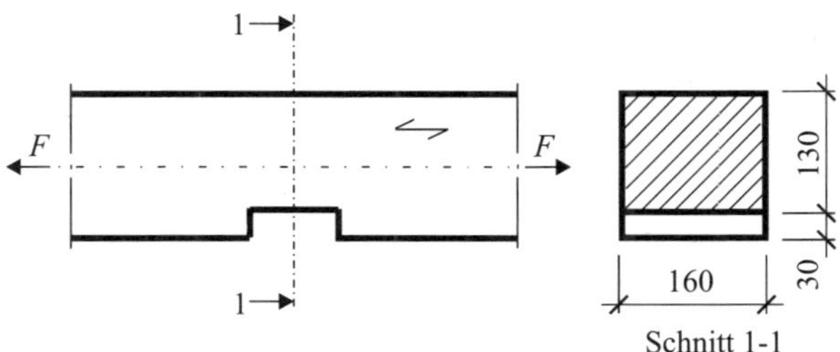


*Bild 8.3: Zugstab mit einseitiger Schwächung*

$A_n = 160 \cdot 130 = 20{,}8 \cdot 10^3 \text{ mm}^2$ $\qquad$ $W_n = 160 \cdot 130^2 / 6 = 0{,}451 \cdot 10^6 \text{ mm}^3$

$$\sigma_{t,0,d} = \frac{135 \cdot 10^3}{20{,}8 \cdot 10^3} = 6{,}49 \text{ N/mm}^2 \qquad f_{t,0,d} = 11{,}1 \text{ N/mm}^2$$

$$\sigma_{m,d} = \frac{2{,}03 \cdot 10^6}{0{,}451 \cdot 10^6} = 4{,}50 \text{ N/mm}^2 \qquad f_{m,d} = 18{,}5 \text{ N/mm}^2$$

Nachweis: $\frac{6{,}49}{11{,}1} + \frac{4{,}50}{18{,}5} = 0{,}585 + 0{,}243 = 0{,}83 < 1$

# 9 Druckstäbe

## 9.1 Mittige Druckkraft

Das Versagen eines Druckstabes kann bereits bei Druckbeanspruchungen $\sigma_{c,0,d} << f_{c,0,d}$ durch Stabilitätsverlust eintreten. Diesen Stabilitätsverlust nennt man Knicken des Stabes. Neben der Druckfestigkeit des Materials beeinflussen die Stabgeometrie mit Vorkrümmungen, die Biegesteifigkeit, Biegefestigkeit und Lagerungsbedingungen des Stabes die Tragfähigkeit eines Druckstabes.

Der Nachweis der Tragfähigkeit von Druckstäben ist entweder nach Theorie II. Ordnung oder nach dem Ersatzstabverfahren zu führen.

Bei der Berechnung nach der (Spannungs-)Theorie II. Ordnung werden die Schnittgrößen am verformten Stab oder Stabsystem bestimmt.

Beim Ersatzstabverfahren werden druckbeanspruchte Stäbe durch einen beidseitig gelenkig gelagerten Stab (siehe Bild 9.1) mit der wirksamen Knicklänge $\ell_{ef}$ ersetzt.

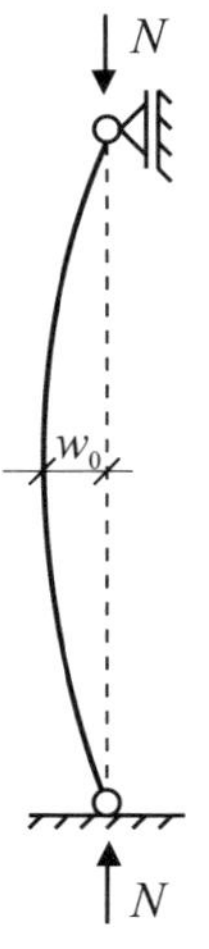


*Bild 9.1: Knickstab*

Der Knicknachweis nach dem Ersatzstabverfahren umfasst die folgenden Schritte:

**Ermittlung der Ersatzstablänge $\ell_{ef}$**

$\ell_{ef} = \beta \cdot \ell$ mit dem Knicklängenbeiwert $\beta$ und der Stablänge $\ell$

Die mit $\beta$ nach Bild 9.2 berechneten Ersatzstablängen $\ell_{ef}$ gelten für Knicken in der dargestellten Tragwerksebene. Weitere Knicklängenbeiwerte können den nachfolgenden Bildern oder dem Beitrag B7 in [4] entnommen werden.

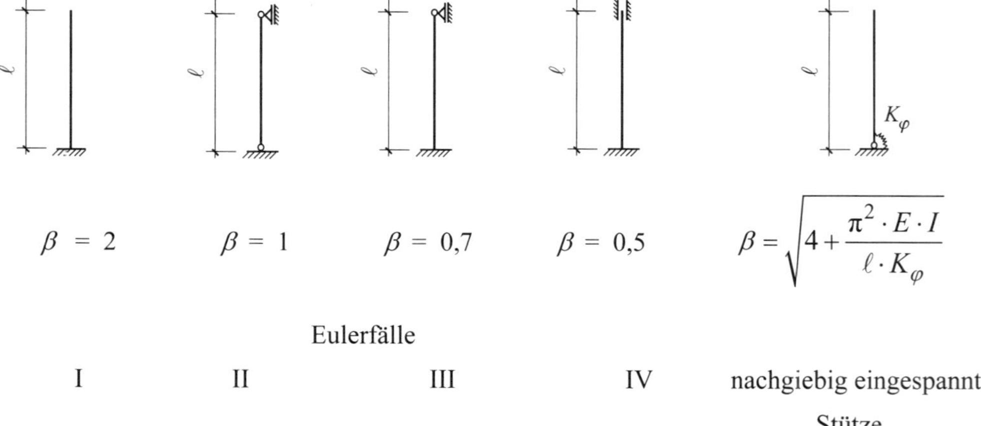


$\beta = 2$ $\beta = 1$ $\beta = 0{,}7$ $\beta = 0{,}5$ $\beta = \sqrt{4 + \frac{\pi^2 \cdot E \cdot I}{\ell \cdot K_\varphi}}$

Eulerfälle

I II III IV nachgiebig eingespannte Stütze

*Bild 9.2: Knicklängenbeiwerte für die Eulerfälle und die nachgiebig eingespannte Stütze*

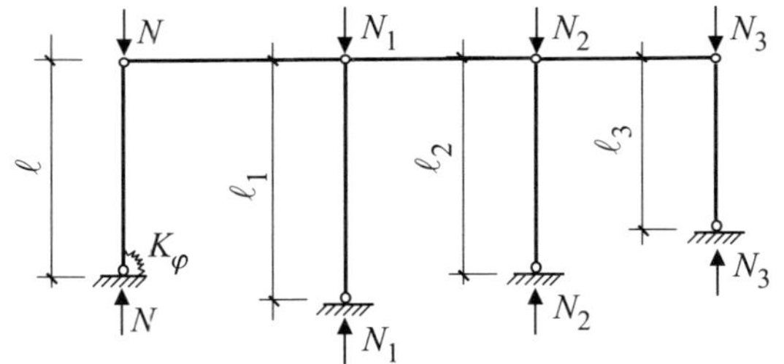


$$\beta = \pi \cdot \sqrt{\frac{5 + 4 \cdot \alpha}{12} + \frac{(1+\alpha) \cdot E \cdot I}{\ell \cdot K_{\varphi}}}$$

$$\alpha = \frac{\ell}{N} \cdot \sum \frac{N_{\mathrm{i}}}{\ell_{\mathrm{i}}} \qquad \ell_{\mathrm{ef}} = \beta \cdot \ell$$

*Bild 9.3: Stützenreihe*

| verschiebliches Kehlbalkendach | | |
|---|---|---|
| $s_{\mathrm{u}}$ | $< 0{,}7 \cdot s$ | $\geq 0{,}7 \cdot s$ |
| $\ell_{\mathrm{ef}}$ | $0{,}8 \cdot s$ | $s$ |
| unverschiebliches Kehlbalkendach | | |
| $\ell_{\mathrm{ef}} = s_{\mathrm{u}}$ bzw. $s_{\mathrm{o}}$ | | |

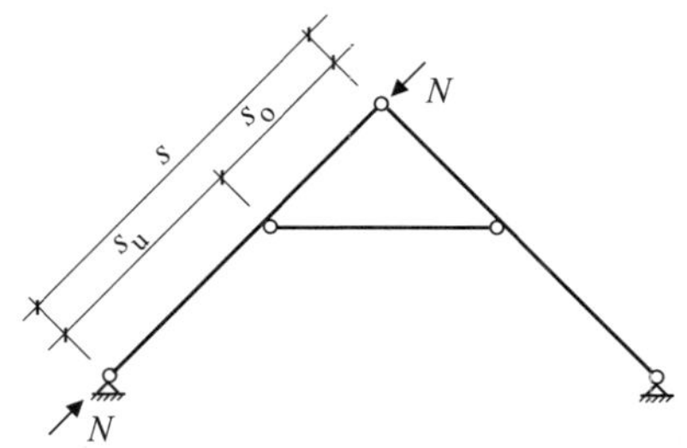


*Bild 9.4: Kehlbalkendach*

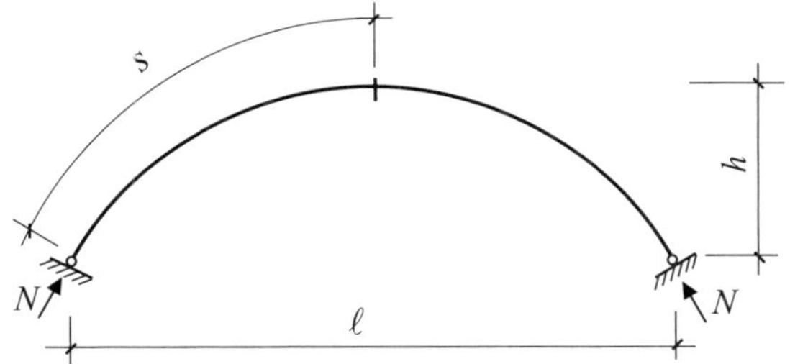


$0{,}15 \leq h/\ell \leq 0{,}5$: $\beta = 1{,}25$

$\ell_{\mathrm{ef}} = 1{,}25 \cdot s$

Querschnitt ≈ konstant

*Bild 9.5: Bogen*

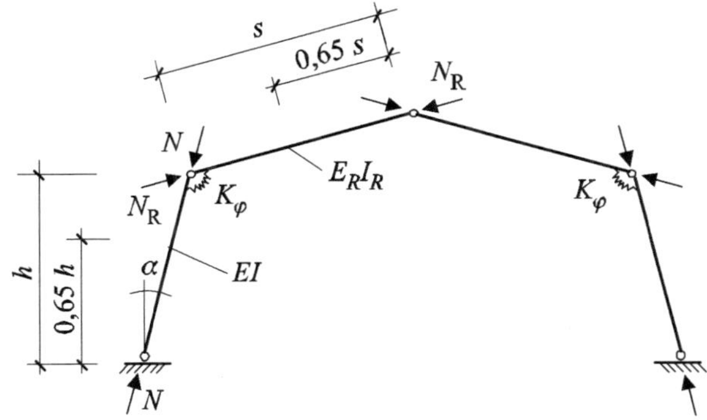


Stiel: $\ell_{\mathrm{ef}} = \beta_{\mathrm{S}} \cdot h \; (\alpha \leq 15°)$

Riegel: $\ell_{\mathrm{ef}} = \beta_{\mathrm{R}} \cdot s \; (\alpha \leq 15°)$

$N$ ist die Längskraft im Stiel

$N_{\mathrm{R}}$ ist die Längskraft im Riegel

$$\beta_{\mathrm{S}} = h \cdot \sqrt{4 + \frac{\pi^2 \cdot E \cdot I}{h} \cdot \left( \frac{1}{K_{\varphi}} + \frac{s}{3 \cdot E_{\mathrm{R}} \cdot I_{\mathrm{R}}} \right) + \frac{E \cdot I \cdot N_{\mathrm{R}} \cdot s^2}{E_{\mathrm{R}} \cdot I_{\mathrm{R}} \cdot N \cdot h^2}} \qquad \beta_{\mathrm{R}} = \beta_{\mathrm{S}} \cdot \sqrt{\frac{E_{\mathrm{R}} \cdot I_{\mathrm{R}} \cdot N}{E \cdot I \cdot N_{\mathrm{R}}}} \cdot \frac{h}{s}$$

*Bild 9.6: Zwei- und Dreigelenkrahmen*

**Querschnitts- und Baustoffwahl**

Querschnitte und Querschnittswerte für z. B. Kanthölzer siehe Seite 263/264

Baustoffe und Baustoffeigenschaften siehe Kapitel 3

Abschätzung der Querschnittsfläche einer Vollholzstütze mit quadratischem Querschnitt, wenn die Krafteinleitung nicht maßgebend ist:

$$A_{\text{req}} \approx 40 \cdot N_{\text{d}} \cdot \left( 1 + \sqrt{1 + 150 \cdot \frac{\ell_{\text{ef}}^2}{N_{\text{d}}}} \right) \quad \text{in mm}^2$$

mit

$N_{\text{d}}$ zentrische Druckkraft in kN

$\ell_{\text{ef}}$ Ersatzstablänge in m

Der Abschätzgleichung liegt VH C24 mit $k_{\text{mod}} = 0{,}8$ und der Bereich $50 < \lambda < 150$ zugrunde.

**Ermittlung des Schlankheitsgrades**

$$\lambda = \frac{\ell_{\text{ef}}}{i}$$

Ersatzstablänge $\ell_{\text{ef}} = \beta \cdot \ell$

Trägheitsradius $i = \sqrt{I / A}$

für Kreisquerschnitt mit Durchmesser $d$ $\quad i = d/4$

für Rechteckquerschnitt $b/h$ $\quad i_{\text{y}} = 0{,}289 \cdot h$

$i_{\text{z}} = 0{,}289 \cdot b$

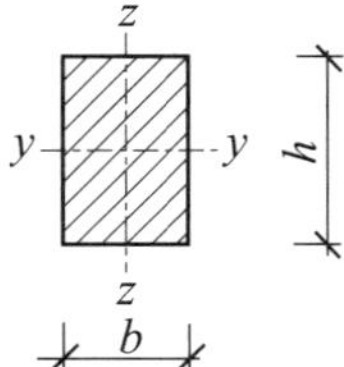


**Bestimmung des Knickbeiwertes $k_c$**

Der Knickbeiwert $k_c$ berechnet sich für beide Auslenkungsrichtungen $z$ und $y$ (starke und schwache Achse) jeweils zu

$$k_{\text{c}} = \min \left\{ \frac{1}{k + \sqrt{k^2 - \lambda_{\text{rel,c}}^2}} ; 1 \right\} \quad \text{mit}$$

$$k = 0{,}5 \cdot \left[ 1 + \beta_{\text{c}} \cdot \left( \lambda_{\text{rel,c}} - 0{,}3 \right) + \lambda_{\text{rel,c}}^2 \right] \quad \text{und} \quad \lambda_{\text{rel,c}} = \sqrt{\frac{f_{\text{c,0,k}}}{\sigma_{\text{c,crit}}}} = \frac{\lambda}{\pi} \cdot \sqrt{\frac{f_{\text{c,0,k}}}{E_{0{,}05}}}$$

$\beta_{\text{c}} = 0{,}2$ für VH und BASH

$\beta_{\text{c}} = 0{,}1$ für BSH und HW

$\beta_{\text{c}}$ ist ein Beiwert zur Berücksichtigung von Imperfektionen, die bei den homogenisierten Holzwerkstoffen BSH und HW geringer angenommen werden.

Aus Tabelle 9.1 und Tabelle 9.2 ist in Abhängigkeit von $\lambda$ und vom gewählten Material des Stabes der Knickbeiwert zu entnehmen. Zwischenwerte dürfen linear interpoliert werden. Die Zusammenfassung von Festigkeitsklassen in den Tabellen ergibt Abweichungen zur sicheren Seite von ≤ 2,5 % bei Nadelholz, ≤ 4,5 % bei Laubholz und ≤ 7,7 % bei BS-Holz.

*Tabelle 9.1: Knickbeiwerte $k_c$ für Vollholz*

| $\lambda$[1)] | C24–C40 | D30–D40 | D60 | $\lambda$ | C24–C40 | D30–D40 | D60 |
|---|---|---|---|---|---|---|---|
| **15** | 1,000 | 1,000 | 1,000 | **135** | 0,175 | 0,197 | 0,219 |
| **20** | 0,991 | 0,996 | 1,000 | **140** | 0,163 | 0,184 | 0,204 |
| **25** | 0,971 | 0,977 | 0,983 | **145** | 0,153 | 0,172 | 0,191 |
| **30** | 0,948 | 0,957 | 0,964 | **150** | 0,143 | 0,161 | 0,179 |
| **35** | 0,920 | 0,933 | 0,942 | **155** | 0,134 | 0,152 | 0,168 |
| **40** | 0,887 | 0,904 | 0,917 | **160** | 0,126 | 0,143 | 0,159 |
| **45** | 0,846 | 0,869 | 0,887 | **165** | 0,119 | 0,135 | 0,150 |
| **50** | 0,796 | 0,828 | 0,851 | **170** | 0,112 | 0,127 | 0,141 |
| **55** | 0,739 | 0,778 | 0,808 | **175** | 0,106 | 0,120 | 0,134 |
| **60** | 0,676 | 0,723 | 0,759 | **180** | 0,101 | 0,114 | 0,127 |
| **65** | 0,614 | 0,664 | 0,705 | **185** | 0,096 | 0,108 | 0,120 |
| **70** | 0,554 | 0,605 | 0,649 | **190** | 0,091 | 0,103 | 0,114 |
| **75** | 0,499 | 0,549 | 0,594 | **195** | 0,086 | 0,098 | 0,109 |
| **80** | 0,450 | 0,498 | 0,542 | **200** | 0,082 | 0,093 | 0,103 |
| **85** | 0,406 | 0,452 | 0,494 | **205** | 0,078 | 0,089 | 0,099 |
| **90** | 0,368 | 0,411 | 0,450 | **210** | 0,075 | 0,084 | 0,094 |
| **95** | 0,335 | 0,374 | 0,411 | **215** | 0,071 | 0,081 | 0,090 |
| **100** | 0,305 | 0,342 | 0,377 | **220** | 0,068 | 0,077 | 0,086 |
| **105** | 0,279 | 0,313 | 0,346 | **225** | 0,065 | 0,074 | 0,082 |
| **110** | 0,256 | 0,288 | 0,318 | **230** | 0,063 | 0,071 | 0,079 |
| **115** | 0,236 | 0,265 | 0,294 | **235** | 0,060 | 0,068 | 0,076 |
| **120** | 0,218 | 0,245 | 0,272 | **240** | 0,058 | 0,065 | 0,073 |
| **125** | 0,202 | 0,228 | 0,252 | **245** | 0,055 | 0,063 | 0,070 |
| **130** | 0,188 | 0,211 | 0,234 | **250** | 0,053 | 0,060 | 0,067 |

*Tabelle 9.2: Knickbeiwerte $k_c$ für BSH*

| $\lambda$[1] | GL24h | GL24h – GL32h | GL24c – GL32c | $\lambda$ | GL24h | GL24h – GL32h | GL24c – GL32c |
|---|---|---|---|---|---|---|---|
| **15** | 1,000 | 1,000 | 1,000 | **135** | 0,206 | 0,191 | 0,218 |
| **20** | 0,998 | 0,996 | 0,999 | **140** | 0,192 | 0,178 | 0,203 |
| **25** | 0,989 | 0,986 | 0,990 | **145** | 0,180 | 0,166 | 0,190 |
| **30** | 0,978 | 0,975 | 0,980 | **150** | 0,168 | 0,155 | 0,178 |
| **35** | 0,965 | 0,960 | 0,967 | **155** | 0,158 | 0,146 | 0,167 |
| **40** | 0,948 | 0,942 | 0,952 | **160** | 0,148 | 0,137 | 0,157 |
| **45** | 0,927 | 0,917 | 0,933 | **165** | 0,140 | 0,129 | 0,147 |
| **50** | 0,897 | 0,882 | 0,906 | **170** | 0,132 | 0,122 | 0,139 |
| **55** | 0,857 | 0,834 | 0,870 | **175** | 0,124 | 0,115 | 0,131 |
| **60** | 0,803 | 0,773 | 0,823 | **180** | 0,118 | 0,109 | 0,124 |
| **65** | 0,740 | 0,703 | 0,763 | **185** | 0,112 | 0,103 | 0,118 |
| **70** | 0,672 | 0,633 | 0,698 | **190** | 0,106 | 0,098 | 0,112 |
| **75** | 0,606 | 0,567 | 0,633 | **195** | 0,101 | 0,093 | 0,106 |
| **80** | 0,545 | 0,508 | 0,571 | **200** | 0,096 | 0,088 | 0,101 |
| **85** | 0,491 | 0,457 | 0,516 | **205** | 0,091 | 0,084 | 0,096 |
| **90** | 0,443 | 0,412 | 0,466 | **210** | 0,087 | 0,080 | 0,092 |
| **95** | 0,402 | 0,373 | 0,423 | **215** | 0,083 | 0,077 | 0,088 |
| **100** | 0,365 | 0,339 | 0,385 | **220** | 0,079 | 0,073 | 0,084 |
| **105** | 0,334 | 0,309 | 0,352 | **225** | 0,076 | 0,070 | 0,080 |
| **110** | 0,305 | 0,283 | 0,322 | **230** | 0,073 | 0,067 | 0,077 |
| **115** | 0,281 | 0,260 | 0,296 | **235** | 0,070 | 0,064 | 0,074 |
| **120** | 0,259 | 0,239 | 0,273 | **240** | 0,067 | 0,062 | 0,071 |
| **125** | 0,239 | 0,221 | 0,253 | **245** | 0,064 | 0,059 | 0,068 |
| **130** | 0,222 | 0,205 | 0,234 | **250** | 0,062 | 0,057 | 0,065 |

[1] Schlankheitsgrad $\lambda = \ell_{ef} / i$ mit $i = \sqrt{I / A}$, Flächenmoment 2. Ordnung $I$ und Querschnittsfläche $A$

### Berechnung des Bemessungswertes der Druckspannung

Befinden sich im mittleren Drittel des Ersatzstabes Querschnittsschwächungen, die eine Weiterleitung der Druckspannungen unterbrechen, ist die Druckspannung $\sigma_{c,0,d}$ mit der Nettofläche $A_n$ zu ermitteln.

### Knicknachweis

Vergleich des Bemessungswertes der Druckspannung mit dem $k_c$-fachen Bemessungswert der Druckfestigkeit:

$$\frac{N_d / A}{k_c \cdot f_{c,0,d}} \leq 1$$

mit
- $A$ Querschnittsfläche
- $k_c$ Knickbeiwert
- $f_{c,0,d}$ nach Kapitel 3

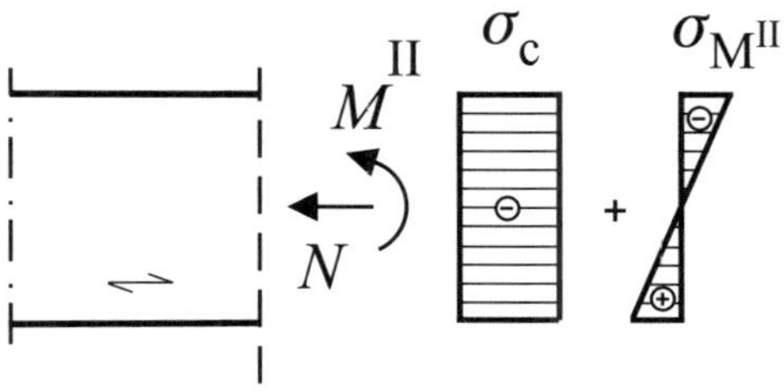

*Bild 9.7: Schnittgrößen und Spannungen im zentrisch gedrückten Stab*

Vorkrümmungen und baupraktische Ausmittigkeiten, die nach Theorie II. Ordnung zu Biegemomenten und weiteren Verformungen führen, sind beim Ersatzstabverfahren mit berücksichtigt. Die Abminderung des Bemessungswertes der Druckfestigkeit $f_{c,0,d}$ mit dem Knickbeiwert $k_c$ im Knicknachweis bedeutet im mechanischen Modell des Ersatzstabes die Erhöhung der gleichmäßig verteilten Druckspannung $\sigma_{c,d} = N_d/A$ durch die Biegerandspannung $\sigma(M^{II})$:

$$\sigma_{c,d} + \sigma(M^{II}) = \sigma_{c,d} + \left(\frac{1}{k_c} - 1\right) \cdot \sigma_{c,d} = \frac{\sigma_{c,d}}{k_c}$$

*Tabelle 9.3: Faustformeln für NH C24 bei NKL 1 oder 2 und Wind in der Beanspruchung ($k_{mod}$=1,0)* [1)]

| Rechteckquerschnitt $b/h$ | | | Kreisquerschnitt[2)] $\varnothing\ d$ | | |
|---|---|---|---|---|---|
| $\ell_{ef,y}/h$ bzw. $\ell_{ef,z}/b$ | $N_{max,d}$ in N mit $A$ in mm$^2$ | $A_{req}$ in mm$^2$ mit $N_d$ in N | $\ell_{ef}/d$ | $N_{max,d}$ in N mit $d$ in mm | $d_{req}$ in mm mit $N_d$ in N |
| 10 | $14{,}9 \cdot A$ | $0{,}067 \cdot N_d$ | 10 | $13{,}5 \cdot d^2$ | $0{,}27 \cdot \sqrt{N_d}$ |
| 20 | $9{,}0 \cdot A$ | $0{,}111 \cdot N_d$ | 20 | $6{,}8 \cdot d^2$ | $0{,}38 \cdot \sqrt{N_d}$ |
| 30 | $4{,}6 \cdot A$ | $0{,}216 \cdot N_d$ | 25 | $4{,}6 \cdot d^2$ | $0{,}47 \cdot \sqrt{N_d}$ |
| 40 | $2{,}6 \cdot A$ | $0{,}381 \cdot N_d$ | 30 | $3{,}3 \cdot d^2$ | $0{,}55 \cdot \sqrt{N_d}$ |
| 50 | $1{,}8 \cdot A$ | $0{,}571 \cdot N_d$ | 40 | $1{,}9 \cdot d^2$ | $0{,}73 \cdot \sqrt{N_d}$ |

[1)] Für NKL 3 oder andere maßgebende KLED sind die $N_{max,d}$-Werte mit dem zugehörigen $k_{mod}$ (siehe Tabelle 2.6) zu multiplizieren und $A_{req}$ durch $k_{mod}$ bzw. $d_{req}$ durch $\sqrt{k_{mod}}$ zu dividieren.

[2)] Randzone ungeschwächt, nur von Bast und Rinde befreit.

## 9.2 Ausmittige Druckkraft

Siehe Abschnitt 10.1.4, Biegung und Druck.

# 10 Biegestäbe

## 10.1 Gerade Biegestäbe mit konstantem Querschnitt

### 10.1.1 Einachsige Biegung

Bei biegebeanspruchten Stäben ohne ausreichende seitliche Abstützung besteht die Gefahr, dass der druckbeanspruchte Querschnittsteil seitlich ausweicht und sich verdreht (Kippen, siehe Bild 10.1). Beim Ersatzstabverfahren wird das Kippverhalten mit dem Kippbeiwert $k_{crit}$ berücksichtigt.

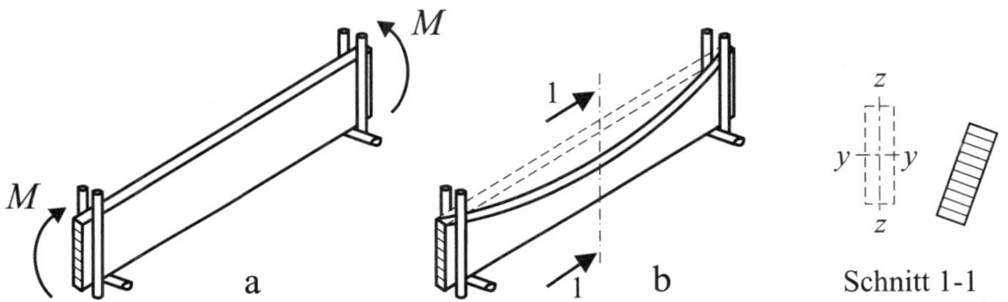


*Bild 10.1: Kippen eines Biegeträgers mit konstantem Moment*
*a: Träger mit Belastung; b: gekippter Träger*

Der vollständige Nachweis eines Stabes unter Biegebeanspruchung umfasst somit auch den Nachweis der Kippstabilität.

**Biegung und Kippen**

$$\frac{\sigma_{m,d}}{k_{crit} \cdot f_{m,d}} \leq 1$$

mit

$$\sigma_{m,d} = \frac{M_d}{W_n}$$

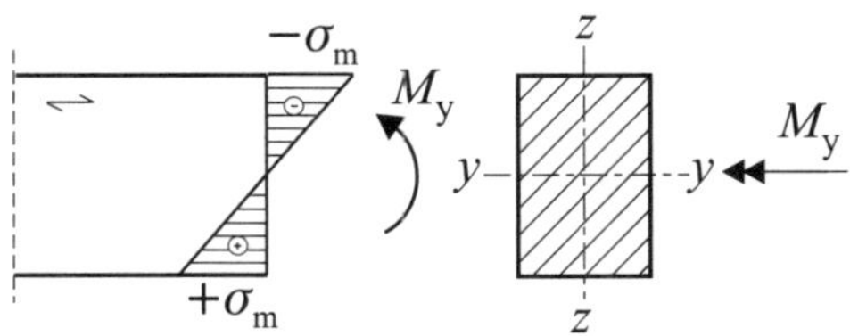


*Bild 10.2: Biegespannungsverteilung*

| | |
|---|---|
| $\sigma_{m,d}$ | Bemessungswert der Biegerandspannung (siehe Bild 10.2) |
| $M_d$ | Bemessungswert des maximalen Biegemoments im Stab |
| $W_n$ | Nettowiderstandsmoment an der Stelle des Moments $M_d$ |
| $f_{m,d}$ | Bemessungswert der Biegefestigkeit |
| $k_{crit}$ | Kippbeiwert |
| $k_{crit}$ | $= 1{,}0$ , wenn $\ell_{ef} \leq 140\ b^2/h$ |
| $\ell_{ef}$ | Ersatzstablänge für das Kippen (siehe Bild 10.3) |

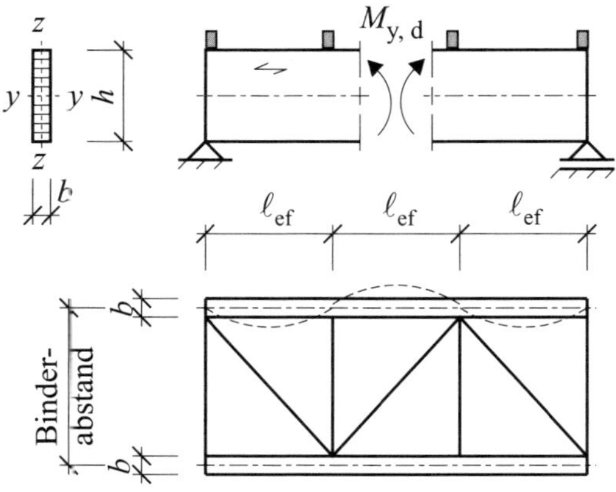


| $b/h$ | $\ell_{ef} \leq$ | $\ell_{ef}$ in m für $b$ in mm | | |
|---|---|---|---|---|
| | | 60 | 80 | 100 |
| 1/2 | 70 · b | 4,20 | 5,60 | 7,00 |
| 1/2,5 | 56 · b | 3,36 | 4,48 | 5,60 |
| 1/3 | 47 · b | 2,82 | 3,76 | |
| 1/4 | 35 · b | 2,10 | | |

*Bild 10.3: Beispiel für die Ersatzstablänge*

Der Kippbeiwert $k_{crit}$ ist abhängig vom Kippschlankheitsgrad, der für Rechteckquerschnitte lautet

$$\lambda_{rel,m} = \sqrt{\frac{f_{m,k}}{\sigma_{m,crit}}}$$

$$= \sqrt{\frac{f_{m,k}}{\pi \cdot \sqrt{1{,}4^{1)} \cdot E_{0,05} \cdot G_{0,5}}}} \cdot \sqrt{\frac{\ell_{ef} \cdot h}{b^2}}$$

*Tabelle 10.1: Kippbeiwert $k_{crit}$*

| $\lambda_{rel,m}$ | $\leq 0{,}75$ | $0{,}75 < \lambda_{rel,m} \leq 1{,}4$ | $> 1{,}4$ |
|---|---|---|---|
| $k_{crit}$ | 1 | $1{,}56 - 0{,}75 \cdot \lambda_{rel,m}$ | $1/\lambda_{rel,m}^2$ |

[1)] Für BSH nach [N1-2 NCI Zu 6.3.3(2)]

Der Kippbeiwert $k_{crit}$ für Rechteckquerschnitte ist von den Materialeigenschaften $f_m$, $E_0$ und $G$, den Querschnittsmaßen $b$ und $h$ sowie von der wirksamen Kipplänge $\ell_{ef}$ (Ersatzstablänge für das Kippen) abhängig.

**Ersatzstablänge für das Kippen $\ell_{ef}$**

Die wirksame Kipplänge (Ersatzstablänge) $\ell_{ef}$ wird mit den Kipplängenbeiwerten $a_1$ und $a_2$ nach Tabelle 10.2 berechnet zu

$$\ell_{ef} = \frac{\ell}{a_1 \cdot \left[1 - a_2 \frac{a_z}{\ell} \cdot \sqrt{\frac{B}{T}}\right]} \quad \text{mit}$$

| | |
|---|---|
| $\ell$ | Länge des Trägers |
| $B = E \cdot I_z$ | Biegesteifigkeit um die $z$-Achse (Rechteckquerschnitt: $B = \frac{E \cdot h \cdot b^3}{12}$) |
| $T = G \cdot I_t$ | Torsionssteifigkeit (Rechteckquerschnitt: $T \cong \frac{G \cdot h \cdot b^3}{3}$) |
| $a_z$ | Abstand des Lastangriffes vom Schubmittelpunkt |

Beim gabelgelagerten Einfeldträger dürfen die Einflüsse einer Nachgiebigkeit $K_G$ der Torsionseinspannung am Auflager, einer elastischen Bettung $K_y$ gegen Verschieben und einer elastischen Bettung $K_\vartheta$ gegen Verdrehen durch Beiwerte $\alpha$ und $\beta$ berücksichtigt werden:

$$\ell_{ef} = \frac{\ell}{a_1 \cdot \left[1 - a_2 \cdot \frac{a_z}{\ell} \cdot \sqrt{\frac{B}{T}}\right]} \cdot \frac{1}{\alpha \cdot \beta} \text{ mit}$$

$$\alpha = \sqrt{\frac{1}{1 + \frac{3{,}5 \cdot T}{K_G \cdot \ell}}} \quad \text{und} \quad \beta = \sqrt{\left(1 + \frac{K_y \cdot \ell^4}{\mathrm{B} \cdot \pi^4}\right) \cdot \left(1 + \frac{\left(K_\theta + e^2 \cdot K_y\right) \cdot \ell^2}{T \cdot \pi^2}\right) + \frac{e \cdot K_y \cdot \ell^3}{\sqrt{B \cdot T} \cdot \pi^3}}$$

Bezeichnungen am Rechteckquerschnitt

$M$ Schubmittelpunkt

$S$ Schwerpunkt

$K_\theta$ elastische Bettung (Verdrehung) in N

$K_y$ elastische Bettung (Verschiebung) in N/mm²

$K_G$ Drehfeder am Auflager in Nmm

$e$ Abstand Schubmittelpunkt/Bettung in mm

$\vartheta$ Verdrehung um die $z$-Achse

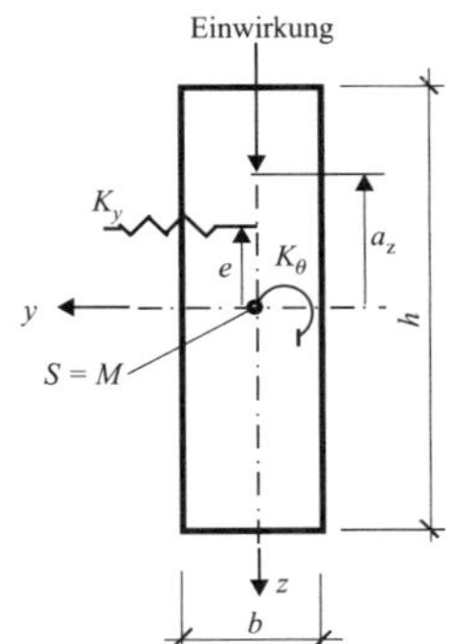


*Bild 10.4: Bezeichnungen Rechteckquerschnitt*

Für Biegestäbe ohne elastische Bettungen ($K_\theta = K_y = 0$) mit starrer Gabellagerung ($K_G \to \infty$) und Lastangriff im Schubmittelpunkt vereinfacht sich die Gleichung für die wirksame Kipplänge zu $\ell_{ef} = \ell / a_1$.

Setzt man den Kipplängenbeiwert $a_1$ aus Tabelle 10.2 ein, erhält man für den Einfeldträger unter

- konstanter Momentenbelastung: $\ell_{ef} = 1{,}0 \cdot \ell$
- Gleichstreckenbelastung: $\ell_{ef} = 0{,}885 \cdot \ell$

Das kritische Kippmoment $M^0_{y,crit}$ und die kritische Biegespannung $\sigma_{m,crit}$ dürfen berechnet werden zu:

$$M^0_{y,crit} = \frac{\pi}{\ell_{ef}} \cdot \sqrt{B \cdot T} \qquad \text{und} \qquad \sigma_{m,crit} = \frac{M^0_{y,crit}}{W_y}$$

Hierin bedeuten:

$B$ Biegesteifigkeit um die $z$-Achse mit $E_{0,05}$

$T$ Torsionssteifigkeit mit $G_{05}$

$W_y$ Widerstandsmoment für die Druckspannung bei Biegung um die $y$-Achse

*Tabelle 10.2: Kipplängenbeiwerte $a_1$ und $a_2$*

| System | Momentenverlauf | $a_1$ | $a_2$ |
|---|---|---|---|
| Gabelgelagerter Einfeldträger<br>$v = v'' = 0 \quad \theta = 0$<br>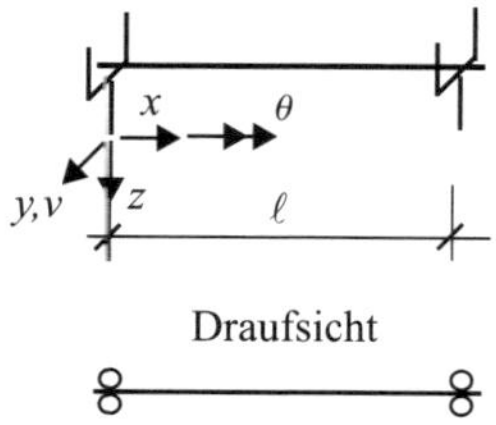x<br>θ<br>y,v<br>z<br>ℓ<br>Draufsicht | 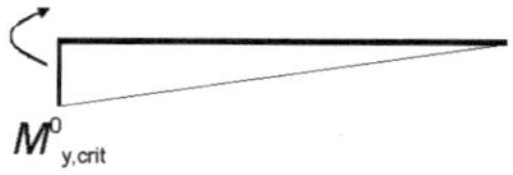M0 y,crit | 1,77 | 0 |
| | 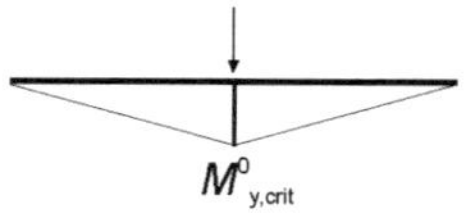M0 y,crit | 1,35 | 1,74 |
| | 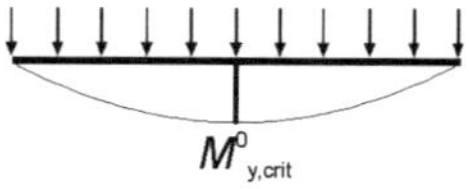M0 y,crit | 1,13 | 1,44 |
| | 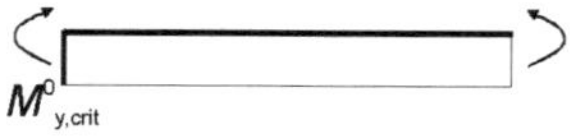M0 y,crit | 1 | 0 |
| Kragarm<br>$v = v' = 0 \quad \theta = 0$<br>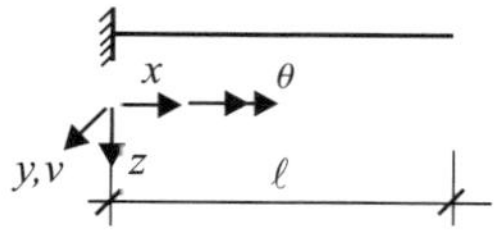x<br>θ<br>y,v<br>z<br>ℓ | 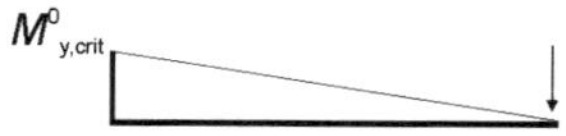M0 y,crit | 1,27 | 1,03 |
| | 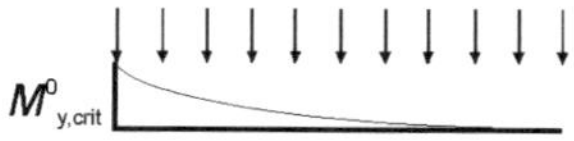M0 y,crit | 2,05 | 1,50 |
| Beidseitig eingespannter Träger<br>$v = v' = 0 \quad \theta = 0$<br>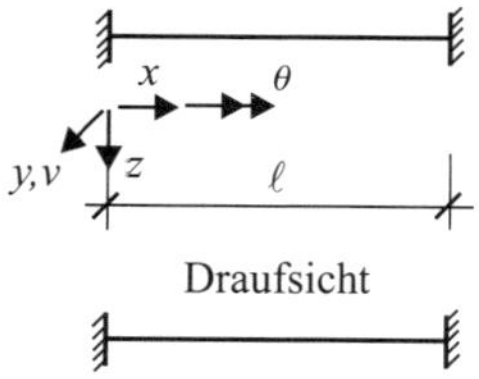x<br>θ<br>y,v<br>z<br>ℓ<br>Draufsicht | 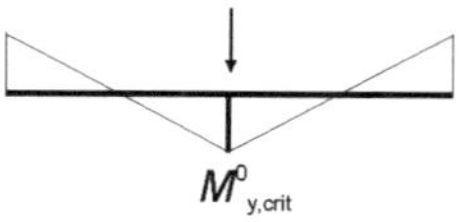M0 y,crit | 6,81 | 0,40 |
| | 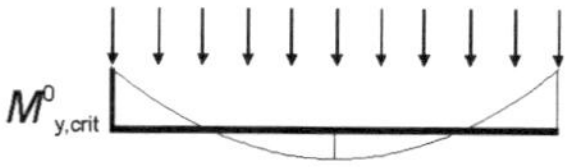M0 y,crit | 5,12 | 0,40 |
| Mittelfeld Durchlaufträger<br>$v = v' = 0 \quad \theta = 0$<br>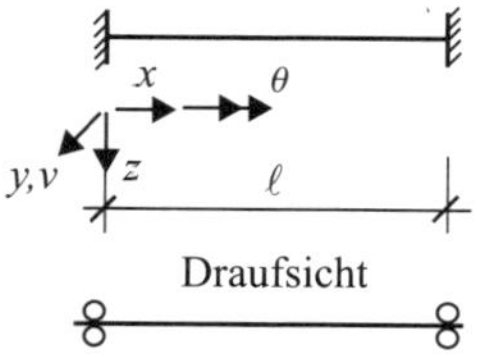x<br>θ<br>y,v<br>z<br>ℓ<br>Draufsicht | 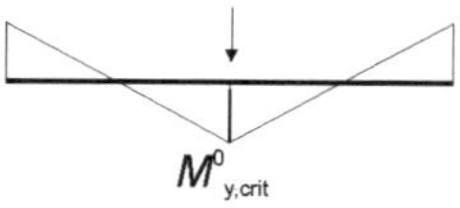M0 y,crit | 1,70 | 1,60 |
| | 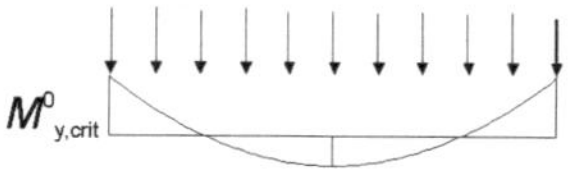M0 y,crit | 1,30 | 1,60 |

*Tabelle 10.3: Kippbeiwert $k_{crit}$ in Abhängigkeit von $\ell_{ef} \cdot h / b^2$ für NH, LH und BSH*

| | NH | LH | BSH | | | |
|---|---|---|---|---|---|---|
| $\frac{\ell_{ef} \cdot h}{b^2}$ | C24 | D30 | GL24h | GL24c | GL36h | GL36c |
| 100 | 1,000 | 1,000 | 1,000 | 1,000 | 1,000 | 1,000 |
| 140 | 0,990 | 0,988 | 1,000 | 1,000 | 1,000 | 1,000 |
| 180 | 0,913 | 0,912 | 1,000 | 1,000 | 0,972 | 0,965 |
| 220 | 0,845 | 0,843 | 0,968 | 0,960 | 0,910 | 0,902 |
| 260 | 0,783 | 0,781 | 0,916 | 0,907 | 0,854 | 0,844 |
| 300 | 0,725 | 0,723 | 0,868 | 0,859 | 0,801 | 0,791 |
| 340 | 0,671 | 0,669 | 0,824 | 0,814 | 0,752 | 0,742 |
| 380 | 0,620 | 0,618 | 0,781 | 0,771 | 0,706 | 0,695 |
| 420 | 0,572 | 0,570 | 0,742 | 0,730 | 0,662 | 0,651 |
| 460 | 0,526 | 0,524 | 0,703 | 0,692 | 0,621 | 0,608 |
| 500 | 0,484 | 0,482 | 0,667 | 0,655 | 0,581 | 0,568 |
| 540 | 0,448 | 0,446 | 0,632 | 0,619 | 0,542 | 0,529 |
| 580 | 0,417 | 0,415 | 0,598 | 0,585 | 0,506 | 0,493 |
| 620 | 0,390 | 0,388 | 0,566 | 0,552 | 0,473 | 0,461 |
| 660 | 0,367 | 0,365 | 0,534 | 0,520 | 0,444 | 0,433 |
| 700 | 0,346 | 0,344 | 0,504 | 0,490 | 0,419 | 0,408 |
| 740 | 0,327 | 0,325 | 0,477 | 0,464 | 0,396 | 0,386 |
| 780 | 0,310 | 0,309 | 0,452 | 0,440 | 0,376 | 0,366 |
| 820 | 0,295 | 0,294 | 0,430 | 0,419 | 0,358 | 0,348 |
| 860 | 0,281 | 0,280 | 0,410 | 0,399 | 0,341 | 0,332 |
| 900 | 0,269 | 0,268 | 0,392 | 0,381 | 0,326 | 0,317 |
| Zwischenwerte dürfen linear interpoliert werden. | | | | | | |

**Schubspannungsnachweis**

Die Schubspannungen berechnen sich allgemein zu

$$\tau = \frac{V \cdot S}{I \cdot b}$$

mit

- $V$ Querkraft
- $S$ Statisches Moment (Flächenmoment 1. Grades)
- $I$ Flächenmoment 2. Grades
- $b$ Querschnittsbreite an der Stelle, an der $\tau$ ermittelt wird

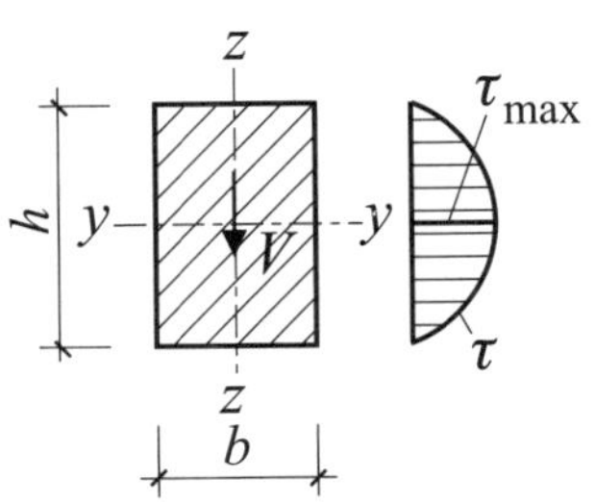


*Bild 10.5: Schubspannung*

Die maximale Schubspannung infolge Querkraft in der Spannungsnulllinie eines Rechteckquerschnitts berechnet sich zu:

$$\tau_{max} = \frac{V \cdot S}{I \cdot b} = \frac{V \cdot b \cdot h^2 / 8}{\frac{b \cdot h^3}{12} \cdot b} = \frac{3}{2} \cdot \frac{V}{b \cdot h}$$

Nachweis: $\dfrac{1{,}5 \cdot V_d / A}{f_{v,d}} \leq 1$

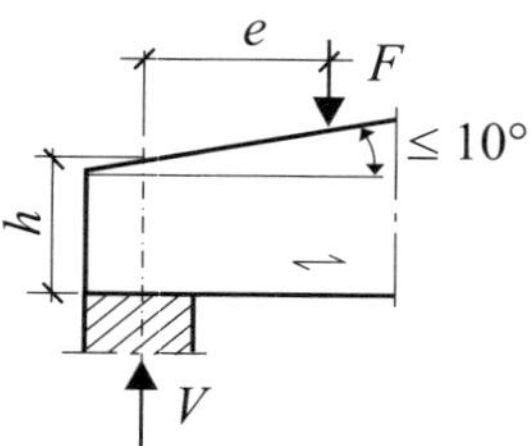


*Bild 10.6: Auflagerbereich*

$V_d$ Bemessungswert der Querkraft im Stab

$f_{v,d}$ Bemessungswert der Schubfestigkeit des Baustoffs

$A$ Querschnittsfläche an der Stelle $V_d$

Träger mit Auflagerung am unteren Rand und Lastangriff am oberen Rand (siehe Bild 10.6) dürfen mit der Querkraft im Abstand $h$ vom Auflagerrand des End- oder Zwischenauflagers nachgewiesen werden.

Auflagernahe ($e \leq h$) Einzellasten gemäß Bild 10.6 dürfen unberücksichtigt bleiben.

Die Bemessungswerte der Schubfestigkeit in Bereichen, die mindestens 1,5 m vom Hirnholz entfernt liegen, dürfen um 30 % erhöht werden.

Für Biegestäbe ist in den meisten Fällen auch der **Nachweis der Gebrauchstauglichkeit** nach Kapitel 13 zu führen.

Werden die Auflagerkräfte über Pressung am unteren Rand der Biegeträgers eingeleitet, sind die **Nachweise der Auflagerpressung** nach Abschnitt 12.5.1 zu führen.

### 10.1.2 Zweiachsige Biegung

#### Biegung und Kippen

$M_{y,d}$ Biegemoment um die $y$-Achse

$M_{z,d}$ Biegemoment um die $z$-Achse

$W_{y,n}$ Netto-Widerstandsmoment um die $y$-Achse

$W_{z,n}$ Netto-Widerstandsmoment um die $z$-Achse

$k_{crit}$ Kippbeiwert für □-Querschnitte

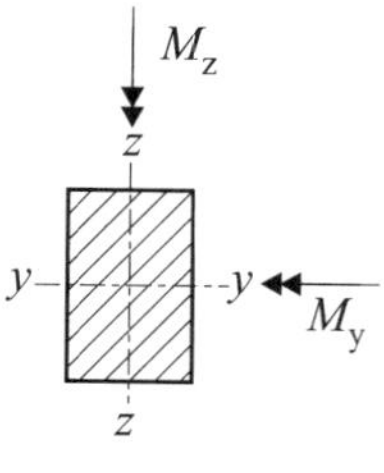

*Bild 10.7: Zweiachsige Biegung*

$\sigma_{m,y,d} = M_{y,d} / W_{y,n}$ $\qquad \sigma_{m,z,d} = M_{z,d} / W_{z,n}$

Rechteckquerschnitte aus VH mit $h/b \leq 4$

$$\frac{\sigma_{m,y,d} / k_{crit} + 0{,}7 \cdot \sigma_{m,z,d}}{f_{m,d}} \leq 1 \quad \text{und} \quad \frac{0{,}7 \cdot \sigma_{m,y,d} / k_{crit} + \sigma_{m,z,d}}{f_{m,d}} \leq 1$$

Rechteckquerschnitte aus homogenem BSH:

$$\frac{\sigma_{m,y,d} / k_{crit} + k_m \cdot \sigma_{m,z,d} / k_\ell}{f_{m,d}} \leq 1 \qquad \text{und} \qquad \frac{k_m \cdot \sigma_{m,y,d} / k_{crit} + \sigma_{m,z,d} / k_\ell}{f_{m,d}} \leq 1$$

Rechteckquerschnitte aus kombiniertem BSH, FSH, BASH, SPH, BSPH:

$$\frac{\sigma_{m,y,d}}{k_{crit} \cdot f_{m,y,d}} + \frac{k_m \cdot \sigma_{m,z,d}}{f_{m,z,d}} \leq 1 \qquad \text{und} \qquad \frac{k_m \cdot \sigma_{m,y,d}}{k_{crit} \cdot f_{m,y,d}} + \frac{\sigma_{m,z,d}}{f_{m,z,d}} \leq 1$$

mit

$k_m = 0{,}7$ für Rechteckquerschnitte mit $h/b \leq 4$
$k_m = 1{,}0$ für $h/b > 4$ und sonstige Querschnitte
$k_\ell = 1{,}2$ für $\geq 4$ Lamellen
$k_\ell = 1{,}0$ für $< 4$ Lamellen

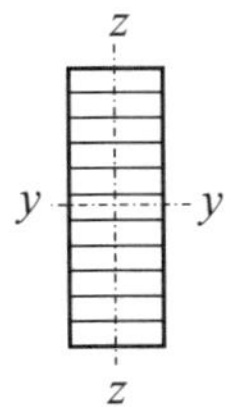


*Bild 10.8 Beispiel: BSH mit 11 Lamellen*

### 10.1.3 Biegung und Zug

$$\frac{\sigma_{t,0,d}}{f_{t,0,d}} + \frac{\sigma_{m,y,d}}{k_{crit} \cdot f_{m,y,d}} + \frac{k_m \cdot \sigma_{m,z,d}}{f_{m,z,d}} \leq 1 \qquad \text{und}$$

$$\frac{\sigma_{t,0,d}}{f_{t,0,d}} + \frac{k_m \cdot \sigma_{m,y,d}}{k_{crit} \cdot f_{m,y,d}} + \frac{\sigma_{m,z,d}}{f_{m,z,d}} \leq 1$$

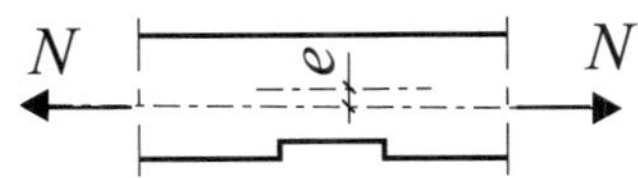


*Bild 10.9: Beispiel: exzentrischer Zug mit $M_y = N \cdot e$*

$k_\ell$ darf gegebenenfalls berücksichtigt werden.

Bezeichnungen siehe Kapitel 8 und Abschnitt 10.1.2.

### 10.1.4 Biegung und Druck

Nachweis der Querschnittstragfähigkeit ohne Knick- und Kippgefahr ($k_c = k_{crit} = 1$):

$$\left(\frac{\sigma_{c,0,d}}{f_{c,0,d}}\right)^2 + \frac{\sigma_{m,y,d}}{f_{m,y,d}} + \frac{k_m \cdot \sigma_{m,z,d}}{f_{m,z,d}} \leq 1$$

und

$$\left(\frac{\sigma_{c,0,d}}{f_{c,0,d}}\right)^2 + \frac{k_m \cdot \sigma_{m,y,d}}{f_{m,y,d}} + \frac{\sigma_{m,z,d}}{f_{m,z,d}} \leq 1$$

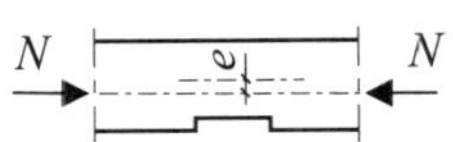


*Bild 10.10: Beispiel: exzentrischer Druck mit $M_y = N \cdot e$*

Nachweis des Biegeknickens ohne Kippgefahr:

$$\frac{\sigma_{c,0,d}}{k_{c,y} \cdot f_{c,0,d}} + \frac{\sigma_{m,y,d}}{f_{m,y,d}} + \frac{k_m \cdot \sigma_{m,z,d}}{f_{m,z,d}} \leq 1 \qquad \text{und} \qquad \frac{\sigma_{c,0,d}}{k_{c,z} \cdot f_{c,0,d}} + \frac{k_m \cdot \sigma_{m,y,d}}{f_{m,y,d}} + \frac{\sigma_{m,z,d}}{f_{m,z,d}} \leq 1$$

Nachweis des Biegedrillknickens:

$$\frac{\sigma_{c,0,d}}{k_{c,y}\cdot f_{c,0,d}}+\frac{\sigma_{m,y,d}}{k_{crit}\cdot f_{m,y,d}}+\left(\frac{\sigma_{m,z,d}}{f_{m,z,d}}\right)^2\leq 1 \text{ und } \frac{\sigma_{c,0,d}}{k_{c,z}\cdot f_{c,0,d}}+\left(\frac{\sigma_{m,y,d}}{k_{crit}\cdot f_{m,y,d}}\right)^2+\frac{\sigma_{m,z,d}}{f_{m,z,d}}\leq 1$$

Sofern $\sigma_{m,y,d}$ oder $\sigma_{m,z,d}$ null sind, ist statt der quadratischen eine lineare Superposition der verbleibenden Einwirkungen vorzunehmen.

Bezeichnungen siehe Kapitel 9 und Abschnitt 10.1.2.

$k_\ell$ darf gegebenenfalls berücksichtigt werden.

## 10.2 Pultdachträger

Für den üblichen Fall des Einfeldträgers unter Gleichstreckenlast ergibt sich die maximale Biegerandspannung an der Stelle

$$x=\frac{\ell}{1+h_{ap}/h_s}$$ siehe Bild 10.11.

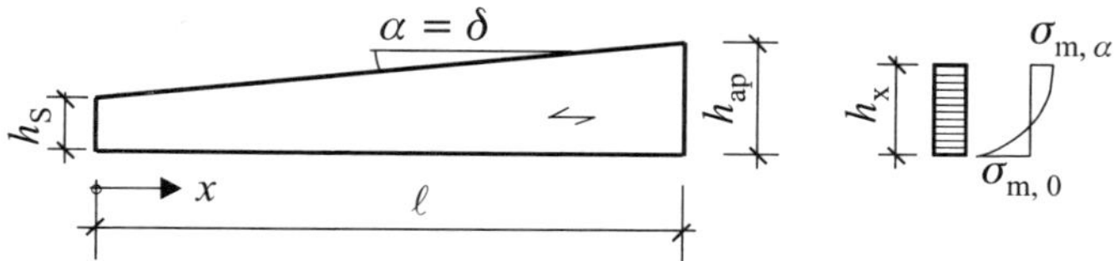


*Bild 10.11: Pultdachträger*

Die Biegespannungen im Pultdachträger sind nicht geradlinig verteilt wie beim Träger mit konstanter Höhe (siehe Bild 10.11). Bis zu einem Faseranschnittswinkel von 24° dürfen diese Nichtlinearitäten wie folgt berücksichtigt werden:

$$\sigma_{m,\alpha,d}=\sigma_{m,0,d}=\frac{M_d}{W}\leq k_{m,\alpha,t(c)}\cdot f_{m,d}$$

$$k_{m,\alpha,t}=\frac{1}{\sqrt{1+\left(\frac{f_{m,d}}{0,75\cdot f_{v,d}}\cdot\tan\alpha\right)^2+\left(\frac{f_{m,d}}{f_{t,90,d}}\cdot\tan^2\alpha\right)^2}}$$ für den Biegezugrand

$$k_{m,\alpha,c}=\frac{1}{\sqrt{1+\left(\frac{f_{m,d}}{1,5\cdot f_{v,d}}\cdot\tan\alpha\right)^2+\left(\frac{f_{m,d}}{f_{c,90,d}}\cdot\tan^2\alpha\right)^2}}$$ für den Biegedruckrand.

Im Biegespannungsnachweis am Rand schräg zur Faserrichtung ist der Nachweis der Spannungskombination über die Beiwerte $k_{m,\alpha,t}$ nach Tabelle 10.4 und $k_{m,\alpha,c}$ nach Tabelle 10.5 enthalten.

*Tabelle 10.4 Beiwert $k_{m,\alpha,t}$*

| $\alpha$ | GL 20 | GL24 | GL 26 | GL28 | GL 30 | GL 32 |
|---|---|---|---|---|---|---|
| 0° | 1,000 | 1,000 | 1,000 | 1,000 | 1,000 | 1,000 |
| 1° | 0,991 | 0,987 | 0,985 | 0,983 | 0,981 | 0,978 |
| 2° | 0,965 | 0,951 | 0,943 | 0,935 | 0,927 | 0,918 |
| 3° | 0,924 | 0,896 | 0,881 | 0,865 | 0,849 | 0,834 |
| 4° | 0,870 | 0,827 | 0,805 | 0,783 | 0,761 | 0,740 |
| 5° | 0,806 | 0,751 | 0,724 | 0,698 | 0,673 | 0,649 |
| 6° | 0,738 | 0,673 | 0,644 | 0,616 | 0,589 | 0,564 |
| 7° | 0,668 | 0,599 | 0,569 | 0,540 | 0,514 | 0,490 |
| 8° | 0,601 | 0,531 | 0,500 | 0,473 | 0,448 | 0,425 |
| 9° | 0,537 | 0,469 | 0,440 | 0,414 | 0,391 | 0,370 |
| 10° | 0,479 | 0,414 | 0,387 | 0,363 | 0,342 | 0,323 |

*Tabelle 10.5 Beiwert $k_{m,\alpha,c}$*

| $\alpha$ | GL 20 | GL24 | GL 26 | GL28 | GL 30 | GL 32 |
|---|---|---|---|---|---|---|
| 0° | 1,000 | 1,000 | 1,000 | 1,000 | 1,000 | 1,000 |
| 1° | 0,998 | 0,997 | 0,996 | 0,996 | 0,995 | 0,994 |
| 2° | 0,990 | 0,986 | 0,983 | 0,981 | 0,978 | 0,975 |
| 3° | 0,975 | 0,965 | 0,959 | 0,953 | 0,946 | 0,939 |
| 4° | 0,949 | 0,930 | 0,919 | 0,908 | 0,896 | 0,884 |
| 5° | 0,911 | 0,879 | 0,862 | 0,845 | 0,827 | 0,810 |
| 6° | 0,859 | 0,813 | 0,790 | 0,768 | 0,745 | 0,724 |
| 7° | 0,795 | 0,737 | 0,710 | 0,683 | 0,658 | 0,634 |
| 8° | 0,723 | 0,658 | 0,628 | 0,599 | 0,573 | 0,548 |
| 9° | 0,649 | 0,580 | 0,549 | 0,521 | 0,495 | 0,471 |
| 10° | 0,578 | 0,508 | 0,478 | 0,451 | 0,427 | 0,404 |

## 10.3 Satteldachträger mit geradem unteren Rand

**Längsspannungen an der Stelle $x$**

Der Nachweis der maximalen Biegespannung unter Gleichstreckenlast ist an der Stelle

$x = \frac{\ell \cdot h_s}{2 \cdot h_{ap}}$ wie für einen Pultdachträger zu führen.

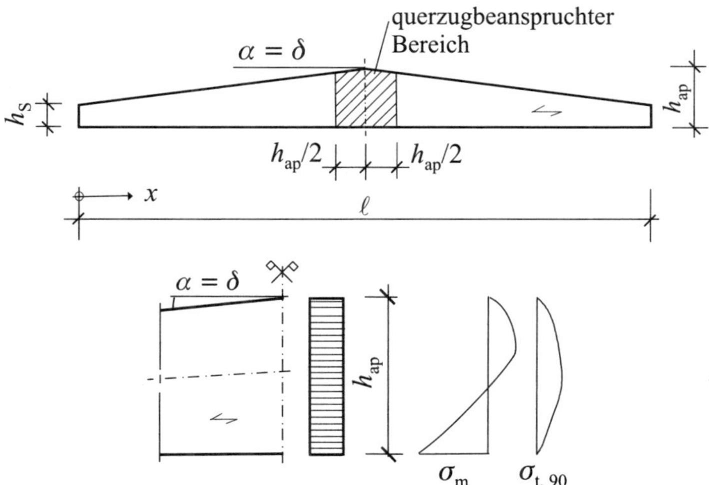


*Bild 10.12: Satteldachträger mit geradem unteren Rand*

**Längsspannung im Firstquerschnitt**

Grenzzustandsgleichung: $\frac{\sigma_{m,d}}{f_{m,d}} \leq 1$

$\sigma_{m,d} = k_\ell \cdot \frac{M_{ap,d}}{W_{ap}}$ mit $k_\ell = 1 + 1{,}4 \cdot \tan\alpha + 5{,}4 \cdot \tan^2\alpha$ nach Tabelle 10.6

*Tabelle 10.6: Beiwerte $k_\ell$ und $k_p$ für Satteldachträger mit geradem unteren Rand*

| $\alpha$ | 0° | 1° | 2° | 3° | 4° | 5° | 6° | 7° | 8° | 9° | 10° |
|---|---|---|---|---|---|---|---|---|---|---|---|
| $k_\ell$ | 1,000 | 1,026 | 1,055 | 1,088 | 1,124 | 1,164 | 1,207 | 1,253 | 1,303 | 1,357 | 1,415 |
| $k_p$ | 0,000 | 0,003 | 0,007 | 0,010 | 0,014 | 0,017 | 0,021 | 0,025 | 0,028 | 0,032 | 0,035 |

**Querspannung im Firstquerschnitt**

Grenzzustandsgleichung: $\frac{\sigma_{t,90,d}}{k_{dis} \cdot (V_0 / V)^{0,2} \cdot f_{t,90,d}} + \frac{\tau_d}{f_{v,d}} \leq 1$

$\sigma_{t,90,d} = k_p \cdot \frac{M_{ap,d}}{W_{ap}}$

$k_{dis} = 1{,}4$

$V_0$ = Bezugsvolumen von 0,01 m³

$V$ = Volumen in m³ des querzugbeanspruchtes Bereichs im First (siehe Bild 10.12)

$k_p = 0{,}2 \cdot \tan\,\alpha$ nach Tabelle 10.6

Bis 10° Dachneigung kann das querzugbeanspruchte Volumen auf der sicheren Seite $V = b \cdot h_{ap}^2$ abgeschätzt werden.

Definiert man für BSH der Festigkeitsklasse GL24h für Nachweise gegenüber einer Beanspruchung mit Wind als

$$f_{t,90,d}^{W} = \frac{k_{mod}}{\gamma_M} \cdot k_{dis} \cdot \left(\frac{V_0}{V}\right)^{0,2} \cdot f_{t,90,k} = \frac{1{,}0}{1{,}3} \cdot 1{,}4 \cdot \left(\frac{0{,}01}{b \cdot h_{ap}^2}\right)^{0,2} \cdot 0{,}4 = 0{,}43 \cdot \left(\frac{0{,}01}{b \cdot h_{ap}^2}\right)^{0,2}$$

lautet der Nachweis der Querzugspannung im Firstbereich

$\frac{\sigma_{t,90,d}}{f_{t,90,d}^{W}} + \frac{\tau_d}{f_{v,d}} \leq 1$ mit $f_{t,90,d}^{W}$ nach Tabelle 10.7.

Wirkt im Firstbereich zusätzlich eine Querkraft, so muss der Anteil der Schubbeanspruchung am Gesamtausnutzungsgrad der Spannungskombination berücksichtigt werden.

*Tabelle 10.7: Bemessungswert der Querzugfestigkeit $f_{t,90,d}^{W}$ in N/mm² im Firstquerschnit von Satteldachträgern aus BSH der Festigkeitsklasse GL24h mit geradem und gekrümmtem unteren Rand gegenüber einer Beanspruchung mit Wind*

| $f_{t,90,d}^{W}$ | $h_{ap}$ in mm | 300 | 400 | 500 | 600 | 700 | 800 | 900 | 1000 | 1200 | 1400 | 1600 | 1800 | 2000 |
|---|---|---|---|---|---|---|---|---|---|---|---|---|---|---|
| $b$ in mm | | | | | | | | | | | | | | |
| 80 | | 0,460 | 0,410 | 0,375 | 0,349 | 0,328 | 0,311 | 0,296 | 0,284 | 0,264 | 0,248 | 0,235 | 0,225 | 0,215 |
| 100 | | 0,440 | 0,392 | 0,359 | 0,333 | 0,313 | 0,297 | 0,283 | 0,272 | 0,253 | 0,238 | 0,225 | 0,215 | 0,206 |
| 120 | | 0,424 | 0,378 | 0,346 | 0,321 | 0,302 | 0,287 | 0,273 | 0,262 | 0,244 | 0,229 | 0,217 | 0,207 | 0,199 |
| 150 | | 0,406 | 0,362 | 0,331 | 0,307 | 0,289 | 0,274 | 0,261 | 0,251 | 0,233 | 0,219 | 0,208 | 0,198 | 0,190 |
| 200 | | 0,383 | 0,341 | 0,312 | 0,290 | 0,273 | 0,259 | 0,247 | 0,237 | 0,220 | 0,207 | 0,196 | 0,187 | 0,179 |
| 220 | | 0,376 | 0,335 | 0,306 | 0,285 | 0,268 | 0,254 | 0,242 | 0,232 | 0,216 | 0,203 | 0,192 | 0,184 | 0,176 |

Für Satteldachträger mit geradem Untergurt werden ab einem Ausnutzungsgrad von 0,8 im Nachweis der Querzugspannungen Verstärkungen zur Aufnahme zusätzlicher klimatisch bedingter Querzugspannungen empfohlen. Diese Verstärkungselemente sind für eine Zugkraft

$$F_{t,90,d} = \frac{1}{4} \cdot \frac{\sigma_{t,90,d} \cdot b \cdot a_1}{n} \cdot \frac{b}{160} = \frac{\sigma_{t,90,d} \cdot b^2 \cdot a_1}{640 \cdot n}$$

nachzuweisen. Nachweise siehe Abschnitt 10.6.

$a_1$ Abstand der Verstärkungen in Trägerlängsrichtung in Höhe der Trägerachse in mm

$b$ Trägerbreite in mm

$n$ Anzahl der Verstärkungselemente innerhalb der Länge $a_1$

Bauteile mit querzugbeanspruchten Bereichen in NKL 3 oder bei denen die Grenzzustandsgleichung der Querspannung im Firstquerschnitt nicht eingehalten wird, sind immer nach Abschnitt 10.6 für die vollständige Aufnahme von Querzugspannungen zu verstärken.
Es sollte zunächst versucht werden, durch konstruktive Schutzmaßnahmen zu erreichen, dass das Bauteil nicht in NKL 3 eingestuft werden muss. Bei vollständiger Aufnahme der Zugkräfte rechtwinklig zur Faserrichtung des Holzes wird das Holz rechnerisch nicht mehr auf Querzug beansprucht. Dann kann der Nachweis der Querzugbeanspruchung im Holz entfallen.

## 10.4 Gekrümmte Träger

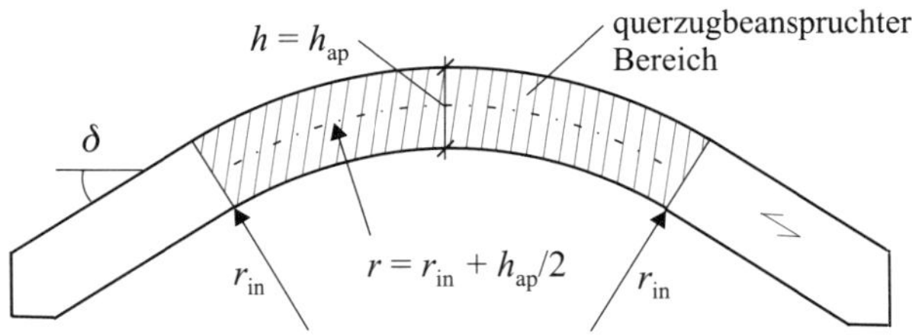


*Bild 10.13: Gekrümmter Träger konstanter Höhe*

**Längsspannung am konkaven Rand**

Grenzzustandsgleichung: $\frac{\sigma_{m,d}}{k_r \cdot f_{m,d}} \leq 1$

mit

$$\sigma_{m,d} = k_\ell \cdot \frac{M_{ap,d}}{W_{ap}}$$

*Tabelle 10.8: Beiwert $k_r$*

| $\frac{r-h/2}{t}$ | 240 | 200 | 160 | 120 | 80 |
|---|---|---|---|---|---|
| $k_r$ | 1,00 | 0,96 | 0,92 | 0,88 | 0,84 |

$k_\ell \quad = 1 + 0,35 \cdot k_{ap} + 0,6 \cdot k_{ap}^2$ nach Tabelle 10.9

$k_{ap} \quad = h_{ap} / r$

$k_r \quad = 1$ für $r_{in} / t \geq 240$

$k_r \quad = 0,76 + 0,001 \cdot r_{in} / t$ für $r_{in} / t < 240$

$t$ Lamellendicke

**Querspannung im querzugbeanspruchten Bereich**

Grenzzustandsgleichung: $\frac{\sigma_{t,90,d}}{k_{dis} \cdot (V_0 / V)^{0,2} \cdot f_{t,90,d}} + \frac{\tau_d}{f_{v,d}} \leq 1$

bzw. $\frac{\sigma_{t,90,d}}{f_{t,90,d}^W} + \frac{\tau_d}{f_{v,d}} \leq 1$

$$\sigma_{t,90,d} = k_p \cdot \frac{M_{ap,d}}{W_{ap}}$$

$k_p = 0,25 \cdot k_{ap}$ nach Tabelle 10.9

$f_{t,90,d}^W$ nach Abschnitt 10.3 und Tabelle 10.7

Für gekrümmte Träger wird grundsätzlich eine konstruktive Verstärkung im querzugbeanspruchten Bereich zur Aufnahme zusätzlicher, klimatisch bedingter Querzugspannungen empfohlen. Hierbei sind die Verstärkungselemente für eine Zugkraft entsprechend Abschnitt 10.3 zu bemessen.

Bauteile mit querzugbeanspruchten Bereichen in NKL 3 oder bei denen die Grenzzustandsgleichung der Querspannung im Firstquerschnitt nicht eingehalten wird, sind immer nach Abschnitt 10.6 für die vollständige Aufnahme von Querzugspannungen zu verstärken.

Es sollte zunächst versucht werden, durch konstruktive Schutzmaßnahmen zu erreichen, dass das Bauteil nicht in NKL 3 eingestuft werden muss. Bei vollständiger Aufnahme der Zugkräfte rechtwinklig zur Faserrichtung des Holzes wird das Holz rechnerisch nicht mehr auf Querzug beansprucht. Dann kann der Nachweis der Querzugbeanspruchung im Holz entfallen.

*Tabelle 10.9: Beiwerte $k_\ell$ und $k_p$ für gekrümmte Träger*

| $h_{ap/r}$ | 0 | 0,05 | 0,1 | 0,15 | 0,2 | 0,25 | 0,3 | 0,35 | 0,4 | 0,45 | 0,5 |
|---|---|---|---|---|---|---|---|---|---|---|---|
| $k_\ell$ | 1 | 1,02 | 1,04 | 1,07 | 1,09 | 1,13 | 1,16 | 1,20 | 1,24 | 1,28 | 1,33 |
| $k_p$ | 0 | 0,013 | 0,025 | 0,038 | 0,050 | 0,063 | 0,075 | 0,088 | 0,100 | 0,113 | 0,125 |

## 10.5 Satteldachträger mit gekrümmtem unteren Rand

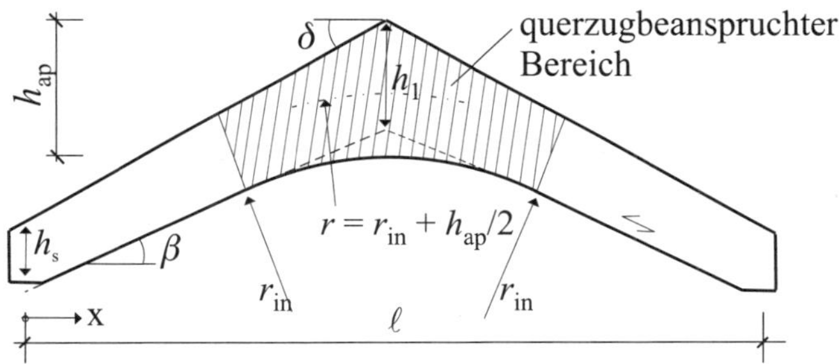


*Bild 10.14: Satteldachträger mit gekrümmtem unterem Rand*

**Längsspannungen an der Stelle *x***

Die Nachweise eines Einfeldträgers unter Gleichstreckenlast an der Stelle $x = \dfrac{\ell \cdot h_s}{2 \cdot h_1}$ sind wie für einen Pultdachträger zu führen.

**Längsspannungen im Firstquerschnitt**

Grenzzustandsgleichung: $\dfrac{\sigma_{m,d}}{k_r \cdot f_{m,d}} \leq 1$

$k_r$ nach Tabelle 10.8

$\sigma_{m,d} = k_\ell \cdot \dfrac{M_{ap,d}}{W_{ap}}$ mit $k_\ell = k_1 + k_2 \cdot k_{ap} + k_3 \cdot k_{ap}^2 + k_4 \cdot k_{ap}^3$ nach Tabelle 10.12

$k_{ap} = h_{ap}/r$

*Tabelle 10.10: Beiwerte $k_1$ bis $k_4$ zur Ermittlung der Längsspannungen im Firstquerschnitt*

| $k_1$ | $k_2$ | $k_3$ | $k_4$ |
|---|---|---|---|
| $1 + 1{,}4 \cdot \tan\delta + 5{,}4 \cdot \tan^2\delta$ | $0{,}35 - 8 \cdot \tan\delta$ | $0{,}6 + 8{,}3 \cdot \tan\delta - 7{,}8 \cdot \tan^2\delta$ | $6 \cdot \tan^2\delta$ |

## Querspannung im Firstquerschnitt

Grenzzustandsgleichung: $$\frac{\sigma_{t,90,d}}{k_{dis} \cdot (V_0/V)^{0,2} \cdot f_{t,90,d}} + \frac{\tau_d}{f_{v,d}} \leq 1$$

bzw. $$\frac{\sigma_{t,90,d}}{1,2 \cdot f_{t,90,d}^{W}} + \frac{\tau_d}{f_{v,d}} \leq 1$$

$f_{t,90,d}^{W}$ nach Abschnitt 10.3 und Tabelle 10.7

Faktor 1,2, da hier $k_{dis} = 1{,}7$

$$\sigma_{t,90,d} = k_p \cdot \frac{M_{ap,d}}{W_{ap}}$$ mit $k_p = k_5 + k_6 \cdot k_{ap} + k_7 \cdot k_{ap}^2$ nach Tabelle 10.12

$k_{ap} = h_{ap}/r$

*Tabelle 10.11: Beiwerte $k_5$ bis $k_7$ zur Ermittlung der Querspannungen im Firstquerschnitt*

| $k_5$ | $k_6$ | $k_7$ |
|---|---|---|
| $0{,}2 \cdot \tan\delta$ | $0{,}25 - 1{,}5 \cdot \tan\delta + 2{,}6 \cdot \tan^2\delta$ | $2{,}1 \cdot \tan\delta - 4 \cdot \tan^2\delta$ |

Für Satteldachträger mit gekrümmtem unterem Rand wird grundsätzlich eine konstruktive Verstärkung im querzugbeanspruchten Bereich zur Aufnahme zusätzlicher, klimatisch bedingter Querzugspannungen empfohlen. Hierbei sind die Verstärkungselemente für eine Zugkraft entsprechend Abschnitt 10.3 zu bemessen.

Bauteile mit querzugbeanspruchten Bereichen in NKL 3 oder bei denen die Grenzzustandsgleichung der Querspannung im Firstquerschnitt nicht eingehalten wird, sind immer nach Abschnitt 10.6 für die vollständige Aufnahme von Querzugspannungen zu verstärken.

Es sollte zunächst versucht werden, durch konstruktive Schutzmaßnahmen zu erreichen, dass das Bauteil nicht in NKL 3 eingestuft werden muss. Bei vollständiger Aufnahme der Zugkräfte rechtwinklig zur Faserrichtung des Holzes wird das Holz rechnerisch nicht mehr auf Querzug beansprucht. Dann kann der Nachweis der Querzugbeanspruchung im Holz entfallen.

*Tabelle 10.12: Beiwerte $k_\ell$ und $k_p$ für Satteldachträger mit gekrümmtem unteren Rand*

| $\delta$ | $k_\ell$: $h_{ap}/r$ = 0 | 0,1 | 0,2 | 0,3 | 0,4 | 0,5 |
|---|---|---|---|---|---|---|
| 0° | 1,000 | 1,041 | 1,094 | 1,159 | 1,236 | 1,325 |
| 2° | 1,055 | 1,071 | 1,105 | 1,156 | 1,225 | 1,312 |
| 4° | 1,124 | 1,115 | 1,128 | 1,165 | 1,225 | 1,309 |
| 6° | 1,207 | 1,172 | 1,165 | 1,186 | 1,236 | 1,316 |
| 8° | 1,303 | 1,242 | 1,214 | 1,219 | 1,259 | 1,334 |
| 10° | 1,415 | 1,327 | 1,277 | 1,265 | 1,294 | 1,363 |
| 12° | 1,542 | 1,427 | 1,354 | 1,325 | 1,341 | 1,403 |
| 14° | 1,685 | 1,542 | 1,446 | 1,398 | 1,400 | 1,455 |
| 16° | 1,845 | 1,675 | 1,554 | 1,486 | 1,474 | 1,520 |
| 18° | 2,025 | 1,825 | 1,679 | 1,590 | 1,562 | 1,598 |
| 20° | 2,225 | 1,995 | 1,822 | 1,711 | 1,665 | 1,690 |

| $\delta$ | $k_p$: $h_{ap}/r$ = 0 | 0,1 | 0,2 | 0,3 | 0,4 | 0,5 |
|---|---|---|---|---|---|---|
| 0° | 0,000 | 0,025 | 0,050 | 0,075 | 0,100 | 0,125 |
| 2° | 0,007 | 0,028 | 0,050 | 0,073 | 0,098 | 0,124 |
| 4° | 0,014 | 0,031 | 0,051 | 0,073 | 0,097 | 0,125 |
| 6° | 0,021 | 0,035 | 0,052 | 0,073 | 0,098 | 0,126 |
| 8° | 0,028 | 0,039 | 0,055 | 0,075 | 0,099 | 0,127 |
| 10° | 0,035 | 0,044 | 0,058 | 0,077 | 0,101 | 0,130 |
| 12° | 0,043 | 0,050 | 0,063 | 0,081 | 0,104 | 0,133 |
| 14° | 0,050 | 0,056 | 0,068 | 0,086 | 0,109 | 0,137 |
| 16° | 0,057 | 0,063 | 0,075 | 0,092 | 0,115 | 0,142 |
| 18° | 0,065 | 0,071 | 0,083 | 0,100 | 0,121 | 0,149 |
| 20° | 0,073 | 0,080 | 0,092 | 0,108 | 0,130 | 0,156 |

## 10.6 Verstärkung gekrümmter Träger und Satteldachträger aus BSH

Für Träger, bei denen die Zugkräfte rechtwinklig zur Faser vollständig durch Verstärkungselemente aufgenommen werden, sind die Verstärkungen in der mittleren Hälfte des querzugbeanspruchten Bereichs für eine Zugkraft $F_{t,90,d}$ zu bemessen:

$$F_{t,90,d} = \frac{\sigma_{t,90,d} \cdot b \cdot a_1}{n}$$

Die Verstärkungen in den äußeren Vierteln des querzugbeanspruchten Bereichs sind für eine Zugkraft $F_{t,90,d}$ zu bemessen:

$$F_{t,90,d} = \frac{2}{3} \cdot \frac{\sigma_{t,90,d} \cdot b \cdot a_1}{n}$$

mit

| | |
|---|---|
| $\sigma_{t,90,d}$ | Bemessungswert der Zugspannung rechtwinklig zur Faserrichtung nach Gleichungen für Satteldachträger auf Seite 134 bzw. 138 und für gekrümmte Träger auf Seite 136 |
| $b$ | Trägerbreite |
| $a_1$ | Abstand der Verstärkungen in Trägerlängsrichtung in Höhe der Trägerachse |
| $n$ | Anzahl der Verstärkungselemente im Bereich innerhalb der Länge $a_1$ |

Bei der Aufnahme der Zugkraft $F_{t,90,d}$ durch eingeklebte Stahlstäbe ist für die Klebfugenspannung nachzuweisen, dass

$$\frac{\tau_{ef,d}}{\frac{f_{k1,k} \cdot k_{mod}}{\gamma_M}} \leq 1 \quad \text{mit}$$

$$\tau_{ef,d} = \frac{2 \cdot F_{t,90,d}}{\pi \cdot \ell_{ad} \cdot d_r}$$

$F_{t,90,d}$ Bemessungswert der Zugkraft je Stahlstab

$\ell_{ad}$ halbe Einklebelänge des Stahlstabes

$d_r$ Stahlstabaußendurchmesser

$f_{k1,k}$ charakteristischer Wert der Klebfugenfestigkeit nach Tabelle 10.13

*Tabelle 10.13: Charakteristischer Wert der Klebfugenfestigkeit abhängig von $\ell_{ad}$*

| $l_{ad}$ in mm | $\leq 250$ | $250 < l_{ad} \leq 500$ | $500 < l_{ad} \leq 1000$ |
|---|---|---|---|
| $f_{k1,k}$ in N/mm$^2$ | 4,0 | $5{,}25 - 0{,}005 \cdot l_{ad}$ | $3{,}5 - 0{,}0015 \cdot l_{ad}$ |

Die Stahlstäbe müssen mit Ausnahme in einer Randlamelle über die gesamte Trägerhöhe durchgehen.

Für Träger, bei denen die Zugkräfte rechtwinklig zur Faser vollständig durch Verstärkungselemente aufgenommen werden, sollte der Abstand der Stahlstäbe an der Trägeroberkante untereinander mindestens 250 mm, jedoch nicht mehr als 75 % der Trägerhöhe $h_{ap}$ betragen.

Bei der Aufnahme der Zugkraft $F_{t,90,d}$ durch seitlich aufgeklebte Verstärkungen ist für die Klebfugenspannung nachzuweisen, dass

$$\frac{\tau_{ef,d}}{\frac{f_{k3,k} \cdot k_{mod}}{\gamma_M}} \leq 1 \quad \text{mit}$$

$$\tau_{ef,d} = \frac{2 \cdot F_{t,90,d}}{\ell_r \cdot l_{ad}}$$

$F_{t,90,d}$ Bemessungswert der Zugkraft je Verstärkungsplatte

$l_{ad}$ min. Höhe der Verstärkung ober- bzw. unterhalb der Trägerachse

$\ell_r$ Länge der Verstärkung in der Trägerachse

$f_{k3,k} =$ 1,5 N/mm$^2$

Für die Zugspannung in den aufgeklebten Verstärkungen ist nachzuweisen, dass

$$\frac{\sigma_{t,d}}{f_{t,d}} \leq 1 \quad \text{mit}$$

$$\sigma_{t,d} = \frac{F_{t,90,d}}{t_r \cdot \ell_r}$$

$t_r$ Dicke einer Verstärkung

$f_{t,d}$ Bemessungswert der Zugfestigkeit des Verstärkungsmaterials in Richtung der Zugkraft $F_{t,90}$

**Beispiel:**

Für den dargestellten Binder in der NKL 1 ist der Nachweis der Querspannung im Querschnitt an der Stelle m zu führen. Gegebenenfalls erforderliche Verstärkungen sind mit eingeklebten Gewindebolzen ∅ 12 mm vorzunehmen und nachzuweisen.

ständige Lasten: $g_k$ = 2,2 kN/m (einschließlich Eigenlast Binder)

Schneelast: $s_k$ = 1,8 kN/m (Höhe des Bauwerkstandortes < 1000 m ü. NN)

Träger: 180/1800 mm, BSH GL24h

Lamellendicke $t$ = 30 mm

a: festes Auflager

b: horizontal verschiebliches Auflager

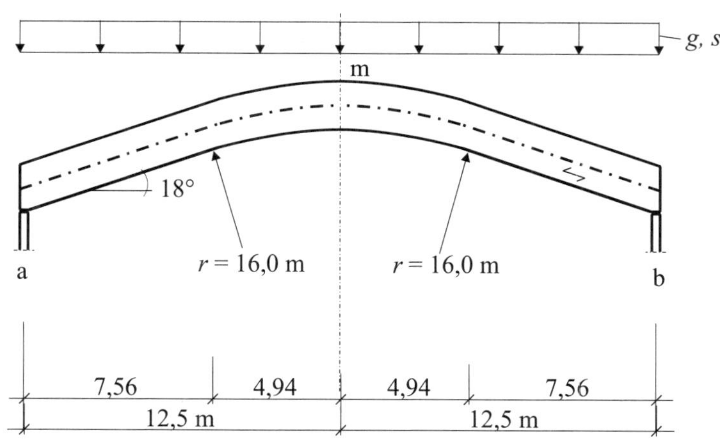


*Bild 10.15: System und Lasten*

Fall 1: Nur Eigengewicht und Schnee

Bemessungswert der Einwirkung in der maßgebenden LK g + s

$q_d = 1{,}35 \cdot 2{,}2 + 1{,}5 \cdot 1{,}8 = 5{,}67$ kN/m

Bemessungswert des maximalen Biegemomentes

$M_{\max,d} = 5{,}67 \cdot 25^2 / 8 = 443 \text{ kNm}$

Widerstandsmoment

$W_{ap} = 180 \cdot 1800^2 / 6 = 97{,}2 \cdot 10^6 \text{ mm}^3$

$h_{ap} / r = 1{,}80 / 16{,}9 = 0{,}1065 \qquad \rightarrow \qquad k_p = 0{,}25 \cdot 0{,}1065 = 0{,}0266$

$$\sigma_{t,90,d} = 0{,}0266 \cdot \frac{443 \cdot 10^6}{97{,}2 \cdot 10^6} = 0{,}121 \text{ N/mm}^2$$

Querzugbeanspruchtes Volumen: $V = 0{,}18 \cdot \pi \cdot \left(17{,}8^2 - 16^2\right) \cdot \dfrac{\tan^{-1}\left(\dfrac{4{,}94}{16}\right)}{360} = 3{,}28 \text{ m}^3$

$$f_{t,90,d} = \frac{k_{\text{mod}}}{\gamma_M} \cdot k_{\text{dis}} \cdot \left(\frac{V_0}{V}\right)^{0,2} \cdot f_{t,90,k} = \frac{0{,}9}{1{,}3} \cdot 1{,}4 \cdot \left(\frac{0{,}01}{3{,}28}\right)^{0,2} \cdot 0{,}4 = 0{,}121 \text{ N/mm}^2$$

Nachweis: $\dfrac{0{,}121}{0{,}121} = 1$

Da [N1-2] NCI NA.6.8.5 (NA.1) nicht erfüllt ist, ist eine konstruktive Verstärkung zur Aufnahme zusätzlicher, klimatisch bedingter Querzugspannungen im querzugbeanspruchten Bereich erforderlich:

Länge des gekrümmten Bereichs $\approx \pi \cdot (16{,}0 + 1{,}80/2) \cdot \dfrac{36°}{180°} = 10{,}6 \text{ m}$

Gewählt: 9 Gewindebolzen ∅ 12 mm DIN 976-1 im gekrümmten Bereich

mit Abstand in der Stabachse von $a_1 = 1{,}18$ m (maximal $0{,}75 \cdot 1{,}80 = 1{,}35$ m)

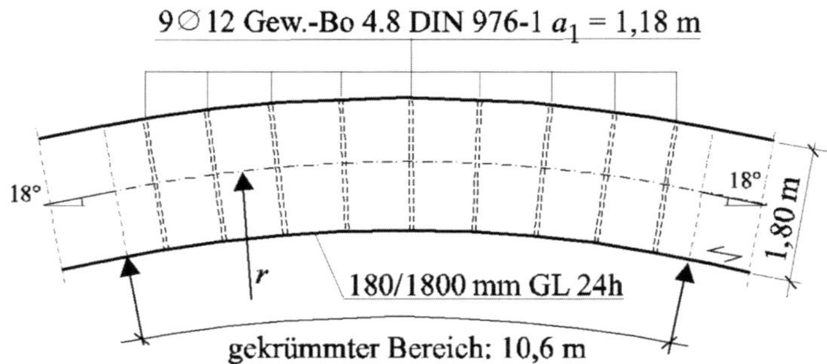


*Bild 10.16: Verstärkungen zur Aufnahme zusätzlicher klimabedingter Querzugspannungen*

$$F_{t,90,d} = \frac{0{,}121 \cdot 180^2 \cdot 1180}{640 \cdot 1} = 7228 \text{ N} \qquad \text{mit } n = 1 \text{ (einreihig)}$$

$$\ell_{ad} = 1800/2 - 30 = 870$$

Festigkeit der Klebfuge zwischen Stahlstab und Bohrlochwandung:

$$f_{k1,k} = 3{,}5 - 0{,}0015 \cdot \ell_{ad} = 3{,}5 - 0{,}0015 \cdot 870 = 2{,}20 \text{ N/mm}^2$$

$$f_{k1,d} = \frac{0{,}9 \cdot 2{,}20}{1{,}3} = 1{,}523 \text{ N/mm}^2$$

$$\tau_{ef,d} = \frac{2 \cdot 7228}{\pi \cdot 870 \cdot 12} 0{,}441 \text{ N/mm}^2$$

Fall 2: Aus einer Lastfallkombination, in der neben Eigengewicht und Schnee auch noch Wind enthalten ist, folgt der Bemessungswert des maximalen Biegemomentes zu:

$$M_{max,d} = 765 \text{ kNm}$$

$$\sigma_{t,90,d} = 0{,}0266 \cdot \frac{765 \cdot 10^6}{97{,}2 \cdot 10^6} = 0{,}210 \text{ N/mm}^2$$

→ vollständige Verstärkung erforderlich

*mittlere Hälfte:*

$$F_{t,90,d} = \frac{0{,}210 \cdot 180 \cdot a_1}{n} = 18{,}9 \cdot a_1 \text{ in N mit } a_1 \text{ in mm und } n = 2$$

$$\ell_{ad} = 1800/2 - 30 = 870 \text{ mm}$$

$$f_{k1,d} = 1{,}69 \text{ N/mm}^2$$

$$\tau_{ef,d} = \frac{2 \cdot 18{,}9 \cdot a_1}{\pi \cdot 870 \cdot 12} \leq 1{,}69 \text{ N/mm}^2$$

$a_1 \leq 1468$ mm

maximal $0{,}75 \cdot 1{,}80 \text{ m} = 1{,}35 \text{ m}$

Gewählt: $2 \times 4 = 8$ Gewindebolzen ∅ 12 mm DIN 976-1 in der mittleren Hälfte des gekrümmten Bereiches mit Abstand in der Stabachse von $a_1 = 1{,}20$ m *äußeres Viertel:*

$$F_{t,90,d} = \frac{2}{3} \cdot \frac{0,210 \cdot 180 \cdot a_1}{n} = 25,2 \cdot a_1$$ in N mit $a_1$ in mm und $n = 1$

$$\ell_{ad} = 1800/2 - 30 = 870 \text{ mm}$$

$$f_{k1,d} = 1,69 \text{ N/mm}^2$$

$$\tau_{ef,d} = \frac{2 \cdot 25,2 \cdot a_1}{\pi \cdot 870 \cdot 12} \leq 1,69 \text{ N/mm}^2$$

$a_1 \leq 1100$ mm

maximal 0,75 · 1800 = 1350 mm

Gewählt: Jeweils 3 Gewindebolzen ∅ 12 mm DIN 976-1 in den äußeren Vierteln des gekrümmten Bereiches mit Abstand in der Stabachse von $a_1$ = 0,95 m

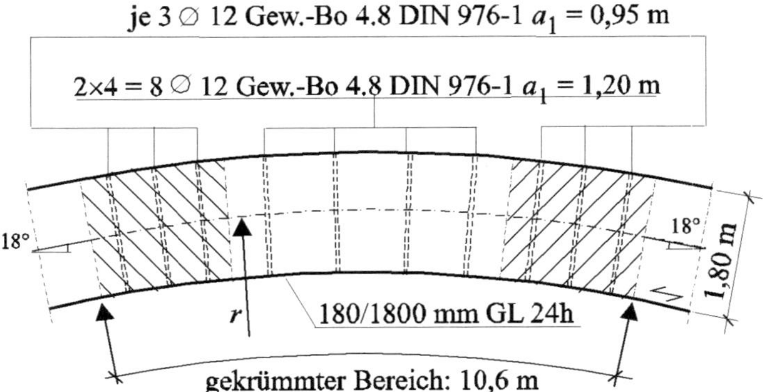


*Bild 10.17: Vollständige Verstärkung des gekrümmten Bereiches*

# 11 Scheiben aus Tafeln

## 11.1 Allgemeines

Die nachfolgend beschriebenen Tafeln sind flächige Bauteile, die auch in ihrer Ebene wirkende Lasten aufnehmen und weiterleiten können und somit baustatisch eine Scheibentragwirkung aufweisen (siehe Bild 11.1).

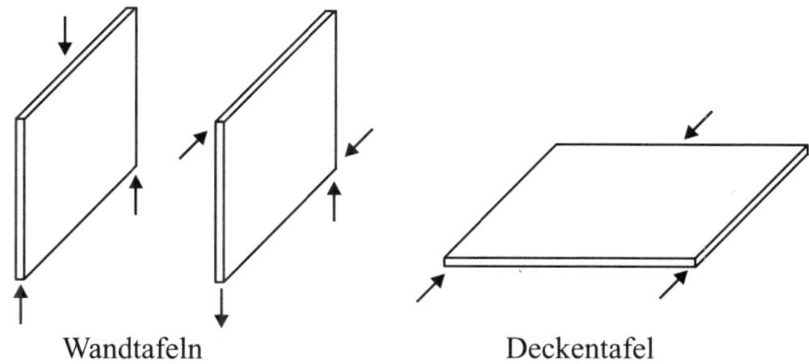


*Bild 11.1: Wand- und Deckentafeln als Scheiben*

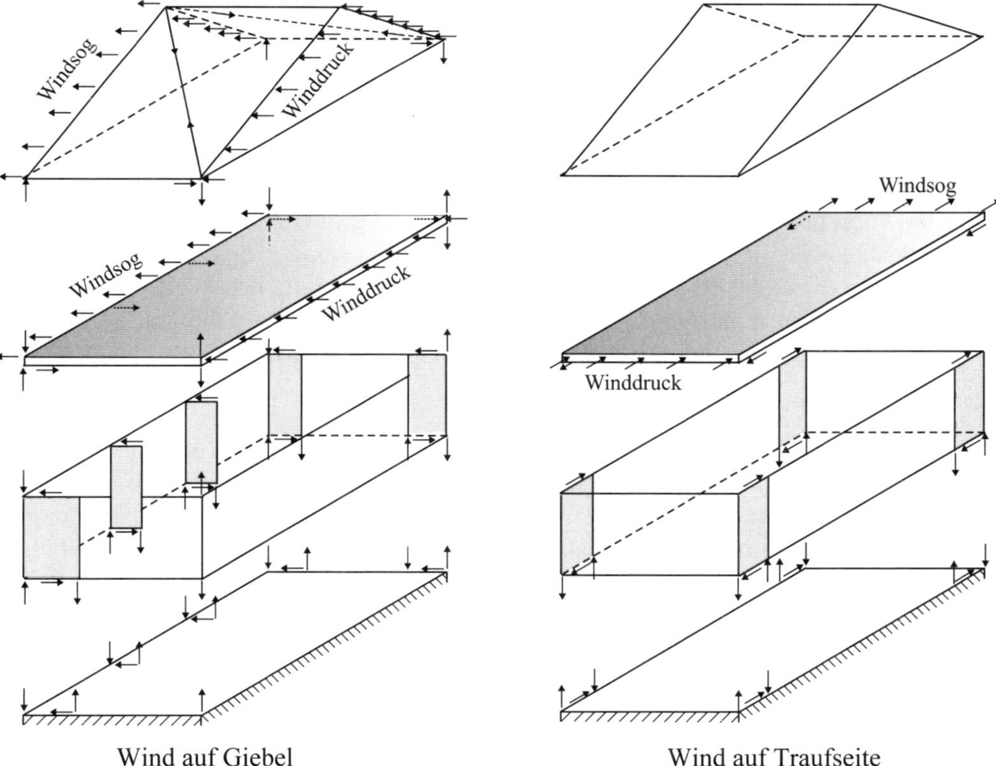


*Bild 11.2: Wand- und Deckentafeln zur Aufnahme und Weiterleitung von Windlasten*

Diese Scheibentragwirkung wird in Wänden, Decken und Dächern genutzt, um horizontale Einwirkungen wie Wind aufzunehmen und in die Fundamente abzuleiten.

Bild 11.3 zeigt schematisch den Einsatz von Decken- und Wandtafeln als Scheiben in einem eingeschossigen Haus in Tafelbauart.

Weiterführende Literatur findet sich z. B. in [21], [22].

*Tafeln*

Tafeln bestehen aus einem Verbund von Rippen und einer ein- oder beidseitigen ebener Beplankung aus Holzwerkstoffplatten (min. 6 mm). Der Verbund erfolgt durch mechanische Verbindungsmittel oder durch Klebung. Nachfolgend wird der Verbund durch Klebung nicht behandelt.

*Tafelelemente*

Werden Tafeln aus einzelnen Tafelelementen zusammengesetzt, dann sind diese Tafelelemente z. B. nach Bild 11.3 so zu verbinden, dass der Schubfluss der angrenzenden Beplankungsränder von Element zu Element übertragen werden kann.

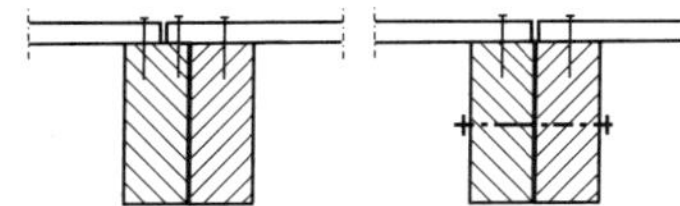

*Bild 11.3: Übertragung des Schubflusses bei Tafeln aus mehreren Elementen*

*Rippen*

Die Tafeln müssen an allen Rändern durch Randrippen begrenzt sein (siehe Bild 11.4). Parallel zu einem Plattenrand verlaufen im Abstand $a_r$ die Innenrippen. Die druck- oder biegebeanspruchten Rippen gelten als ausreichend gegen Kippen und Knicken in Tafelebene gesichert, wenn sie mit einer beidseitigen aussteifenden Beplankung kontinuierlich verbunden sind und der Rippenabstand nicht größer als das 50-Fache der Beplankungsdicke ist. Dies gilt auch für Rippen mit einseitiger aussteifender Beplankung, wenn das Seitenverhältnis $h/b$ des Rechteckquerschnitts den Wert 4 nicht überschreitet. Randrippen dürfen nicht gestoßen sein oder die Tragfähigkeit des Stoßes muss größer sein als der 1,5-fache Wert der Beanspruchung an der Stoßstelle.

*Platten der Beplankung*

Die Platten der Beplankung sind in Reihen rechtwinklig (siehe Bild 11.4a) oder parallel (siehe Bild 11.4b) zu den durchlaufenden Rippen angeordnet, wobei die Plattenstöße der einen Richtung immer auf den Rippen erfolgen (Schnitt 2-2). Die Plattenränder in der anderen Richtung sind frei (Schnitt 1-1) oder wie in Bild 11.4c durch Stoßhölzer schubsteif verbunden (Schnitt 3-3). Freie Plattenränder sind bei Wandtafeln und Decken ohne versetzte Stöße (siehe Bild 11.4) unzulässig.

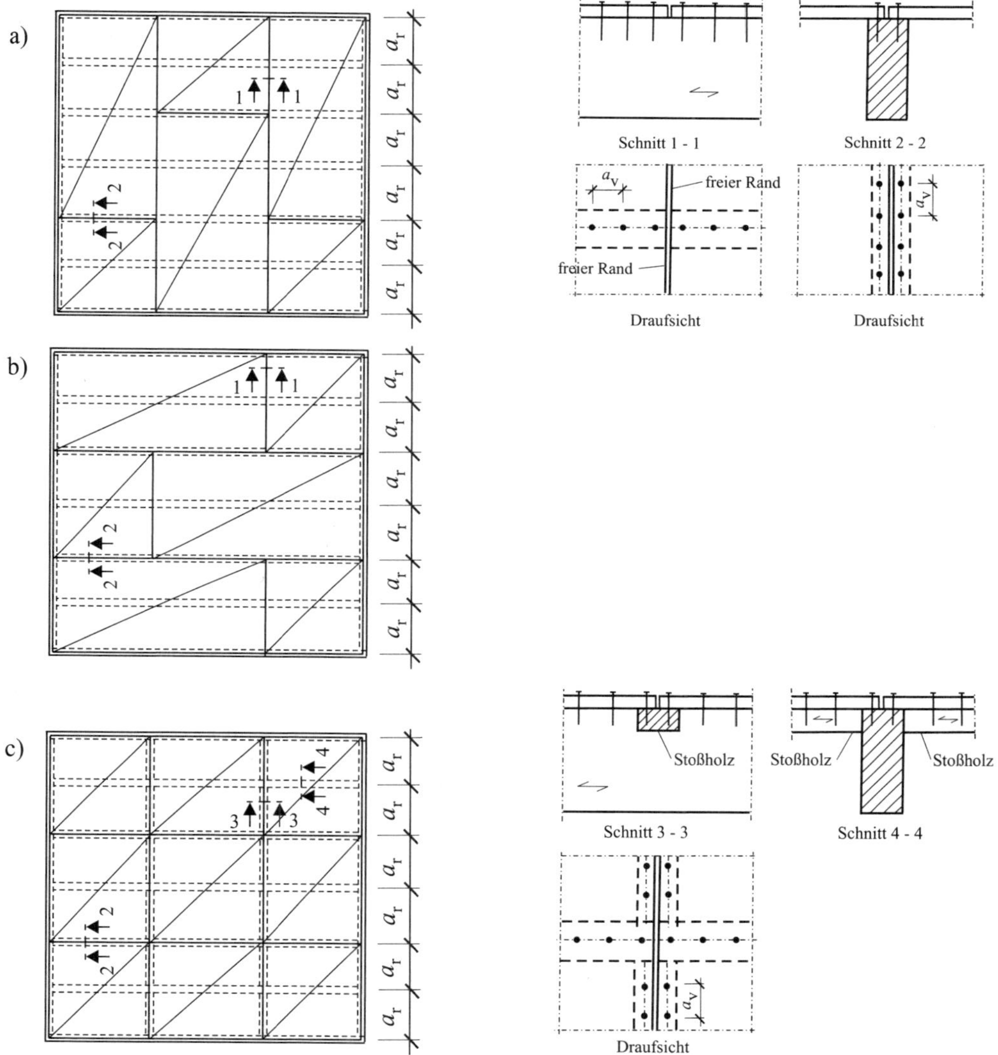


*Bild 11.4: Anordnung der Platten: a) in Reihen quer zu den Innenrippen, b) in Reihen parallel zu den Innenrippen, c) mit nicht versetzten Plattenstößen (nur zulässig bei durch Stoßhölzer schubsteif verbundenen Platten)*

*Verbund Beplankung/Rippe*

Der Verbund von Beplankung und Rippe wird durch den bereichsweise für jede Rippe konstant angenommenen Schubfluss $s_{v,0}$ in N/mm in Rippenlängsrichtung und gegebenenfalls durch die rechtwinklig zur Rippenlängsrichtung wirkende kontinuierliche Beanspruchung $s_{v,90}$ in N/mm beansprucht. Der Abstand $a_v$ der Verbindungsmittel ist an allen Plattenrändern auf den Rippen und auf den Stoßhölzern konstant.

*Verbindung*

Eine kontinuierliche Verbindung von Beplankung und Rippen darf angenommen werden, wenn der Abstand der Verbindungsmittel entlang den Plattenrändern bei Nägeln und Klammern höchstens 150 mm, bei Schrauben höchstens 200 mm beträgt. In anderen Bereichen darf der Abstand höchstens 300 mm betragen. Der Verbindungsmittelabstand $a_v$ muss mindestens $20 \cdot d$ betragen, sofern kein genauerer Nachweis der Tragfähigkeit der Platte geführt wird. Als Randabstände der Verbindungsmittel für Platten und Rippen darf bei Tafeln mit allseitig schubsteif verbundenen Plattenrändern das Maß $a_{2,c}$ gewählt werden. In Randbereichen, in denen die Rippen rechtwinklig zu ihrer Stabachse beansprucht werden, können andere Randabstände erforderlich sein. Bei allen Tafeln mit freien Plattenrändern muss als Randabstand der Verbindungsmittel das Maß $a_{2,t}$ für $\alpha = 90°$ gewählt werden.

*Öffnungen*

Einzelne Öffnungen in der Beplankung dürfen bei der Berechnung der Beanspruchungen vernachlässigt werden, wenn sie kleiner als 200 × 200 mm sind. Bei mehreren Öffnungen gilt dieser Höchstwert auch für die Summe aller Aussparungsbreiten einer Tafel. Außerdem muss hierbei die Summe der Längen kleiner als 10 % der Tafellänge und die Summe der Höhen kleiner als 10 % der Tafelhöhe sein. Die Auswirkungen größerer Öffnungen sind nachzuweisen.

## 11.2 Dach- und Deckentafeln

*Geometrie und Lagerung*

Dach- und Deckentafeln sind rechteckige Tafeln mit einer Länge $\ell$ und einer Höhe $h$, die in ihrer Ebene an ihrem oberen und unteren Rand durch eine Gleichstreckenlast in Richtung der Tafelhöhe beansprucht werden, siehe z. B. Bild 11.5.

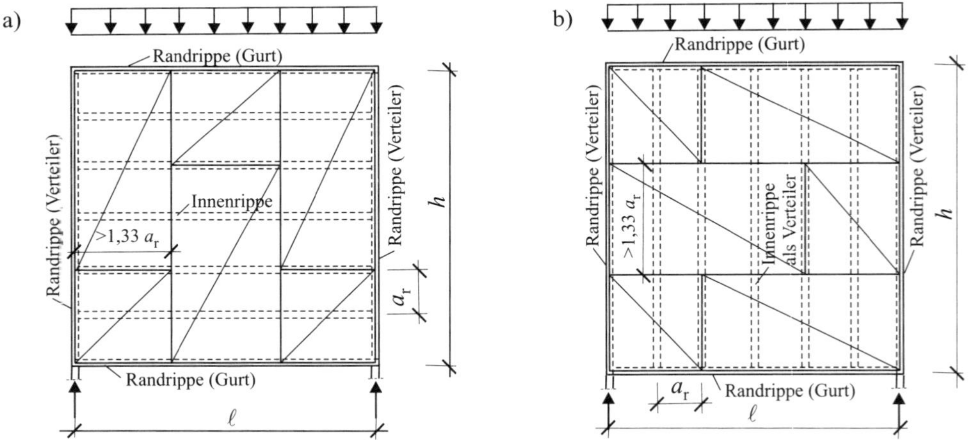


*Bild 11.5: Deckentafeln mit freien Plattenrändern: a) Lasteinleitung über den Gurt, b) Lasteinleitung über Innenrippen (Verteiler)*

*Freie Plattenränder*

Freie Plattenränder sind quer zu den Innenrippen zulässig (siehe Bild 11.5). Hierbei sind folgende Bedingungen einzuhalten:

- Die Platten sind um mindestens einen Rippenabstand $a_r$ versetzt angeordnet.
- Die Seitenlänge der Platten in Rippenrichtung beträgt mindestens $1{,}33 \cdot a_r$.

- Die Platten sind auch an die Rippen, auf denen die Platten nicht gestoßen sind, mit Verbindungsmitteln im Abstand $a_v$ angeschlossen.
- Die Stützweite $\ell$ der Tafel beträgt weniger als 12,5 m oder es sind höchstens drei Plattenreihen vorhanden.
- Die Tafelhöhe $h$ in Lastrichtung beträgt mindestens $\ell/4$.
- Der Bemessungswert der Einwirkungen ist nicht größer als 5,0 kN/m.

*Tafelhöhe*

Die Tafelhöhe $h$ darf bei Tafeln, bei denen die Last über Rippen (Verteiler) in die Tafel eingeleitet wird, die über die volle Tafelhöhe durchgehen, rechnerisch nicht größer als die Stützweite $\ell$ angesetzt werden (siehe Bild 11.6).

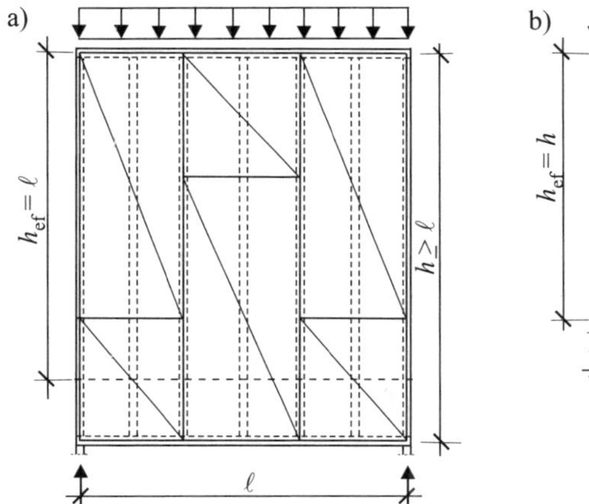


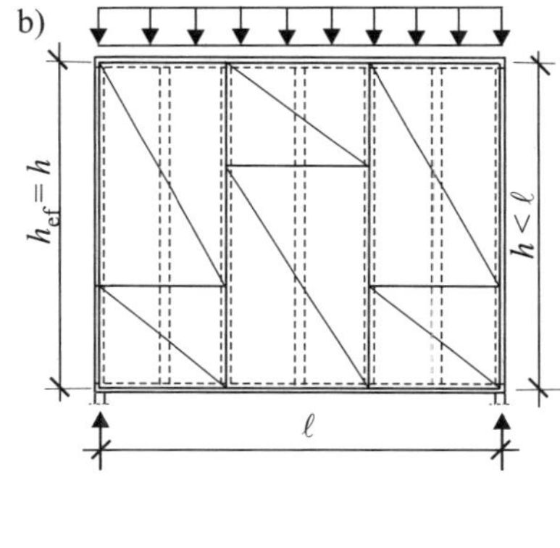


*Bild 11.6: Rechnerische Tafelhöhe $h_{ef}$ bei Lasteinleitung über Rippen (Verteiler) in die Tafel*

Wenn das Tragverhalten nicht genauer berechnet und die Lasteinleitung nicht nachgewiesen wird, ist bei anderen Systemen die rechnerische Tafelhöhe $h_{ef}$ gemäß Bild 11.7 anzusetzen mit:

| a) Last auf einem Rand | | b) Last auf beiden Rändern | |
|---|---|---|---|
| $h_{ef} = h$ | für $h \leq \ell/4$ | $h_{ef} = h$ | für $h \leq \ell/2$ |
| $h_{ef} = \ell/4$ | für $h > \ell/4$ | $h_{ef} = \ell/2$ | für $h > \ell/2$ |

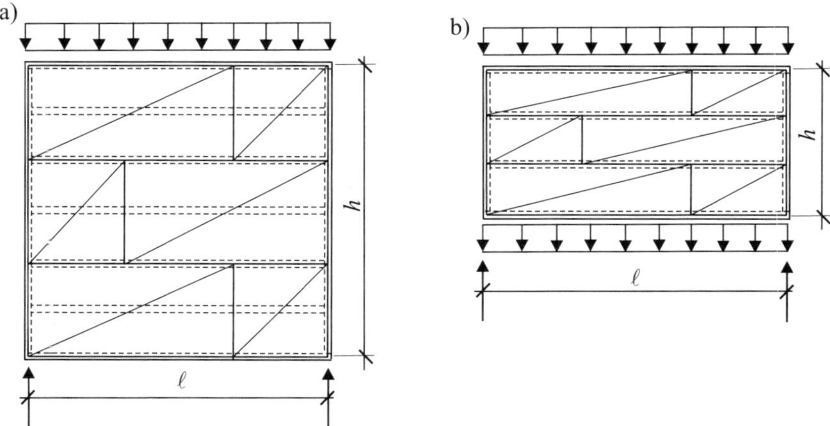


*Bild 11.7: Rechnerische Tafelhöhe $h_{ef}$ bei Lasteinleitung über Randrippe (Gurt): a) Last auf einem Rand, b) Last auf beiden Rändern*

*Beanspruchungen der Tafeln*

Die Beanspruchungen der Tafeln dürfen vereinfachend nach der Balkentheorie berechnet werden. Die obere und untere Randrippe sind als allein wirksamer Gurt für die Kraft aus dem maximalen Biegemoment zu bemessen. Die Beplankung ist für den Schubfluss $s_{v,0}$ aus der maximalen Querkraft zu bemessen, wobei der Schubfluss als über die Tafelhöhe konstant angenommen werden darf. Die Beanspruchung $s_{v,90}$ aus der Lasteinleitung darf unter Berücksichtigung der Einschränkungen für die rechnerische Tafelhöhe vernachlässigt werden.

*Durchbiegungsnachweis*

Für Dach- und Deckentafeln ist ein Nachweis der Tafeldurchbiegung nicht erforderlich, wenn

- die Tafelhöhe mindestens $\ell/4$ beträgt,
- die Seitenlängen der Platten mindestens 1,0 m betragen,
- der Verbindungsmittelabstand $a_v$ an allen Rändern der Tafel eingehalten wird.

Tragfähigkeitsnachweise siehe 11.4.

## 11.3 Wandtafeln

Eine Wandtafel ist eine rechteckige Tafel der Länge $\ell$ und der Höhe $h$ mit in regelmäßigen Abständen angeordneten lotrechten Rippen und einer horizontalen Kopf- und Fußrippe. Die Tafel wird in ihrer Ebene über die Kopfrippe horizontal durch eine Kraft $F_v$ (siehe Bild 11.8) und vertikal durch eine Gleichlast oder Druckkräfte $F_c$ (siehe Bild 11.10) beansprucht. Die seitlichen Randrippen sind druck- und bei geringer Auflast direkt zugfest mit der Unterkonstruktion verbunden. Die Fußrippe ist horizontal und vertikal gelagert. Die ein- oder beidseitige Beplankung besteht aus über die volle Tafelhöhe durchgehenden Platten, die auf vertikalen Rippen gestoßen sein können. Die

Mindestbreite der Platten beträgt $h/4$. Die Beplankung darf horizontal einmal gestoßen sein, wenn die Plattenränder schubsteif verbunden sind.

Bei der Scheibenbeanspruchung der Wandtafel unterscheidet man

- horizontale Beanspruchung,
- vertikale Beanspruchung und
- kombinierte Beanspruchung.

**Wandtafeln unter horizontaler Scheibenbeanspruchung**

*Normalkraft der Randrippen*

$$F_{c,d} = F_{t,d} = F_{v,d} \cdot \frac{h}{\ell}$$

Wenn $\ell > 0{,}5 \cdot h$ ist, darf für den Nachweis der Schwellenpressung angenommen werden:

$$F_{c,d} = \begin{cases} F_{v,d} \cdot \dfrac{h}{\ell} & \text{Beplankung beidseitig} \\ F_{v,d} \cdot \dfrac{h}{\ell} & \text{Beplankung einseitig} \end{cases}$$

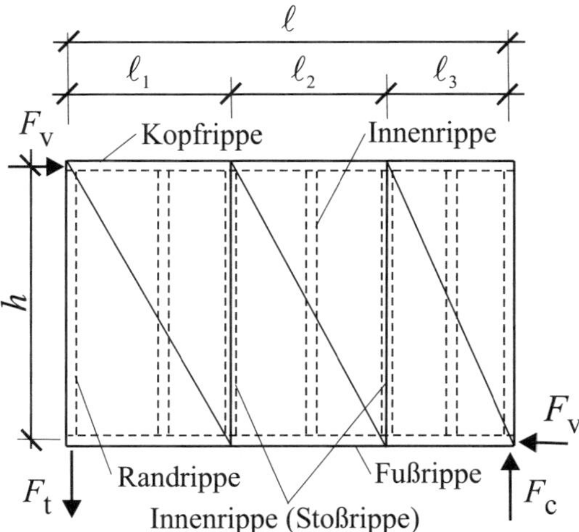


*Bild 11.8: Wandtafel unter horizontaler Scheibenbeanspruchung und Anschlusskräfte der Randrippen an die Unterkonstruktion*

*Normalkraft der Innenrippen*

Für den Nachweis der Schwellenpressung darf angenommen werden:

$$F_{c,d} = 0{,}20 \cdot F_{v,d} \cdot \frac{h}{\ell}$$

*Beanspruchung der Verbindungsmittel*

Mit den Verbindungsmitteln zwischen Beplankung und Rippen ist der Schubfluss

$s_{\text{v,0,d}} = F_{\text{v,d}} / \ell$ zu übertragen.

*Nachweis der horizontalen Verformung*

Für Wandtafeln unter horizontaler Scheibenbeanspruchung ist ein Nachweis der horizontalen Verformung nicht erforderlich, wenn

- die Tafellänge mindestens $h/4$ beträgt,
- die Breite der Platten mindestens $h/4$ beträgt und
- die Tafel direkt in einer steifen Unterkonstruktion gelagert ist.

*Wände mit Öffnungen*

Die durch Tür- oder Fensteröffnungen ungestörten Wandbereiche sind gemäß Bild 11.9 als einzelne Tafeln zu betrachten und jede Tafel ist für sich zu verankern. Die Beanspruchungen der Beplankung und der vertikalen Rippen einer gemeinsam wirkenden Gruppe von Wandtafelelementen, die mit einer durchlaufenden Kopf- und Fußrippe verbunden sind, sind gleich. Die Berechnung von $F_{\text{c,d}}$, $F_{\text{t,d}}$ und $s_{\text{v,0,d}}$ erfolgt mit den in diesem Abschnitt 11.3 angegebenen Gleichungen, wobei für $\ell$ die Summe der Einzellängen der Tafelelemente anzunehmen ist.

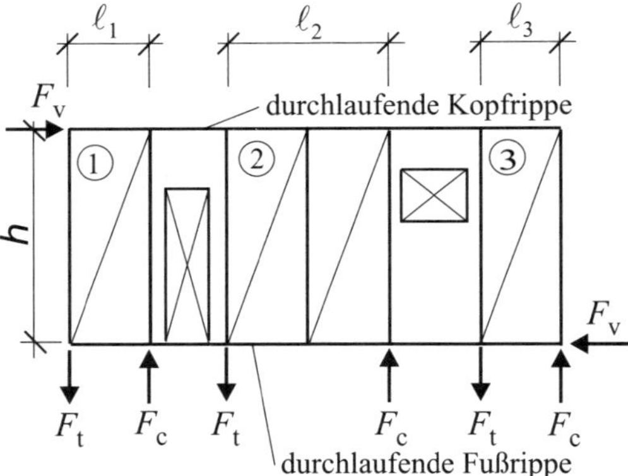


*Bild 11.9: Beispiel einer Wand mit Öffnungen bestehend aus einer Gruppe von Wandtafeln*

**Wandtafeln unter vertikaler Scheibenbeanspruchung**

Die vertikalen Lasten in Wandtafeln werden über die Rippen und die Beplankung im Verhältnis ihrer Beanspruchbarkeiten abgetragen (siehe Bild 11.10).

Lastanteil der Rippen:

$$\Sigma F_{\text{c,ri,d}} = F_{\text{c,d}} \cdot \frac{\Sigma F_{\text{c,ri,d}}}{\Sigma F_{\text{c,ri,d}} + \ell \cdot f_{\text{v,90,d}}}$$

Lastanteil der Beplankung:

$$s_{v,90,d} = \frac{F_{c,d}}{\ell} \cdot \frac{\ell \cdot f_{v,90,d}}{\Sigma F_{c,ri,d} + \ell \cdot f_{v,90,d}}$$

Tragfähigkeitsnachweise siehe Abschnitt 11.4.

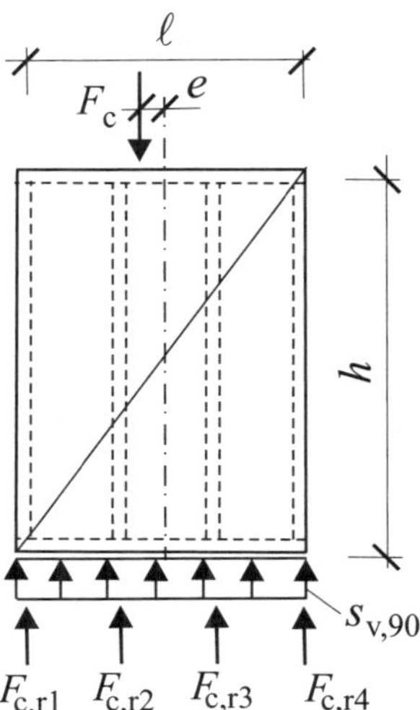


*Bild 11.10: Wandtafel unter vertikaler Scheibenbeanspruchung*

**Wandtafeln unter kombinierter Scheibenbeanspruchung**

Bei gleichzeitiger Beanspruchung einer Wandtafel durch Horizontal- und Vertikalkräfte darf der kleinere Wert der Beanspruchung $s_{v,0}$ und $s_{v,90}$ vernachlässigt werden, wenn die charakteristische Tragfähigkeit der Beplankung mit dem Faktor 0,7 abgemindert wird.

## 11.4 Tragfähigkeitsnachweise

Für die vereinfacht berechneten Beanspruchungen der Beplankung sind die folgenden Bedingungen einzuhalten:

$$\frac{s_{v,0,d}}{f_{v,0,d}} \leq 1 \quad \text{und} \quad \frac{s_{v,90,d}}{f_{v,90,d}} \leq 1$$

mit

$$f_{v,0,d} = \min \begin{cases} k_{v1} \cdot R_d / a_v \\ k_{v1} \cdot k_{v2} \cdot f_{v,d} \cdot t \\ k_{v1} \cdot k_{v2} \cdot f_{v,d} \cdot 35 \cdot t^2 / a_r \end{cases} \quad \text{und} \quad f_{v,90,d} = \min \begin{cases} R_d / a_v \\ k_{v2} \cdot f_{c,d} \cdot t \\ k_{v2} \cdot f_{c,d} \cdot 20 \cdot t^2 / a_r \end{cases}$$

Hierin bedeuten:

$s_{v,0,d}$ Bemessungswert des Schubflusses der Beplankung in Richtung der Rippenlängsachse

$f_{v,0,d}$ Bemessungswert der längenbezogenen Schubfestigkeit der Beplankung unter Berücksichtigung der Tragfähigkeit der Verbindung und der Platten sowie des Beulens

$f_{v,d}$ Bemessungswert der Schubfestigkeit der Platten

$s_{v,90,d}$ Bemessungswert der Beanspruchung der Beplankung rechtwinklig zur Rippenlängsachse

$f_{v,90,d}$ Bemessungswert der längenbezogenen Festigkeit der Beplankung unter Berücksichtigung der Tragfähigkeit der Verbindung und der Platten sowie des Beulens

$f_{c,d}$ Bemessungswert der Druckfestigkeit der Platten

$R_d$ Bemessungswert der Tragfähigkeit eines Verbindungsmittels auf Abscheren

$a_v$ Abstand der Verbindungsmittel untereinander

$k_{v1} =$ 1,0 für Tafeln mit allseitig schubsteif verbundenen Plattenrändern

$k_{v1} =$ 0,66 für Tafeln mit nicht allseitig schubsteif verbundenen Plattenrändern

$k_{v2} =$ 0,33 bei einseitiger Beplankung

$k_{v2} =$ 0,5 bei beidseitiger Beplankung

$t$ Dicke der Platten

$a_r$ Abstand der Rippen

# 12 Verbindungen

## 12.1 Allgemeines

Bei Holzkonstruktionen sind die Verbindungen zwischen den einzelnen Bauteilen von besonderer Bedeutung, weil von ihnen die Tragfähigkeit und Gebrauchstauglichkeit der Konstruktion in hohem Maße abhängen. Man unterscheidet bei den Holzverbindungen starre und nachgiebige Verbindungen. Eine starre Verbindung lässt sich in guter Näherung nur mit dem Verbindungsmittel (VM) Kleber herstellen. Alle anderen Verbindungen haben die charakteristische Eigenschaft, dass sich bei der Kraftübertragung die verbundenen Teile gegeneinander verschieben. Diese nachgiebigen Verbindungen werden üblicherweise in zimmermannsmäßige und mechanische Verbindungen unterteilt. Die verschiedenen Verbindungen gliedern sich somit folgendermaßen:

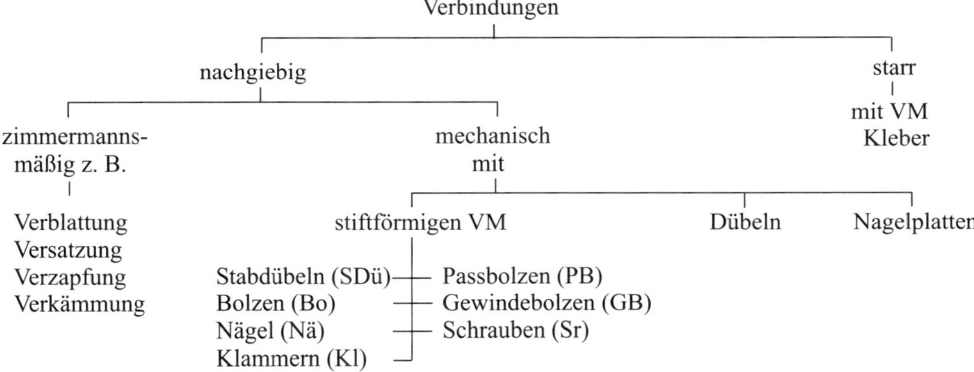


Bei neuzeitlichen Holzkonstruktionen hat von den zimmermannsmäßigen Verbindungen hauptsächlich der Versatz eine gewisse Bedeutung. Für die Sanierung und Umnutzung alter Gebäude mit hölzernen Tragwerken sind vertiefte Kenntnisse und

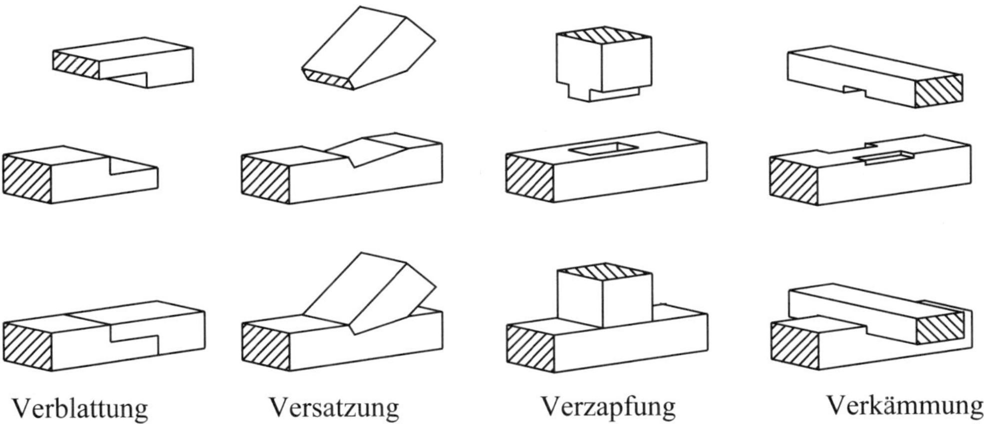


*Bild 12.1: Grundformen zimmermannsmäßiger Verbindungen nach STEP 1/C12 [4]*

ingenieurmäßige Ansätze bei der Beurteilung des Trag- und Verformungsverhaltens von zimmermannsmäßig ausgeführten Knotenpunkten und Anschlüssen unerlässlich. Als Literatur hierzu wird [23] empfohlen.

Zimmermannsmäßige Verbindungen werden durch den Einsatz von Abbundanlagen auch für den modernen Holzbau wieder zunehmend interessanter.

Die Charakterisierung des Verformungsverhaltens einer mechanischen Verbindung kann anschaulich durch die Kraft-Verschiebungslinie erfolgen (siehe Bild 12.2).

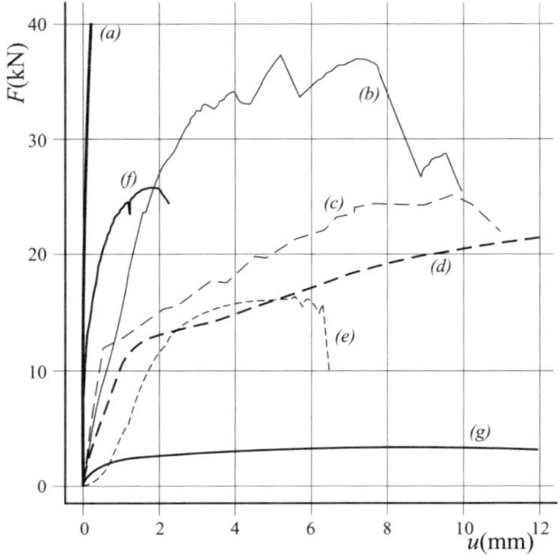


*Bild 12.2: Kraft-Verschiebungskurven nach STEP 1/C1 [4] für Verbindungen unter Zugbeanspruchung in Faserrichtung:*
*(a) geklebte Verbindung (12,5 · 103 mm²), (b) Ringdübel (∅100 mm),*
*(c) zweiseitiger Scheibendübel mit Zähnen (∅62 mm), (d) SDü (∅14 mm),*
*(e) Bolzen (∅14 mm), (f) Nagelplatte (104 mm²), (g) Nägel (∅4,4 mm)*

$F$ ist die Kraft pro Scherfläche

$u$ ist die gegenseitige Verschiebung

$K = F/u$ ist der Verschiebungsmodul in N/mm

$K_{ser}$ ist der Verschiebungsmodul → Tab. 13.2

$K_u$ ist der Verschiebungsmodul für Nachweise der Tragfähigkeit mit

$K_u = 2\,K_{ser}/3$

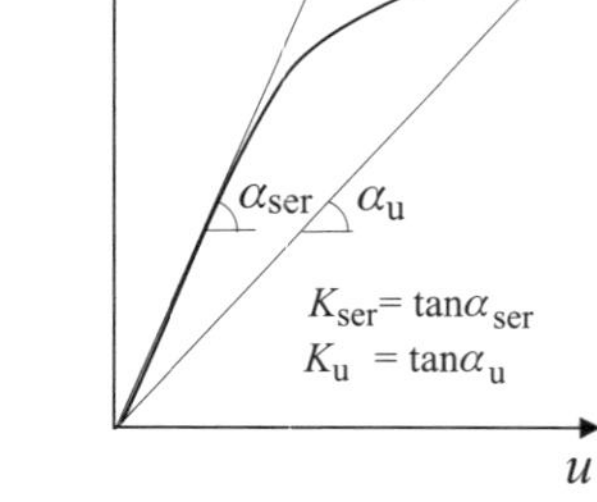


*Bild 12.3: Schematische Kraft-Verschiebungskurve*

Mithilfe des Verschiebungsmoduls $K$ berechnen sich Verschiebungen infolge der Kraft $F$ zu

$u = F/K$

**Konstruktive Hinweise**

Schwindbehinderung des Holzes in Verbindungen verursachen Querzugrisse im Holz und Zusatzbeanspruchung der VM (siehe Bild 12.4). Durch Anschlüsse verursachte Ausmittigkeiten sind möglichst zu vermeiden (siehe Bild 12.5).

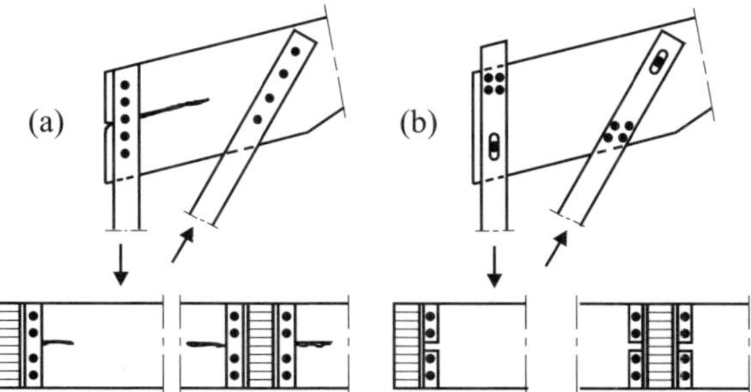


*Bild 12.4: (a) Aufreißen durch Schwinden, (b) Richtig ausgeführte Verbindung mit Langlöchern für die Klemmbolzen*

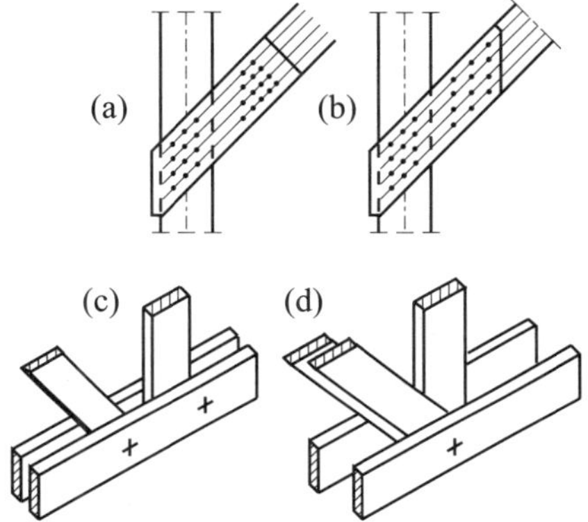


*Bild 12.5: Ausmittigkeiten (a) durch die VM oder (c) durch die Bauteile. (b), (d) Modifizierte Anordnungen, um Ausmittigkeiten zu vermeiden.*

Verschiedene VM mit unterschiedlicher Nachgiebigkeit in einem Anschluss führen zu einer ungleichmäßigen Verteilung der Kraft auf die VM. Wird elastisches Verhalten vorausgesetzt, kann die Kraftverteilung für einen Anschluss z. B. nach Bild 12.6 wie folgt berechnet werden:

$$F = \sum F_{\mathrm{i}} = n_{\mathrm{A}} \cdot F_{\mathrm{A}} + n_{\mathrm{B}} \cdot F_{\mathrm{B}}$$

$$u = \frac{F_{\mathrm{A}}}{K_{\mathrm{u,A}}} = \frac{F_{\mathrm{B}}}{K_{\mathrm{u,B}}}$$

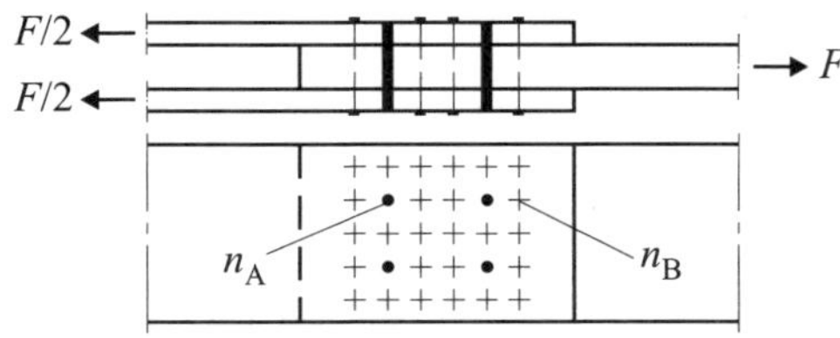


*Bild 12.6: Stoß mit verschiedenen Verbindungsmitteln*

$n_{\mathrm{A}}$ ist die Anzahl der VM A $\quad$ $K_{\mathrm{u,A(B)}}$ ist der Verschiebungsmodul des VM A(B)

$n_{\mathrm{B}}$ ist die Anzahl der VM B $\quad$ $F_{\mathrm{A(B)}}$ ist die Kraft je VM A(B)

Aus den zwei obigen Gleichungen werden die zwei Unbekannten $F_\mathrm{A}$ und $F_\mathrm{B}$ ermittelt:

$$F_\mathrm{A} = \frac{F}{n_\mathrm{A} + n_\mathrm{B} \cdot \dfrac{K_\mathrm{u,B}}{K_\mathrm{u,A}}} \qquad F_\mathrm{B} = \frac{F}{n_\mathrm{A} \cdot \dfrac{K_\mathrm{u,A}}{K_\mathrm{u,B}} + n_\mathrm{B}}$$

Die konstruktive Ausbildung der Verbindung kann wiederum Rückwirkungen auf die miteinander verbundenen Teile haben. Werden z. B. Kräfte einseitig in die Querschnitte eingeleitet, entstehen Zusatzmomente, die von den Querschnitten aufzunehmen sind. Bild 12.7 zeigt einen einseitigen Anschluss im Extremfall, in dem die Biegeverformungen so groß sind, dass die ursprünglich gegeneinander versetzten Stabkräfte auf einer Wirkungslinie liegen.

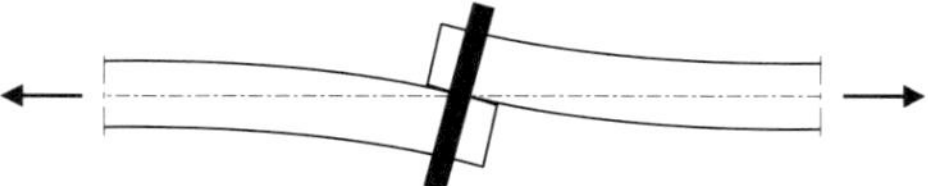

*Bild 12.7: Einschnittige Stiftverbindung*

Unsymmetrische Knotenpunktsausbildungen wie in Bild 12.8 können bei Stäben mit geringer Steifigkeit zu unerwünschten zusätzlichen Verformungen führen. Werden solche konstruktiven Lösungen mit stiftförmigen VM ausgeführt, sind die Weiterleitung und das Gleichgewicht der Kraftkomponenten genau zu verfolgen. Eine symmetrische Ausführung ist, wenn möglich, immer zu bevorzugen.

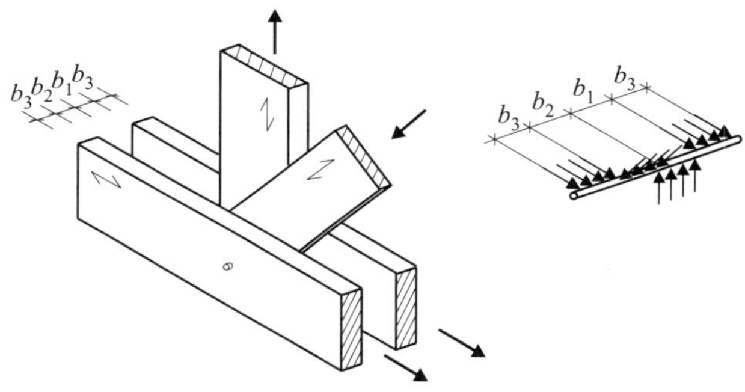


*Bild 12.8: Unsymmetrischer Knotenpunkt*

# 12.2 Stiftverbindungen

## 12.2.1 Allgemeines

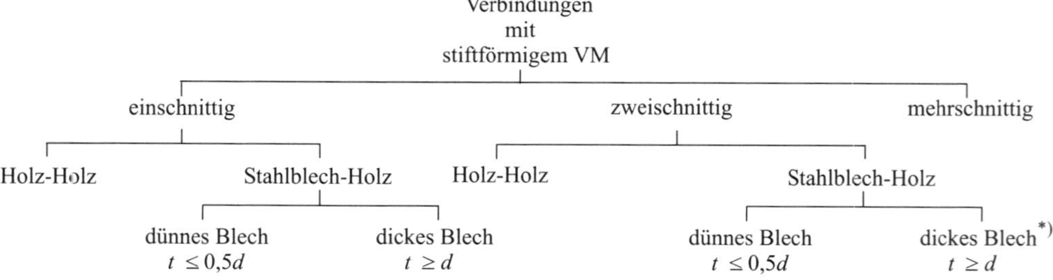


*) innen liegende Bleche wirken wie dicke Bleche.

Die Tragfähigkeit auf Abscheren von Verbindungen mit stiftförmigen metallischen Verbindungsmitteln wie Stabdübel, Passbolzen, Bolzen, Gewindestangen, Nägel, Holzschrauben und Klammern hängt von der Geometrie der Verbindung, dem Fließmoment des Stiftes und der Lochleibungsfestigkeit des Holzes ab. Die Berechnung der Tragfähigkeit setzt für den Stift und die verbundenen Bauteile ein ideal-plastisches Material voraus. In [24] wird empfohlen, spröde Versagensformen zu vermeiden, z. B. durch

- Verwenden von schlanken Stiften mit einem Verhältnis von Einbindetiefe zu Stiftdurchmesser von 6 bis 8 mm,
- Verwenden von Stiften aus Stahl niedriger Festigkeitsklassen,
- Verstärken des Holzes im Anschlussbereich rechtwinklig zur Faserrichtung durch außen oder innen liegende Verstärkungen,
- Vermeiden von vielen in Kraft- und Faserrichtung hintereinander liegenden Verbindungsmitteln,
- Erhöhen der Abstände der Verbindungsmittel in Faserrichtung.

**Holz-Holz-Verbindungen**

Die größtmögliche Tragfähigkeit eines Stiftes pro Scherfuge wird nach der zugrunde liegenden Theorie nach JOHANSEN [25] erreicht, wenn im Stift zwei Fließgelenke auftreten (siehe Bild 12.9). Das Auftreten der Fließgelenke setzt ausreichend große Einbindetiefen des Stiftes im Holz voraus. Unterschreitet die Einbindetiefe den erforderlichen Wert, treten andere Versagensmechanismen als der in Bild 12.9 dargestellte mit kleineren Tragfähigkeiten des Stiftes pro Scherfuge auf. Bild 12.9 zeigt die Tragfähigkeit pro Scherfuge eines Stiftes in Abhängigkeit vom Verhältnis Einbindetiefe zu Stiftdurchmesser. Der lineare Anstieg gibt die Tragfähigkeit wieder, bei der noch kein Fließgelenk im Stift vorhanden ist. Die anschließende Kurve stellt die Tragfähigkeit mit einem Fließgelenk pro Scherfuge dar und mit dem horizontalen Ast der Kurve ist die maximal mögliche Zahl von zwei Fließgelenken erreicht. Die nachfolgende vereinfachte Berechnung geht vom Versagensmechanismus mit zwei Fließgelenken pro Scherfuge aus. Der Bemessungswert der Tragfähigkeit $F_{v,Rd}$ pro Scherfuge wird somit berechnet zu

$$F_{v,Rd} = \frac{k_{mod}}{\gamma_M} \cdot F_{v,Rk} = \frac{k_{mod}}{\gamma_M} \cdot \sqrt{\frac{2 \cdot \beta}{1+\beta}} \cdot \sqrt{2 \cdot M_{y,k} \cdot f_{h,1,k} \cdot d}$$

mit

| | |
|---|---|
| $k_{mod}$ | Modifikationsbeiwert |
| $\gamma_M = 1{,}1$ | Teilsicherheitsbeiwert für biegebeanspruchte Stifte aus Stahl |
| $f_{h,1(2),k}$ | charakteristischer Wert der Lochleibungsfestigkeit des Bauteiles 1(2) |
| $\beta$ | Verhältnis der Lochleibungsfestigkeiten ($f_{h,2,k} / f_{h,1,k}$) |
| $M_{y,k}$ | charakteristischer Wert des Fließmomentes des Stiftes |
| $d$ | Stiftdurchmesser |

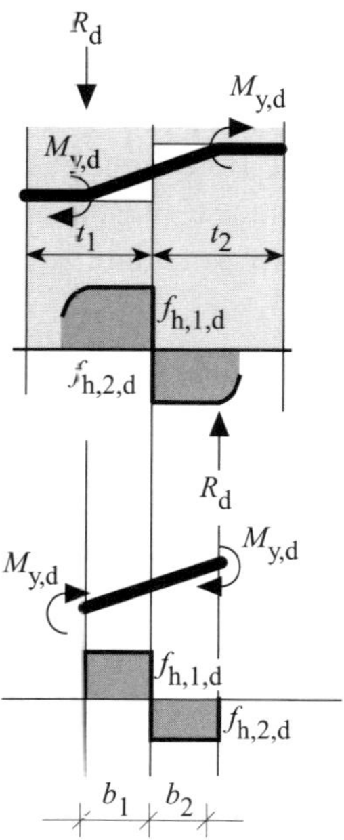


*Bild 12.9: Scherfuge mit zwei Fließgelenken*

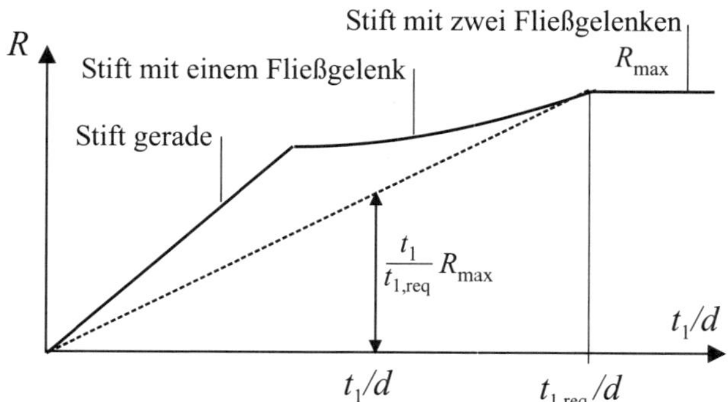


*Bild 12.10: Tragfähigkeit R eines Stiftes pro Scherfuge in Abhängigkeit von t/d*

Die Vereinfachung darf verwendet werden, wenn die Mindestholzdicken $t_{req}$ bzw. Mindesteinbindetiefen $t_{req}$ der Stifte (siehe Tabelle 12.1 und Bild 12.11) eingehalten werden. Wird der Wert $t_{req}$ unterschritten, dann muss der maximale Tragfähigkeitswert mit zwei Fließgelenken pro Scherfuge mit $t_1/t_{req}$ multipliziert werden. Bild 12.9 zeigt, dass diese Vereinfachung auf der sicheren Seite liegt. Eine genauere Berechnung der charakteristischen Tragfähigkeit kann nach EC5 – 8.2.2 erfolgen.

*Tabelle 12.1: Mindestholzdicken $t_{req}$ bzw. Mindesteinbindetiefen $t_{req}$ der Stifte*

| Seitenholz 1: $t_{1,req} = 1{,}15 \cdot \left(2 \cdot \sqrt{\frac{\beta}{1+\beta}} + 2\right) \cdot \sqrt{\frac{M_{y,k}}{f_{h,1,k} \cdot d}}$ | Seitenholz 2: $t_{2,req} = 1{,}15 \cdot \left(\frac{2}{\sqrt{1+\beta}} + 2\right) \cdot \sqrt{\frac{M_{y,k}}{f_{h,2,k} \cdot d}}$ |
|---|---|
| Mittelholz: $t_{2,req} = 1{,}15 \cdot \frac{4}{\sqrt{1+\beta}} \cdot \sqrt{\frac{M_{y,k}}{f_{h,2,k} \cdot d}}$ | Für $t < t_{req}$ muss $F_{v,Rd}$ nach obiger Gleichung mit $t/t_{req}$ multipliziert werden. |

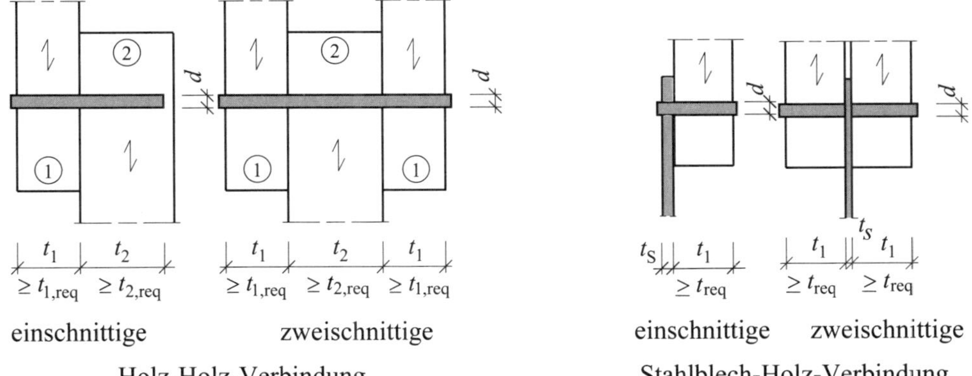


einschnittige zweischnittige

Holz-Holz-Verbindung

einschnittige zweischnittige

Stahlblech-Holz-Verbindung

*Bild 12.11: Stiftverbindungen*

## Stahlblech-Holz-Verbindungen

Bei Stiftverbindungen zwischen Holz und Außenblechen ist zwischen dünnen und dicken Blechen zu unterscheiden. Bei dicken Blechen kann von einer Einspannung des Stiftes im Blech und somit von einem Fließgelenk im Blech im Bereich der Scherfuge ausgegangen werden. Innen liegende Bleche wirken wie dicke Bleche.

Innenbleche oder dicke ($t_S \geq d$) Außenbleche:

$$F_{v,Rd} = \frac{k_{mod}}{\gamma_M} \cdot F_{v,Rk} = \frac{k_{mod}}{\gamma_M} \cdot \sqrt{2} \cdot \sqrt{2 \cdot M_{y,k} \cdot f_{h,k} \cdot d} \quad \text{pro Scherfuge}$$

$$t_{req} = 1{,}15 \cdot 4 \cdot \sqrt{\frac{M_{y,k}}{f_{h,k} \cdot d}}$$

Dünne Außenbleche ($t_S \leq 0{,}5 \cdot d$):

$$F_{v,Rd} = \frac{k_{mod}}{\gamma_M} \cdot F_{v,Rk} = \frac{k_{mod}}{\gamma_M} \cdot \sqrt{2 \cdot M_{y,k} \cdot f_{h,k} \cdot d} \quad \text{pro Scherfuge}$$

*Tabelle 12.2: Mindestholzdicken $t_{req}$ bzw. Mindesteinbindetiefen $t_{req}$ der Stifte*

| Mittelholz: | Alle anderen Fälle: |
|---|---|
| $t_{req} = 1{,}15 \cdot 2 \cdot \sqrt{2} \cdot \sqrt{\frac{M_{y,k}}{f_{h,k} \cdot d}}$ | $t_{req} = 1{,}15 \cdot \left(2 + \sqrt{2}\right) \cdot \sqrt{\frac{M_{y,k}}{f_{h,k} \cdot d}}$ |

Für $t < t_{req}$ muss $F_{v,Rd}$ nach obiger Gleichung mit $t / t_{req}$ multipliziert werden.

Für Stahlblechdicken $0{,}5 \cdot d < t_S < d$ darf geradlinig interpoliert werden.

### Wirksame VM-Anzahl $n_{ef}$

Die effektive charakteristische Tragfähigkeit $F_{v,ef,Rk}$ einer Verbindung mit $n$ in Faserrichtung hintereinander liegenden stiftförmigen Verbindungsmitteln darf nicht immer als direkte Summe der Einzeltragfähigkeiten $F_{v,Rk}$ bestimmt werden.

$$F_{v,ef,Rk} = n_{ef} \cdot m \cdot p \cdot F_{v,Rk}$$

mit

$n_{ef} = n$ bei Abscherbeanspruchung
- von Klammern,
- von Nägeln, (min. $1d$ gegen die Faserrisslinie versetzt)
- von Bolzen, (Kräfte rechtwinklig zur Faserrichtung)
- von Schrauben, ($d \leq 6$ mm)
- von Stabdübeln und Passbolzen (Kräfte rechtwinklig zur Faserrichtung oder Kräfte parallel zur Faserrichtung wenn Spalten des Holzes, verhindert durch Verstärkung rechtwinklig zur Faserrichtung)

bei nachgiebig verbundener Biegeträger sowie in den Verbindungen zwischen Rippen und Beplankung aussteifender Scheiben

$n_{ef} = n^{k_{ef}}$ bei Abscherbeanspruchung
- von Nägeln (nicht min. 1 $d$ gegen die Faserrissline versetzt)

mit

$k_{ef}$ in Abhängigkeit des Nagelabstandes $a_1$ nach Tabelle 12.3 (Für Zwischenwerte darf $k_{ef}$ interpoliert werden)

*Tabelle 12.3: Werte für $k_{ef}$*

| Nagelabstand | $k_{ef}$ | |
|---|---|---|
| | nicht vorgebohrt | vorgebohrt |
| $a_1 \geq 14\,d$ | 1,0 | |
| $a_1 = 10\,d$ | 0,85 | |
| $a_1 = 7\,d$ | 0,7 | |
| $a_1 = 4\,d$ | unzulässig | 0,5 |

$$n_{ef} = n^{0,9} \cdot \sqrt[4]{\frac{a_1}{13 \cdot d}} \leq n$$

bei Abscherbeanspruchung
- von Bolzen (Kräfte parallel zur Faserrichtung)
- von Schrauben, ($d \geq 6$ mm)
- von Stabdübeln und Passbolzen (Kräfte parallel zur Faserrichtung und keine Spaltverstärkung)

$n_{ef} = n^{0,9}$ bei Herausziehbeanspruchung
- von Schrauben

$m$ Anzahl der Verbindungsmittelreihen mit je $n$ Verbindungsmitteln in Faserrichtung hintereinander

$a_1$ Abstand der Verbindungsmittel untereinander in Faserrichtung, mindestens jedoch $5 \cdot d$. Es darf bei $\alpha \neq 0°$ der Mindestabstand für $\alpha = 0°$ eingesetzt werden.

$p$ Anzahl der Scherfugen pro Verbindungsmittel

Für eine schräg zur Verbindungsmittelreihe wirkende Kraft sollte nachgewiesen werden, dass die **Kraftkomponente** in Richtung der Verbindungsmittelreihe kleiner gleich der effektiven charakteristischen Tragfähigkeit in diese Richtung.

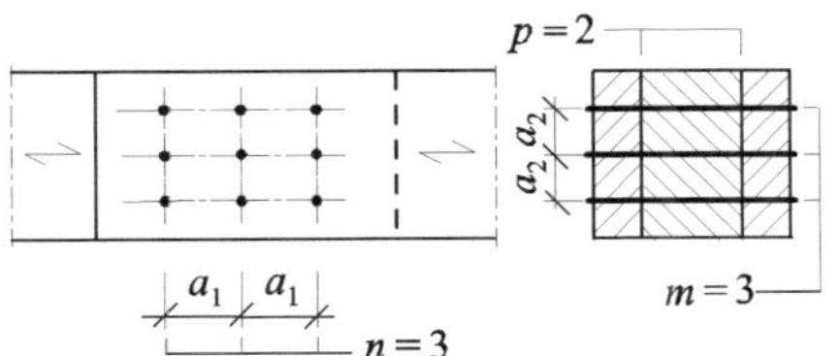


Beispiel einer Verbindung mit drei VM-Reihen ($m = 3$), drei VM hintereinander ($n = 3$) und zwei Scherfugen pro VM ($p = 2$)

*Bild 12.12 Beispiel*

*Tabelle 12.4: Wirksame Anzahl $n_{ef}$ von nicht versetzten Nägeln für $a_1 = 10 \cdot d$ für die Kraftkomponente parallel zur Faser*

| VM-Anzahl $n$ | 2 | 3 | 4 | 5 | 6 | 7 | 8 | 9 | 10 | 12 |
|---|---|---|---|---|---|---|---|---|---|---|
| $\alpha = 0°$ | 1,80 | 2,54 | 3,25 | 3,93 | 4,59 | 5,23 | 5,86 | 6,47 | 7,08 | 8,27 |
| $\alpha = 10°$ | 1,83 | 2,58 | 3,30 | 3,99 | 4,66 | 5,31 | 5,95 | 6,57 | 7,19 | 8,39 |
| $\alpha = 15°$ | 1,87 | 2,63 | 3,36 | 4,07 | 4,75 | 5,41 | 6,06 | 6,70 | 7,33 | 8,56 |
| $\alpha = 20°$ | 1,92 | 2,71 | 3,46 | 4,18 | 4,88 | 5,56 | 6,23 | 6,89 | 7,53 | 8,80 |
| $\alpha = 25°$ | 1,99 | 2,81 | 3,58 | 4,33 | 5,06 | 5,77 | 6,46 | 7,14 | 7,81 | 9,12 |
| $\alpha = 30°$ | 2,00 | 2,94 | 3,75 | 4,54 | 5,30 | 6,04 | 6,76 | 7,47 | 8,17 | 9,54 |
| $\alpha = 35°$ | 2,00 | 3,00 | 3,97 | 4,79 | 5,60 | 6,38 | 7,15 | 7,90 | 8,64 | 10,09 |
| $\alpha = 40°$ | 2,00 | 3,00 | 4,00 | 5,00 | 5,99 | 6,82 | 7,64 | 8,45 | 9,24 | 10,79 |
| $\alpha = 45°$ | 2,00 | 3,00 | 4,00 | 5,00 | 6,00 | 7,00 | 8,00 | 9,00 | 10,00 | 11,69 |
| $\alpha = 50°$ | 2,00 | 3,00 | 4,00 | 5,00 | 6,00 | 7,00 | 8,00 | 9,00 | 10,00 | 12,00 |

Abstände stiftförmiger Verbindungsmittel (SDü, PB, Bo, Nä, Sr)

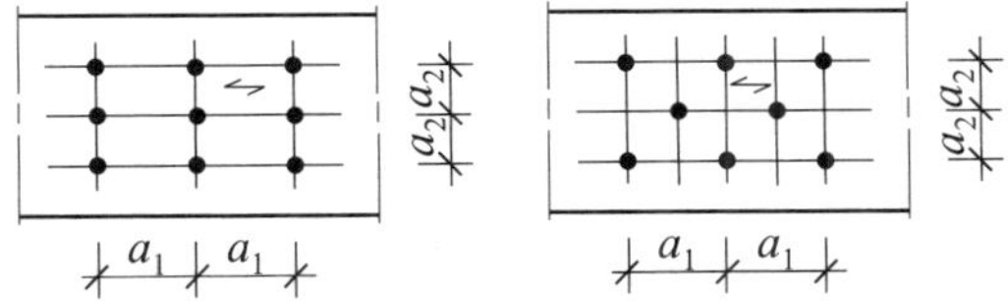


*Bild 12.13: Abstände in Faserrichtung ($a_1$) und rechtwinklig zur Faserrichtung ($a_2$)*

*Bild 12.14: Hirnholzabstände ($a_{1,t}$ ; $a_{1,c}$) und Randabstände ($a_{2,t}$ ; $a_{2,c}$)*

Der Kraftfaserwinkel $\alpha$ wird immer im mathematisch positiven Sinn (gegen den Uhrzeigersinn) von der „9-Uhr-Linie" bestimmt und angegeben.

## 12.2.2 Stabdübelverbindungen

Allgemeines und Ausführungsregeln:

Vorzugsmaße der SDü-∅ $d$: 6, 8, 10, 12, 16, 20, 24 mm

Bohrloch-∅ im Holz = $d$ Bohrloch-∅ im Stahl $\leq d + 1$ mm

In einer tragenden Verbindung sollen mindestens zwei SDü und mindestens vier Scherfugen vorhanden sein. Bei Verbindungen mit nur einem SDü ist mit $0{,}5 \cdot F_{v,Rd}$ zu rechnen.

*Tabelle 12.5: Mindestabstände von SDü*

| | | |
|---|---|---|
| $a_1$ | $0° \leq \alpha \leq 360°$ | $(3 + 2 \cdot \cos\alpha) \cdot d$ |
| $a_2$ | $0° \leq \alpha \leq 360°$ | $3 \cdot d$ |
| $a_{3,t}$ | $-90° \leq \alpha \leq 90°$ | $7 \cdot d\,(\geq 80\text{ mm})$ |
| $a_{3,c}$ | $90° \leq \alpha < 150°$<br>$150° \leq \alpha < 210°$<br>$210° \leq \alpha \leq 270°$ | $a_{3,t} \cdot \sin\alpha\,(\geq 3 \cdot d)$<br>$3 \cdot d$<br>$a_{3,t} \cdot \sin\alpha\,(\geq 3 \cdot d)$ |
| $a_{4,t}$ | $0° \leq \alpha \leq 180°$ | $(2 + 2 \cdot \sin\alpha) \cdot d\,(\geq 3 \cdot d)$ |
| $a_{4,c}$ | $180° \leq \alpha \leq 360°$ | $3 \cdot d$ |

*Tabelle 12.6: Charakteristische Kennwerte $f_{u,k}$*

| Stahlsorte nach DIN EN 10025 | $f_{u,k}$ in N/mm² |
|---|---|
| S 235 | 360 |
| S 275 | 430 |
| S 355 | 510 |

**Tragfähigkeit auf Abscheren**

Die Berechnung des Bemessungswertes $F_{v,Rd}$ nach Abschnitt 12.2.1 erfolgt mit

$M_{y,Rk} = 0{,}3 \cdot f_{u,k} \cdot d^{2,6}$ in Nmm mit $f_{u,k}$ in N/mm² (siehe Tabelle 12.6) und $d$ in mm

$$f_{h,\alpha,k} = \frac{f_{h,0,k}}{k_{90} \cdot \sin^2\alpha + \cos^2\alpha} \quad \text{in N/mm}^2$$

$f_{h,0,k} = 0{,}082 \cdot (1 - 0{,}01 \cdot d) \cdot \rho_k$ in N/mm² mit $\rho_k$ in kg/m³ und $d$ in mm

$k_{90} = 1{,}35 + 0{,}015 \cdot d$ für Nadelhölzer $k_{90} = 0{,}90 + 0{,}015 \cdot d$ für Laubhölzer

**Holz-Holz-Verbindungen**

Für ein- bzw. zweischnittig beanspruchte Stabdübel der Stahlsorte S 235 mit $d \geq$ 10 mm und Bauteilen aus NH mindestens der Festigkeitsklasse C24 gelten nach [24] vereinfacht folgende Mindesteinbindetiefen in die Seiten- und Mittelhölzer abhängig vom Winkel $\alpha$ zwischen Kraft- und Faserrichtung:

Seitenholz: $t_{1,req} = (5{,}0 + \alpha/50) \cdot d$

Mittelholz: $t_{2,req} = (4{,}2 + \alpha/50) \cdot d$

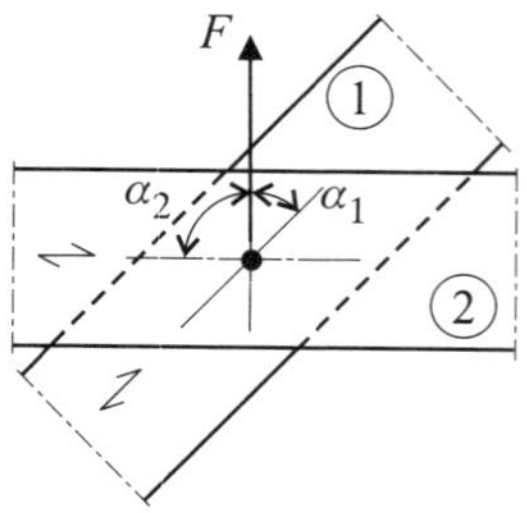

Wird ein Teil der Stabdübel in der Verbindung durch PB ersetzt, dürfen die Werte für SDü auch für diese PB angenommen werden. Für die charakteristischen Werte der Tragfähigkeit $F_{v,Rk}$ in nachfolgender Tafel werden die angegebenen Mindesteinbindetiefen vorausgesetzt. $\alpha_1$ und



*Bild 12.15: Winkel*

$\alpha_2$ sind die Winkel zwischen Kraft- und Faserrichtung für die Bauteile 1 bzw. 2. Winkel zwischen Kraft- und Faserrichtung: $\alpha_1 \leq 90°$, $\alpha_2 \leq 90°$, $\alpha_{ges} = \alpha_1 + \alpha_2$

*Tabelle 12.7: $F_{v,Rk}$ in kN pro Scherfuge von SDü S 235 mit $d \geq 10$ mm bei Holz-Holz-Verbindungen aus NH mindestens der Festigkeitsklasse C24*

| $\alpha_{ges}$ | $d$ in mm | | | | | $\alpha_{ges}$ | $d$ in mm | | | | |
|---|---|---|---|---|---|---|---|---|---|---|---|
| | 10 | 12 | 16 | 20 | 24 | | 10 | 12 | 16 | 20 | 24 |
| 0° | 4,72 | 6,48 | 10,62 | 15,54 | 20,91 | 105° | 4,11 | 5,61 | 9,06 | 13,04 | 17,47 |
| 15° | 4,68 | 6,41 | 10,51 | 15,27 | 20,77 | 120° | 4,02 | 5,47 | 8,83 | 12,70 | 16,92 |
| 30° | 4,58 | 6,27 | 10,25 | 14,86 | 20,08 | 135° | 3,95 | 5,38 | 8,65 | 12,42 | 16,51 |
| 45° | 4,44 | 6,08 | 9,90 | 14,31 | 19,26 | 150° | 3,89 | 5,30 | 8,53 | 12,21 | 16,23 |
| 60° | 4,33 | 5,91 | 9,60 | 13,89 | 18,57 | 165° | 3,87 | 5,25 | 8,45 | 12,09 | 16,09 |
| 75° | 4,25 | 5,79 | 9,39 | 13,56 | 18,16 | 180° | 3,85 | 5,23 | 8,42 | 12,05 | 15,96 |
| 90° | 4,22 | 5,75 | 9,33 | 13,45 | 18,02 | | | | | | |
| Für $t < t_{req}$ muss der charakteristische Wert der Tragfähigkeit ermittelt werden, indem die Werte $F_{v,Rk}$ dieser Tafel mit $t/t_{req}$ multipliziert werden. | | | | | | | | | | | |

**Stahlblech-Holz-Verbindungen mit Innenblechen**

Für Stabdübel mit $d \geq 10$ mm und Seitenhölzern aus NH mindestens der Festigkeitsklasse C24 betragen vereinfacht die Mindesteinbindetiefen $t_{req}$ (siehe [24])

$t_{req} = (5{,}7 + \alpha/50) \cdot d$

*Tabelle 12.8: $F_{v,Rk}$ in kN pro Scherfuge von SDü S 235 mit $d \geq 10$ mm bei Stahlblech-Holz-Verbindungen (Innenblech) aus NH mindestens der Festigkeitsklasse C24*

| $\alpha$ | $d$ in mm | | | | |
|---|---|---|---|---|---|
| | 10 | 12 | 16 | 20 | 24 |
| 0° | 6,67 | 9,15 | 14,99 | 21,87 | 29,57 |
| 15° | 6,56 | 9,00 | 14,72 | 21,46 | 28,89 |
| 30° | 6,29 | 8,60 | 14,03 | 20,36 | 27,24 |
| 45° | 5,97 | 8,14 | 13,19 | 18,98 | 25,45 |
| 60° | 5,68 | 7,74 | 12,50 | 17,88 | 23,93 |
| 75° | 5,50 | 7,48 | 12,05 | 17,33 | 22,97 |
| 90° | 5,45 | 7,40 | 11,90 | 17,06 | 22,70 |
| Für $t < t_{req}$ muss der Bemessungswert der Tragfähigkeit ermittelt werden, indem die Werte $F_{v,Rk}$ dieser Tafel mit $t/t_{req}$ multipliziert werden. | | | | | |

### 12.2.3 (Pass-)Bolzenverbindungen

**Allgemeines und Ausführungsregeln**

Bolzen (Bo) sind alle Schraubenbolzen und Bolzen ähnlicher Bauart.

Bohrloch-∅ $\leq d + 1$ mm

Passbolzen (PB) können wie SDü eingesetzt werden und sind bei Außenblechen immer zu verwenden.

Bohrloch-∅ $= d$

Scheiben mit Durchmesser von mindestens $3 \cdot d$ und einer Dicke von mindestens $0{,}3 \cdot d$ oder Mindestabmessungen nach Tabelle 12.11

Bolzenverbindungen sind im Gegensatz zu Passbolzenverbindungen nicht geeignet in Dauerbauten, in denen es auf Steifigkeit und Formbeständigkeit ankommt.

*Tabelle 12.9: Charakteristische Kennwerte für Bolzen*

| Festigkeitsklasse nach DIN EN ISO 898 | charakteristische Festigkeit $f_{u,k}$ in N/mm$^2$ | charakteristische Streckgrenze $f_{y,k}$ in N/mm$^2$ |
|---|---|---|
| 3.6 | 300 | 180 |
| 4.6 bzw. 4.8 | 400 | 240 bzw. 320 |
| 5.6 bzw. 5.8 | 500 | 300 bzw. 400 |
| 8.8 | 800 | 640 |

*Tabelle 12.10: Mindestabstände von PB und Bo*

| | | Passbolzen (PB) | Bolzen (Bo) |
|---|---|---|---|
| $a_1$ | $0° \leq \alpha \leq 360°$ | $(3 + 2 \cdot \cos\alpha) \cdot d$ | $(4 + \cos\alpha) \cdot d$ |
| $a_2$ | $0° \leq \alpha \leq 360°$ | $3 \cdot d$ | $4 \cdot d$ |
| $a_{3,t}$ | $-90° \leq \alpha \leq 90°$ | $7 \cdot d\ (\geq 80$ mm$)$ | |
| $a_{3,c}$ | $90° \leq \alpha < 150°$<br>$150° \leq \alpha < 210°$<br>$210° \leq \alpha \leq 270°$ | $a_{3,t} \cdot \sin\alpha\ (\geq 3 \cdot d)$<br>$3 \cdot d$<br>$a_{3,t} \cdot \sin\alpha\ (\geq 3 \cdot d)$ | $(1 + 6 \cdot \sin\alpha) \cdot d$<br>$4 \cdot d$<br>$(1 + 6 \cdot \sin\alpha) \cdot d$ |
| $a_{4,t}$ | $0° \leq \alpha \leq 180°$ | $(2 + 2 \cdot \sin\alpha) \cdot d\ (\geq 3 \cdot d)$ | |
| $a_{4,c}$ | $180° \leq \alpha \leq 360°$ | $3 \cdot d$ | |

*Tabelle 12.11: Scheibenmaße nach DIN EN ISO 7094 und $A_{ef}$*

| Bo-∅ $d$ | Außen-∅ $d_2$ | Loch-∅ $d_1$ | Dicke $s$ | $A_{ef}$ [1)] |
|---|---|---|---|---|
| mm | mm | mm | mm | mm² |
| 6 | 22,0 | 6,6 | 2 | 390 |
| 8 | 28,0 | 9,0 | 3 | 664 |
| 10 | 34,0 | 11,0 | 3 | 1020 |
| 12 | 44,0 | 13,5 | 4 | 1550 |
| 16 | 56,0 | 17,5 | 5 | 2670 |
| 20 | 72,0 | 22,0 | 6 | 4270 |
| 24 | 85,0 | 26,0 | 6 | 6080 |

[1)] Mit $a_1 = 4 \cdot d$ nach unten stehender Gleichung

**Tragfähigkeit auf Abscheren**

Die Regeln für SDü gelten sinngemäß.

Durch die Rückverankerung über die Unterlegscheibe wird in Richtung der Bolzenachse eine Zugkraft aktiviert, deren Komponente parallel zur Abscherrichtung die Tragfähigkeit des Bolzens auf Abscheren erhöht. Diese Tragwirkung wird als Einhängeeffekt bezeichnet und erlaubt, dass $F_{v,Rk}$ nach Abschnitt 12.2.1 um

$$\Delta F_{v,Rk} = \min \begin{Bmatrix} 0{,}25 \cdot F_{v,Rk} \\ 0{,}25 \cdot F_{ax,Rk} \end{Bmatrix}$$ erhöht werden darf.

$$F_{ax,Rk} = k_{c,90} \cdot f_{c,90,k} \cdot A_{ef}$$

mit $k_{c,90} = 1{,}0$

$$A_{ef} = \frac{\pi \cdot d_2^2}{4} + d_2 \cdot (a_1 - d_2) - \frac{\pi \cdot d_1^2}{4}$$

wobei $(a_1 - d_2) \leq 2 \cdot 30$ mm bleiben muss.

**Holz-Holz-Verbindungen**

Für Bolzen der Festigkeitsklasse 4.6 mit $d \geq 10$ mm und NH mindestens der Festigkeitsklasse C24 betragen die Mindesteinbindetiefen für die Seiten- und Mittelhölzer (siehe [24]):

Seitenholz: $t_{1,req} = (5{,}3 + \alpha/50) \cdot d$

Mittelholz: $t_{2,req} = (4{,}4 + \alpha/50) \cdot d$

Für die angegebenen Mindesteinbindetiefen und $A_{ef}$ nach Tabelle 12.11 sind in nachfolgender Tabelle die charakteristischen Werte der Tragfähigkeit $F_{v,Rk}$ eines Bolzens pro Scherfuge angegeben.

*Tabelle 12.12: $F_{v,Rk}$ von Bolzen 4.6 pro Scherfuge in kN bei Holz-Holz-Verbindungen*

| $\alpha_{ges}$ | *d* in mm | | | | | | $\alpha_{ges}$ | *d* in mm | | | | |
|---|---|---|---|---|---|---|---|---|---|---|---|---|
| | 10 | 12 | 16 | 20 | 24 | | | 10 | 12 | 16 | 20 | 24 |
| 0° | 5,6 | 7,8 | 12,9 | 19,0 | 25,9 | | 105° | 5,0 | 6,9 | 11,2 | 16,4 | 22,1 |
| 15° | 5,6 | 7,7 | 12,8 | 18,8 | 25,6 | | 120° | 4,9 | 6,7 | 11,0 | 16,1 | 21,6 |
| 30° | 5,5 | 7,6 | 12,5 | 18,3 | 24,9 | | 135° | 4,8 | 6,6 | 10,8 | 15,8 | 21,2 |
| 45° | 5,3 | 7,4 | 12,1 | 17,7 | 24,2 | | 150° | 4,7 | 6,5 | 10,7 | 15,5 | 20,9 |
| 60° | 5,2 | 7,2 | 11,8 | 17,3 | 23,4 | | 165° | 4,7 | 6,5 | 10,6 | 15,4 | 20,8 |
| 75° | 5,1 | 7,1 | 11,6 | 16,9 | 23,0 | | 180° | 4,7 | 6,5 | 10,5 | 15,4 | 20,6 |
| 90° | 5,1 | 7,0 | 11,5 | 16,8 | 22,8 | | | | | | | |
| Für $t < t_{req}$ muss der charakteristische Wert der Tragfähigkeit ermittelt werden, indem die Werte $F_{v,Rk}$ dieser Tabelle mit $t/t_{req}$ multipliziert werden. | | | | | | | | | | | | |

**Stahlblech-Holz-Verbindungen mit Innenblechen oder mit dicken ($t_S \geq d$) Außenblechen**

Die Mindesteinbindetiefen betragen nach [24]: $t_{1,req} = (6{,}3 + \alpha/70) \cdot d$

*Tabelle 12.13: $F_{v,Rk}$ von Bolzen 4.6 pro Scherfuge in kN bei Stahlblech-Holz-Verbindungen mit Innenblechen oder mit dicken Außenblechen*

| α | *d* in mm | | | | |
|---|---|---|---|---|---|
| | 10 | 12 | 16 | 20 | 24 |
| 0° | 7,7 | 10,6 | 17,5 | 25,7 | 35,1 |
| 15° | 7,6 | 10,5 | 17,2 | 25,3 | 34,3 |
| 30° | 7,3 | 10,0 | 16,5 | 24,1 | 32,6 |
| 45° | 6,9 | 9,5 | 15,5 | 22,7 | 30,7 |
| 60° | 6,6 | 9,1 | 14,9 | 21,6 | 29,0 |
| 75° | 6,4 | 8,9 | 14,4 | 20,9 | 28,1 |
| 90° | 6,4 | 8,8 | 14,2 | 20,6 | 27,6 |
| Für $t < t_{req}$ muss der charakteristische Wert der Tragfähigkeit ermittelt werden, indem die Werte $F_{v,Rk}$ dieser Tabelle mit $t/t_{req}$ multipliziert werden. | | | | | |

**Stahlblech-Holz-Verbindungen mit dünnen Außenblechen ($t_S \leq d/2$)**

Die Mindesteinbindetiefen betragen nach [24]:

Seitenholz: $t_{1,req} = (5{,}3 + \alpha/70) \cdot d$ Mittelholz: $t_{2,req} = (4{,}4 + \alpha/70) \cdot d$

Bei den charakteristischen Werten der Tragfähigkeit $F_{v,Rk}$ pro Scherfuge in der nachfolgenden Tabelle 12.14 liegt der Ermittlung von $F_{ax,Rk}$ eine wirksame Querdruckfläche zwischen Außenblech und Holzoberfläche von $12 \cdot d^2$ zugrunde.

*Tabelle 12.14: $F_{v,Rk}$ von Bolzen 4.6 pro Scherfuge in kN bei Stahlblech-Holz-Verbindungen mit dünnen Außenblechen*

| $\alpha$ | $d$ in mm | | | | |
|---|---|---|---|---|---|
| | 10 | 12 | 16 | 20 | 24 |
| 0° | 6,2 | 8,5 | 14,0 | 20,4 | 27,6 |
| 15° | 6,1 | 8,4 | 13,7 | 19,9 | 27,0 |
| 30° | 5,9 | 8,0 | 13,1 | 19,0 | 25,4 |
| 45° | 5,6 | 7,6 | 12,3 | 17,7 | 23,7 |
| 60° | 5,3 | 7,2 | 11,7 | 16,8 | 22,3 |
| 75° | 5,1 | 7,0 | 11,2 | 16,1 | 21,5 |
| 90° | 5,1 | 6,9 | 11,1 | 15,8 | 21,0 |
| Für $t < t_{req}$ muss der charakteristische Wert der Tragfähigkeit ermittelt werden, indem die Werte $F_{v,Rk}$ dieser Tabelle mit $t/t_{req}$ multipliziert werden. | | | | | |

## 12.2.4 Nagelverbindungen

### Allgemeines und Ausführungsregeln

Die Regelungen in diesem Abschnitt gelten für Nägel nach DIN EN 10230-1.

Schaftquerschnitt: rund

Schaftform: glatt, geraut, angerollt, gerillt

Kopfform: runder Flachkopf, flacher Senkkopf mit oder ohne Einsenkung

Kopf-∅ $d_k$ $\geq 1{,}8\, d$

Auf Abscheren beanspruchte Verbindungen müssen aus mindestens zwei Nägeln bestehen.

Bei Einbindelängen $< 4\, d$ gilt für die der Nagelspitze nächstliegende Scherfuge: $F_{v,Rd} = 0$

Bei vorgebohrten Nagellöchern: Bohrloch-∅ im Holz: $0{,}9\,d$

Bohrloch-∅ im Stahlblech: $\leq d + 1$ mm

Mindestholzdicken wegen Spaltgefahr des Holzes mit nicht vorgebohrten Nagellöchern:

$$t = \max\left\{14 \cdot d\,;\ (13 \cdot d - 30) \cdot \frac{\rho_k}{200}\right\}$$

Mindestholzdicken für Bauteile aus Kiefernholz mit nicht vorgebohrten Nagellöchern:

$$t = \max\left\{7 \cdot d\,;\ (13 \cdot d - 30) \cdot \frac{\rho_k}{400}\right\}$$

mit $\rho_k$ charakteristische Rohdichte in kg/m³ und $d$ Na-∅ in mm

Die Mindestdicke bei Kiefernholz darf auch für Bauteile aus anderen Holzarten ausgeführt werden, wenn die Mindestnagelabstände zum Rand rechtwinklig zur Faser $a_{2,t(c)}$ mindestens $10 \cdot d$ für $\rho_k \leq 420$ kg/m³ und mindestens $14 \cdot d$ für 420 kg/m³ $\leq \rho_k \leq$ 500 kg/m³ betragen. Diese Maßnahme gewährleistet eine ausreichend große Steifigkeit des Querschnittsteils zwischen dem Holzrand und der äußeren Nagelreihe gegenüber dem Aufspalten.

*Tabelle 12.15: Mindestabstände von Nägeln*

| | nicht vorgebohrt<br>$\rho_k \leq 420$ kg/m³ | vorgebohrt |
|---|---|---|
| $a_1$ | $d < 5$ mm: $(5 + 5 \cdot \cos\alpha) \cdot d$<br>$d \geq 5$ mm: $(5 + 7 \cdot \cos\alpha) \cdot d$ | $(4 + \cos\alpha) \cdot d$ |
| $a_2$ , $a_{4,c}$ | $5 \cdot d$ | $3 \cdot d$ |
| $a_{3,t}$ | $(10 + 5 \cdot \cos\alpha) \cdot d$ | $(7 + 5 \cdot \cos\alpha) \cdot d$ |
| $a_{3,c}$ | $10 \cdot d$ | $7 \cdot d$ |
| $a_{4,t}$ | $d < 5$ mm: $(5 + 2 \cdot \sin\alpha) \cdot d$<br>$d \geq 5$ mm: $(5 + 5 \cdot \sin\alpha) \cdot d$ | $d < 5$ mm: $(3 + 2 \cdot \sin\alpha) \cdot d$<br>$d \geq 5$ mm: $(3 + 4 \cdot \sin\alpha) \cdot d$ |

Die Bedingung bei sich übergreifenden Nägeln in nicht vorgebohrten Nagellöchern lautet:

$b_2 - t_2 > 4 \cdot d$

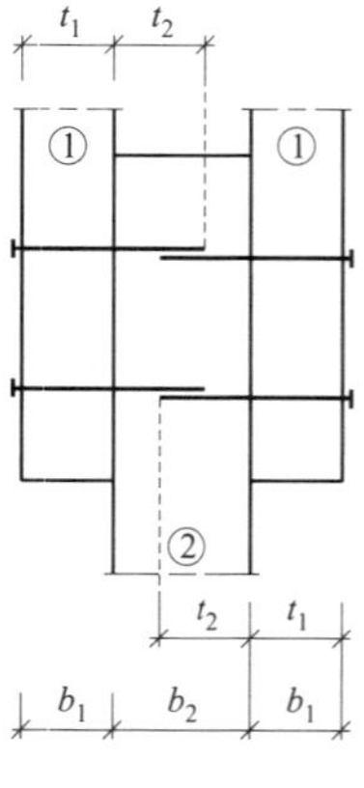

*Bild 12.16: Verbindung mit sich übergreifenden Nägeln*

### Tragfähigkeit von Holz-Holz-Nagelverbindungen auf Abscheren

Bei Einhaltung der Mindestholzdicke bzw. Mindesteinbindetiefe $t_{req} = 9 \cdot d$ berechnet sich für Verbindungen von Bauteilen aus NH der Bemessungswert der Tragfähigkeit pro Scherfuge zu:

$$F_{v,Rd} = \frac{k_{mod}}{\gamma_M} \cdot F_{v,Rk} = \frac{k_{mod}}{1{,}1} \cdot \sqrt{2 \cdot M_{y,k} \cdot f_{h,k} \cdot d} \quad \text{mit}$$

$$M_{y,k} = 0{,}3 \cdot f_{u,k} \cdot d^{2,6} \quad \text{in Nmm} \quad \text{mit } f_{u,k} = 600 \text{ N/mm}^2$$

$$f_{h,k} = 0{,}082 \cdot \rho_k \cdot d^{-0,3} \quad \text{in N/mm}^2 \quad \text{für nicht vorgebohrte Hölzer}$$

$$f_{h,k} = 0{,}082 \cdot (1 - 0{,}01 \cdot d) \cdot \rho_k \quad \text{in N/mm}^2 \quad \text{für vorgebohrte Hölzer}$$

Für $f_{h,k}$ darf der größere Wert der miteinander verbundenen Teile eingesetzt werden.

Bei Nageldurchmessern $d > 8$ mm ist der Einfluss des Kraftfaserwinkels zu berücksichtigen und die Lochleibungsfestigkeiten dementsprechend wie bei Bolzen zu bestimmen.

Für $t < t_{req}$ muss $F_{v,Rd}$ nach obiger Gleichung mit $t / t_{req}$ multipliziert werden.

### Tragfähigkeit von Stahlblech-Holz-Nagelverbindungen auf Abscheren

Abweichend von Abschnitt 12.2.1 darf angenommen werden:

$$F_{v,Rd} = \frac{k_{mod}}{\gamma_M} \cdot F_{v,Rk} = \frac{k_{mod}}{1{,}1} \cdot A \cdot \sqrt{2 \cdot M_{y,k} \cdot f_{h,k} \cdot d}$$

mit $A$ nach Tabelle 12.16.

Für $t < t_{req}$ muss $F_{v,Rd}$ nach obiger Gleichung mit $t / t_{req}$ multipliziert werden.

*Tabelle 12.16: Faktor A und erforderliche Holzdicken $t_{req}$*

| Stahlblech vorgebohrt | Faktor $A$ | $t_{req}$ Mittelholz (zweischnittige Verbindung) | $t_{req}$ alle anderen Fälle |
|---|---|---|---|
| Innenblech oder dickes Außenblech | 1,4 | $10 \cdot d$ | $10 \cdot d$ |
| dünnes Außenblech | 1,0 | $7 \cdot d$ | $9 \cdot d$ |

### Holz-Holz-Nagelverbindungen

Bemessungswert der Tragfähigkeit $F_{v,Rd}$ glattschaftiger Nägel mit rundem Querschnitt mit Einbindetiefen von mindestens $9 \cdot d$ (siehe [24])

nicht vorgebohrt: $F_{v,Rd} = k_{mod} \cdot 92 \cdot d^{1,65}$ in N pro Scherfuge

vorgebohrt: $F_{v,Rd} = k_{mod} \cdot 92 \cdot d^{1,78}$ in N pro Scherfuge

*Tabelle 12.17: Mindestwerte der Holzdicke bzw. Einbindetiefe und $F_{v,Rd}$ pro Scherfuge von Nägeln nach DIN EN 10230-1 bei Holz-Holz-Verbindungen aus C24 unter Beanspruchung mit Wind ($k_{mod}$ = 1)*

| Nagel-Ø $d$ | Nagellänge $\ell$ | Kopf-Ø $d_k$ | Mindestwerte Holzdicke[1)] $t$ | | Mindestwerte Einbindetiefe $t_{req}$ | $F_{v,Rd}$ | $F_{v,Rd}$ |
|---|---|---|---|---|---|---|---|
| | | | NH (außer KI) | KI | | | Hölzer vb |
| mm | mm | mm | mm | mm | mm | N | N |
| 2,0 | 45 | 5 | 28 | 24 | 18 | 290 | 319 |
| 2,2 | 50 | 5,5 | 31 | 24 | 20 | 340 | 378 |
| 2,4 | 50 | 5,9 | 34 | 24 | 22 | 391 | 441 |
| 2,7 | 50, 60 | 6,1 | 38 | 24 | 24 | 476 | 545 |
| 3,0 | 60, 70, 80 | 6,8 | 42 | 24 | 27 | 566 | 658 |
| 3,4 | 60, 70, 80, 90 | 7,7 | 48 | 24 | 31 | 696 | 823 |
| 3,8 | 70, 80, 90, 100 | 7,6 | 53 | 27 | 34 | 836 | 1003 |
| 4,2 | 90, 100, 110 | 8,4 | 59 | 29 | 38 | 986 | 1198 |
| 4,6 | 90, 100, 120 | 9,2 | 64 | 32 | 42 | 1146 | 1413 |
| 5,0 | 100, 120, 140 | 10 | 70 | 35 | 45 | 1313 | 1638 |
| 5,5 | 140 | 11 | 77 | 39 | 50 | 1538 | 1938 |
| 6,0 | 150, 160, 180 | 12 | 84 | 42 | 54 | 1775 | 2250 |
| 7,0 | 200 | 14 | 107 | 53 | 63 | 2288 | 2963 |
| 8,0 | 280 | 16 | 130 | 65 | 72 | 2863 | 3738 |

[1)] wegen Spaltgefahr; keine Spaltgefahr bei vorgebohrten Nagellöchern; Mindestdicke einteiliger Einzelquerschnitte: 24 mm; Hölzer nicht vorgebohrt.

Für Beanspruchungen mit anderen maßgebenden Klassen der Lasteinwirkungsdauer ist das entsprechende $k_{mod}$ zu berücksichtigen.

Für $t < t_{req}$ muss der Bemessungswert der Tragfähigkeit ermittelt werden, indem die Werte $F_{v,Rd}$ dieser Tabelle mit $t/t_{req}$ multipliziert werden.

## Stahlblech-Holz-Nagelverbindungen

Der Bemessungswert der Tragfähigkeit $F_{v,Rd}$ eines Nagels pro Scherfuge beträgt für glattschaftige runde Nägel und Einbindetiefen von mindestens $9 \cdot d$ nach [24]:

| Innenbleche oder dicke Außenbleche | dünne Außenbleche |
|---|---|
| nvb: $F_{v,Rd} = k_{mod} \cdot 131 \cdot d^{1,65}$ in N | nvb: $F_{v,Rd} = k_{mod} \cdot 92 \cdot d^{1,65}$ in N |
| vb: $F_{v,Rd} = k_{mod} \cdot 131 \cdot d^{1,78}$ in N | vb: $F_{v,Rd} = k_{mod} \cdot 92 \cdot d^{1,78}$ in N |

*Tabelle 12.18: Mindestwerte der Holzdicke bzw. Einbindetiefe und $F_{v,Rd}$ pro Scherfuge von Nägeln nach DIN EN 10230-1 bei Stahlblech-Holz-Verbindungen aus C24 unter Beanspruchung mit Wind ($k_{mod}$ = 1)*

| Nagel-∅ $d$ | Mindestholzdicke[1)] $t$ | | Innenblech oder dickes Außenblech | | | dünnes Außenblech | | |
|---|---|---|---|---|---|---|---|---|
| | NH (außer KI) | KI | $t_{req}$ | $F_{v,Rd}$ | $F_{v,Rd}$ vb | $t_{req}$ | $F_{v,Rd}$ | $F_{v,Rd}$ vb |
| mm | mm | mm | mm | N | N | mm | N | N |
| 2,0 | 28 | 24 | 20 | 406 | 446 | 18 | 290 | 319 |
| 2,2 | 31 | 24 | 22 | 475 | 529 | 20 | 340 | 378 |
| 2,4 | 34 | 24 | 24 | 549 | 618 | 22 | 391 | 441 |
| 2,7 | 38 | 24 | 27 | 666 | 763 | 24 | 476 | 545 |
| 3,0 | 42 | 24 | 30 | 793 | 920 | 27 | 566 | 658 |
| 3,4 | 48 | 24 | 34 | 975 | 1151 | 31 | 696 | 823 |
| 3,8 | 53 | 27 | 38 | 1171 | 1400 | 34 | 836 | 1003 |
| 4,2 | 59 | 29 | 42 | 1388 | 1675 | 38 | 986 | 1198 |
| 4,6 | 64 | 32 | 46 | 1600 | 1975 | 42 | 1146 | 1413 |
| 5,0 | 70 | 35 | 50 | 1838 | 2288 | 45 | 1313 | 1638 |
| 5,5 | 77 | 39 | 55 | 2150 | 2700 | 50 | 1538 | 1938 |
| 6,0 | 84 | 42 | 60 | 2488 | 3150 | 54 | 1775 | 2250 |
| 7,0 | 107 | 53 | 70 | 3213 | 4138 | 63 | 2288 | 2963 |
| 8,0 | 130 | 65 | 80 | 4000 | 5238 | 72 | 2863 | 3738 |

1) wegen Spaltgefahr; keine Spaltgefahr bei vorgebohrten Nagellöchern; Mindestdicke einteiliger Einzelquerschnitte: 24 mm; Hölzer nicht vorgebohrt.
Für Beanspruchungen mit anderen maßgebenden Klassen der Lasteinwirkungsdauer ist das entsprechende $k_{mod}$ zu berücksichtigen
Für $t < t_{req}$ muss der Bemessungswert der Tragfähigkeit ermittelt werden, indem die Werte $F_{v,Rd}$ dieser Tabelle mit $t / t_{req}$ multipliziert werden.

Bei einschnittigen Stahlblech-Holz-Nagelverbindungen mit Sondernägeln der Tragfähigkeitsklasse 3 darf der charakteristische Wert der Tragfähigkeit $F_{v,Rk}$ aufgrund des Einhängeeffektes um einen Anteil

$$\Delta F_{v,Rk} = \min \begin{Bmatrix} 0{,}5 \cdot F_{v,Rk} \\ 0{,}25 \cdot F_{ax,Rk} \end{Bmatrix}$$

erhöht werden. $F_{ax,Rk}$ siehe Abschnitt 12.2.6.

## 12.2.5 Holzschraubenverbindungen

### Allgemeines und Ausführungsregeln

Holzschraubenverbindung

in vorgebohrten Hölzern und bei $d > 6$ mm: $F_{v,Rd}$ nach den Regeln für SDü

in nicht vorgebohrten Hölzern sowie vorgebohrten Hölzern bei $d \leq 6$ mm: $F_{v,Rd}$ nach den Regeln für Nä

Tragende Holzschraubenverbindungen müssen aus mindestens zwei Schrauben bestehen. Dies gilt nicht für die Befestigung von Schalungen, Latten (Trag- und Konterlatten) und Windrispen, auch nicht für die Befestigung von Sparren, Pfetten und dergleichen auf Bindern und Rähmen sowie von Querriegeln an Rahmenhölzern, wenn das gesamte Bauteil mit mindestens zwei Holzschrauben angeschlossen ist.

### Verbindungsmittel Holzschraube

Genormte Holzschrauben

nach DIN 571, DIN 96, DIN 97, DIN 7996 oder DIN 7997 mit der Nennlänge $\ell_s$

Gewinde nach DIN 7998 mit einer Gewindelänge $\ell_{ef} \geq 0{,}6\ \ell_s$

Nenn-∅ $d$ = Außen-∅ des Schraubengewindes ; $d_{min} = 4$ mm ; Kern-∅ $\approx 0{,}7\ d$

*Tabelle 12.19: Sechskant-Holzschrauben nach DIN 571 mit Gewinde nach DIN 7998*

| Nenn-∅ $d$ | Nennlänge $\ell_s$ | Nenn-∅ $d$ | Nennlänge $\ell_s$ |
|---|---|---|---|
| mm | mm | mm | mm |
| 4 | 20 bis 40: Stufung 5 | 10 | 45 bis 80: Stufung 5, 90, 100 |
| 5 | 25 bis 50: Stufung 5 | 12 | 55 bis 80: Stufung 5<br>90 bis 120: Stufung 10 |
| 6 | 30 bis 60: Stufung 5 | 16 | 70, 75, 80<br>90 bis 160: Stufung 10 |
| 8 | 40 bis 80: Stufung 5, 90, 100 | 20 | 90 bis 200: Stufung 10 |
| Längen über 200 mm: Stufung 20 | | | |

Selbstbohrende Holzschrauben nach BZ:

Nennlänge $\ell_s$ bis zu 600 mm und länger

$d$ bis zu 12 mm, Teilgewinde und Vollgewinde

**Regeln für das Vorbohren**

$d \leq 6$ mm:

Die zu verbindenden Teile dürfen vorgebohrt sein;

Empfehlung: Bohrloch-∅ = Kern-∅

Bei Bauholz mit $\rho_k > 500$ kg/m³ und bei Douglasienholz sind die Schraubenlöcher über die ganze Schraubenlänge vorzubohren.

$d > 6$ mm Gewinde nach DIN 7998:

Vorbohren mit Bohrloch-∅ = $d$ auf die Länge des glatten Schaftes

Vorbohren mit Bohrloch-∅ = $0{,}7 \cdot d$ auf die Länge des Gewindeteils.

Einschraubtiefe mindestens $4 \cdot d$

Mindestholzdicken bei nicht vorgebohrten Hölzern wie bei Nagelverbindungen

Mindestabstände von Holzschrauben: siehe Nägel

**Tragfähigkeit auf Abscheren**

Für Holzschrauben mit $d \leq 6$ mm in Bauteile aus Nadelholz kann der Bemessungswert der Tragfähigkeit je Scherfuge wie folgt bestimmt werden:

$$F_{v,Rd} = \frac{k_{mod}}{1{,}1} \cdot F_{v,Rk} = \frac{k_{mod}}{1{,}1} \cdot \sqrt{2 \cdot M_{y,k} \cdot f_{h,k} \cdot d} \qquad \text{für } t_{req} = 9 \cdot d$$

Für $t < t_{req}$ muss der Bemessungswert der Tragfähigkeit ermittelt werden, indem der Wert $F_{v,Rd}$ nach obiger Gleichung mit $t / t_{req}$ multipliziert wird.

$M_{y,k} = 0{,}3 \cdot f_{u,k} \cdot d^{2,6}$ in Nmm für Holzschrauben mit Gewinde nach DIN 7998 mit $f_{u,k} = 400$ N/mm²

bzw. $M_{y,k}$ nach BZ (z. B. Vollgewindeschrauben)

$f_{h,k} = 0{,}082 \cdot \rho_k \cdot d^{-0,3}$ in N/mm² für nicht vorgebohrte Hölzer

$f_{h,k} = 0{,}082 \cdot (1 - 0{,}01 \cdot d) \cdot \rho_k$ in N/mm² für vorgebohrte Hölzer

bzw. $f_{h,k}$ nach BZ

Holzschrauben in vorgebohrten Hölzern:

siehe Stabdübelverbindungen mit $M_{y,k}$ wie für Holzschrauben mit $d \leq 6$ mm.

**Erhöhung der Tragfähigkeit**

Bei einschnittigen Holzschraubenverbindungen darf der charakteristische Wert der Tragfähigkeit $F_{v,Rk}$ nach obiger Gleichung aufgrund des Einhängeeffektes um einen Anteil

$$\Delta F_{v,Rk} = \min\begin{Bmatrix} F_{v,Rk} \\ 0,25 \cdot F_{ax,Rk} \end{Bmatrix}$$

erhöht werden. $F_{ax,Rk}$ siehe Abschnitt 12.2.6.

Bei Stahlblech-Holz-Verbindungen darf dabei der Fall des Kopfdurchziehens unberücksichtigt bleiben.

## 12.2.6 Tragfähigkeit auf Herausziehen

**Nägel**

In Schaftrichtung beanspruchte Nägel werden entsprechend ihrem Widerstand gegen Herausziehen in die Tragfähigkeitsklassen 1, 2 oder 3 und entsprechend ihrem Widerstand gegen Kopfdurchziehen in die Tragfähigkeitsklassen A, B oder C eingeteilt. Mit den Parametern für die beiden Versagensarten berechnet sich der Bemessungswert des Ausziehwiderstands zu

$$F_{ax,Rd} = \frac{k_{mod}}{1,3} \cdot F_{ax,Rk} = \min\left\{\frac{k_{mod}}{1,3} \cdot f_{ax,k} \cdot d \cdot t_{pen} \;\; ; \;\; \frac{k_{mod}}{1,3} \cdot f_{head,k} \cdot d_h^2\right\} \qquad \text{mit}$$

- $f_{ax,k}$ charakteristischer Wert des Ausziehparameters
- $f_{head,k}$ charakteristischer Wert des Kopfdurchziehparameters
- $d$ Nenndurchmesser des Nagels
- $d_h$ Außendurchmesser des Nagelkopfes
- $t_{pen}$ die Eindringtiefe im Bauteil mit der Nagelspitze

Für $f_{ax,k}$ und $f_{head,k}$ dürfen die in Tabelle 12.21 angegebenen Werte in Rechnung gestellt werden.

*Tabelle 12.20: Wirksame Nageleinschlagtiefe $t_{pen}$*

| VM | min | max |
|---|---|---|
| Nä/SoNä 1 | $\geq 12 \cdot d$ | $20 \cdot d$ |
| SoNä 2, 3 | $\geq 8 \cdot d$ | Länge des profilierten Schafts |

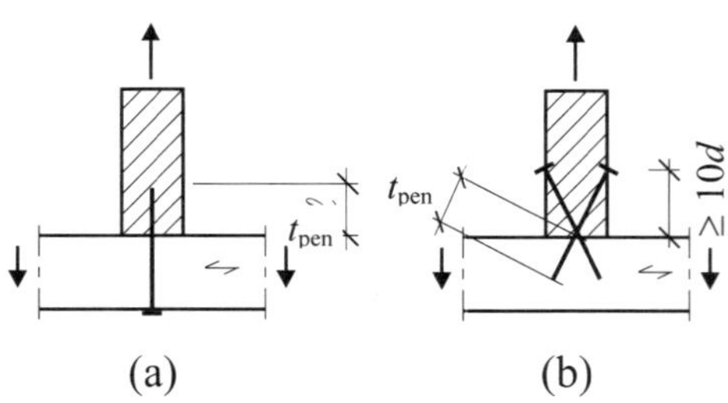


*Bild 12.17: Nagelung rechtwinklig zur Faserrichtung des Holzes (a) und Schrägnagelung (b)*

Die Abstände in Schaftrichtung beanspruchter Nägel müssen den Abständen rechtwinklig zur Nagelachse beanspruchter Nägel entsprechen. Bei Schrägnagelung muss der Abstand zum beanspruchten Rand mindestens $10 \cdot d$ betragen (siehe Bild 12.17b).

*Tabelle 12.21: Charakteristische Werte der Ausziehparameter $f_{ax,k}$ und der Kopfdurchziehparameter $f_{head,k}$ in N/mm² für Nägel in Holz der charakteristischen Rohdichte $\rho_k$ von 350 kg/m³*

| Nageltyp | $f_{ax,k}$ | Nageltyp | $f_{head,k}$ |
|---|---|---|---|
| glattschaftige Nägel | 2,21 | glattschaftige Nägel | 7,35 |
| SoNä der Tragfähigkeitsklasse | $f_{ax,k}$ | SoNä der Tragfähigkeitsklasse | $f_{head,k}$ |
| 1 | 3,68 | A | 7,35 |
| 2 | 4,90 | B | 9,80 |
| 3 | 6,13 | C | 12,3 |
| Für andere charakteristische Rohdichten $\rho_k$ sind die Werte mit $(\rho_k/350)^2$ zu multiplizieren, wobei $\rho_k$ höchstens mit 500 kg/m³ eingesetzt werden darf. | | | |

Glattschaftige Nägel in vorgebohrten Nagellöchern dürfen nicht auf Herausziehen beansprucht werden.

Glattschaftige Nägel und Sondernägel der Tragfähigkeitsklasse 1 dürfen nur für kurze Lasteinwirkungen (z. B. Windsogkräfte) in Schaftrichtung beansprucht werden.

Dies gilt nicht für glattschaftige Nägel und Sondernägel der Tragfähigkeitsklasse 1 im Anschluss von Koppelpfetten, wenn infolge einer Dachneigung von höchstens 30° die Nägel dauernd auf Herausziehen beansprucht werden. In solchen Fällen ist der charakteristische Wert des Ausziehparameters $f_{ax,k}$ nur mit 60 % in Rechnung zu stellen.

## Holzschrauben

Bei Holzschrauben werden im Nachweis der Beanspruchbarkeit auf Herausziehen aus Nadelholz, also bei Zug-Beanspruchung in Schaftrichtung folgenden Versagensmechanismen berücksichtigt:

- das Ausziehversagen des eingeschraubten Gewindeteils,
- das Abreißversagen des Kopfes von Schrauben,
- das Durchziehversagen des Schraubenkopfes,
- das Abreißen der Schraube auf Zug und
- das Scherversagen entlang des Umfanges einer Gruppe von Schrauben (Blockscherversagen).

Der Bemessungswert des Ausziehwiderstands von Holzschrauben mit einen Nenndurchmesser 6 mm $\leq d \leq$ 12 mm, mit einem Innen- zu Außen-Durchmesserverhältnis 0,6 $\leq d_1/d \leq$ 0,75, die unter einem Winkel 30° $\leq \alpha \leq$ 90° zur Faserrichtung in Hölzer einer Festigkeitsklasse eingeschraubt sind, darf wie folgt berechnet werden:

$$F_{\mathrm{ax},\alpha,\mathrm{Rd}} = \frac{k_{\mathrm{mod}}}{1{,}3} \cdot F_{\mathrm{ax},\alpha,\mathrm{Rk}} = \min\left\{ \frac{k_{\mathrm{mod}}}{1{,}3} \cdot \frac{f_{\mathrm{ax,k}} \cdot d \cdot \ell_{\mathrm{ef}} \cdot k_{\mathrm{d}}}{1{,}2 \cdot \cos^2\alpha + \sin^2\alpha} ; \frac{k_{\mathrm{mod}}}{1{,}3} \cdot f_{\mathrm{head,k}} \cdot d_{\mathrm{h}}^2 \right\}$$

mit

$f_{\mathrm{ax,k}}$ charakteristischer Wert des Ausziehparameters

$$f_{\mathrm{ax},k} = 0{,}52 \cdot d^{-0{,}5} \cdot \ell_{\mathrm{ef}}^{\;-0{,}1} \cdot \rho_k^{\;0{,}8}$$

$f_{\mathrm{head,k}}$ charakteristischer Wert des Kopfdurchziehparameters
$f_{\mathrm{head,k}}$ nach DIN EN 14592 [N26] aus BZ

Bei anderen Rohdichten, als für $f_{\mathrm{ax,k}}$ und $f_{\mathrm{head,k}}$ unterstellt, muss folgender Anpassungsfaktor für den Ausziehwiderstands berücksichtigt werden: $\left(\frac{\rho_{\mathrm{vorhanden}}}{\rho_{\mathrm{angenommen}}}\right)^{0{,}8}$

$\ell_{\mathrm{ef}}$ Gewindelänge im Holzteil mit der Schraubenspitze

$d$ Nenndurchmesser der Holzschraube = Außen-∅ des Schraubengewindes

$d_{\mathrm{h}}$ Außendurchmesser des Schraubenkopfes, ggf. einschl. Unterlegscheibe

$k_{\mathrm{d}}$ $= d/8 \leq 1$

Bezüglich der wirksamen Verbindungsmittel-Anzahl $n_{\mathrm{ef}}$ ist 12.2.1 zu berücksichtigen.

Die Mindestabstände, Mindestholzdicken und Einschraubtiefen sind wie bei rechtwinklig zu ihrer Achse beanspruchten Holzschrauben einzuhalten.

### 12.2.7 Kombinierte Beanspruchung

Bei Verbindungen, die sowohl durch eine Einwirkung in Richtung der Stiftachse mit $F_{\mathrm{ax}}$ als auch rechtwinklig dazu mit $F_{\mathrm{la}}$ beansprucht werden, muss die folgende Bedingung erfüllt sein:

$$\left(\frac{F_{\mathrm{ax,d}}}{R_{\mathrm{ax,d}}}\right)^m + \left(\frac{F_{\mathrm{la,d}}}{R_{\mathrm{la,d}}}\right)^m \leq 1$$

mit

$R_{\mathrm{ax,d}}$ Bemessungswert der Tragfähigkeit auf Herausziehen
$R_{\mathrm{la,d}}$ Bemessungswert der Tragfähigkeit auf Abscherren
$m =$ 1 für glattschaftige Nägel und Klammern
$m =$ 2 für Sondernägel (DIN EN 14592 [N26]) und für Holzschrauben
$m =$ 1,5 bei Koppelpfettenanschlüssen mit glattschaftigen Nägeln

## 12.3 Dübelverbindungen

### Dübeltypen

Dübel besonderer Bauart sind zulässig für Verbindungen von VH, BSH, BASH und FSH ohne Querlagen. Für Verbindungen von LH können nur Einlassdübel vom Typ A1 und B1 verwendet werden. Für Stahl-Holz-Verbindungen sind nur einseitige Dübel anwendbar. Zur Scherkrafteinleitung in den Stahl ist dieser dann mit $d_3$ entsprechend Bild 12.19 zu bohren. Alle Dübel müssen durch nachziehbare Bolzen aus Stahl mit Scheiben unter Kopf und Mutter gesichert werden. Das Nachziehen ist grundsätzlich angeraten, kann aber unterbleiben, wenn die Holzfeuchte beim Einbau nicht mehr als fünf Prozentpunkte über der zu erwartenden mittleren Ausgleichsfeuchte liegt.

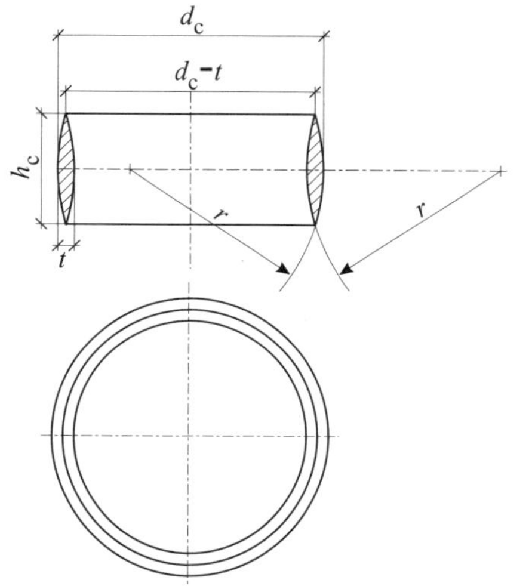


*Bild 12.18: Ringdübel Typ A1 aus Aluminium-Gusslegierung*

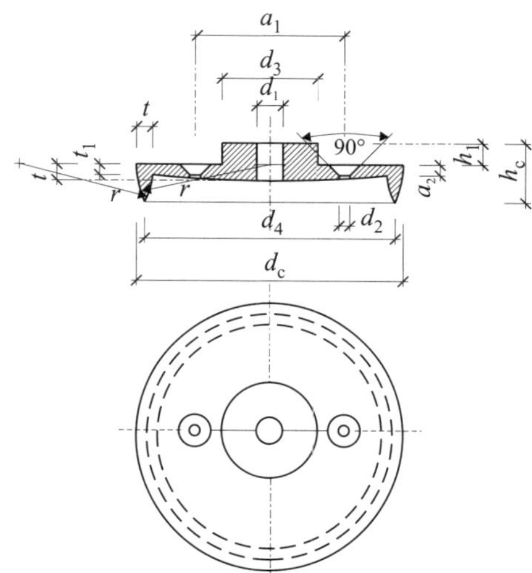


*Bild 12.19: Scheibendübel Typ B1 aus Aluminium-Gusslegierung*

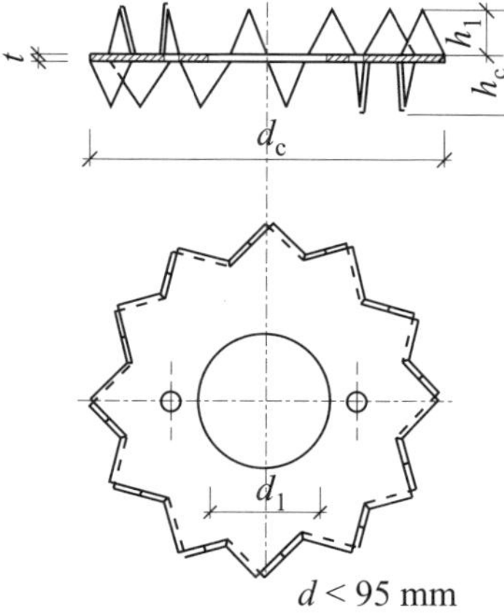


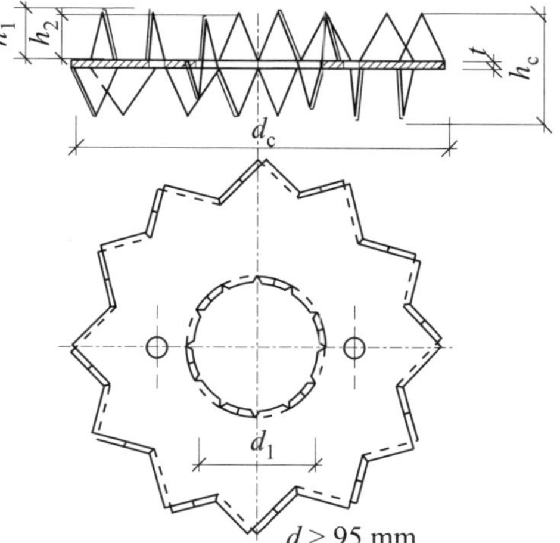


*Bild 12.20: Scheibendübel mit Zähnen Typ C1 aus Stahlblech*

Der Ersatz von Bolzen durch profilierte Nägel oder Holzschrauben ist möglich bei

- Ringdübeln mit $d_c \leq 95$ mm und zweiseitigen Scheibendübeln mit Zähnen oder Dornen mit $d_c \leq 117$ mm für den Anschluss von Bauteilen aus Holz an BSH
- einseitigen Scheibendübeln mit Zähnen oder Dornen für den Anschluss von Stahlteilen an BSH nur, wenn mit $K_{ser} = 0{,}210 \cdot d_c \cdot \rho_k$ bei Typ C2 und $K_{ser} = 0{,}315 \cdot d_c \cdot \rho_k$ bei Typ C11 gerechnet wird.

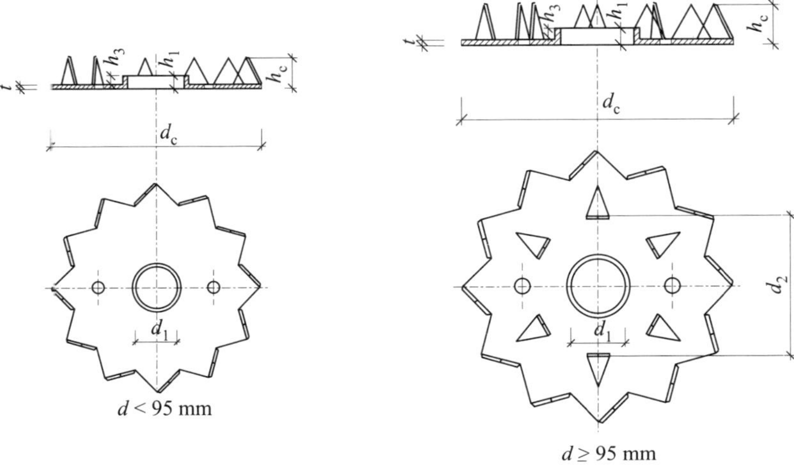


*Bild 12.21: Scheibendübel mit Zähnen Typ C2 aus Stahlblech*

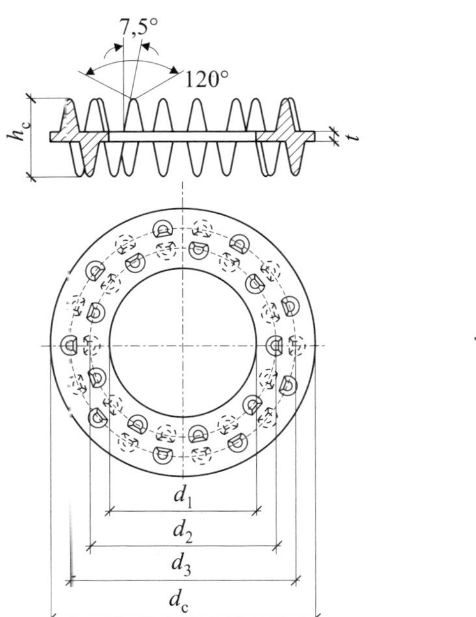


*Bild 12.22: Scheibendübel mit Dornen Typ C10 aus Temperguss*

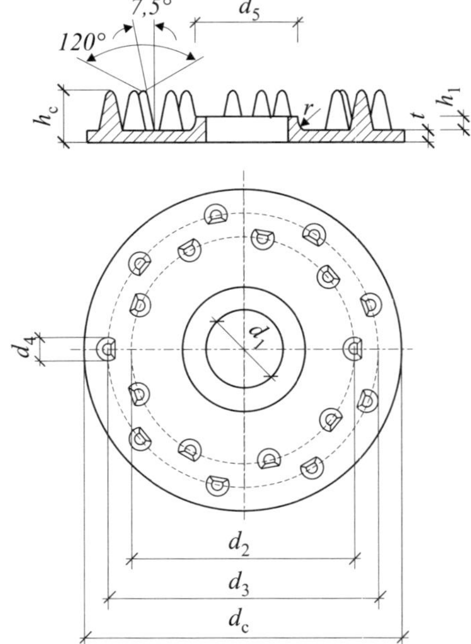


*Bild 12.23: Scheibendübel mit Dornen Typ C11 aus Temperguss*

*Tabelle 12.22: Gebräuchliche Dübel besonderer Bauart nach DIN EN 912*

<table>
<tr><th>Einbau des Dübels</th><th>Dübel</th><th>Bezeichnung</th><th>Typ</th><th colspan="2">bisherige Bezeichnungen</th></tr>
<tr><td rowspan="2">eingelassen</td><td>zweiseitig</td><td>Ringdübel</td><td>A1</td><td rowspan="2">Typ A</td><td rowspan="2">Appel</td></tr>
<tr><td>einseitig</td><td>Scheibendübel</td><td>B1</td></tr>
<tr><td rowspan="2">eingepresst</td><td>zweiseitig</td><td rowspan="2">Scheibendübel mit Zähnen</td><td>C1</td><td rowspan="2">Typ C</td><td rowspan="2">Bulldog</td></tr>
<tr><td>einseitig</td><td>C2</td></tr>
<tr><td rowspan="2">Dornen eingepresst, Scheibe eventuell eingelassen</td><td>zweiseitig</td><td rowspan="2">Scheibendübel mit Dornen</td><td>C10</td><td rowspan="2">Typ D</td><td rowspan="2">Geka</td></tr>
<tr><td>einseitig</td><td>C11</td></tr>
</table>

*Tabelle 12.23: Verbindungseinheiten*

| Fall | Verbindung von | Eine Verbindungseinheit besteht aus: |
|---|---|---|
| 1 | Holz mit Holz | 1 Dübel (Typ A1, C1, C3, C5 oder C10) + 1 Bo |
| 2 | Holz mit Holz | 2 Dübeln (Typ C2/C2, C4/C4 oder C11/C11) + 1 Bo |
| 3 | Holz mit Stahl | 1 Dübel (Typ B1, C2, C4 oder C11) + 1 Bo |

*Tabelle 12.24: Vorzugsmaße der Scheiben für Bolzen und Passbolzen*

| Bolzen | | M12 | M16 | M20 | M22 | M24 |
|---|---|---|---|---|---|---|
| Dicke $s$ | in mm | 6 | 6 | 8 | 8 | 8 |
| Außen-∅ $d_2$ | in mm | 58 | 68 | 80 | 92 | 105 |
| Innen-∅ $d$ | in mm | 14 | 18 | 22 | 25 | 27 |

*Tabelle 12.25: Mögliche Durchmesser $d_1$ des Mittelloches in mm für Dübeltyp C2*

| $d_c$ | 10,4 | 12,4 | 16,4 | 20,4 | 22,4 | 24,4 |
|---|---|---|---|---|---|---|
| 50 | ✓ | ✓ | ✓ | ✓ | / | / |
| 62 | / | ✓ | ✓ | ✓ | / | / |
| 75 | / | ✓ | ✓ | ✓ | ✓ | ✓ |
| 95 | / | / | ✓ | ✓ | ✓ | ✓ |
| 117 | / | / | ✓ | ✓ | ✓ | ✓ |

Die Scheiben der Typen C10 und C11 dürfen ≤ 3 mm ins Holz eingelassen werden. Bei Dübeldurchmessern oder Dübelseitenlängen ≥ 130 mm sind zusätzliche Klemmbolzen an den Laschenenden anzuordnen.

**Wirksame Dübelanzahl**

Bei Anschlüssen mit $n > 2$ in Faserrichtung hintereinander liegenden Dübeln ($k_{a2} \cdot a_2 < 0{,}5 \cdot k_{\varepsilon 2} \cdot a_2$) ist nicht mit der Anzahl $n$, sondern mit der wirksamen Anzahl $n_{ef}$ zu rechnen:

$$n_{ef} = 2 + (1 - n/20) \cdot (n - 2)$$

*Tabelle 12.26: Wirksame Anzahl der Verbindungseinheiten $n_{ef}$*

| Dübelanzahl $n$ | 3 | 4 | 5 | 6 | 7 | 8 | 9 | ≥ 10 |
|---|---|---|---|---|---|---|---|---|
| wirksame Anzahl $n_{ef}$ | 2,85 | 3,60 | 4,25 | 4,80 | 5,25 | 5,60 | 5,85 | 6 |

**Mindestabstände der Dübel**

*Tabelle 12.27: Mindestabstände der Dübel*

| | | Typ A1 / B1 Appel | Typ C1 bis C9 Bulldog | Typ C10 / C11 Geka |
|---|---|---|---|---|
| $a_1$ | parallel zur Faserrichtung | $(1{,}2 + 0{,}8 \cdot \cos\alpha) \cdot d_c$ | $(1{,}2 + 0{,}3 \cdot \cos\alpha) \cdot d_c$ | $(1{,}2 + 0{,}8 \cdot \cos\alpha) \cdot d_c$ |
| $a_2$ | rechtwinklig zur Fa-Ri | $1{,}2 \cdot d_c$ | | |
| $a_{3,t}$ | beanspruchtes Hirnholz | $2 \cdot d_c$ 1) | $2 \cdot d_c$ | |
| $a_{3,c}$ | unbeans. Hirnholz $\alpha \leq 30°$ | $1{,}2 \cdot d_c$ | | |
| $a_{3,c}$ | unbeans. Hirnholz $\alpha \geq 30°$ | $(0{,}4 + 1{,}6 \cdot \sin\alpha) \cdot d_c$ | $(0{,}9 + 0{,}6 \cdot \sin\alpha) \cdot d_c$ | $(0{,}4 + 1{,}6 \cdot \sin\alpha) \cdot d_c$ |
| $a_{4,t}$ | beanspruchter Rand | $(0{,}6 + 0{,}2 \cdot \sin\alpha) \cdot d_c$ | | |
| $a_{4,c}$ | unbeanspruchter Rand | $0{,}6 \cdot d_c$ | | |

1) für $\alpha \leq 30°$ bis auf $1{,}5 \cdot d_c$ verringerbar, wenn die Tragfähigkeit um $a_{3,t} /(2 \cdot d_c)$ abgemindert wird

Bei versetzter Dübelanordnung dürfen die Mindestabstände entsprechend Bild 12.24 abgemindert werden, solange die Bedingung

$$(k_{a1})^2 + (k_{a2})^2 \geq 1$$

erfüllt bleibt.
Weitere Verringerungen sind nur bei Abminderung der Tragfähigkeiten möglich.

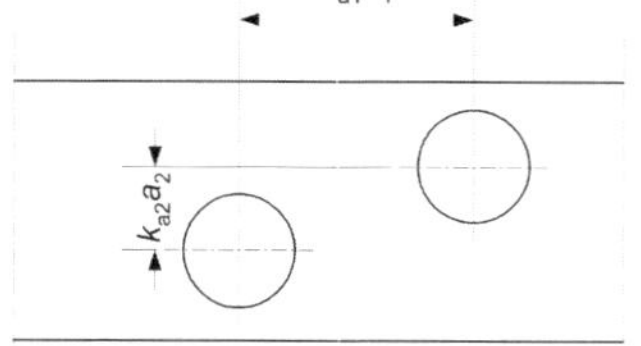


*Bild 12.24: Versetzte Dübelanordnung*

**Mindestholzdicken**

Für die Seitenhölzer ist das 2,25-Fache und für die Mittelhölzer das 3,75-Fache der Einbindetiefe als Mindestholzdicke für Ring- und Scheibendübel zu gewährleisten.

**Bestimmung der Dübeltragfähigkeit**

Bei **Ring- und Scheibendübeln** (Typ A und Typ B) ergibt sich der charakteristische Bemessungswert der Dübeltragfähigkeit $F_{\text{v,0,Rk}}$ in Faserrichtung des Holzes für Holz-Holzverbindungen mit

– Seitenholzdicke $t_1 \geq 3 \cdot h_\text{e}$ und Mittelholzdicke $t_2 \geq 5 \cdot h_\text{e}$

– VH C24 bzw. $\rho_\text{k} = 350$ kg/m³

– ≥ 2 Dübeln je Scherfuge

– Einhaltung der Mindestabstände und Scheibenmaße

je Scherfuge zu:

$$F_{\text{v,0,Rk}} = \begin{cases} 35 \cdot {d_\text{c}}^{1,5} \\ 31{,}5 \cdot d_\text{c} \cdot h_\text{e} \end{cases}$$

mit $d_\text{c}$ und $h_\text{e}$ in mm und $F_{\text{v,0,Rk}}$ in N.

$$F_{\text{v},\alpha,\text{Rk}} = \frac{F_{\text{v,0,Rk}}}{(1{,}3 + 0{,}001 \cdot d_\text{c}) \cdot \sin^2\alpha + \cos^2\alpha}$$

Bei Stahlblech-Holz-Verbindungen darf $F_{\text{v,0,Rk}}$ um 10 % erhöht werden.

Bei **Scheibendübeln mit Zähnen** (Typ C) ergibt sich der charakteristische Wert der Tragfähigkeit grundsätzlich als die Summe der charakteristischen Tragfähigkeit des Scheibendübels mit Zähnen und der charakteristischen Tragfähigkeit des zugehörigen Bolzens.

$F_{\text{v},\alpha,\text{Rk}} = F_{\text{v,Rk}} + F_{\text{b},\alpha,\text{Rk}}$

mit $F_{\text{b},\alpha,\text{Rk}}$ = Bolzentragfähigkeit

$F_{\text{v,Rk}}$ für Holz-Holzverbindungen mit

– Seitenholzdicke $t_1 \geq 3 \cdot h_\text{e}$ Mittelholzdicke $t_2 \geq 5 \cdot h_\text{e}$

– VH C24 bzw. $\rho_\text{k} = 350$ kg/m³

– Einhaltung der Mindestabstände und Scheibenmaße

$$F_{\text{v,Rk}} = \begin{cases} 18 \cdot {d_\text{c}}^{1,5} & \text{für Typ C1 bis C9} \\ 25 \cdot {d_\text{c}}^{1,5} & \text{für Typ C10 bis C11} \end{cases}$$

Bei Einhaltung der Mindestholzdicken $t_1 \geq 2{,}25 \cdot h_\text{e}$ bzw. $t_2 \geq 3{,}75 \cdot h_\text{e}$ sind ggf. die Tragfähigkeiten mit dem Faktor $k_1 = t_1/3 \cdot h_\text{e}$ bzw. $t_2/5 \cdot h_\text{e}$ abzumindern.

Für $\rho_\text{k} > 350$ kg/m³ darf der Bemessungswert der Dübeltragfähigkeit mit $k_3 = \rho_\text{k}/350 \leq 1{,}5$ multipliziert werden.

*Tabelle 12.28: Dübel besonderer Bauart*

| ⌀ 40 bis ⌀ 55<br>⌀ 56 bis ⌀ 70<br>⌀ 71 bis ⌀ 85<br>⌀ 86 bis ⌀ 100<br>> 100 | | Außendurchmesser bzw. Seitenlänge | Dicke | Einlass-/Einpresstiefe | Durchmesser Mittelloch | Dübelfehlfläche | Bolzendurchmesser | | Bemessungswert der Dübeltragfähigkeit $F_{v,Rk}$ für $k_1 = k_2 = k_3 = k_4 = 1$ | | |
|---|---|---|---|---|---|---|---|---|---|---|---|
| Dübeltyp und Dübelform | | | | | | | min | max | $\alpha$ [1)] | | |
| | | $d_c$ | $t$ | $h_e$ | $d_1$ | $\Delta A$ | $d_b$ | $d_b$ | 0° | 45° | 90° |
| | | mm | mm | mm | mm | mm² | mm | mm | kN | kN | kN |
| A1 | Ringdübel | 65 | 5 | 15 | | 980 | 12 | 24 | 18,3 | 15,5 | 13,4 |
| | | 80 | 6 | 15 | | 1200 | 12 | 24 | 25,0 | 21,0 | 18,1 |
| | | 95 | 6 | 15 | | 1430 | 12 | 24 | 32,4 | 27,1 | 23,2 |
| | | 126 | 6 | 15 | | 1890 | 12 | 24 | 49,5 | 40,8 | 34,7 |
| | | 128 | 8 | 22,5 | | 2880 | 12 | 24 | 50,7 | 41,8 | 35,5 |
| | | 160 | 10 | 22,5 | | 3600 | 16 | 24 | 70,8 | 57,6 | 48,5 |
| | | 190 | 10 | 22,5 | | 4280 | 16 | 24 | 91,7 | 73,6 | 61,5 |
| B1 | Scheibendübel | 65 | 5 | 15 | 13 | 980 | $d_1 - 1$ | $d_1$ | 18,3 | 15,5 | 13,4 |
| | | 80 | 6 | 15 | 13 | 1200 | | | 25,0 | 21,0 | 18,1 |
| | | 95 | 6 | 15 | 13 | 1430 | | | 32,4 | 27,1 | 23,2 |
| | | 128 | 8 | 22,5 | 13 | 2880 | | | 50,7 | 41,8 | 35,5 |
| | | 160 | 10 | 22,5 | 16,5 | 3600 | | | 70,8 | 57,6 | 48,5 |
| | | 190 | 10 | 22,5 | 16,5 | 4280 | | | 91,7 | 73,6 | 61,5 |
| C1 | zweiseitige Scheibendübel mit Zähnen | 50 | 1,00 | 6,0 | | 170 | 10 | 16 | 6,36 | | |
| | | 62 | 1,20 | 7,4 | | 300 | | 20 | 8,79 | | |
| | | 75 | 1,25 | 9,1 | | 420 | | 24 | 11,69 | | |
| | | 95 | 1,35 | 11,3 | | 670 | | 30 | 16,67 | | |
| | | 117 | 1,50 | 14,3 | | 1000 | | 30 | 22,78 | | |
| | | 140 | 1,65 | 14,7 | | 1240 | | 30 | 29,82 | | |
| | | 165 | 1,80 | 15,6 | | 1490 | | 30 | 38,15 | | |

*Tabelle 12.28: Dübel besonderer Bauart (Fortsetzung)*

| ⌀ 40 bis ⌀ 55<br>⌀ 56 bis ⌀ 70<br>⌀ 71 bis ⌀ 85<br>⌀ 86 bis ⌀ 100<br>> 100 | | Außendurchmesser bzw. Seitenlänge | Dicke | Einlass-/Einpresstiefe | Durchmesser Mittelloch | Dübelfehlfläche | Bolzendurchmesser | | Bemessungswert der Dübeltragfähigkeit $F_{v,Rk}$ für $k_1 = k_2 = k_3 = k_4 = 1$ | | |
|---|---|---|---|---|---|---|---|---|---|---|---|
| Dübeltyp und Dübelform | | | | | | | min | max | $\alpha$ [1] | | |
| | | $d_c$ | $t$ | $h_e$ | $d_1$ | $\Delta A$ | $d_b$ | $d_b$ | 0° | 45° | 90° |
| | | mm | mm | mm | mm | mm² | mm | mm | kN | kN | kN |
| C2 | einseitige Scheibendübel mit Zähnen | 50 | 1,00 | 5,6 | [2] | 170 | $d_1 - 1$ | $d_1$ | 6,36 | | |
| | | 62 | 1,20 | 7,5 | | 300 | | | 8,79 | | |
| | | 75 | 1,25 | 9,2 | | 420 | | | 11,69 | | |
| | | 95 | 1,35 | 11,4 | | 670 | | | 16,67 | | |
| | | 117 | 1,50 | 14,5 | | 1000 | | | 22,78 | | |
| C10 | zweiseitige Scheibendübel mit Dornen | 50 | 3 | 12 | | 460 | 10 | 30 | 8,84 | | |
| | | 65 | 3 | | | 590 | | | 13,10 | | |
| | | 80 | 3 | | | 750 | | | 17,89 | | |
| | | 95 | 3 | | | 900 | | | 23,15 | | |
| | | 115 | 3 | | | 1040 | | | 30,83 | | |
| C11 | einseitige Scheibendübel mit Dornen | 50 | 3 | 12 | 12,5 | 540 | $d_1 - 1$ | $d_1$ | 8,84 | | |
| | | 65 | 3 | | 16,5 | 710 | | | 13,10 | | |
| | | 80 | 3 | | 20,5 | 870 | | | 17,89 | | |
| | | 95 | 3 | | 24,5 | 1070 | | | 23,15 | | |
| | | 115 | 3 | | 24,5 | 1240 | | | 30,83 | | |

[1] Zwischenwerte dürfen linear interpoliert werden.
[2] Siehe Tabelle 12.25

## 12.4 Nagelplattenverbindungen

Nagelplatten zur Verbindung von Hölzern sind verzinkte oder korrosionsbeständige Stahlbleche mit Dicken von mindestens 1 mm Nenndicke. Als „Nägel" wirken aus dem Blech herausgestanzte und alle zur gleichen Seite um etwa 90° abgewinkelte schmale Streifen (siehe Bild 12.25).

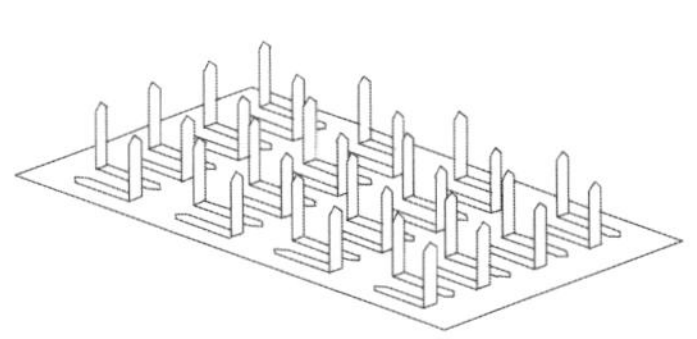

*Bild 12.25: Nagelplatte*

Die Nagelplatten werden immer symmetrisch auf beiden Holzseiten angeordnet und mit Hydraulikpressen eingepresst. Die Kraft im Holzquerschnitt wird über die Nägel in die Platte eingeleitet, die als Knotenblech oder Stoßlasche wirkt, und über die Nägel in den anschließenden Holzquerschnitt eingetragen. Es können zwei oder mehr einteilige Hölzer gleicher Dicke miteinander verbunden werden.

Die Brauchbarkeit der Verbindung muss durch eine allgemeine bauaufsichtliche Zulassung nachgewiesen werden, worin Form, Materialkennwerte und charakteristische Platten- und Nageltragfähigkeiten festgelegt sind. Eine Zusammenstellung der derzeit ca. 30 verschiedenen gültigen Zulassungen von Nagelplatten ist in [26] enthalten.

Nagelplattenverbindungen dürfen mit dem Nachweisverfahren nach Abschnitt 8.8 des EC5 [N1-1] bemessen werden. Die Festlegungen über Verbindungen mit Nagelplatten gelten für Bauteile aus Holz, insbesondere für Fachwerke. Die Anforderungen der DIN EN 14250 [N24] sind zu beachten. Nagelplattenverbindungen sind nur bei Bauteilen mit vorwiegend ruhender Belastung anzuwenden.

## 12.5 Kontaktverbindungen

### 12.5.1 Auflager- und Schwellendruck

Im Gegensatz zu Stift- und Dübelverbindungen, bei denen die Kraftübertragung auch über Kontakt und Leibungsspannungen erfolgt, wird bei den sogenannten Kontaktverbindungen die Kraft ohne zwischengeschaltetes „Verbindungsmittel" direkt in das Holzbauteil eingeleitet.

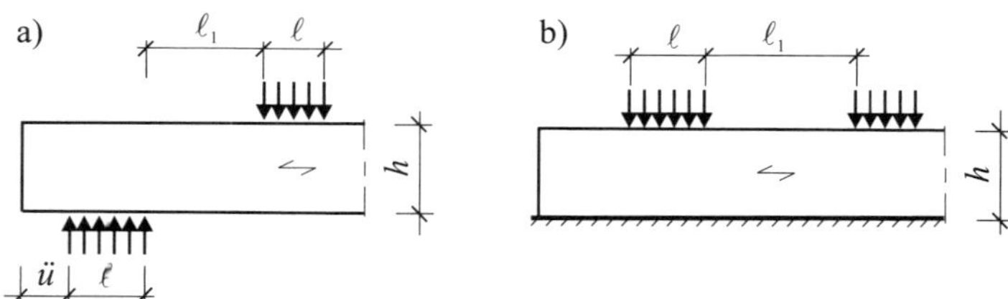


*Bild 12.26: Einzellagerung (a), kontinuierliche Lagerung (b)*

In [27] werden die Hintergründe für die Bemessungsregeln des EC5 [N1] erläutert. Für die praktische Anwendung sind vor allem die Einzellagerung und die kontinuierliche Lagerung (früher Auflager- und Schwellendruck) zu unterscheiden (siehe Bild 12.26). In beiden Fällen darf der Einhängeeffekt in Faserrichtung berücksichtigt werden. Dies erfolgt durch die rechnerische Verlängerung der Kontaktlänge um jeweils 30 mm. Dadurch berechnet sich die wirksame Querdruckfläche $A_{ef}$ zu

$A_{ef} = b \cdot (\ell + 2 \cdot 30\ \text{mm}) \leq 3 \cdot \ell \cdot b$ für $ü \geq 30$ mm

$A_{ef} = b \cdot (\ell + 30\ \text{mm} + ü) \leq 3 \cdot \ell \cdot b$ für $ü < 30$ mm

$b$ Breite der Querdruckfläche

Die Querdruckspannung berechnet sich damit zu $\sigma_{c,90,d} = \frac{F_{c,90,d}}{A_{ef}}$.

In den meisten Fällen sind wegen der geringen Steifigkeit des Holzes rechtwinklig zur Faserrichtung die Verformungen für die Begrenzung der übertragbaren Kraft maßgebend. Zur Vereinfachung wird aber der Nachweis der Eindrückungen als Tragfähigkeitsnachweis geführt, indem mit dem Querdruckbeiwert $k_{c,90}$ der Bemessungswert der Querdruckfestigkeit, die den Teilsicherheitsbeiwert $\gamma_M = 1{,}3$ enthält, angepasst wird sowie die unterschiedlichen Lastausbreitungen berücksichtigt werden.

Der Querdrucknachweis lautet somit $\frac{\sigma_{c,90,d}}{k_{c,90} \cdot f_{c,90,d}} \leq 1$

mit dem Querdruckbeiwert $k_{c,90}$ nach Tabelle 12.29.

*Tabelle 12.29: Querdruckbeiwert $k_{c,90}$*

| Baustoff | $\ell_1 < 2 \cdot h$ | $\ell_1 \geq 2 \cdot h$ | |
|---|---|---|---|
| | | Auflagerdruck<br>$\ell \leq 400$ mm | Schwellendruck |
| VH aus NH | | 1,5 | 1,25 |
| VH aus LH | 1,0 | 1,0 | 1,0 |
| BSH aus NH | | 1,75*) | 1,5 |

*) Für $\ell > 400$ mm darf mit $\ell = 400$ mm und $k_{c,90} = 1{,}75$ gerechnet werden.

$\ell_1$ ist der lichte Abstand zwischen den Querdruckflächen infolge Einzellasten.

## 12.5.2 Kontaktfläche schräg zur Faserrichtung

Für $0° < \alpha < 90°$ muss die folgende Bedingung erfüllt sein:

$$\frac{\sigma_{c,\alpha,d}}{f_{c,\alpha,d}} \leq 1$$

mit

$$\sigma_{c,\alpha,d} = \frac{F_{c,\alpha,d}}{A_{ef}}$$

$$f_{c,\alpha,d} = \frac{f_{c,0,d}}{\frac{f_{c,0,d}}{k_{c,90} \cdot f_{c,90,d}} \cdot \sin^2 \alpha + \cos^2 \alpha} \quad \text{mit}$$

$\alpha$ Winkel zwischen Beanspruchungsrichtung und Faserrichtung des Holzes bzw. Winkel zwischen Beanspruchungsrichtung und Faserrichtung bzw. Spanrichtung der Decklagen.

$k_{c,90}$ nach Tabelle 12.29

Die tatsächliche Kontaktlänge schräg zur Faser darf, wie in Bild 12.27 dargestellt, um die Maße vergrößert werden, die sich aus der senkrechten Projektion der Längen von 30 mm auf die Kontaktebene ergeben. Selbstverständlich darf der Spannungsnachweis auch mit der tatsächlich vorhandenen Kontaktfläche geführt werden.

Versätze sind nicht nach diesem Abschnitt, sondern nach Abschnitt 12.5.3 zu behandeln.

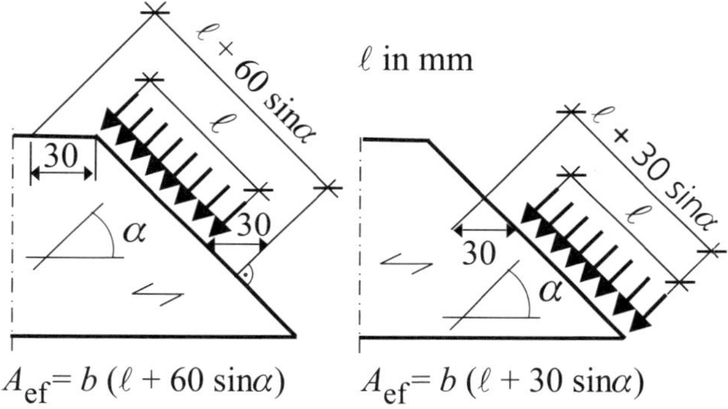


*Bild 12.27: Druck unter einem Winkel $\alpha$*

*Tabelle 12.30: Charakteristische Druckfestigkeitswerte $f_{c,\alpha,k}$ für Vollholz in kN/cm²*

| Winkel $\alpha$ | Festigkeitsklasse für NH | | | | Festigkeitsklasse für LH | | | |
|---|---|---|---|---|---|---|---|---|
| | C24 | C30 | C35 | C40 | D30 | D35 | D40 | D60 |
| 0° | 2,10 | 2,30 | 2,50 | 2,60 | 2,30 | 2,50 | 2,60 | 3,20 |
| 10° | 1,72 | 1,87 | 2,02 | 2,10 | 2,18 | 2,35 | 2,44 | 3,01 |
| 20° | 1,13 | 1,22 | 1,30 | 1,35 | 1,89 | 2,01 | 2,08 | 2,58 |
| 30° | 0,74 | 0,80 | 0,84 | 0,87 | 1,57 | 1,64 | 1,70 | 2,12 |
| 40° | 0,52 | 0,56 | 0,58 | 0,61 | 1,30 | 1,34 | 1,38 | 1,73 |
| 45° | 0,45 | 0,48 | 0,50 | 0,52 | 1,19 | 1,22 | 1,26 | 1,58 |
| 50° | 0,39 | 0,42 | 0,44 | 0,46 | 1,10 | 1,12 | 1,15 | 1,45 |
| 60° | 0,32 | 0,35 | 0,36 | 0,37 | 0,96 | 0,97 | 1,00 | 1,26 |
| 70° | 0,28 | 0,30 | 0,31 | 0,32 | 0,87 | 0,88 | 0,90 | 1,14 |
| 80° | 0,26 | 0,28 | 0,29 | 0,30 | 0,82 | 0,83 | 0,85 | 1,07 |
| 90° | 0,25 | 0,27 | 0,28 | 0,29 | 0,80 | 0,81 | 0,83 | 1,05 |

## 12.5.3 Versatz

Der Versatz ist eine zimmermannsmäßige Verbindung zur Übertragung einer Druckkraft durch Kontakt zwischen den zu verbindenden Hölzern mit Winkeln zwischen ca. 15° und ca. 65°. Zur Vereinfachung der Berechnung wird anstelle der wirksamen Kontaktfläche nach Abschnitt 12.5.2 mit der tatsächlichen Versatzfläche und zum Ausgleich mit dem Bemessungswert der Festigkeit

$$f_{c,\alpha,d} = \frac{f_{c,0,d}}{\sqrt{\left(\dfrac{f_{c,0,d} \cdot \sin^2\alpha}{2 \cdot f_{c,90,d}}\right)^2 + \left(\dfrac{f_{c,0,d} \cdot \sin\alpha \cdot \cos\alpha}{2 \cdot f_{v,d}}\right)^2 + \cos^4\alpha}}$$ gerechnet.

Für Hölzer der Festigkeitsklassen C24, C30 und D30 ist nachfolgend die Berechnung so aufbereitet, dass der Bemessungswert der Tragfähigkeit in Abhängigkeit von Holzbreite $b$, der Versatztiefe $t_V$ und dem Beiwert $k_{SB}$ bzw. $k_F$ einfach ermittelt wird.

*Tabelle 12.31: Bemessungswert der Tragfähigkeit $R_d$ des Versatzes in N mit Holzbreite b und Versatztiefe $t_V$ in mm im Standardfall*

| Stirnversatz (S) | Brustversatz (B) | Fersenversatz (F) |
|---|---|---|
| | | |
| $R_{S,k} = k_{SB} \cdot b \cdot t_V$ | $R_{B,k} = k_{SB} \cdot b \cdot t_V$ | $R_{F,k} = k_F \cdot b \cdot t_V$ |

*Tafel 12.32: Beiwerte $k_{SB}$ für Stirn- und Brustversatz und $k_F$ für Fersenversatz in N/mm²*

| $\alpha$ | $k_{SB}$ für C24 | $k_{SB}$ für C30 | $k_{SB}$ für D30 | $k_F$ für C24 | $k_F$ für C30 | $k_F$ für D30 |
|---|---|---|---|---|---|---|
| 15° | 20,32 | 22,02 | 22,07 | 18,50 | 19,65 | 20,15 |
| 20° | 19,81 | 21,33 | 21,46 | 16,98 | 17,84 | 18,99 |
| 25° | 19,20 | 20,53 | 20,81 | 15,45 | 16,16 | 18,16 |
| 30° | 18,50 | 19,65 | 20,15 | 14,10 | 14,74 | 17,74 |
| 35° | 17,75 | 18,74 | 19,53 | 13,01 | 13,64 | 17,76 |
| 40° | 16,98 | 17,84 | 18,99 | 12,23 | 12,87 | 18,27 |
| 45° | 16,20 | 16,98 | 18,52 | 11,76 | 12,43 | 19,32 |
| 50° | 15,45 | 16,16 | 18,16 | 11,61 | 12,33 | 21,06 |
| 55° | 14,75 | 15,41 | 17,90 | 11,83 | 12,62 | 23,70 |
| 60° | 14,10 | 14,74 | 17,74 | 12,51 | 13,38 | 27,62 |
| 65° | 13,52 | 14,15 | 17,69 | 13,81 | 14,82 | 33,50 |

**Nachweis**

| Stirnversatz: | Brustversatz: | Fersenversatz: |
|---|---|---|
| $\frac{N_\text{d}}{\frac{R_\text{S,k} \cdot k_\text{mod}}{\gamma_\text{M}}} \le 1$ | $\frac{N_\text{d}}{\frac{R_\text{B,k} \cdot k_\text{mod}}{\gamma_\text{M}}} \le 1$ | $\frac{N_\text{d}}{\frac{R_\text{F,k} \cdot k_\text{mod}}{\gamma_\text{M}}} \le 1$ |

**Konstruktive Regeln für die Versatztiefe**

| Strebenneigungswinkel $\alpha$ | $\le 50°$ | $50° < \alpha < 60°$ | $\ge 60°$ | bei zweiseitigem Versatzeinschnitt: $t_\text{V} \le h/6$ |
|---|---|---|---|---|
| Versatztiefe $t_\text{V}$ | $\le h/4$ | $\le h \cdot \left(\frac{2}{3} - \frac{\alpha°}{120°}\right)$ | $\le h/6$ | |

**Vorholzlänge**

Für den Nachweis rechnerisch ansetzbare Vorholzlänge $\ell_\text{V} \le 8 \cdot t_\text{V}$

auszuführende Mindest-Vorholzlänge: 200 mm

für NH besser oder gleich C24

und LH D30: $\ell_\text{V} \ge 500 \cdot N_\text{d} \cdot \cos\alpha / (b \cdot f_\text{v,k} \cdot k_\text{mod})$ in mm

mit Strebenkraft $N_\text{d}$ in kN, $b$ in mm

Die planmäßige Lage zwischen Schwelle und Strebe ist grundsätzlich durch konstruktive Maßnahmen zu sichern. Beispiele dafür zeigt Bild 12.28.

a)

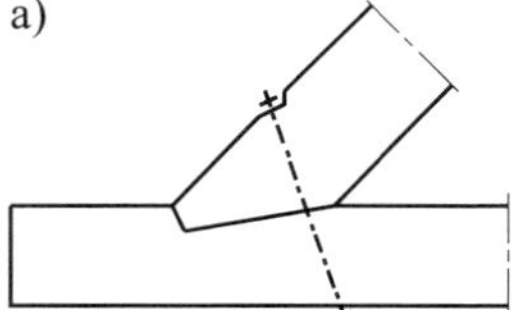

b)

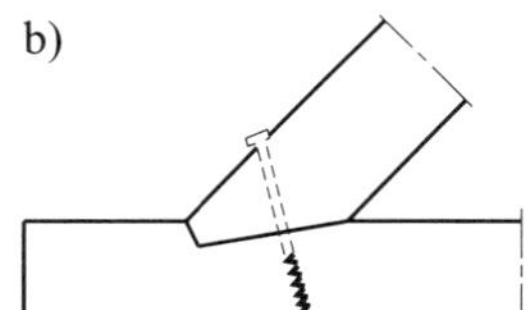

c)

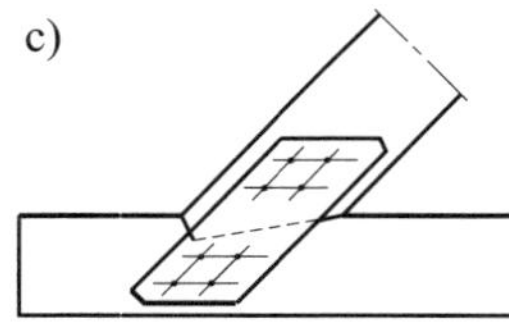

*Bild 12.28: Lagesicherung von Versätzen: Bolzen (a), Sondernagel oder Schraube (b), Laschen (c)*

## 12.6 Universal-Keilzinkenverbindungen

Universal-Keilzinkenverbindungen von BSH und BASH müssen die Anforderungen nach DIN EN 14080 [N22] erfüllen. Verwendung nur in den Nutzungsklassen 1 und 2 zulässig.

Der Nachweis an der inneren Ecke:

$$\frac{f_\text{c,0,k}}{f_{\text{c},\alpha,\text{k}}} \cdot \left( \frac{\sigma_\text{c,0,d}}{k_\text{c} \cdot f_\text{c,0,d}} + \frac{\sigma_\text{m,d}}{f_\text{m,d}} \right) \le 1 \quad \text{mit}$$

$\sigma_{c,0,d}$, $\sigma_{m,d}$ Spannungen, ermittelt mit den Schnittgrößen an den Stellen 1 und 2 und mit Querschnitten rechtwinklig zur Faserrichtung unmittelbar neben der Keilzinkenverbindung (Schnitte 1-1 und 2-2)

$k_c$ Knickbeiwert nach Abschnitt 9; beim Nachweis nach Theorie II. Ordnung ist $k_c = 1$ zu setzen

$$f_{c,\alpha,d} = \frac{f_{c,0,d}}{\sqrt{\left(\frac{f_{c,0,d} \cdot \sin^2\alpha}{2 \cdot f_{c,90,d}}\right)^2 + \left(\frac{f_{c,0,d} \cdot \sin\alpha \cdot \cos\alpha}{2 \cdot f_{v,d}}\right)^2 + \cos^4\alpha}}$$

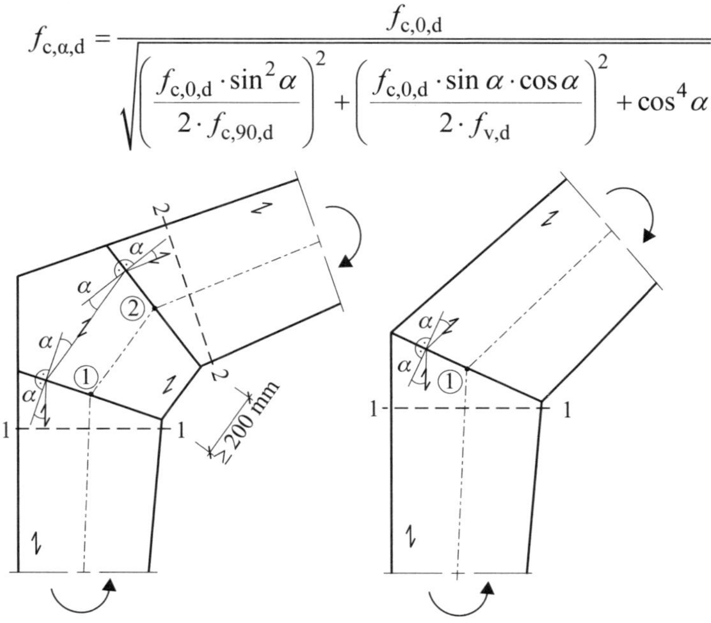


*Bild 12.29: Rahmenecken mit Universal-Keilzinkenverbindungen*

Für $f_{c,0,d}$, $f_{t,0,d}$, $f_{m,d}$ ab Festigkeitsklasse GL28 bei BSH und ab Festigkeitsklasse C24 bei BASH sind die Werte der jeweils nächstniedrigeren Festigkeitsklassen zugrunde zu legen.

Die Querschnittsschwächungen durch die Universal-Keilzinkenverbindung bei Querschnittshöhen über 300 mm sind mit $A_n = 0{,}8 \cdot A$ und $W_n = 0{,}8 \cdot W$ zu berücksichtigen.

## 12.7 Verbundbauteile aus Brettschichtholz

Die Einsatzmöglichkeiten von Verbundbauteilen aus Brettschichtholz liegen bisher im Brückenbau, wobei eine direkte Bewitterung des blockverklebten BSH zu vermeiden ist. Die bisherigen Erfahrungen gewährleisten nur für die Nutzungsklassen 1 und 2 eine Dauerhaftigkeit der Blockfugen und die Vermeidung von unverträglicher Rissbildung infolge Eigenspannungen aus ungleichmäßiger Holzfeuchteverteilung.

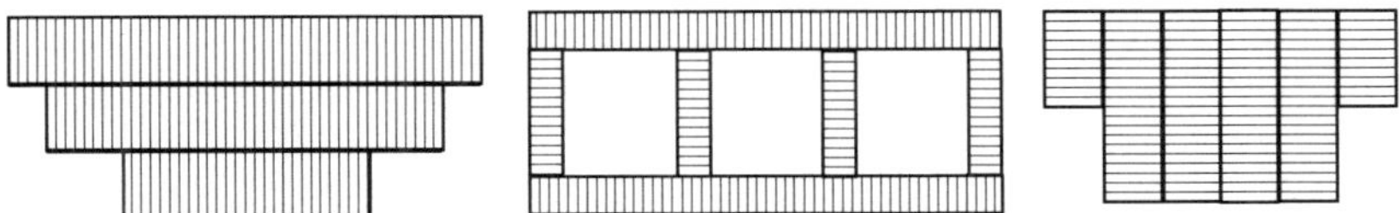

*Bild 12.30: Beispiele für Verbundbauteile aus BSH*

# 13 Gebrauchstauglichkeit

## 13.1 Verformungen

### 13.1.1 Allgemeines

Die Berechnung der Verformungen für den Nachweis der Gebrauchstauglichkeit wird mit den charakteristischen Einwirkungen und den Mittelwerten der Steifigkeitskennwerte $E_{mean}$, $G_{mean}$ und dem Verschiebungsmodul $K_{ser}$ vorgenommen.

gesamte Anfangsverformung $\delta_{inst} = \delta_{el} + \delta_j$

gesamte Endverformung $\delta_{fin} = \delta_{inst} + \delta_{kriech} = \delta_{inst} \cdot (1 + k_{def})$

elastische Verformung $\delta_{el} = \int \frac{M \cdot \overline{M}}{E_{0,mean} \cdot I} ds + \int \frac{V \cdot \overline{V}}{G_{mean} \cdot A_v} ds + \int \frac{S \cdot \overline{S}}{E_{0,mean} \cdot A} ds$

Verformung in Verbindungen $\delta_j = \sum \frac{M_E \cdot \overline{M}_E}{K_r} + \sum \frac{S_k \cdot \overline{S}_k}{K_j} + \sum \overline{S}_i \cdot \Delta u_i$

Es bedeuten:

| | | | | |
|---|---|---|---|---|
| $k_{def}$ | | | | Verformungsbeiwert nach Tabelle 13.1 |
| $M_E$ | in Nmm | $\overline{M}_E$ | in mm | Biegemomente in biegesteifen Anschlüssen |
| $S_k$ | in N | $\overline{S}_k$ | | Anschlusskräfte in Knoten |
| $S_i$ | in N | $\overline{S}_i$ | | Stabkräfte |
| $K_r$ | in Nmm | | | Drehfedersteifigkeit |
| $K_j$ | in N/mm | | | Federsteifigkeit |
| $\Delta u_i$ | in mm | | | Schlupf |

Verformungen aus Temperaturänderungen können bei Holzkonstruktionen im Allgemeinen vernachlässigt werden.

Bei Rahmentragwerken und Fachwerken sind erforderlichenfalls alle Verformungsanteile zu berücksichtigen.

### 13.1.2 Elastische Verformungen

Die nachfolgenden Angaben beschränken sich auf Biegestäbe.

Die Anfangsdurchbiegung $w_{inst}$ ist die elastische Verformung infolge von Biegemomenten und gegebenenfalls von Querkräften.

**Biegeträger mit konstanter Höhe**

Berechnung der elastischen Biegeverformung $w_{m,inst}$ nach den Regeln der Stabstatik mit der Biegesteifigkeit $E_{0,mean} \cdot I$ zu

$$w_{m,inst} = \int \frac{M \cdot \overline{M}}{E_{0,mean} \cdot I} \cdot ds = k \cdot \frac{M \cdot \ell^2}{E_{0,mean} \cdot I} .$$

Mit dem Beiwert $k$ werden das statische System und die Art der Belastung berücksichtigt.

Die Schubverformung, die bei Stäben aus Holz und insbesondere bei Stegträgern mit HW-Stegen je nach Genauigkeitsanforderung nicht vernachlässigt werden darf, berechnet sich zu

$$w_{v,inst} = \frac{M_{max}}{G_{mean} \cdot A_v}$$

$A_v = A_w$ bei Stegträgern mit der Stegfläche $A_w$

$= A/1{,}2$ bei Trägern mit Rechteckquerschnitt

$$w_{inst} = w_{m,inst} + w_{v,inst}$$

Bei zweiachsiger Biegung gilt:

$$w_{inst} = \sqrt{w_{y,inst}^2 + w_{z,inst}^2}$$

**Sattel- und Pultdachträger mit Rechteckquerschnitt unter Gleichstreckenlast**

Biegeverformung mit $I_s = b \cdot h_s^3 / 12$

$$w_{m,inst} = \frac{M_{max} \cdot \ell^2}{9{,}6 \cdot E_{0,mean} \cdot I_s} \cdot k_m$$

Schubverformung mit $A_s = b \cdot h_s$

$$w_{v,inst} = \frac{1{,}2 \cdot M_{max}}{G_{mean} \cdot A_s} \cdot k_v$$

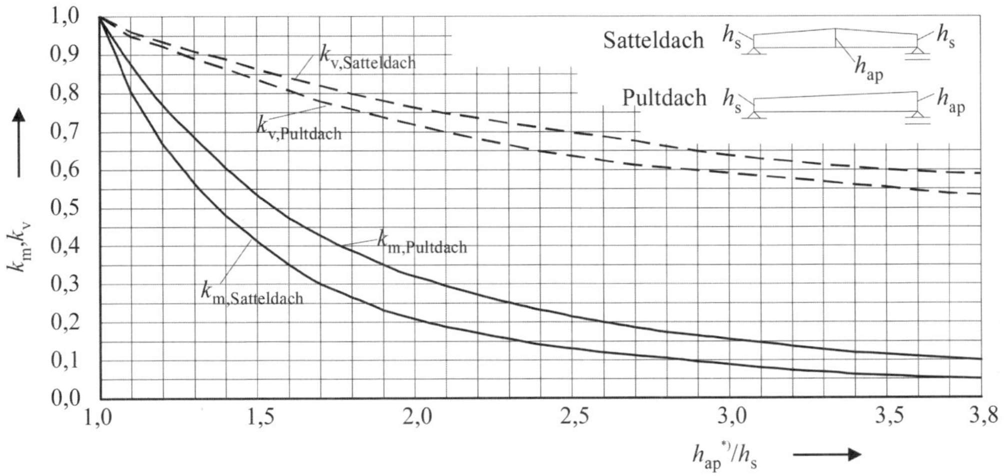

*) Bei gekrümmtem Untergurt für $h_{ap}$ hier $h_1$ nach Abschnitt 10.5 einsetzen.

*Bild 13.1: Faktoren $k_m$ und $k_v$ für Pultdachträger und symmetrische Satteldachträger*

Für symmetrische Satteldachträger können $k_m$ und $k_v$ berechnet werden zu:

$$k_m = \frac{(h_s / h_{ap})^3}{0{,}15 + 0{,}85 \cdot h_s / h_{ap}} \qquad k_v = \frac{2}{1 + (h_{ap} / h_s)^{2/3}}\ .$$

Für Satteldachträger mit gekrümmtem unteren Rand und zum Auflager hin konisch zulaufendem Querschnitt können die Durchbiegungen z. B. auch nach [28] ermittelt werden.

### 13.1.3 Kriechverformungen

Die maximale Kriechverformung darf vereinfacht aus der Anfangsverformung und dem Verformungsbeiwert (Kriechfaktor) $k_{def}$ nach Tabelle 13.1 berechnet werden zu

$$w_{kriech} = k_{def} \cdot w_{inst}$$

Die Enddurchbiegung lautet somit $\quad w_{fin} = w_{inst} \cdot (1 + k_{def})$

Die Endverformung eines Tragwerks, das aus Bauteilen mit unterschiedlichen Kriecheigenschaften besteht, sollte mit abgeänderten Steifigkeitsmoduln berechnet werden, die bestimmt werden, indem der Steifigkeitsmodul für jedes Bauteil durch den entsprechenden Wert $(1 + k_{def})$ geteilt wird. Für Verbindungen mit mechanischen Verbindungsmitteln ist $k_{def}$ der zu verbindenden Bauteile zu verwenden. Bei Verbindungen mit unterschiedlichem $k_{def}$ darf das arithmetische Mittel der $k_{def}$-Werte verwendet werden. Bei Stahlblech-Holz-Verbindungen ist $k_{def}$ des Holzes einzusetzen.

*Tabelle 13.1: Verformungsbeiwerte $k_{def}$*

| Baustoff | Nutzungsklasse | | |
|---|---|---|---|
| | 1 | 2 | 3 |
| VH[1], BSH, FSH[2], BASH, BSPH | 0,60 | 0,80 | 2,00 |
| FSH[3], SPH | 0,80 | 1,00 | 2,50 |
| OSB-Platten | 1,50 | 2,25 | – |
| Spanplatten | 2,25 | 3,00 | 4,00 |

[1] $k_{def}$-Werte für VH, dessen Feuchte beim Einbau im Fasersättigungsbereich oder darüber liegt und nach dem Einbau austrocknen kann, sind um 1,0 zu erhöhen.

[2] mit allen Furnieren faserparallel

[3] mit Querfurnieren

### 13.1.4 Verschiebungen in Verbindungen

#### Allgemeines

Bei den Verschiebungen in Verbindungen wird wie bei den Durchbiegungen von Bauteilen in Anfangs- und Endverformungen unterschieden:

elastische Anfangsverschiebung $\quad u_{inst} = F / K_{ser}$

Endverschiebung $u_{fin} = u_{inst} \cdot (1 + k_{def})$

Bei einer Verbindung zwischen Bauteilen

mit unterschiedlichen Kriecheigenschaften $u_{fin} = u_{inst} \cdot \sqrt{(1 + k_{def,1}) \cdot (1 + k_{def,2})}$

$k_{def}$ ist der Verformungsbeiwert nach Tabelle 13.1.

*Tabelle 13.2: Rechenwerte (Mittelwerte) für die Verschiebungsmoduln $K_{ser}$ in N/mm pro Scherfuge stiftförmiger Verbindungsmittel und pro Verbindungseinheit mit Dübeln besonderer Bauart*

| Verbindungsmittel | Verbindung Holz-Holz, Holz-Holzwerkstoff, Stahl-Holz |
|---|---|
| Stabdübel, Passbolzen, Bolzen[1)], Nägel und Holzschrauben in vorgebohrten Löchern | $= \frac{\rho_m^{1,5} \cdot d}{23}$ |
| Nägel und Holzschrauben in nicht vorgebohrten Löchern | $= \frac{\rho_m^{1,5} \cdot d^{0,8}}{30}$ |
| Ringdübel Typ A1 und Scheibendübel Typ B1 (Appel) | $0{,}5 \cdot d_c \cdot \rho_m$ |
| Scheibendübel mit Zähnen Typ C1, C2 (Bulldog) | $0{,}375 \cdot d_c \cdot \rho_m$ |
| Scheibendübel mit Dornen Typ C10, C11 (Geka) | $0{,}5 \cdot d_c \cdot \rho_m$ |

[1)] Bei mit Übermaß gebohrten Löchern im Holz ist bei Bolzen mit einem zusätzlichen Schlupf von 1 mm zu rechnen. Daher ist zu den mithilfe des Verschiebungsmoduls ermittelten rechnerischen Verschiebungen jeweils ein Anteil von 1 mm hinzuzurechnen.

$\rho_m$ mittlere Rohdichte der miteinander verbundenen Teile in $kg/m^3$

$\rho_m = \sqrt{\rho_{m,1} \cdot \rho_{m,2}}$ bei unterschiedlichen Werten $\rho_{m,1}$ und $\rho_{m,2}$ der charakteristischen Rohdichte der beiden miteinander verbundenen Teile

$\rho_m$ $= \rho_{m,Holz}$ bei Stahl-Holz-Verbindungen und bei HW-Holz-Verbindungen

$d$ Stiftdurchmesser in mm

**Verbindungen mit SDü, Nä, Sr oder Kl**

Bei Verbindungen mit stiftförmigen Verbindungsmitteln ist für $F$ die Kraft infolge der Gebrauchslast pro Scherfuge einzusetzen.

$K_{ser}$ ist der Anfangsverschiebungsmodul nach Tabelle 13.2.

**Bolzenverbindungen**

$u_{inst} = 1\text{ mm} + F / K_{ser}$ mit $K_{ser}$ für Stabdübel

$u_{fin} = 1\text{ mm} + u_{inst} \cdot (1 + k_{def})$ mit $u_{inst}$ für SDü-Verbindung

**Dübelverbindungen**

Für eine Verbindungseinheit (siehe Tabelle 12.23) ist der Verschiebungsmodul des entsprechenden Dübels besonderer Bauart nach Tabelle 13.2 zu verwenden.

**Federsteifigkeiten**

Nachfolgend werden die Begriffe Dehn- und Drehfedersteifigkeit definiert.

Dehnfedersteifigkeit $K_j$

$K_j = K \cdot n$ in N/mm

| | |
|---|---|
| $K = K_{ser}$ | für Gebrauchstauglichkeitsnachweise |
| $K = K_u$ | für Tragfähigkeitsnachweise |
| $n$ | ist die Anzahl der Scherfugen in einem Anschluss mit stiftförmigen Verbindungsmitteln bzw. die Anzahl der Verbindungseinheiten in einem Anschluss mit Dübeln besonderer Bauart |

$K_j$ kann als die Kraft aufgefasst werden, die eine Verschiebung $u = 1$ mm verursacht.

Drehfedersteifigkeit $K_\varphi$

$K_\varphi = K \cdot \sum_{i=1}^{n} r_i^2$ in Nmm

| | |
|---|---|
| $\sum_{i=1}^{n} r_i^2$ | polares Flächenmoment 2. Grades (polares Trägheitsmoment) |
| $r_i$ | ist der Abstand des Verbindungsmittels i vom Rotationszentrum |
| $K = K_{ser}$ | für Gebrauchstauglichkeitsnachweise |
| $K = K_u$ | für Tragfähigkeitsnachweise |
| $n$ | ist die Anzahl der Scherfugen in einem Anschluss mit stiftförmigen Verbindungsmitteln bzw. die Anzahl der Verbindungseinheiten in einem Anschluss mit Dübeln besonderer Bauart |

$K_\varphi$ kann als das Moment aufgefasst werden, das eine Verdrehung $\omega = 1$ verursacht.

## 13.2 Durchbiegungsnachweise

Beim Nachweis der Gebrauchstauglichkeit biegebeanspruchter Bauteile wird unterschieden in

- *seltene Bemessungssituation.* Die dafür empfohlenen Grenzwerte sollen Schäden an nicht tragenden Bauteilen oder Einbauten wie z. B. Trennwände, Glasfassaden, Türen und Fenster verhindern.
- *quasi-ständige Bemessungssituation.* Die dafür empfohlenen Grenzwerte sollen die allgemeine Benutzbarkeit und das Erscheinungsbild sicherstellen. Nicht waagerechte Fußböden schränken die allgemeine Benutzbarkeit ein und deutlich sichtbare Durchbiegungen verunsichern den Nutzer.

Das nachfolgende Schema gibt die Nachweise der Gebrauchstauglichkeit für biegebeanspruchte Bauteile in allgemeiner und in konkreter Form wieder.

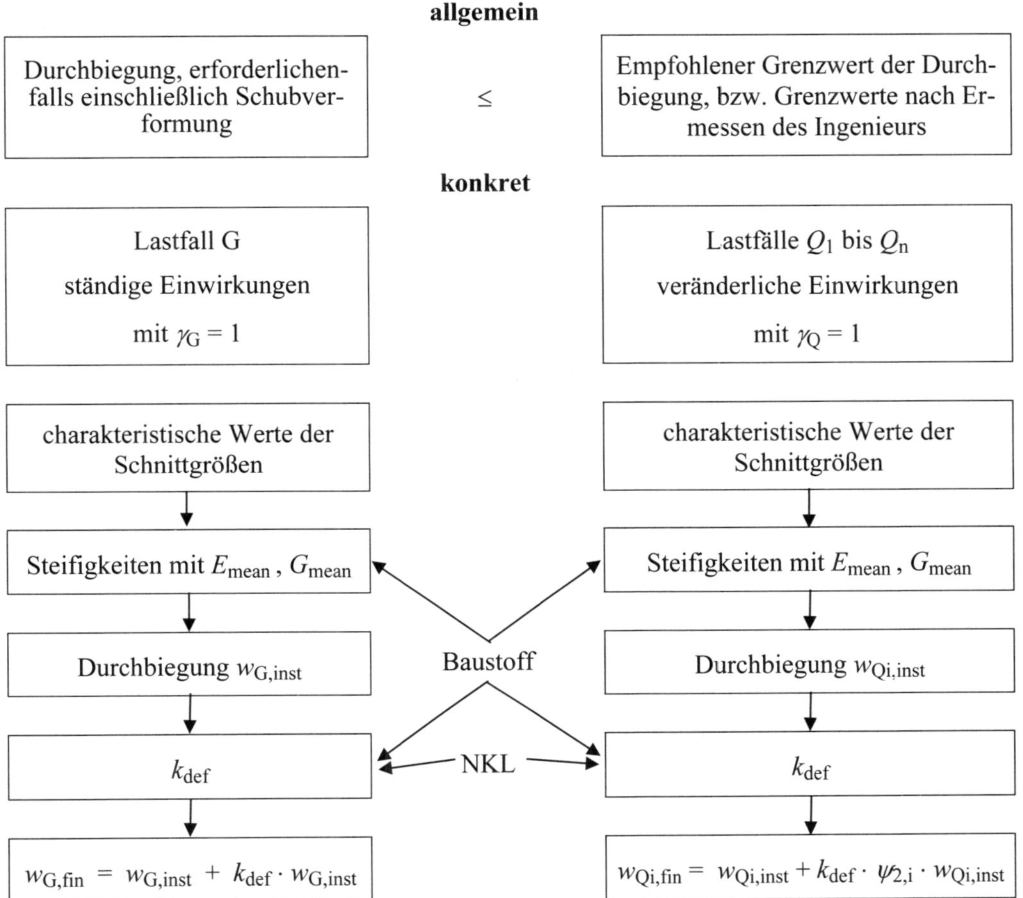


### Empfohlene Grenzwerte der Durchbiegung

$$w_{inst} = w_{inst,G} + w_{inst,Q,1}{}^{1)} + \sum_{i=2}^{n} \psi_{0,i} \cdot w_{inst,Q,i} \qquad \leq \ell / 300$$

$$w_{net,fin} = \left( w_{inst,G} + \sum_{i=1}^{n} \psi_{2,i} \cdot w_{inst,Q,i} \right) \cdot \left(1 + k_{def}\right) - w_c \qquad \leq \ell / 300$$

$$w_{fin} = w_{inst,G} \cdot \left(1 + k_{def}\right) + w_{inst,Q,1}{}^{1)} \cdot \left(1 + \psi_{2,1} \cdot k_{def}\right) + \sum_{i=2}^{n} w_{inst,Q,i} \cdot \left(\psi_{0,i} + \psi_{2,i} \cdot k_{def}\right) \qquad \leq \ell / 200$$

[1)] $Q_1$: ungünstigste Einwirkung (offensichtlich oder durch Kombinationen festzustellen)

## 13.3 Schwingungsnachweis

### Schwingungsnachweis bei Decken über Wohnräumen

1. Frequenzanforderung: $f_1 = \frac{\pi}{2l^2} \cdot \sqrt{\frac{(EI)_l}{\mathrm{m}}} < 8\ \mathrm{Hz}$

2. Steifigkeitsanforderung: $\frac{w}{F} \leq B\ \frac{\mathrm{mm}}{\mathrm{kN}}$

3. Massenanforderung: $v \leq A^{(f_1 \cdot \xi - 1)}\ \mathrm{m/(Ns^2)}$

mit

$$v = \frac{4(0,4 + 0,6 \cdot \mathrm{n}_{40})}{(m \cdot b \cdot l + 200)} \quad \text{und} \quad n_{40} = \left\{ \left( \left( \frac{40}{f_1} \right)^2 - 1 \right) \cdot \left( \frac{b}{l} \right)^4 \cdot \frac{(EI)_l}{(EI)_b} \right\}^{0,25}$$

$f_1$ 1. Eigenfrequenz

$l$ Deckenspannweite in m

$(EI)_l$ äquivalente Plattenbiegesteifigkeit um eine Achse rechtwinklig zur Richtung der Balken in $\mathrm{Nm^2/m}$

$(EI)_b$ äquivalente Plattenbiegesteifigkeit um eine Achse in Richtung der Balken in $\mathrm{Nm^2/m}$, wobei $(EI)_b < (EI)_l$.

$m$ Masse pro Flächeneinheit in $\mathrm{kg/m^2}$

$b$ Deckenbreite [m]

$\xi$ modale Dämpfungsgrad = 0,01 soweit kein geeigneterer Wert vorliegt

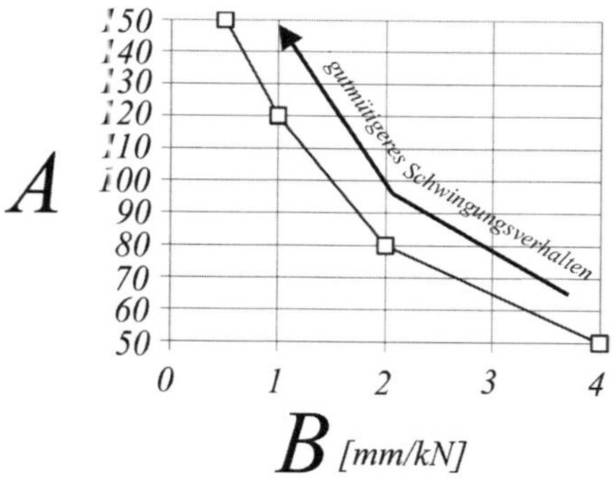

*Bild 13.2: Faktoren A und B für den Schwingungsnachweis von Decken*

# 14 Beispiel Wohnhaus

## 14.1 Übersichtsskizzen

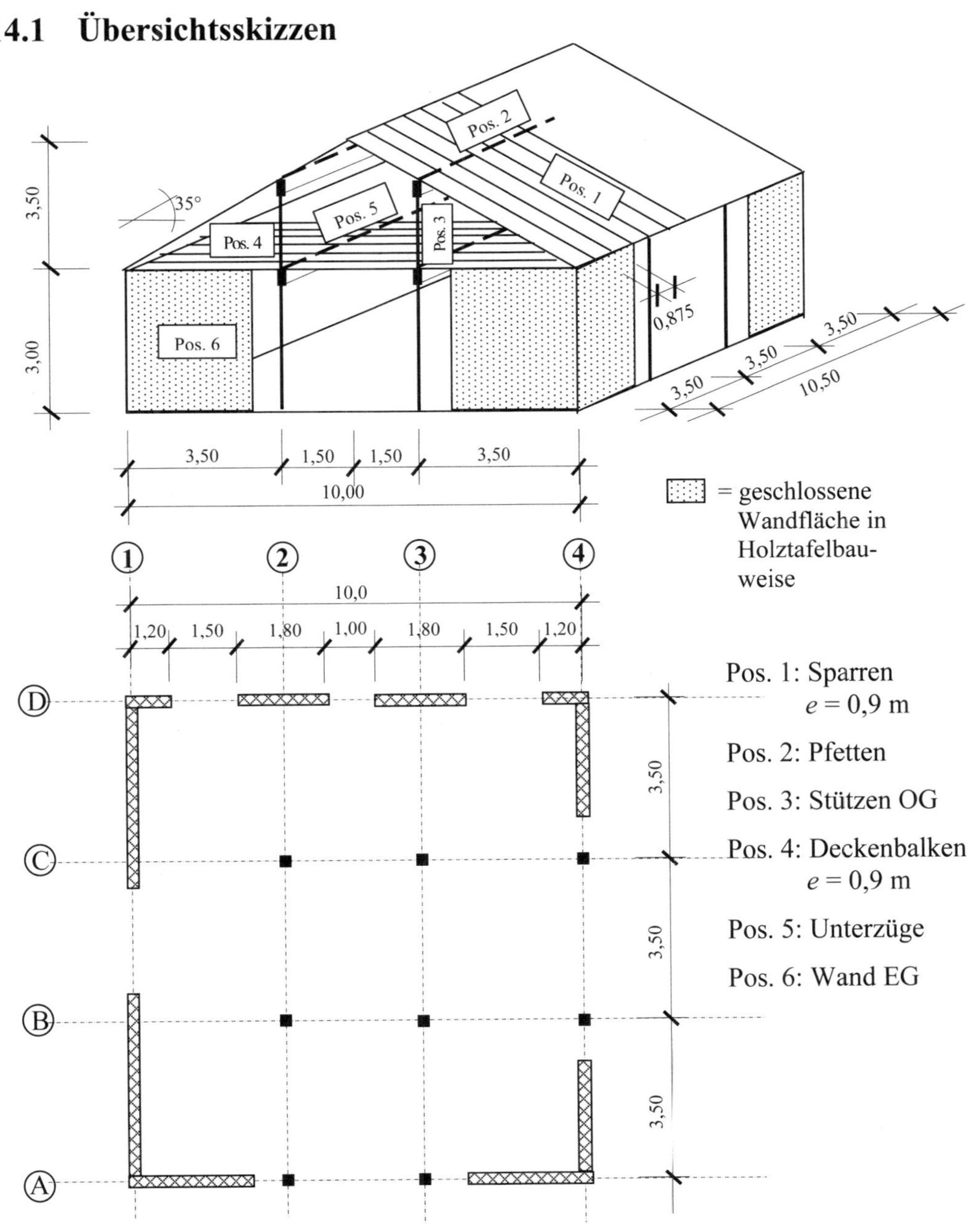


*Bild 14.1: Isometrie und Grundriss Erdgeschoss*

## 14.2 Das Dach

Das Dach wird als strebenloses Pfettendach ohne Firstgelenk ausgebildet.

Zur Vertiefung werden [29] und [30] empfohlen.

### Pos. 1: Die Sparren

### System

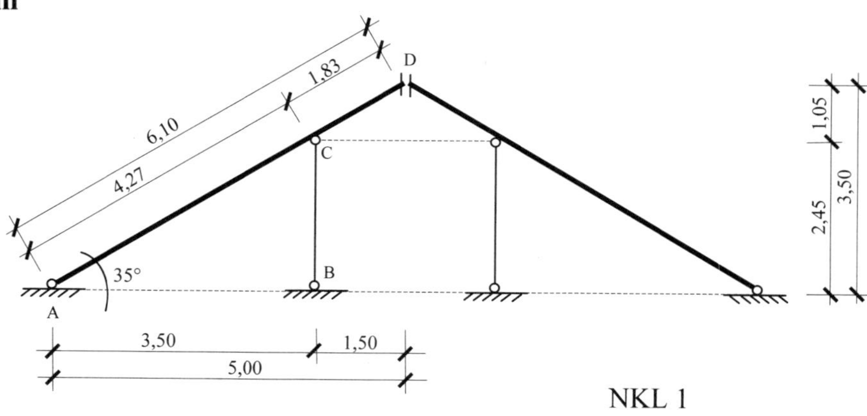


NKL 1
Höhe über NN: 327 m

### Einwirkungen

**Ständige Einwirkungen** DIN EN 1991-1-1

| | | |
|---|---|---|
| Betondachsteine einschl. Lattung | | 0,60 kN/m² Dfl |
| Sparreneigenlast | | 0,10 kN/m² Dfl |
| Summe ständiger Einwirkungen | $G_k$ = | 0,70 kN/m² Dfl |
| auf den Grundriss bezogen | $G'_k = 0{,}70/\cos 35° = 0{,}855$ ≈ | 0,86 kN/m² Gfl |

**Veränderliche Einwirkungen**

**Schneelast** Zone 2, $H = 327$ m über NN, $\alpha = 35°$ DIN EN 1991-1-3

$$s_k = 0{,}25 + 1{,}91 \cdot \left(\frac{327+140}{760}\right)^2 = 0{,}97 \text{ kN/m}^2$$

$$\mu_1 = 0{,}67; \quad s'_k = \mu_1 \cdot s_k = 0{,}67 \cdot 0{,}97 = 0{,}65 \text{ kN/m}^2$$

**Windlast**
- $H < 25{,}00$ m (Höhe über Gelände)
  ⇒ vereinfachte Annahmen nach DIN EN 1991-1-4
- Windzone 2, Binnenland
- $H < 10{,}00$ m ⇒ Staudruck $q = 0{,}65$ kN/m²

Es werden die Druckbeiwerte $c_{pe,10}$ verwendet, $c_{pe,1}$ sind nur für Verankerungen und deren Unterkonstruktionen maßgebend.

$$\frac{h}{d} = \frac{7,5}{10,0} = 0,75$$

Außendruckbeiwerte mit den Indizes D bis J, siehe Tabellen 7.1 und 7.4a in DIN EN 1991-1-4

$$c_{pe,D} = +0,70 + \frac{0,50}{0,75} \cdot (0,8 - 0,7) = +0,77 \quad \rightarrow w_D = 0,77 \cdot 0,65 \quad = 0,50\,\text{kN/m}^2$$

$$c_{pe,E} = -0,30 + \frac{0,50}{0,75} \cdot (0,5 - 0,3) = -0,43 \quad \rightarrow w_E = -0,43 \cdot 0,65 \quad = -0,28\,\text{kN/m}^2$$

für $\Theta = 0$:

$$c_{pe,F} = +0,70 \quad \rightarrow w_F = 0,70 \cdot 0,65 \quad = 0,46\,\text{kN/m}^2$$

$$c_{pe,G} = +0,70 \quad \rightarrow w_G = 0,70 \cdot 0,65 \quad = 0,46\,\text{kN/m}^2$$

$$c_{pe,H} = +0,40 + \frac{5}{15} \cdot (0,6 - 0,4) = 0,47 \rightarrow w_H = 0,47 \cdot 0,65 \quad = 0,30\,\text{kN/m}^2$$

$$c_{pe,I} = -0,40 \quad \rightarrow w_I = -0,40 \cdot 0,65 \quad = -0,26\,\text{kN/m}^2$$

$$c_{pe,J} = -0,70 \quad \rightarrow w_J = -0,50 \cdot 0,65 \quad = -0,33\,\text{kN/m}^2$$

**Einzellast für Dächer** DIN EN 1991-1-1, NDP zu 6.4.3.2, Tab. 6.10

$Q_k = 1,0$ kN

**Auflagerkräfte und Schnittgrößen für 1,0 m Belastungsbreite**

Die Normalkraft $N$ wird vernachlässigt.

**Aus ständigen Einwirkungen**

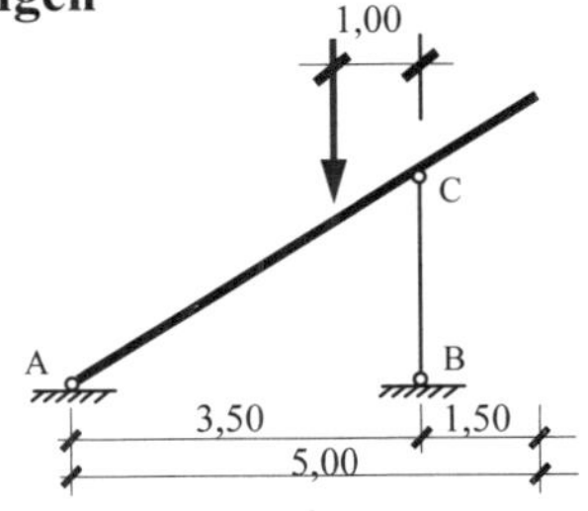


Zur Ermittlung der Auflagerkräfte wird die Resultierende der Gleichstreckenlast herangezogen.

| | | | |
|---|---|---|---|
| aus $\Sigma M_B = 0 \Rightarrow$ | $A_{v,k} = 0,86 \cdot 5,0 \cdot 1,0/3,5$ | = | 1,23 kN |
| aus $\Sigma M_A = 0 \Rightarrow$ | $B_{v,k} = 0,86 \cdot 5,0^2/(2 \cdot 3,5)$ | = | 3,07 kN |
| | $V_{A,k} = 1,23 \cdot \cos 35°$ | = | 1,01 kN |
| | $V_{B,l,k} = 1,01 - 0,86 \cdot 3,5 \cdot \cos 35°$ | = | –1,46 kN |
| | $V_{B,r,k} = 0,86 \cdot 1,5 \cdot \cos 35°$ | = | 1,06 kN |
| | $M_{C,k} = -0,86 \cdot 1,5^2/2$ | = | 0,97 kNm |
| | $M_{F,k} = A^2/(2q) = 1,23^2/(2 \cdot 0,86)$ | = | 0,88 kNm |

**Aus Schneebelastung**

Umrechnungsfaktor gegenüber ständigen Einwirkungen $\mu = 0,65/0,86 = 0,76$

**Aus Winddruck**

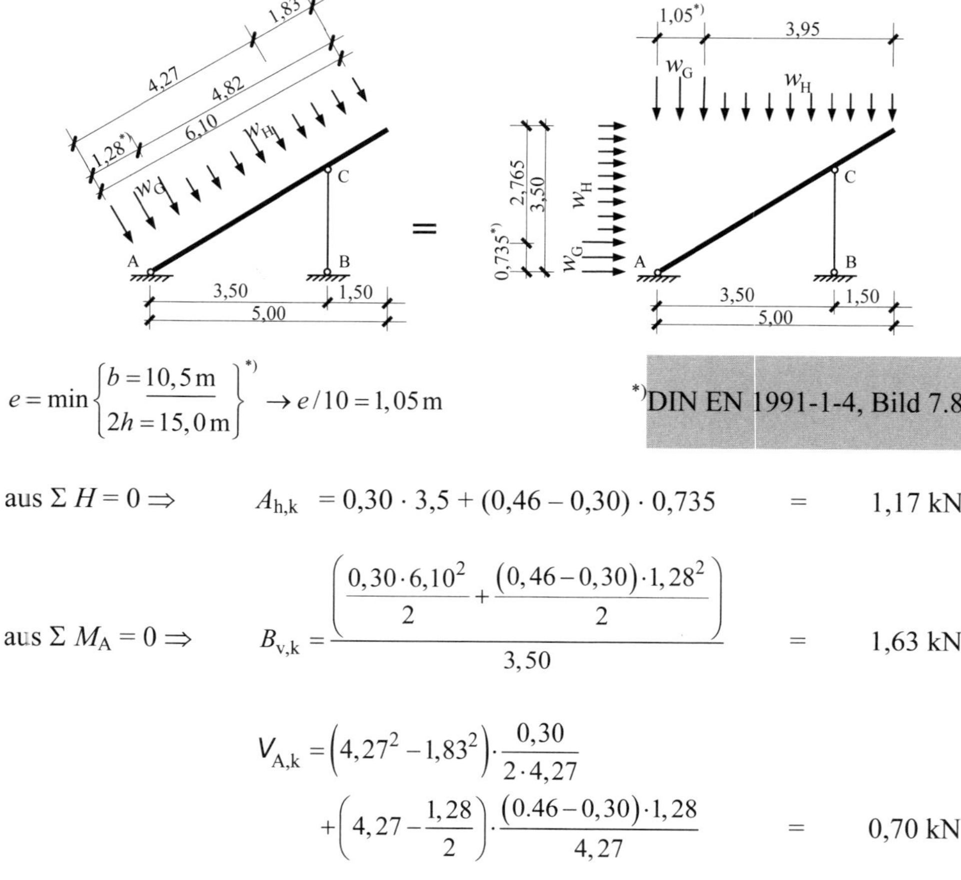


$$e = \min\left\{\begin{matrix} b = 10{,}5\,\text{m} \\ \hline 2h = 15{,}0\,\text{m} \end{matrix}\right\}^{*)} \rightarrow e/10 = 1{,}05\,\text{m}$$

*) DIN EN 1991-1-4, Bild 7.8

aus $\Sigma H = 0 \Rightarrow$ $\quad A_{\text{h,k}} = 0{,}30 \cdot 3{,}5 + (0{,}46 - 0{,}30) \cdot 0{,}735 \quad = \quad 1{,}17\text{ kN}$

aus $\Sigma M_A = 0 \Rightarrow$

$$B_{\text{v,k}} = \frac{\left(\dfrac{0{,}30 \cdot 6{,}10^2}{2} + \dfrac{(0{,}46 - 0{,}30) \cdot 1{,}28^2}{2}\right)}{3{,}50} = 1{,}63\text{ kN}$$

$$V_{\text{A,k}} = \left(4{,}27^2 - 1{,}83^2\right) \cdot \frac{0{,}30}{2 \cdot 4{,}27} + \left(4{,}27 - \frac{1{,}28}{2}\right) \cdot \frac{(0.46 - 0{,}30) \cdot 1{,}28}{4{,}27} = 0{,}70\text{ kN}$$

$V_{\text{B,r,k}} = 0{,}30 \cdot 1{,}83 \quad = \quad 0{,}55\text{ kN}$

$V_{\text{B,l,k}} = 0{,}70 + 0{,}55 - 0{,}30 \cdot 6{,}10 - 0{,}16 \cdot 1{,}28 \quad = \quad -0{,}78\text{ kN}$

$A_{\text{v,k}} = 0{,}30 \cdot 5{,}00 + 0{,}16 \cdot 1.05 - 1{,}63 \quad = \quad 0{,}04\text{ kN}$

$M_{\text{C,k}} = -0{,}30 \cdot 1{,}83^2/2 \quad = \quad -0{,}50\text{ kNm}$

$$\max M_{\text{F,k}} = \frac{0{,}30 \cdot 4{,}27^2}{8} - \frac{0{,}50}{2} + \frac{\left[\dfrac{0{,}16 \cdot 1{,}28}{4{,}27} \cdot \left(4{,}27 - \dfrac{1{,}28}{2}\right)\right]^2}{2 \cdot 0{,}16} = 0{,}53\text{ kNm}$$

Aus Windsog, **wird hier nicht behandelt.**

**Aus Nutzlast $Q_k$** (nur maßgebend im Bereich des Kragarms)

$B_{\text{v,k}} = 1{,}0 \cdot 5{,}0 / 3{,}5 \quad = \quad 1{,}43\text{ kN}$

$V_{\text{B,r,k}} = 1{,}0 \cdot \cos 35\,° \quad = \quad 0{,}82\text{ kN}$

$M_{\text{C,k}} = -1{,}0 \cdot 1{,}5 \quad = \quad -1{,}50\text{ kNm}$

## Zusammenstellung der für die Bemessung erforderlichen Auflager- und Schnittgrößen

| | Lastfall | | | | Lastfallkombination | | | |
|---|---|---|---|---|---|---|---|---|
| | $g$ | $s$ | $P$ | $w$ | $1{,}35 \cdot g$ | $1{,}35 \cdot g + 1{,}5 \cdot Q$ | $1{,}35 \cdot g + 1{,}5 \cdot s + 1{,}5 \cdot 0{,}6 \cdot w$ | $1{,}35 \cdot g + 1{,}5 \cdot w + 1{,}5 \cdot 0{,}5 \cdot s$ |
| $M_F$ | 0,88 | 0,66 | – | 0,53 | 1,19 | – | 2,66 | 2,48 |
| $M_C$ | – 0,97 | – 0.73 | – 1,50 | – 0,50 | – 1,31 | – 3,56 | – 2,85 | – 2,61 |
| $B_v$ | 3,07 | 2,32 | 1,43 | 1,63 | 4,14 | 6,29 | 9,09 | 8,33 |
| | | | | KLED | ständig | kurz | kurz | kurz |
| | | | | $k_{mod}$ | 0,6 | 0,9 | 0,9 | 0,9 |
| | | | | $M_{C,d}/k_{mod}$ | – 2,18 | – 3,96 | –3,17 | –2,90 |
| | | | | $B_{v,d}/k_{mod}$ | 6,91 | 6,99 | 10,10 | 9,26 |

**Bemessung:**

Gewählt: 80/140 VH C 24 $W_y = 261 \cdot 10^3$ mm³ $I_y = 1\,829 \cdot 10^4$ mm⁴

$M_{C,d} = -3{,}56$ kNm

$$\sigma_{m,d} = e \cdot \frac{M}{W} = 0{,}9 \cdot \frac{3{,}56 \cdot 10^6}{261 \cdot 10^3} = 12{,}3 \text{ N/mm}^2$$

$$f_{m,d} = \frac{k_{mod} \cdot f_{m,k}}{\gamma_M} = \frac{0{,}9 \cdot 24}{1{,}3} = 16{,}6 \text{ N/mm}^2$$

$$\frac{\sigma_{m,d}}{f_{m,d}} = \frac{12{,}3}{16{,}6} = 0{,}74 < 1$$

**Durchbiegung:**

Bei einem Einfeldträger mit Kragarm, der durch eine Gleichstreckenlast belastet wird, ergibt sich die Durchbiegung an der Kragarmspitze zu 0, wenn das Verhältnis der Auskragungslänge zur Feldlänge, $\ell_k : \ell = 0{,}44$ beträgt. Deshalb werden bei üblichen Hausdächern Kraglängen von $\ell_k \approx (0{,}33 - 0{,}44) \cdot \ell$ gewählt, wobei $\ell_k \leq 2{,}0$ m betragen sollte.

Hier wird das Feld maßgebend, da $c_o = 1{,}83 < 0{,}44 \cdot 4{,}27 = 1{,}88$ m

$g_{\perp,k} = e \cdot g_k \cdot \cos\alpha = 0{,}90 \cdot 0{,}7 \cdot \cos 35°$ $= 0{,}52$ kN/m

Schnee und Wind können hier zusammengefasst werden, da die Lasteinwirkungsdauer für beide Einwirkungen „kurz“ und somit $k_{def}$ für beide gleich ist. Auf die entlastende Wirkung des Kragarms wird, auf der sicheren Seite liegend, verzichtet. Dafür wird die höhere Windlast am Traufstreifen vernachlässigt.

$$w_{\text{g,inst}} \approx \frac{5 \cdot g_{\perp,\text{k}} \cdot \ell^4}{384 \cdot E_{0,\text{mean}} \cdot I} = \frac{5 \cdot 0{,}52 \cdot 4270^4}{384 \cdot 11000 \cdot 1829 \cdot 10^4} = 11{,}2\,\text{mm}$$

$q_{\perp,\text{k}} \approx e \cdot (s_\text{k} \cdot \cos^2\alpha + w_\text{D}) = 0{,}90 \cdot (0{,}65 \cdot \cos^2 35° + 0{,}30)$ $= 0{,}66$ kN/m

$$w_{\text{q,inst}} = \frac{5 \cdot q_{\perp,\text{k}} \cdot \ell^4}{384 \cdot E_{0,\text{mean}} \cdot I} = \frac{5 \cdot 0{,}66 \cdot 4270^4}{384 \cdot 11000 \cdot 1829 \cdot 10^4} = 14{,}2\,\text{mm}$$

nach EC5 1-1, Tab. 7.2

charakteristische Kombination von Einwirkungen: EC5 1-1, 2.2.3(2)

$w_{\text{inst}} = 11{,}2 + 14{,}2 = 25{,}4\,\text{mm}$

$25{,}4\,\text{mm} = \frac{l}{168} > \frac{l}{300}$

quasi-ständige Kombination von Einwirkungen: EC5 1-1, 2.2.3(3)

$\psi_2 = 0 \;\Rightarrow\; w_{\text{q,fin}} = w_{\text{q,inst}}$

$w_{\text{fin}} = w_{\text{g,inst}} \cdot (1 + k_{\text{def}}) + w_{\text{q,inst}} \cdot (1 + \psi_2 \cdot k_{\text{def}})$
$= 11{,}2 \cdot (1 + 0{,}6) + 14{,}2 \cdot (1 + 0 \cdot 0{,}6) = 32{,}1$ mm

$32{,}1\,\text{mm} = \frac{l}{133} > \frac{l}{150}$

$\Rightarrow$ Im Hinblick auf einen möglichen späteren Dachausbau sollte der Querschnitt vergrößert werden: neu gewählt 80/180 $I_y = 3\,888 \cdot 10^4$ mm$^4$

$w_{\text{inst}} = 25{,}5 \cdot \frac{1829 \cdot 10^4}{3888 \cdot 10^4} = 11{,}9\,\text{mm} = \frac{l}{359}$ $\qquad \frac{l}{300} > \frac{l}{359} > \frac{l}{500}$

$w_{\text{fin}} = 32{,}1 \cdot \frac{1829 \cdot 10^4}{3888 \cdot 10^4} = 15{,}1\,\text{mm} = \frac{l}{283}$ $\qquad \frac{l}{150} > \frac{l}{283} > \frac{l}{300}$

Endgültig gewählt: 80/180 VH C24

# Pos. 2: Die Mittelpfetten

## System

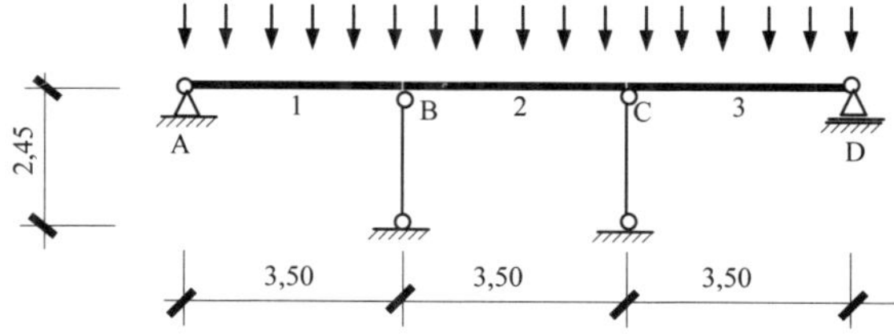


## Einwirkungen (siehe auch Pos. 1)

**Ständige Einwirkungen**

| | | |
|---|---|---|
| aus den Sparren | | = 3,07 kN/m |
| Pfetteneigenlast | | ≈ 0,13 kN/m |
| Summe ständiger Einwirkungen | $g_k$ | = 3,20 kN/m |

**Veränderliche Einwirkungen**

| | | |
|---|---|---|
| aus Schnee auf den Sparren | $s_k$ | = 2,32 kN/m |
| aus Wind auf den Sparren | $w_k$ | = 1,63 kN/m |

## Auflagerkräfte und Schnittgrößen

**aus ständigen Einwirkungen**

| | | |
|---|---|---|
| $A_{v,k}$ | $= 0,40 \cdot 3,20 \cdot 3,50$ | = 4,48 kN |
| $B_{v,k}$ | $= 1,099 \cdot 3,20 \cdot 3,50$ | = 12,31 kN |
| max $V_k$ | $= 0,599 \cdot 3,20 \cdot 3,50$ | = 6,71 kN |
| max $M_{1,k}$ | $= 0,080 \cdot 3,20 \cdot 3,50^2$ | = 3,14 kNm |
| $M_{B,k}$ | $= -0,100 \cdot 3,20 \cdot 3,50^2$ | = – 3,92 kNm |

**aus Schnee**

| | | |
|---|---|---|
| $A_{v,k}$ | $= 0,40 \cdot 2,33 \cdot 3,50$ | = 3,25 kN |
| $B_{v,k}$ | $= 1,099 \cdot 2,33 \cdot 3,50$ | = 8,92 kN |
| max $V_k$ | $= 0,599 \cdot 2,33 \cdot 3,50$ | = 4,86 kN |
| max $M_1$ | $= 0,080 \cdot 2,33 \cdot 3,50^2$ | = 2,27 kNm |
| $M_{B,k}$ | $= -0,100 \cdot 2,33 \cdot 3,50^2$ | = – 2,84 kNm |

**aus Wind**

| | | |
|---|---|---|
| $A_{v,k}$ | $= 0,40 \cdot 1,44 \cdot 3,50$ | = 2,28 kN |
| $B_{v,k}$ | $= 1,099 \cdot 1,44 \cdot 3,50$ | = 6,27 kN |
| max $V_k$ | $= 0,599 \cdot 1,44 \cdot 3,50$ | = 3,42 kN |
| max $M_{1,k}$ | $= 0,080 \cdot 1,44 \cdot 3,50^2$ | = 1,60 kNm |
| $M_{B,k}$ | $= -0,100 \cdot 1,44 \cdot 3,50^2$ | = – 2,00 kNm |

## Zusammenstellung der für die Bemessung erforderlichen Auflager- und Schnittgrößen für die Bemessung nach EC5 1-1

| | Lastfall | | | Lastfallkombination | | |
|---|---|---|---|---|---|---|
| | $g$ | $s$ | $w$ | $1{,}35 \cdot g$ | $1{,}35 \cdot g + 1{,}5 \cdot s + 1{,}5 \cdot 0{,}6 \cdot w$ | $1{,}35 \cdot g + 1{,}5 \cdot w + 1{,}5 \cdot 0{,}5 \cdot s$ |
| $M_1$ | 3,14 | 2,27 | 1,60 | 4,24 | 9,08 | 8,34 |
| $M_B$ | – 3,92 | – 2,84 | – 2,00 | – 5,29 | –11,35 | – 10,42 |
| $B$ | 12,31 | 8,92 | 6,27 | 16,62 | 35,64 | 32,71 |
| max $V$ | 6,71 | 4,86 | 3,42 | 9,06 | 19,43 | 17,83 |
| | | | KLED | ständig | kurz | kurz |
| | | | $k_{mod}$ | 0,6 | 0,9 | 0,9 |
| | | | $B_d/k_{mod}$ | 27,70 | 39,60 | 36,35 |
| | | | $M_B/k_{mod}$ | – 8,82 | –12,61 | –11,58 |

**Bemessung:** Gewählt: 120/180 BSH GL 24h

$A = 216 \cdot 10^2\ \text{mm}^2 \quad W_y = 648 \cdot 10^3\ \text{mm}^3 \quad I_y = 5\,832 \cdot 10^4\ \text{mm}^4$

$M_{B,d} = -11{,}35\ \text{kNm}$

$$\sigma_{m,d} = \frac{M_d}{W} = \frac{11{,}35 \cdot 10^6}{648 \cdot 10^3} = 17{,}5\ \text{N/mm}^2 \qquad f_{m,d} = \frac{k_{mod} \cdot f_{m,0,k}}{\gamma_M} = \frac{0{,}9 \cdot 24}{1{,}3} = 16{,}6\ \text{N/mm}^2$$

$$\frac{\sigma_{m,d}}{f_{m,d}} = \frac{17{,}5}{16{,}6} = 1{,}05 > 1$$

neu gewählt: 120/200

$A = 240 \cdot 10^2\ \text{mm}^2 \quad W_y = 800 \cdot 10^3\ \text{mm}^3 \quad I_y = 8\,000 \cdot 10^4\ \text{mm}^4$

$$\sigma_{m,d} = \frac{M_d}{W} = \frac{11{,}35 \cdot 10^6}{800 \cdot 10^3} = 14{,}2\ \text{N/mm}^2 \qquad \frac{\sigma_{m,d}}{f_{m,d}} = \frac{14{,}2}{16{,}6} = 0{,}86 < 1$$

$$\tau_d = 1{,}5 \cdot \frac{V}{A} = 1{,}5 \cdot \frac{19{,}43 \cdot 10^3}{240 \cdot 10^2 \cdot 0{,}71} = 1{,}71\ \text{N/mm}^2 \qquad f_{v,d} = \frac{0{,}9 \cdot 3{,}5}{1{,}3} = 2{,}42\ \text{N/mm}^2$$

$$\frac{\tau_d}{f_{v,d}} = \frac{1{,}71}{2{,}42} = 0{,}71 < 1$$

*) $b_{ef} = k_{cr} \cdot b \qquad k_{cr} = \frac{2{,}5}{f_{v,k}} = \frac{2{,}5}{3{,}5} = 0{,}71$ EC5 1-1, 6.1.7(2) NA NDP zu 6.1.7(2)

Auflagerpressung über der Stütze 120/120 $B_d = 35{,}64$ kN

$$\Rightarrow \sigma_{c,90,d} = \frac{35{,}64 \cdot 10^3}{\left(144 + 2 \cdot 3 \cdot 12\right) \cdot 10^2} = 1{,}7\,\text{N/mm}^2 \qquad f_{c,90,d} = \frac{0{,}9 \cdot 2{,}5}{1{,}3} = 1{,}7\,\text{N/mm}^2$$

$k_{c,90} = 1{,}75$

$$\boxed{\frac{\sigma_{c,90,d}}{k_{c,90} \cdot f_{c,90,d}} = \frac{1{,}7}{1{,}75 \cdot 1{,}7} = 0{,}57 < 1}$$

**Durchbiegung:**

$g_k = 3{,}20$ kN/m $\qquad s_k + w_k = 2{,}32 + 1{,}63 = 3{,}95$ kN/m

Schnee und Wind können hier zusammengefasst werden, da die Lasteinwirkungsdauer für beide Einwirkungen „kurz“ und somit $k_{def}$ für beide gleich ist.

$$w_{g,inst} = \frac{0{,}0068 \cdot 3{,}20 \cdot 3500^4}{11500 \cdot 8000 \cdot 10^4} = 3{,}5\,\text{mm} \qquad w_{q,inst} = \frac{0{,}0068 \cdot 3{,}95 \cdot 3500^4}{11500 \cdot 8000 \cdot 10^4} = 4{,}4\,\text{mm}$$

nach EC5 1-1, Tab. 7.2

charakteristische Kombination von Einwirkungen: EC5 1-1, 2.2.3(2)

$$w_{inst} = 3{,}5 + 4{,}4 = 7{,}9\text{ mm} = \frac{l}{443} \qquad \boxed{\frac{l}{300} > \frac{l}{443} > \frac{l}{500}}$$

quasi-ständige Kombination von Einwirkungen: EC5 1-1, 2.2.3(3)

$\psi_2 = 0 \Rightarrow w_{q,fin} = w_{q,inst}$

$$w_{fin} = w_{g,inst} \cdot (1 + k_{def}) + w_{q,inst} \cdot (1 + \psi_2 \cdot k_{def})$$
$$= 3{,}5 \cdot (1 + 0{,}6) + 4{,}4 \cdot (1 + 0 \cdot 0{,}6) = 10{,}0\text{mm}$$

$$\boxed{10{,}0\text{ mm} = \frac{l}{350} < \frac{l}{300}}$$

Aus [16]

**1.7.3 Durchlaufträger mit gleichen Stützweiten und Gleichstreckenlast**

| System, Lastfall | max. Durchbiegung max $f$ = | | | erf $l$ = | | |
|---|---|---|---|---|---|---|
| | allgemein | Stahl | Nadelholz*) | Stahl | Nadelholz*) | |
| | | | | $l$/300 | $l$/200 | $l$/300 |
| g (2 Felder) | 0,0054 $g$ | 0,257 $g$ | 5,4 $g$ | 0,771 $g$ | 10,8 $g$ | 16,2 $g$ |
| p (Feld 1) | 0,0092 $p$ | 0,438 $p$ | 9,2 $p$ | 1,314 $p$ | 18,4 $p$ | 27,6 $p$ |
| g (3 Felder) | 0,0068 $g$ | 0,324 $g$ | 6,8 $g$ | 0,971 $g$ | 13,6 $g$ | 20,4 $g$ |
| p (Felder 1 und 3) | 0,0099 $p$ | 0,471 $p$ | 9,9 $p$ | 1,414 $p$ | 19,8 $p$ | 29,7 $p$ |
| p (Feld 2) | 0,0068 $p$ | 0,321 $p$ | 6,8 $p$ | 0,964 $p$ | 13,5 $p$ | 20,3 $p$ |
| g (4 Felder) | 0,0065 $g$ | 0,310 $g$ | 6,5 $g$ | 0,929 $g$ | 13,0 $g$ | 19,5 $g$ |
| p (Felder 1 und 3) | 0,0097 $p$ | 0,462 $p$ | 9,7 $p$ | 1,386 $p$ | 19,4 $p$ | 29,1 $p$ |
| | $\cdot l^4/EI$ | $\cdot l^4/I$ | $\cdot l^4/I$ | $\cdot l^3$ | $\cdot l^3$ | $\cdot l^3$ |

*) Für $E_{||} = 10\,000$ N/mm² bzw. mit $E_{0,mean} = 10\,000$ N/mm²;

$f$ in cm; $g$, $p$ in kN/m; $l$ in m; $I$ in cm⁴

## Pos. 3: Die Stützen

### System

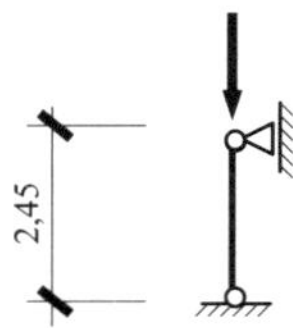


### Einwirkungen

**Ständige Einwirkungen (siehe Pos. 2)**

aus der Mittelpfette $G_k$ = 12,31 kN

**Veränderliche Einwirkungen**

aus Schnee $S_k$ = 8,92 kN

aus Wind $W_k$ = 6,27 kN

**Bemessung**: Gewählt: 120/120 BSH GL 24h

$F_d = \gamma_G \cdot G + 1{,}35 \cdot (S + W) = 1{,}35 \cdot 12{,}31 + 1{,}35 \cdot (8{,}92 + 6{,}27) = 37{,}13 \text{ kN}$

$\beta_c = 0{,}1$ (für BSH)

$$\lambda_{rel,c} = \frac{\ell_{ef}}{\pi \cdot i} \cdot \sqrt{\frac{f_{c,0,k}}{E_{0,05}}} = \frac{245 \cdot \sqrt{12}}{\pi \cdot 12} \cdot \sqrt{\frac{24}{9600}} = 1{,}13$$

$$k = 0{,}5 \cdot [1 + \beta_c \cdot (\lambda_{rel,c} - 0{,}3) + \lambda^2_{rel,c}] = 0{,}5 \cdot [1 + 0{,}1 \cdot (1{,}13 - 0{,}3) + 1{,}13^2] = 1{,}18$$

$$k_c = \frac{1}{k + \sqrt{k^2 - \lambda^2_{rel,c}}} = \frac{1}{1{,}18 + \sqrt{1{,}18^2 - 1{,}13^2}} = 0{,}66$$

oder: $k_c = 0{,}666$ aus Tabelle 9.1

$$\sigma_{c,0,d} = \frac{F_d}{A} = \frac{37{,}13 \cdot 10^3}{144 \cdot 10^2} = 2{,}6 \text{ N/mm}^2$$

$k_{mod} = 0{,}9$ (für KLED kurz)

$$f_{c,0,d} = \frac{0{,}9 \cdot 24}{1{,}3} = 16{,}6 \text{ N/mm}^2$$

$$\frac{\sigma_{c,0,d}}{k_c \cdot f_{c,0,d}} = \frac{2{,}6}{0{,}66 \cdot 16{,}6} = 0{,}24 < 1$$

## 14.3 Die Decke über dem Erdgeschoss

### Pos. 4: Die Holzbalkendecke

**System:**

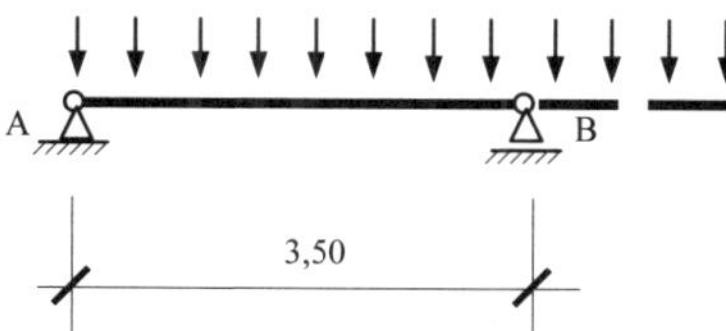


**Einwirkungen**

**Ständige Einwirkungen**

| | |
|---|---|
| Belag | $\approx 0{,}15$ kN/m² |
| Estrich 0,05 · 23,0 | $= 1{,}15$ kN/m² |
| Trittschalldämmmatte | $\approx 0{,}05$ kN/m² |
| Holzwerkstoffplatte | $\approx 0{,}20$ kN/m² |
| Eigengewicht der Balken | $\approx 0{,}15$ kN/m² |
| Summe ständiger Einwirkungen | $g_k = 1{,}70$ kN/m² |

**Veränderliche Einwirkungen**

| | |
|---|---|
| Nutzlast (Querverteilung nicht möglich !!) | $= 2{,}00$ kN/m² |
| Zuschlag für leichte Trennwände (für den späteren Ausbau) | $= 0{,}80$ kN/m² |
| Summe veränderlicher Einwirkungen | $q_k = 2{,}80$ kN/m² |

**Auflagerkräfte und Schnittgrößen**

**aus ständigen Einwirkungen**

$A_{g,k} = 1{,}70 \cdot 3{,}50/2 = 2{,}98$ kN

$B_{g,k} = 1{,}70 \cdot (3{,}50 + 3{,}00)/2 = 5{,}53$ kN

$\max V_{g,k} = 1{,}70 \cdot 3{,}50/2 = 2{,}98$ kN

$\max M_{g,k} = 1{,}70 \cdot 3{,}50^2/8 = 2{,}60$ kNm

**Aus veränderlichen Einwirkungen**

$A_{q,k} = 2{,}80 \cdot 3{,}50/2 = 4{,}90$ kN

$B_{q,k} = 2{,}80 \cdot (3{,}50 + 3{,}00)/2 = 9{,}10$ kN

$\max V_{q,k} = 2{,}80 \cdot 3{,}50/2 = 4{,}90$ kN

$\max M_{q,k} = 2{,}80 \cdot 3{,}50^2/8 = 4{,}29$ kNm

**Bemessung:** Gewählt: 100/200 C24

$A = 200 \cdot 10^2\ mm^2 \quad W_y = 666 \cdot 10^3\ mm^3 \quad I_y = 6\,666 \cdot 10^4\ mm^4$

$M_d = 1{,}35 \cdot 2{,}60 + 1{,}5 \cdot 4{,}29 = 9{,}95\,kNm \qquad V_d = 1{,}35 \cdot 2{,}98 + 1{,}5 \cdot 4{,}90 = 11{,}37\,kN$

$$\sigma_{m,d} = e \cdot \frac{M_d}{W} = 0{,}9 \cdot \frac{9{,}95 \cdot 10^6}{666 \cdot 10^3} = 13{,}4\ N/mm^2 \qquad f_{m,d} = \frac{k_{mod} \cdot f_{m,k}}{\gamma_M} = \frac{0{,}8 \cdot 24}{1{,}3} = 14{,}8\,N/mm^2$$

$$\boxed{\frac{\sigma_{m,d}}{f_{m,d}} = \frac{13{,}4}{14{,}8} = 0{,}91 < 1}$$

$$\tau_{v,d} = e \cdot 1.5 \cdot \frac{V_d}{A} = 0{,}9 \cdot 1{,}5 \cdot \frac{11{,}37 \cdot 10^3}{200 \cdot 10^2} = 0{,}77\ N/mm^2 \qquad f_{v,d} = \frac{0{,}8 \cdot 2{,}0^{*)}}{1{,}3} = 1{,}23\ N/mm^2$$

$$\boxed{\frac{\tau_d}{f_{v,d}} = \frac{0{,}77}{1{,}23} = 0{,}63 < 1}$$

*) $b_{ef} = k_{cr} \cdot b \qquad k_{cr} = \frac{2{,}0}{f_{v,k}}$ EC5 1-1, 6.1.7(2) NA NDP zu 6.1.7(2)

**Durchbiegung:**

$$w_{g,inst} = 0{,}9 \cdot \frac{5 \cdot g_d \cdot l^4}{384 \cdot E_{0,mean} \cdot I} = 0{,}9 \cdot \frac{5 \cdot 1{,}70 \cdot 3500^4}{384 \cdot 11000 \cdot 6666 \cdot 10^4} = 4\,mm$$

$$w_{q,inst} = 0{,}9 \cdot \frac{5 \cdot q_d \cdot l^4}{384 \cdot E_{0,mean} \cdot I} = 0{,}9 \cdot \frac{5 \cdot 2{,}80 \cdot 3500^4}{384 \cdot 11000 \cdot 6666 \cdot 10^4} = 7\,mm$$

nach EC5 1-1, Tab. 7.2

charakteristische Kombination von Einwirkungen: EC5 1-1, 2.2.3(2)

$w_{inst} = 4 + 7 = 11\,mm = \frac{l}{318}$

$$\boxed{\frac{l}{300} > \frac{l}{318} > \frac{l}{500}}$$

quasi-ständige Kombination von Einwirkungen: EC5 1-1, 2.2.3(3)

$k_{def} = 0{,}60; \quad \psi_2 = 0{,}3$

$w_{fin} = w_{g,inst} \cdot (1 + k_{def}) + \psi_2 \cdot w_{q,inst} \cdot (1 + k_{def})$

$= 4 \cdot (1 + 0{,}6) + 7 \cdot (1 + 0{,}3 \cdot 0{,}60) = 14{,}7\ mm$

$14{,}7 = \frac{l}{238}$

$$\boxed{\frac{l}{150} > \frac{l}{238} > \frac{l}{300}}$$

**Schwingungsnachweis:** EC5 1-1, 7.3.1 und 7.3.3

Bei einfeldrigen Holzbalkendecken kann das Schwingungsverhalten für die Nutzer sehr unangenehm sein. Daher empfiehlt es sich, die Decke so auszubilden, dass die Eigenfrequenz ausreichend weit von der Schrittfrequenz (ca. 2 Hz) entfernt liegt. Nach dem EC5 <u>sollte</u> eine untere Eigenfrequenz von 8 Hz nicht unterschritten werden.

Im Folgenden wird überprüft, ob diese Grenze mit den gewählten Querschnitten eingehalten ist. Die Quersteifigkeit ist so gering, dass sie hier nicht berücksichtigt werden muss. Als Masse wird die quasi-ständige Masse angesetzt.

Federkonstante eines einfeldrigen Holzbalkens:

$$C = \frac{48 \cdot E \cdot I}{l^3} = \frac{48 \cdot 1100 \cdot 6666}{350^3} = 8{,}21\,\text{kN/cm} = 8{,}21 \cdot 10^5\ \text{N/m}$$

anzusetzende Masse:

$$m' = 0{,}5 \cdot e \cdot \left(g_\text{k} + \psi_2 \cdot q_\text{k}\right) \cdot \ell = 0{,}5 \cdot 0{,}9 \cdot \left(1{,}70 + 0{,}3 \cdot 2{,}00\right) \cdot 3{,}50 = 3{,}62\,\text{kN} = 362\,\text{kg}$$

daraus ergibt sich die Eigenfrequenz:

$$f = \frac{1}{2\pi} \cdot \sqrt{\frac{C}{m}} = \frac{1}{2\pi} \cdot \sqrt{\frac{8{,}21 \cdot 10^5}{362}} = 7{,}6\,\text{Hz} \approx 8\,\text{Hz}$$

Auf weitere Nachweise wird hier verzichtet.

Mehrfeldrige Holzbalkendecken und Holzdecken mit einer ausreichenden Querverteilung der Lasten sind in der Regel weniger anfällig gegen Schwingungen. Ein Nachweis des Schwingungsverhaltens ist für diese Tragsysteme nur in Extremfällen erforderlich.

## Alternative in Brettsperrholz

### System:

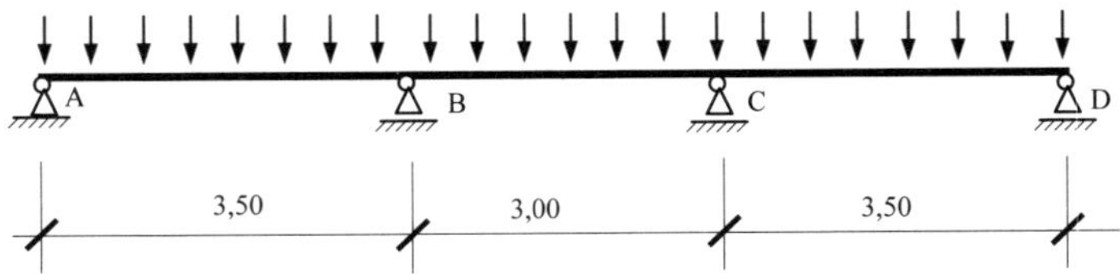


### Einwirkungen

**Ständige Einwirkungen**

| | |
|---|---|
| Belag | $\approx 0{,}15$ kN/m² |
| Estrich $0{,}05 \cdot 23{,}0$ | $= 1{,}15$ kN/m² |
| Trittschalldämmmatte | $\approx 0{,}05$ kN/m² |
| Eigengewicht der Brettsperrholzplatte $\approx 0{,}125 \cdot 5$ | $= 0{,}63$ kN/m² |
| Gipskartonplatte $\approx 0{,}09 \cdot 1{,}25$ | $= 0{,}11$ kN/m² |
| Summe ständiger Einwirkungen | $g_k = 2{,}09$ kN/m² |

**Veränderliche Einwirkungen**

| | |
|---|---|
| Nutzlast (Querverteilung möglich!!) | $= 1{,}50$ kN/m² |
| Zuschlag für leichte Trennwände (für den späteren Ausbau) | $= 0{,}80$ kN/m² |
| Summe veränderlicher Einwirkungen | $q_k = 2{,}30$ kN/m² |

### Auflagerkräfte und Schnittgrößen pro m

(wurden mit einem Durchlaufträgerprogramm ermittelt)

**aus ständigen Einwirkungen**

| | |
|---|---|
| $A_{g,k}$ | = 3,10 kN |
| $B_{g,k}$ | = 7,44 kN |
| max $V_{g,k}$ | = 4,31 kN |
| max $M_{1,g,k}$ | = 2,16 kNm |
| min $M_{S,g,k}$ | = –2,28 kNm |

**aus veränderlichen Einwirkungen**

| | |
|---|---|
| max $A_{q,k}$ | = 4,90 kN |
| max $B_{q,k}$ | = 9,10 kN |
| max $V_{q,k}$ | = 4,90 kN |
| max $M_{1,q,k}$ | = 2,79 kNm |
| min $M_{S,q,k}$ | = –2,97 kNm |

**Bemessung:**

Gewählt: MERK-Dickholz (MDH) 125 mm

$A = 1\,250 \cdot 10^2 \text{ mm}^2$ $W_y = 2\,604 \cdot 10^3 \text{ mm}^3$ $I_y = 16\,276 \cdot 10^4 \text{ mm}^4$

$M_{1,d} = 1{,}35 \cdot 2{,}28 + 1{,}5 \cdot 2{,}97 = 7{,}53 \text{ kNm}$ $V_d = 1{,}35 \cdot 4{,}31 + 1{,}5 \cdot 4{,}90 = 13{,}17 \text{ kN}$

$$\sigma_{m,d} = \frac{M_d}{W} = \frac{7{,}53 \cdot 10^6}{2604 \cdot 10^3} = 2{,}89 \text{ N/mm}^2 \qquad f_{m,d} = \frac{k_{mod} \cdot f_{m,k}}{\gamma_M} = \frac{0{,}8 \cdot 19{,}66^{*)}}{1{,}3} = 12{,}1 \text{ N/mm}^2$$

$$\boxed{\frac{\sigma_{m,d}}{f_{m,d}} = \frac{2{,}89}{12{,}1} = 0{,}24 < 1}$$

$$\tau_{v,d} = 1.5 \cdot \frac{V_d}{A} = 1{,}5 \cdot \frac{13{,}17 \cdot 10^3}{1250 \cdot 10^2} = 0{,}16 \text{ N/mm}^2 \qquad f_{R,d} = \frac{0{,}8 \cdot 0{,}85^{*)}}{1{,}3} = 0{,}52 \text{ N/mm}^2$$

*) aus der Zulassung

$$\frac{\tau_d}{f_{R,d}} = \frac{0{,}16}{0{,}52} = 0{,}31 < 1$$

**Durchbiegungen:** (wurden mit einem Durchlaufträgerprogramm ermittelt)

$w_{g,inst} = 1{,}6 \text{ mm}$

$w_{q,inst} = 2{,}3 \text{ mm}$

nach — EC5 1-1, Tab. 7.2

charakteristische Kombination von Einwirkungen: — EC5 1-1, 2.2.3(2)

$$w_{inst} = 1{,}6 + 2{,}3 = 3{,}9 \text{ mm} = \frac{l}{897} \qquad \frac{l}{500} > \frac{l}{897}$$

quasi-ständige Kombination von Einwirkungen: — EC5 1-1, 2.2.3(3)

$k_{def} = 0{,}60;$ $\psi_2 = 0{,}3$

$$w_{fin} = w_{g,inst} \cdot (1 + k_{def}) + \psi_2 \cdot w_{q,inst} \cdot (1 + k_{def})$$
$$= 1{,}6 \cdot (1 + 0{,}6) + 2{,}3 \cdot (1 + 0{,}3 \cdot 0{,}60) = 5{,}3 \text{ mm}$$

$$5{,}3 = \frac{l}{555} \qquad \frac{l}{300} > \frac{l}{555}$$

## Pos. 5: Die Unterzüge

### System

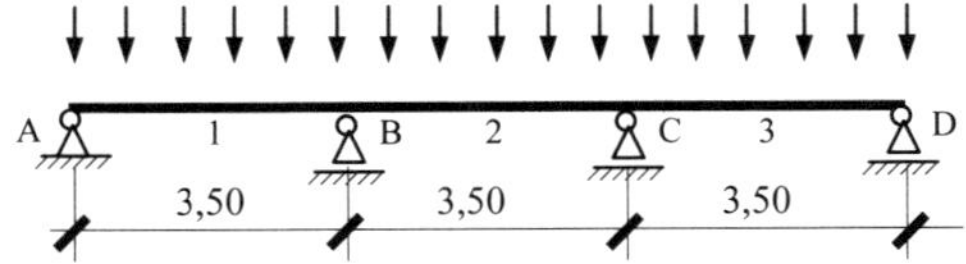


### Einwirkungen

**Ständige Einwirkungen**

| | | |
|---|---|---|
| Deckenbalken | $1{,}70 \cdot (3{,}00 + 3{,}50)/2$ | = 5,53 kN/m |
| Eigengewicht des Unterzuges aus BSH | | ≈ 0,25 kN/m |
| Summe ständiger Einwirkungen | | $g_k$ = 5,78 kN/m |

**Veränderliche Einwirkungen**

Verkehrslast + leichte Trennwände

$(1{,}50 + 0{,}80) \cdot (3{,}00 + 3{,}50)/2$ $\quad q_k = 7{,}48$ kN/m

### Auflagerkräfte und Schnittgrößen

**Aus ständigen Einwirkungen**

| | | | | | | |
|---|---|---|---|---|---|---|
| $A_g$ | = | $D_g$ | = | $0{,}40 \cdot 5{,}78 \cdot 3{,}50$ | = | 8,09 kN |
| $B_g$ | = | $C_g$ | = | $1{,}10 \cdot 5{,}78 \cdot 3{,}50$ | = | 22,25 kN |
| $V_{b,g,li}$ | = | $-V_{c,g,re}$ | = | $-0{,}60 \cdot 5{,}78 \cdot 3{,}50$ | = | – 12,14 kN |
| $V_{b,g,re}$ | = | $V_{c,g,li}$ | = | $0{,}50 \cdot 5{,}78 \cdot 3{,}50$ | = | 10,12 kN |
| $M_{1,g}$ | = | $M_{3,g}$ | = | $0{,}080 \cdot 5{,}78 \cdot 3{,}50^2$ | = | 5,66 kNm |
| $M_{2,g}$ | = | | | $0{,}025 \cdot 5{,}78 \cdot 3{,}50^2$ | = | 1,75 kNm |
| $M_{B,g}$ | = | $M_{C,g}$ | = | $-0{,}100 \cdot 5{,}78 \cdot 3{,}50^2$ | = | – 7,08 kNm |

**Aus veränderlichen Einwirkungen**

(Die veränderlichen Einwirkungen aus Verkehr müssen so angeordnet werden, dass sich die jeweils max./min. Schnittgrößen ergeben.)

| | | | | | | |
|---|---|---|---|---|---|---|
| max $A_q$ | = | max $D_q$ | = | $0{,}450 \cdot 7{,}48 \cdot 3{,}50$ | = | 11,78 kN |
| max $B_q$ | = | max $C_q$ | = | $1{,}20 \cdot 7{,}48 \cdot 3{,}50$ | = | 31,42 kN |
| min $V_{b,q,li}$ | = | max $V_{c,q,re}$ | = | $-0{,}617 \cdot 7{,}48 \cdot 3{,}50$ | = | – 15,97 kN |
| max $V_{b,q,re}$ | = | min $V_{c,q,li}$ | = | $0{,}583 \cdot 7{,}48 \cdot 3{,}50$ | = | 15,26 kN |
| max $M_{1,q}$ | = | max $M_{3,q}$ | = | $0{,}101 \cdot 7{,}48 \cdot 3{,}50^2$ | = | 9,25 kNm |
| max $M_{2,q}$ | = | | | $0{,}075 \cdot 7{,}48 \cdot 3{,}50^2$ | = | 6,87 kNm |
| min $M_{B,q}$ | = | min $M_{C,q}$ | = | $-0{,}117 \cdot 7{,}48 \cdot 3{,}50^2$ | = | –10,72 kNm |

**Bemessung:**

Gewählt: 160/300 BSH GL 24h

$A = 480 \cdot 10^2\ \text{mm}^2 \quad W_y = 2\,400 \cdot 10^3\ \text{mm}^3 \quad I_y = 36\,000 \cdot 10^4\ \text{mm}^4$

$$\max M_{1,d} = \max M_{3,d} = 1{,}35 \cdot 5{,}66 + 1{,}5 \cdot 9{,}25 = 21{,}52\ \text{kNm}$$

$$\min M_{B,d} = \min M_{C,d} = -1{,}35 \cdot 7{,}08 - 1{,}5 \cdot 10{,}72 = -25{,}64\ \text{kNm}$$

$$\max V_{b,li,d} = \max V_{c,re,d} = -1{,}35 \cdot 12{,}14 - 1{,}5 \cdot 15{,}97 = -40{,}34\ \text{kN}$$

$$\sigma_{m,d} = \frac{M_d}{W} = \frac{25{,}64 \cdot 10^6}{2400 \cdot 10^3} = 10{,}7\ \text{N/mm}^2 \qquad f_{m,d} = \frac{k_{mod} \cdot f_{m,k}}{\gamma_M} = \frac{0{,}8 \cdot 24}{1{,}3} = 14{,}8\ \text{N/mm}^2$$

$$\boxed{\frac{\sigma_{m,d}}{f_{m,d}} = \frac{10{,}7}{14{,}8} = 0{,}72 < 1}$$

$$\tau_d = 1{,}5 \cdot \frac{V}{A} = 1{,}5 \cdot \frac{40{,}34 \cdot 10^3}{480 \cdot 10^2} = 1{,}3\ \text{N/mm}^2 \qquad f_{v,d} = \frac{0{,}8 \cdot 2{,}5^{*)}}{1{,}3} = 1{,}5\ \text{N/mm}^2$$

$$\boxed{\frac{\tau_d}{f_{v,d}} = \frac{1{,}3}{1{,}5} = 0{,}87 < 1}$$

*) $b_{ef} = k_{cr} \cdot b \qquad k_{cr} = \frac{2{,}5}{f_{v,k}}$ EC5 1-1, 6.1.7(2) NA NDP zu 6.1.7(2)

**Durchbiegung:**

Auf detaillierte Nachweise wird hier verzichtet.*)
Wichtig für die Nachweise ist die richtige Lastanordnung, d. h. die Lastanordnung bei der sich die größten Durchbiegungen ergeben z. B. für die größten Durchbiegungen in den Feldern 1 und 3:

ständige Einwirkungen:

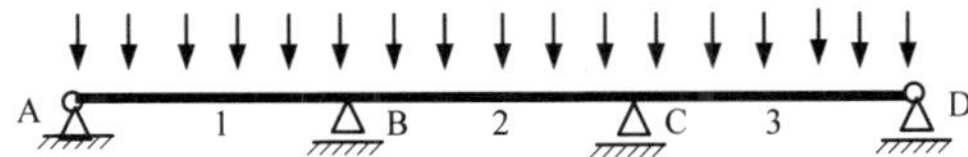


Einwirkungen aus Nutzlasten:

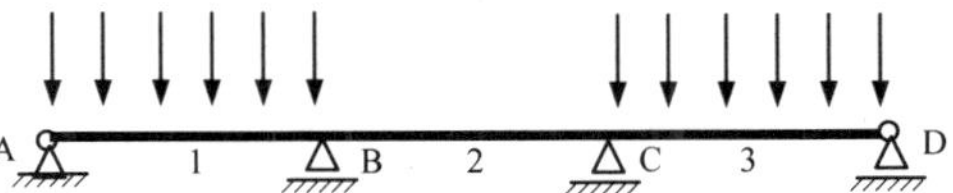

*) Am Einfeldträger würde sich für die quasi-ständige Bemessungssituation ergeben:

$$w_{g,inst} = \frac{5 \cdot g_d \cdot l^4}{384 \cdot E_{0,mean} \cdot I} = \frac{5 \cdot 5{,}78 \cdot 3500^4}{384 \cdot 11500 \cdot 36000 \cdot 10^4} = 2{,}7\,\text{mm}$$

$$w_{q,inst} = \frac{5 \cdot q_k \cdot l^4}{384 \cdot E_{0,mean} \cdot I} = \frac{5 \cdot 7{,}48 \cdot 3500^4}{384 \cdot 11500 \cdot 36000 \cdot 10^4} = 3{,}5\,\text{mm}$$

nach EC5 1-1, Tab. 7.2

charakteristische Kombination von Einwirkungen: EC5 1-1, 2.2.3(2)

$$w_{inst} = 2{,}7 + 3{,}5 = 6{,}2\,\text{mm} = \frac{l}{564}$$ $\frac{l}{500} > \frac{l}{564}$

quasi-ständige Kombination von Einwirkungen: EC5 1-1, 2.2.3(3)

$k_{def} = 0{,}60$; $\psi_2 = 0{,}3$

$w_{fin} = w_{g,inst} \cdot (1 + k_{def}) + \psi_2 \cdot w_{q,inst} \cdot (1 + k_{def})$

$= 2{,}7 \cdot (1 + 0{,}6) + 3{,}5 \cdot (1 + 0{,}3 \cdot 0{,}60) = 8{,}5$ mm

$$8{,}5 = \frac{l}{412}$$ $\frac{l}{300} > \frac{l}{412}$

## 14.4 Die Abtragung von Horizontallasten

### Pos 6.: Nachweise einer Giebelwandtafel

Aufbau:

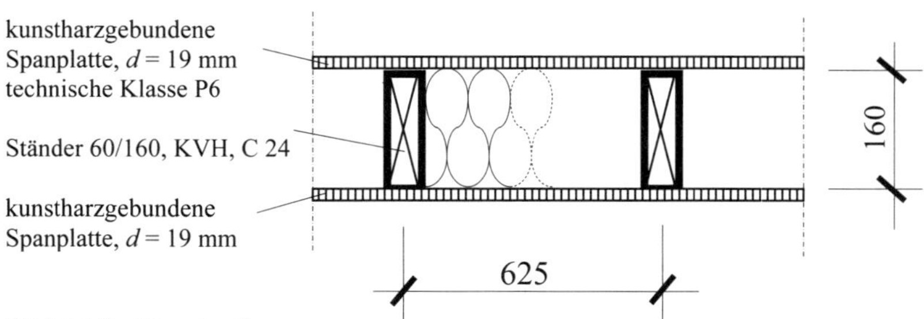


*Bild 14.2: Wandaufbau*

**Wind in Gebäudelängsrichtung:** (Beanspruchung auf Biegung)

**System**

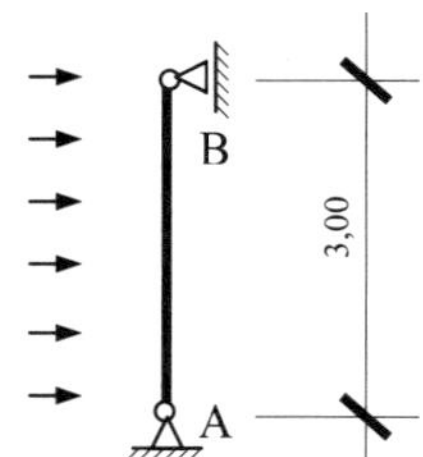

**Einwirkungen**

Winddruck: (siehe Pos 1) $w_{D,k} = 0{,}50$ kN/m²

Windsog: (siehe Pos 1) $w_{E,k} = 0{,}28$ kN/m²

Bemessungswert für Winddruck: $w_{D,d} = 1{,}5 \cdot 0{,}50 = 0{,}75$ kN/m²

KLED = kurz ; NKL 1; $\Rightarrow k_{mod} = 0{,}9$

Das Eigengewicht der Wände kann vernachlässigt werden.

**Auflagerkräfte und Schnittgrößen** [pro m]

$A = B = 0{,}75 \cdot 3{,}00/2 = 1{,}13$ kN

$\max M = 0{,}75 \cdot 3{,}00^2/8 = 0{,}84$ kNm

**Bemessung**

Gewählt: 60/160 VH C 24

$A = 96 \cdot 10^2$ mm² $\quad W_y = 256 \cdot 10^3$ mm³ $\quad I_y = 2\,048 \cdot 10^4$ mm⁴

$$\sigma_{m,d} = e \cdot \frac{M}{W} = 0{,}625 \cdot \frac{0{,}84 \cdot 10^6}{256 \cdot 10^3} = 2{,}1 \text{ N/mm}^2 \qquad f_{m,d} = \frac{0{,}9 \cdot 24}{1{,}3} = 16{,}6 \text{ N/mm}^2$$

$$\boxed{\frac{\sigma_{m,d}}{f_{m,d}} = \frac{2{,}1}{16{,}6} = 0{,}13 < 1}$$

**Wind in Gebäudequerrichtung: (Beanspruchung als Scheibe)**

**System**

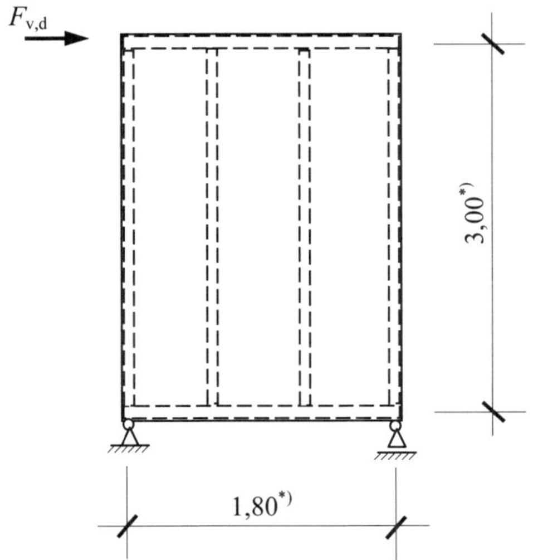


*) Systemmaße gerundet

**Windlasten:** (Queransicht) DIN EN 1991-1-4

Auf die Dachflächen werden die größeren Werte für Trauf- und Firstbereich angesetzt. Da die betroffenen Flächen > 10 m² sind, dürfen die Außendruckbeiwerte $c_{pe,10}$ angesetzt werden (siehe Pos. 1).

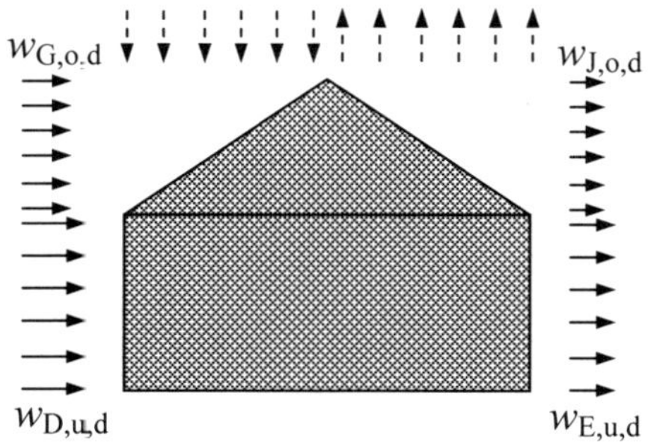


$w_{G,o,d} = 1{,}5 \cdot 0{,}46 \quad = 0{,}69\ \text{kN/m}^2$

$w_{D,u,d} = 1{,}5 \cdot 0{,}50 \quad = 0{,}75\ \text{kN/m}^2$

$w_{J,o,d} = 1{,}5 \cdot 0{,}33 \quad = 0{,}50\ \text{kN/m}^2$

$w_{E,u,d} = 1{,}5 \cdot 0{,}28 \quad = 0{,}42\ \text{kN/m}^2$

**Lasteinzugsflächen:** (Längs-Ansicht)

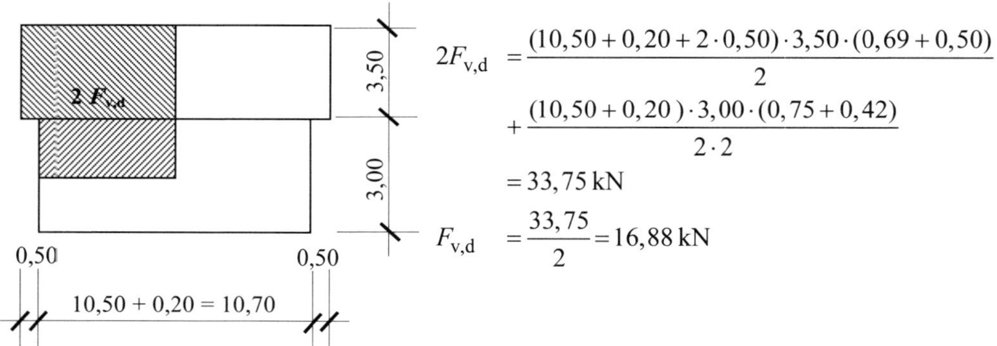


$$2F_{v,d} = \frac{(10{,}50+0{,}20+2\cdot 0{,}50)\cdot 3{,}50\cdot(0{,}69+0{,}50)}{2} + \frac{(10{,}50+0{,}20)\cdot 3{,}00\cdot(0{,}75+0{,}42)}{2\cdot 2} = 33{,}75\ \text{kN}$$

$$F_{v,d} = \frac{33{,}75}{2} = 16{,}88\ \text{kN}$$

**Nachweis der Verbindungsmittel:**

glattschaftige Nägel 3,1x70, nicht vorgebohrt, alle 100 mm

Lochleibungsfestigkeit für kunstharzgebundene Spanplatten:

$$f_{h,0,k} = 65\cdot d^{-0,7}\cdot t^{0,1} = 65\cdot 3{,}1^{-0,7}\cdot 19^{0,1} = 39{,}5\ \text{N/mm}^2$$

$$M_{y,Rk} = 0{,}3 f_{u,k}\cdot d^{2,6} = 0{,}3\cdot 600\cdot 3{,}1^{2,6} = 3410\ \text{Nmm}$$

$$t_{req} = 7\cdot d = 7\cdot 3{,}1 = 21{,}7\ \text{mm} > 19\ \text{mm}$$

$$F_{v,Rk} = \frac{t}{t_{req}}\cdot A\cdot\sqrt{2M_{y,Rk}\cdot f_{h,0,k}\cdot d} = \frac{19}{21{,}7}\cdot 0{,}8\cdot\sqrt{2\cdot 3410\cdot 39{,}5\cdot 3{,}1} = 640\ \text{N}$$

$$F_{v,Rd} = \frac{0{,}85\cdot 640}{1{,}1} = 494\ \text{N}$$

**beidseitig beplankt:**

$$F_{c,d} = 0{,}67 \cdot F_{v,d} \cdot \frac{h_S}{b_S} = 0{,}67 \cdot 16{,}88 \cdot \frac{3000}{1800} = 18{,}85 \text{ kN}$$

## Nachweis der Schwellenpressung:

Druckfläche: (60+30) · 160 = 144 · $10^2$ $mm^2$

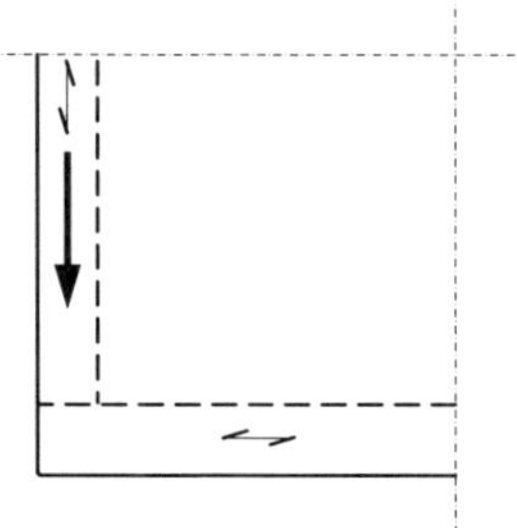

$$\sigma_{c,90,d} = \frac{18{,}85 \cdot 10^3}{144 \cdot 10^2} = 1{,}31 \text{ N/mm}^2$$

$$f_{c,90,d} = \frac{0{,}9 \cdot 2{,}5}{1{,}3} = 1{,}7 \text{ N/mm}^2$$

$$k_{c,90} = 1{,}25$$

$$\frac{\sigma_{c,90,d}}{k_{c,90} \cdot f_{c,90,d}} = \frac{1{,}31}{1{,}25 \cdot 1{,}7} = 0{,}62 < 1$$

Unter den Mittelrippen:
Da diese Rippen mit dem gleichen Querschnitt vorgesehen sind wie die Randrippen, erübrigt sich ein Nachweis an dieser Stelle.

## Nachweise von Beplankung und Nagelung:

$$s_{v,0,d} = \frac{1^{*)}}{2} \cdot \frac{F_{v,d}}{b_s} = \frac{1}{2} \cdot \frac{16880}{1800} = 4{,}69 \text{ N/mm} \qquad k_{v1} = 1{,}0 \qquad k_{v2} = 0{,}5$$

$$f_{v,d} = \frac{k_{mod} \cdot f_{v,k}}{\gamma_M} = \frac{0{,}85 \cdot 7{,}3}{1{,}3} = 4{,}77 \text{ N/mm}^2$$

*) beidseitige Beplankung!

$$f_{v,0,d} = \min \begin{cases} k_{v1} \cdot c^{*)} \cdot F_{v,Rd} / a_v = 1{,}0 \cdot 494 / 100 & = 4{,}94\,\text{N/mm} \\ k_{v1} \cdot k_{v2} \cdot f_{v,d} \cdot t = 1{,}0 \cdot 0{,}5 \cdot 4{,}77 \cdot 19 & = 45{,}3\,\text{N/mm} \\ k_{v1} \cdot k_{v2} \cdot f_{v,d} \cdot 35 \cdot t^2 / a_r = 1{,}0 \cdot 0{,}5 \cdot 4{,}77 \cdot 35 \cdot 19^2 / 625 & = 48{,}2\,\text{N/mm} \end{cases}$$

$^{*)} c = 1$ für $b \geq h/2$ EC5 1-1, 9.2.4.2(4)

$$\frac{s_{v,0,d}}{f_{v,0,d}} = \frac{4{,}69}{4{,}94} = 0{,}95 < 1$$

**Verankerung der zugbeanspruchten Rippen:**

$$F_{t,Ed} = F_{v,Rd} \cdot \frac{h_S}{b_S} = 16{,}88 \cdot \frac{3000}{1800} = 28{,}13\text{ kN}$$

Es wird vorausgesetzt, dass diese Kraft über ein Blech mit Nägeln angeschlossen werden muss. Die weitere Kraftweiterleitung ist vom Material des nächsten Geschosses abhängig.

Es werden Rillennägel der Tragfähigkeitsklasse 2B verwendet, nicht vorgebohrt.

**Tragfähigkeit eines Nagels:**

$$f_{h,k} = 0{,}082 \cdot \rho_k \cdot d^{-0,3} = 0{,}082 \cdot 350 \cdot 4^{-0,3} = 18{,}9\text{ N/mm}^2$$

$$M_{y,Rk} = 180 \cdot d^{2,6} = 180 \cdot 4^{2,6} = 6616\text{ Nmm}$$

$$F_{v,Rk} = A \cdot \sqrt{2 \cdot M_{y,Rk} \cdot f_{h,k} \cdot d} = 1{,}0^{*)} \cdot \sqrt{2 \cdot 6616 \cdot 18{,}93 \cdot 4} = 1000\text{ N}$$

$^{*)}$ dünnes, außen liegendes Blech

$$f_{ax,k} = 40 \cdot 10^{-6} \cdot \rho_k^2 = 40 \cdot 10^{-6} \cdot 350^2 = 4{,}9\,\text{N/mm}^2$$ EC5 1-1, 8.3.2(4)

$$f_{head,k} = 80 \cdot 10^{-6} \cdot \rho_k^2 = 80 \cdot 10^{-6} \cdot 350^2 = 9{,}8\,\text{N/mm}^2$$

$$\ell_{ef} = 70 - 19 = 51\,\text{mm}$$

Versagensfall Kopfdurchziehen bleibt unberücksichtigt

$$F_{ax,Rk} = f_{ax,k} \cdot d \cdot \ell_{ef} = 4{,}9 \cdot 4 \cdot 51 = 999\,\text{N}$$

$$\Delta F_{Rk} = \min\{0{,}5 F_{Rk}; 0{,}25 F_{ax,Rk}\} = \min\{0{,}5 \cdot 1000; 0{,}25 \cdot 999\} = \min\{500\,\text{N}; \underline{250\,\text{N}}\}$$

$$F_{Rd} = \frac{0{,}9 \cdot (1000 + 250)}{1{,}1} = 1022\,\text{N} = 1{,}02\text{ kN}$$

$$n_{req} = \frac{28{,}13}{1{,}02} = 27\text{ Nägel}$$

Für $a_1$ dürfen die 0,7-fachen Werte der Tabelle verwendet werden.

EC5 1-1, 8.3.1.4(1)

$a_1 = \quad 0{,}7 \cdot (5 + 5 \cdot \cos\alpha) \cdot d \quad = 0{,}7 \cdot (5 + 5 \cdot \cos 0°) \cdot 4 \quad = 28 \text{ mm}$

$a_2 = \quad 0{,}7 \cdot 5 \cdot d \quad = 0{,}7 \cdot 5 \cdot 4 \quad = 14 \text{ mm}$

**Skizze der Verankerung** (für vorläufig einseitig geschlossene Holztafeln)

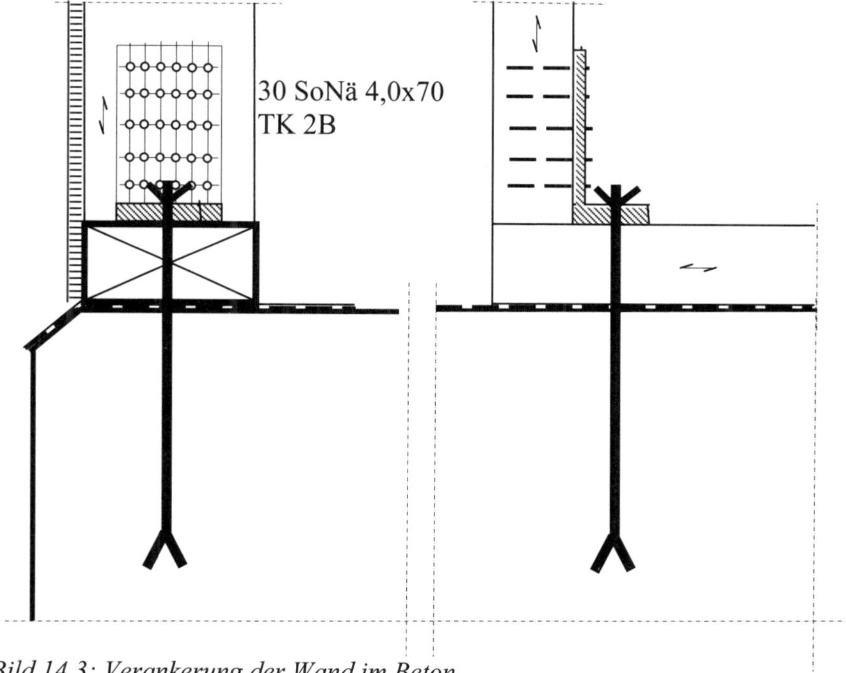


*Bild 14.3: Verankerung der Wand im Beton*

Bei der Festlegung des Anschlussbildes ist zu beachten, dass für jeden Nagel eine Anschlussfläche von mindestens $0{,}5 \cdot a_1 \cdot a_2$ vorzusehen ist.

# 15 Beispiel Hallentragwerk

## 15.1 Übersichtsskizzen (Ersatz für einen Positionsplan)

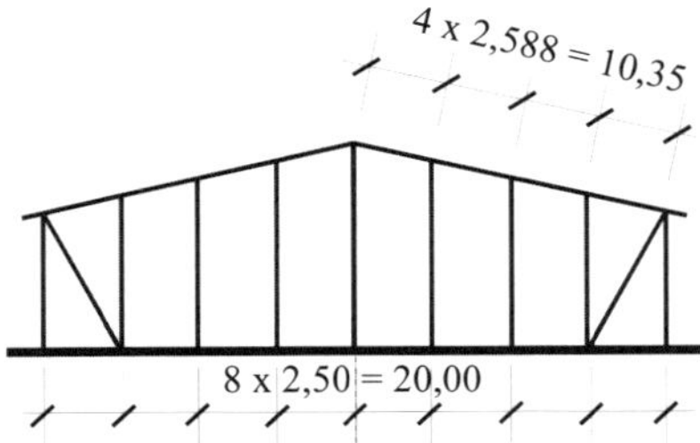


*Bild 15.1: Ansicht einer Giebelwand*

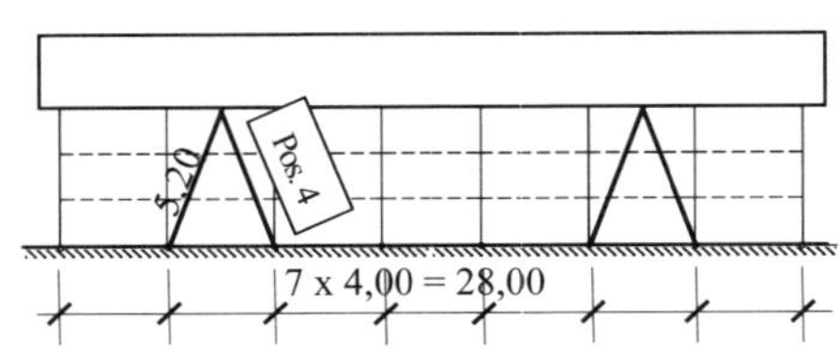


*Bild 15.2: Ansicht einer Längswand*

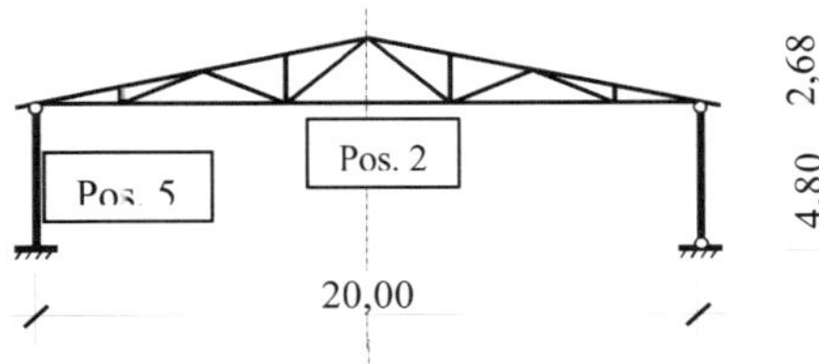


*Bild 15.3: Schnitt*

Die Halle ist beheizt ⇒ NKL 1

Schneelastzone 2; $H$ = 380 m über NN

Fachwerkträger: BSH GL 24h

übrige Konstruktionshölzer: VH C24

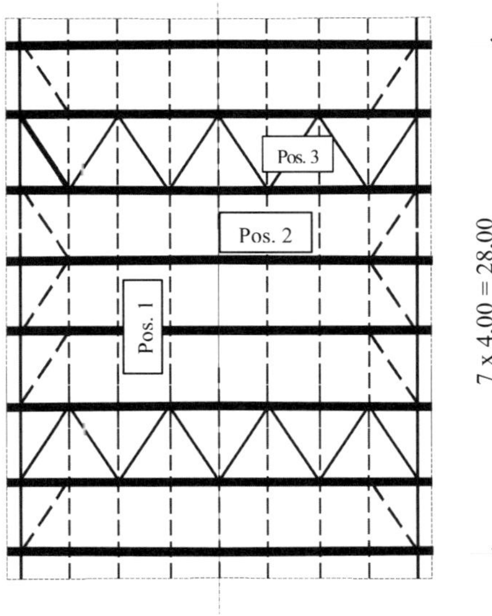


*Bild 15.4: Dachgrundriss*

Pos. 1: Sparrenpfetten
$e$ = 1,25 m (im Grundriss)

Pos. 2: Fachwerkträger

Pos. 3: Dachverbände

Pos. 4: Wandverbände

## 15.2 Pos. 1: Sparrenpfetten

**Ständige Lasten:**

| | |
|---|---|
| Sandwich-Element 0,35/cos 15° | = 0,36 kN/m² |
| Pfetten (geschätzt) | ≈ 0,15 kN/m² |
| ständige Lasten (für die Pfetten) | $g_k$ = 0,51kN/m²Gfl |

*Bild 15.5: Dachaufbau*

**Schnee:** $s_{1,k} = \mu_1 \cdot s_k = 0{,}8 \cdot 1{,}12 =$ $s_k$ = 0,90 kN/m²Gfl

**Wind:** wird hier vernachlässigt

**Lastfallkombinationen:**

| | |
|---|---|
| $g_d = 1{,}35 \cdot 0{,}51 = 0{,}69$ kN/m² | $0{,}69/k_{mod} = 0{,}69/0{,}60 = 1{,}15$ |
| $s_d = 1{,}50 \cdot 0{,}90 = 1{,}35$ kN/m² | $1{,}35/k_{mod} = 1{,}35/0{,}90 = 1{,}50$ |
| $g_d + s_d = 0{,}69 + 1{,}35 = 2{,}04$ kN/m² | $2{,}04/k_{mod} = 2{,}04/0{,}90^{*)} = 2{,}27^{**)}$ |

*) Die Einwirkung mit der kürzesten Dauer ist maßgebend. EC5 1-1, 3.1.3(2)

**) ⇒ $g + s$ ist die maßgebende Lastfallkombination.

Die Sparrenpfetten werden als Einfeldträger ausgebildet. Durch die Schräglage erhalten sie Doppelbiegung.

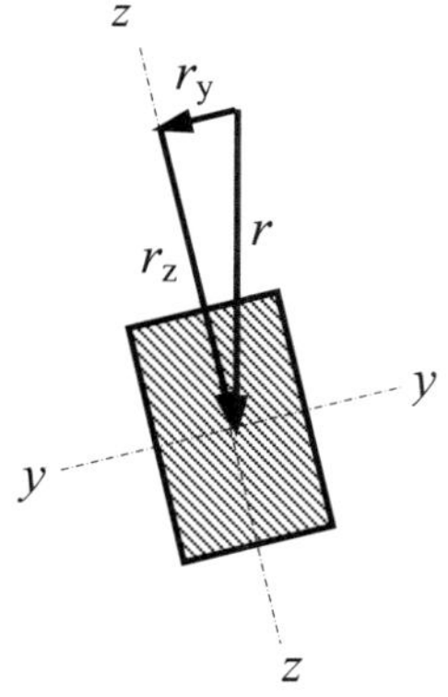


$g_{y,d} + s_{y,d} = r_{y,d} = 2{,}04 \cdot \sin 15° = 0{,}53$ kN/m²

$g_{z,d} + s_{z,d} = r_{z,d} = 2{,}04 \cdot \cos 15° = 1{,}97$ kN/m²

*Bild 15.6: Lastkomponenten*

**System**

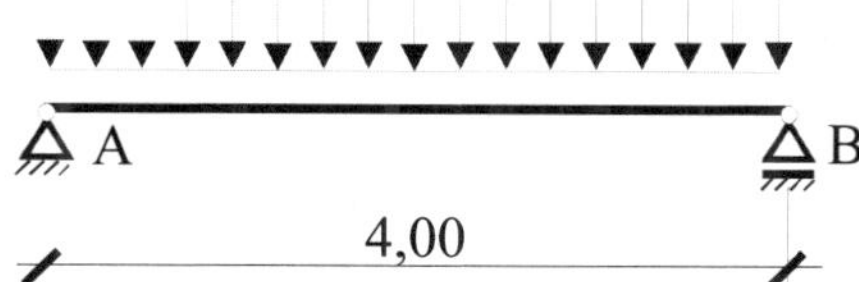


*Bild 15.7: System mit Belastung*

**Auflager- und Schnittgrößen** (pro m)

$$A_d = B_d = V_d = \frac{2,04 \cdot 4,00}{2} = 4,08\,\text{kN/m}$$

$$A_{y,d} = B_{y,d} = V_{y,d} = \frac{0,53 \cdot 4,00}{2} = 1,06\,\text{kN/m} \qquad A_{z,d} = B_{z,d} = V_{z,d} = \frac{1,97 \cdot 4,00}{2} = 3,94\,\text{kN/m}$$

$$M_{y,d} = \frac{1,97 \cdot 4,00^2}{8} = 3,94\,\text{kNm/m} \qquad M_{z,d} = \frac{0,53 \cdot 4,00^2}{8} = 1,06\,\text{kNm/m}$$

**Bemessung:** Gewählt: 100/180 VH C24 ; $e = 1,25$ m (im Grundriss)

$A = 180 \cdot 10^2\ \text{mm}^2$ $W_y = 540 \cdot 10^3\ \text{mm}^3$ $I_y = 4\,860 \cdot 10^4\ \text{mm}^4$

$W_z = 300 \cdot 10^3\ \text{mm}^3$ $I_z = 1\,500 \cdot 10^4\ \text{mm}^4$

Die Pfetten sind in der Dachebene seitlich gehalten, die Normalkräfte aus den Seitenlasten der Binder sehr gering. Im Gegensatz dazu erhalten die Pfetten in den Endfeldern größere Normalkräfte aus Wind auf den Giebel, die bei deren Nachweis berücksichtigt werden müssen.

**Nachweis der Biegespannungen:**

$$\sigma_{y,m,d} = e \cdot \frac{M_{y,d}}{W_y} = 1,25 \cdot \frac{3,94 \cdot 10^6}{540 \cdot 10^3} = 9,12\ \text{N/mm}^2$$

$$\sigma_{z,m,d} = e \cdot \frac{M_{z,d}}{W_z} = 1,25 \cdot \frac{1,06 \cdot 10^6}{300 \cdot 10^3} = 4,42\ \text{N/mm}^2$$

$$f_{m,d} = \frac{k_{mod} \cdot f_{m,k}}{\gamma_M} = \frac{0,9 \cdot 24}{1,3} = 16,6\,\text{N/mm}^2$$

$$\boxed{\frac{\sigma_{m,y,d}}{f_{m,d}} + k_{red} \cdot \frac{\sigma_{m,z,d}}{f_{m,d}} = \frac{9,12}{16,6} + 0,7 \cdot \frac{4,42}{16,6} = 0,74 < 1}$$

**Nachweis der Schubspannungen:**

$$\tau_{y,d} = e \cdot 1,5 \cdot \frac{V_y}{A} = 1,25 \cdot 1,5 \cdot \frac{1,06 \cdot 10^3}{180 \cdot 10^2} = 0,11\ \text{N/mm}^2$$

$$\tau_{z,d} = e \cdot 1,5 \cdot \frac{V_z}{A} = 1,25 \cdot 1,5 \cdot \frac{3,94 \cdot 10^3}{180 \cdot 10^2} = 0,41\ \text{N/mm}^2$$

$$f_{v,d} = \frac{0,9 \cdot 2,0}{1,3} = 1,38\,\text{N/mm}^2 \qquad \boxed{\left(\frac{\tau_{y,d}}{f_{v,d}}\right)^2 + \left(\frac{\tau_{z,d}}{f_{v,d}}\right)^2 = \left(\frac{0,11}{1,38}\right)^2 + \left(\frac{0,41}{1,38}\right)^2 = 0,09 \ll 1}$$

Der erforderliche Nachweis der Gebrauchstauglichkeit wird hier nicht geführt.

## 15.3 Pos. 2: Fachwerkträger

### System

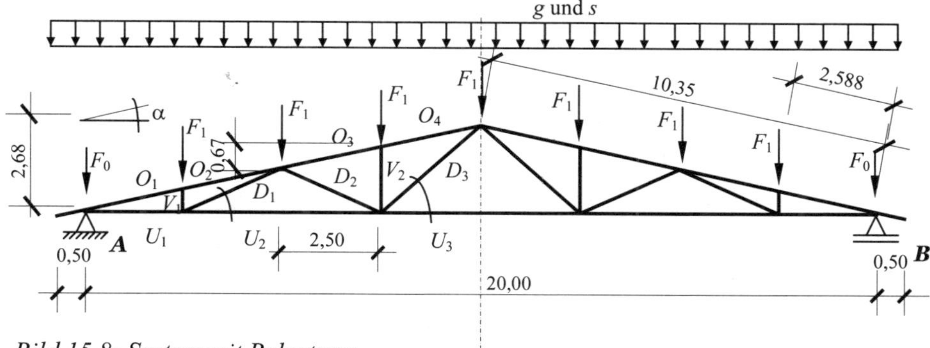


*Bild 15.8: System mit Belastung*

**Ständige Lasten:**

| | |
|---|---|
| – aus den Sparrenpfetten | $g'_k = 0{,}51 \cdot 4{,}00 = 2{,}04$ kN/m |
| – aus dem Eigengewicht der Träger | $\underline{\Delta g_k \approx 0{,}40 \text{ kN/m}}$ |
| – Summe der ständigen Einwirkungen | $g_k = 2{,}44$ kN/m |

**Schnee:** $s_k = 0{,}90 \cdot 4{,}00 = 3{,}60$ kN/m

Bei zu geringen ständigen Lasten kann die Lastfallkombination ständige Lasten + Windsog dazu führen, dass die Stabkräfte des Fachwerkträgers das Vorzeichen wechseln. Das ist vor allem für den Untergurt problematisch, da aus einem Zugstab ein Druckstab mit großer Knicklänge wird. Sollte dieser Fall eintreten, müssten in der Ebene der Untergurte Bauteile zur Weiterleitung der Ersatzkräfte vorgesehen werden, z. B. Verbände (liegende Fachwerkträger).

$w_{G,d} = 1{,}5 \cdot 0{,}70 \cdot 0{,}65 \cdot 4{,}00 = 2{,}73$ kN/m

$W_{I,d} = 1{,}5 \cdot 0{,}40 \cdot 0{,}65 \cdot 4{,}00 = 1{,}56$ kN/m; $\quad e = \min\begin{Bmatrix} b = 20{,}0\,\text{m} \\ 2h = \underline{15{,}0\,\text{m}} \end{Bmatrix} \rightarrow e/10 = 1{,}50\,\text{m}$

Die Differenz zwischen $w_{J,d}$ und $w_{I,d}$ über 2,00 m wird auf die gesamte Obergurtlänge verteilt angenommen.

$w_d = 1{,}56 + (2{,}73 - 1{,}56) \cdot 1{,}50/10{,}50 = 1{,}73$ kN/m

Wenn die ständigen Einwirkungen günstig wirken, ist $\gamma_G = 0{,}90$ anzusetzen.

$g_d = 0{,}51 \cdot 0{,}90 \cdot 4{,}00 = 1{,}84$ kN/m $\qquad \boxed{\frac{w_d}{g_d} = \frac{1{,}73}{1{,}84} = 0{,}94 < 1}$

⇒ die oben genannte Gefahr besteht nicht.

| | |
|---|---|
| Trägerabstand: | $e = 4{,}0$ m |
| Trägerbreite: | $b = 160$ mm |
| Dachneigung: | $\alpha = 15°$ |
| Strebenneigungen: | $\beta = 28{,}2°$, $\gamma = 47{,}0°$ |
| Werkstoff: | BSH GL 24h |

Die Halle ist beheizt: $\Rightarrow$ Nutzungsklasse 1
kürzeste Einwirkung: Schnee $\Rightarrow$ KLED kurz $\Rightarrow$ $k_{mod} = 0{,}9$

Die Biegebeanspruchung des Obergurtes wird in den folgenden Betrachtungen vernachlässigt, d. h. es wird vorausgesetzt, dass die Belastungen als Knotenlasten angesetzt werden dürfen.

$$F_{0,d} = (1{,}35 \cdot 2{,}44 + 1{,}5 \cdot 3{,}60) \cdot (0{,}50 + 1{,}25) \qquad = 15{,}2 \text{ kN}$$

$$F_{g,0,k} = 2{,}44 \cdot (0{,}50 + 1{,}25) = 4{,}3 \text{ kN} \Rightarrow \mu_g = 4{,}3/15{,}2 = 0{,}283$$

$$F_{s,0,k} = 3{,}60 \cdot (0{,}50 + 1{,}25) = 6{,}3 \text{ kN} \Rightarrow \mu_s = 6{,}3/15{,}2 = 0{,}414$$

$$F_{1,d} = (1{,}35 \cdot 2{,}44 + 1{,}5 \cdot 3{,}60) \cdot 2{,}50 \qquad = 21{,}7 \text{ kN}$$

$\mu_g$ und $\mu_s$: Faktoren zur Ermittlung von Tabellenwerten auf Seite 219

**Auflagerkräfte:**

$$A_d = B_d = F_{0,d} + 3 \cdot F_{1,d} + 0{,}5 \cdot F_{1,d} = 15{,}2 + 3{,}5 \cdot 21{,}7 \qquad = 91{,}2 \text{ kN}$$

$$A_{g,k} = B_{g,k} = 0{,}283 \cdot 91{,}2 = 25{,}8 \text{ kN}; \qquad A_{s,k} = B_{s,k} = 0{,}414 \cdot 91{,}2 \qquad = 37{,}8 \text{ kN}$$

**Stabkräfte:**

$$U_{1,d} = \frac{(A_d - F_{0,d})}{\tan 15°} = \frac{(A_d - F_{0,d}) \cdot 2a}{\Delta h} = \frac{(91{,}2 - 15{,}2) \cdot 2{,}50}{0{,}67} \qquad = 284 \text{ kN}$$

$$U_{2,d} = \frac{(91{,}2 - 15{,}2) \cdot 5{,}00 - 21{,}7 \cdot 2{,}50}{1{,}34} \qquad = 243 \text{ kN}$$

$$U_{3,d} = \frac{(91{,}2 - 15{,}2) \cdot 10{,}00 - 21{,}7 \cdot (7{,}50 + 5{,}00 + 2{,}50)}{2{,}68} \qquad = 162 \text{ kN}$$

$$O_{1,d} = O_{2,d} = -\frac{U_1}{\cos 15°} = -\frac{284}{\cos 15°} \qquad = -294 \text{ kN}$$

$$O_{3,d} = O_{4,d} = -\frac{(91{,}2 - 15{,}2) \cdot 7{,}50 - 21{,}7 \cdot (5{,}00 + 2{,}50)}{2{,}01 \cdot \cos 15°} \qquad = -210 \text{ kN}$$

$$V_{1,d} = V_{2,d} = -F_{1,d} \qquad = -21{,}7 \text{ kN}$$

$$D_{1,d} = -D_{2,d} = \frac{U_1 - U_2}{\cos 28{,}2°} = \frac{284 - 243}{\cos 28{,}2°} \qquad = 46{,}5 \text{ kN}$$

$$D_{3,d} = \frac{-O_4 \cdot \cos 15° - U_3}{\cos 47°} = \frac{210 \cdot \cos 15° - 162}{\cos 47°} \qquad = 59{,}9 \text{ kN}$$

**Zusammenstellung der Stabkräfte** in [kN]

| | | $U_1$ | $U_2$ | $U_3$ | $O_{1/2}$ | $O_{3/4}$ | $V_{1/2}$ | $D_{1/2}$ | $D_3$ |
|---|---|---|---|---|---|---|---|---|---|
| | ständige Einwirkungen ($g_k$) | 80,4 | 68,8 | 45,8 | −83,2 | −59,4 | − 6,1 | ±13,2 | 17,0 |
| | Schnee ($s_k$) | 118 | 101 | 67,1 | −122 | −86,9 | − 9,0 | ±19,3 | 24,8 |
| Gebrauchstaugl. | $1{,}0 \cdot g_k + 1{,}0 \cdot s_k$ | 198 | 169 | 113 | − 205 | −146 | −15,1 | ±32,5 | 41,8 |
| Tragfähigkeit | $1{,}35 \cdot g_k + 1{,}5 \cdot s_k$ | 284 | 243 | 162 | − 294 | −210 | −21,7 | ±46,5 | 59,9 |

**Bemessung der Stäbe:**

Der Dachverband wird so konstruiert, dass für den Obergurt eine Knicklänge von 2,60 m anzunehmen ist.

**Obergurt:** gewählt 160/240 GL 24h
min $O_d = O_{1,d} = -294$ kN
**Nachweis nach dem Ersatzstabverfahren:**

$$\sigma_{c,0,d} = \frac{294 \cdot 10^3}{160 \cdot 240} = 7{,}7 \text{ N/mm}^2$$

$$f_{c,0,d} = \frac{k_{mod} \cdot f_{c,0,k}}{\gamma_M} = \frac{0{,}9 \cdot 24}{1{,}3} = 16{,}6 \text{ N/mm}^2$$

$$i_z = 0{,}289 \cdot 160 = 46{,}2 \text{ mm} \qquad \lambda_z = \frac{\ell_{ef}}{i_z} = \frac{2600}{46{,}2} = 56$$

$$\lambda_{rel,c} = \sqrt{\frac{f_{c,0,k}}{\sigma_{c,crit}}} = \frac{\lambda}{\pi} \cdot \sqrt{\frac{f_{c,0,k}}{E_{0,05}}} = \frac{56}{\pi} \cdot \sqrt{\frac{24}{9600}} = 0{,}891$$

$\beta_c = 0{,}1$ für Brettschichtholz und Furnierschichtholz

$$k = 0{,}5 \cdot \left[1 + \beta_c \cdot \left(\lambda_{rel,c} - 0{,}3\right) + \lambda_{rel,c}^2\right] = 0{,}5 \cdot \left[1 + 0{,}1 \cdot \left(0{,}891 - 0{,}3\right) + 0{,}891^2\right] = 0{,}926$$

Der Knickbeiwert $k_c$ beträgt $k_c = \dfrac{1}{k + \sqrt{k^2 - \lambda_{rel,c}^2}} = \dfrac{1}{0{,}926 + \sqrt{0{,}926^2 - 0{,}891^2}} = 0{,}850$

oder $k_c = 0{,}848$ aus Tabelle 9.2

$$\frac{\sigma_{c,0,d}}{k_c \cdot f_{c,0,d}} = \frac{7{,}7}{0{,}850 \cdot 16{,}6} = 0{,}55 < 1$$

**Untergurt:** gewählt 160/160 GL 24h $\quad A_{netto} \approx 0{,}80 \cdot 160 \cdot 160 = 205 \cdot 10^2 \text{ mm}^2$

max $U_d = U_{1,d}$ = 284 kN

$$\sigma_{t,0,d} = \frac{284 \cdot 10^3}{205 \cdot 10^2} = 13{,}9 \text{ N/mm}^2$$

$$f_{t,0,d} = \frac{k_{mod} \cdot f_{t,0,k}}{\gamma_m} = \frac{0{,}9 \cdot 19{,}2}{1{,}3} = 13{,}3 \text{ N/mm}^2$$

$$\boxed{\frac{\sigma_{t,0,d}}{f_{t,0,d}} = \frac{13{,}9}{13{,}3} = 1{,}05 > 1}$$

neu gewählt 160/200 GL 24h $\quad A_{netto} \approx 0{,}80 \cdot 160 \cdot 200 = 256 \cdot 10^2 \text{ mm}^2$

$$\boxed{\frac{\sigma_{t,0,d}}{f_{t,0,d}} = \frac{13{,}9 \cdot \frac{205}{256}}{13{,}3} = 0{,}84 < 1}$$

**Diagonalen:** gewählt 120/120 GL 24h

min $D_d = D_{2,d} = -46{,}5$ kN

Knicklänge: $\ell_{ef} = \dfrac{2500}{\cos 28{,}2°} = 2836 \text{mm}$

$$\sigma_{c,0,d} = \frac{46{,}5 \cdot 10^3}{120 \cdot 120} = 3{,}2 \text{ N/mm}^2$$

$i = 0{,}289 \cdot 120 = 34{,}7$ mm $\qquad \lambda = \dfrac{\ell_{ef}}{i} = \dfrac{2836}{34{,}6} = 82$

$$\lambda_{rel,c} = \sqrt{\frac{f_{c,0,k}}{\sigma_{c,crit}}} = \frac{\ell_{ef}}{\pi \cdot i} \cdot \sqrt{\frac{f_{c,0,k}}{E_{0,05}}} = \frac{2836}{\pi \cdot 34{,}6} \cdot \sqrt{\frac{24}{9600}} = 1{,}30$$

$$k = 0{,}5 \cdot \left[1 + \beta_c \cdot \left(\lambda_{rel,c} - 0{,}3\right) + \lambda_{rel,c}^2\right] = 0{,}5 \cdot \left[1 + 0{,}1 \cdot \left(1{,}30 - 0{,}3\right) + 1{,}30^2\right] = 1{,}40$$

Der Knickbeiwert $k_c$ beträgt $k_c = \dfrac{1}{k + \sqrt{k^2 - \lambda_{rel,c}^2}} = \dfrac{1}{1{,}40 + \sqrt{1{,}40^2 - 1{,}30^2}} = 0{,}521$

oder $k_c = 0{,}526$ aus Tabelle 9.2

$$\boxed{\frac{\sigma_{c,0,d}}{k_c \cdot f_{c,0,d}} = \frac{3{,}2}{0{,}521 \cdot 16{,}6} = 0{,}37 < 1}$$

max $D_d = D_{3,d} = 59{,}9$ kN

$$\sigma_{t,0,d} = \frac{59{,}9 \cdot 10^3}{0{,}8 \cdot 120 \cdot 120} = 5{,}2 \text{ N/mm}^2$$

$$\boxed{\frac{\sigma_{t,0,d}}{f_{t,0,d}} = \frac{5{,}2}{13{,}3} = 0{,}39 < 1}$$

**Bemessung der Anschlüsse:**

Für die Anschlüsse werden Stabdübel in Verbindung mit eingeschlitzten Blechen verwendet.
Blechdicke: $t_S = 10$ mm

Stabdübel ∅16 und ∅12, S 235, $f_{u,k} = 360$ N/mm²

**Anschlüsse der Gurte: ∅16**

$$f_{h,0,k} = 0{,}082 \cdot (1 - 0{,}01 \cdot d) \cdot \rho_k = 0{,}082 \cdot (1 - 0{,}01 \cdot 16) \cdot 380 = 26{,}2 \text{ N/mm}^2$$

$$M_{y,k} = 0{,}3 \cdot f_{u,k} \cdot d^{2,6} = 0{,}3 \cdot 360 \cdot 16^{2,6} = 145927 \text{ Nmm}$$

Mindestholzdicke: $t_{req} = 1{,}15 \cdot 4 \cdot \sqrt{\dfrac{M_{y,k}}{f_{h,k} \cdot d}} = 1{,}15 \cdot 4 \cdot \sqrt{\dfrac{145927}{26{,}2 \cdot 16}} = 86 > 75 \text{mm}$

$$F^0{}_{v,Rk} = \frac{t}{t_{req}} \cdot \sqrt{2} \cdot \sqrt{2 \cdot M_{y,k} \cdot f_{h,1,k} \cdot d} = \frac{75}{86} \cdot \sqrt{2} \cdot \sqrt{2 \cdot 145927 \cdot 26{,}2 \cdot 16} = 13642 \text{ N} = 13{,}6 \text{ kN}$$

$$F^0{}_{v,Rd} = \frac{0{,}9 \cdot 13{,}6}{1{,}1} = 11{,}1 \text{kN}$$

**Anschlüsse der Füllstäbe: ∅12**

$$f_{h,0,k} = 0{,}082 \cdot (1 - 0{,}01 \cdot d) \cdot \rho_k = 0{,}082 \cdot (1 - 0{,}01 \cdot 12) \cdot 380 = 27{,}4 \text{ N/mm}^2$$

$$M_{y,k} = 0{,}3 \cdot f_{u,k} \cdot d^{2,6} = 0{,}3 \cdot 360 \cdot 12^{2,6} = 69070 \text{ Nmm}$$

$$t_{req} = 1{,}15 \cdot 4 \cdot \sqrt{\frac{M_{y,k}}{f_{h,k} \cdot d}} = 1{,}15 \cdot 4 \cdot \sqrt{\frac{69070}{27{,}4 \cdot 12}} = 67 > 55 \text{mm}$$

$$F^0{}_{v,Rk} = \frac{t}{t_{req}} \cdot \sqrt{2} \cdot \sqrt{2 \cdot M_{y,k} \cdot f_{h,1,k} \cdot d} = \frac{55}{67} \cdot \sqrt{2} \cdot \sqrt{2 \cdot 69070 \cdot 27{,}4 \cdot 12} = 7824 \text{ N} = 7{,}8 \text{ kN}$$

$$F^0{}_{v,Rd} = \frac{0{,}9 \cdot 7{,}8}{1{,}1} = 6{,}4 \text{ kN}$$

$$n_{ef} = n^{0,9} \cdot \sqrt[4]{\frac{a_1}{13 \cdot d}} \cdot \frac{90 - \alpha}{90} + n \cdot \frac{\alpha}{90}$$

für $n = 2 \Rightarrow$ $\quad n_{ef} = 2^{0,9} \cdot \sqrt[4]{\dfrac{5 \cdot d}{13 \cdot d}} = 1{,}47$

für $n = 3 \Rightarrow$ $\quad n_{ef} = 3^{0,9} \cdot \sqrt[4]{\dfrac{5 \cdot d}{13 \cdot d}} = 2{,}12$

für $n = 4 \Rightarrow$ $\quad n_{ef} = 4^{0,9} \cdot \sqrt[4]{\dfrac{5 \cdot d}{13 \cdot d}} = 2{,}74$

Stab $V_2$ 21,7 kN (Druck) $\quad n_{req} = \dfrac{21{,}7}{2 \cdot 6{,}4} = 1{,}7 \Rightarrow 2$

Stab $D_2$ 46,5 kN (Druck) $\quad n_{req} = \dfrac{5}{1{,}57 + 2{,}26} \cdot \dfrac{46{,}5}{2 \cdot 6{,}4} = 4{,}7 \Rightarrow 5$

Stab $D_3$ 59,9 kN (Zug) $n_{\text{req}} = \dfrac{4}{2{,}93} \cdot \dfrac{59{,}9}{2 \cdot 6{,}4} = 6{,}4 \Rightarrow 8$

$U_2 - U_3 = 243 - 162 = 81$ kN $n_{\text{req}} = \dfrac{3}{2{,}26} \cdot \dfrac{81}{2 \cdot 11{,}5} = 4{,}7 \Rightarrow 6$

**Detailskizze:**

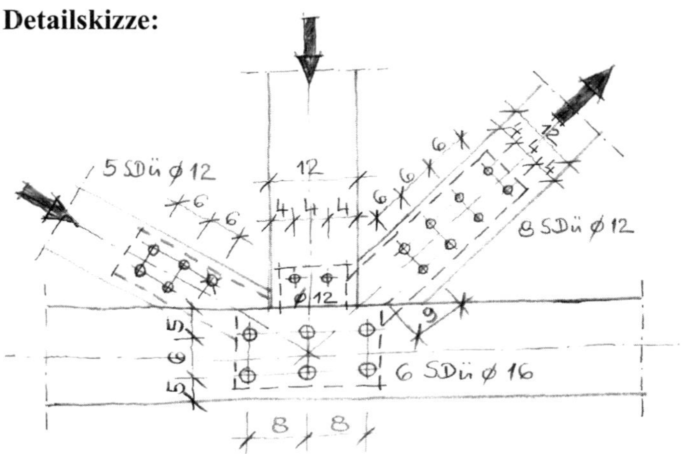


*Bild 15.9: Anschlussausbildung*

**Mindestabstände:**

| für SDü ⌀12: | | für SDü ⌀16: | | |
|---|---|---|---|---|
| $a_1$ | $= 5 \cdot d = 5 \cdot 12 = 60$ mm | $a_1$ | $= 5 \cdot d = 5 \cdot 16$ | $= 80$ mm |
| $a_2$ | $= 3 \cdot d = 3 \cdot 12 = 36$ mm | $a_2$ | $= 3 \cdot d = 3 \cdot 16$ | $= 48$ mm |
| $a_{1,c}$ | $= 3 \cdot d = 3 \cdot 12 = 36$ mm | $a_{1,c}$ | $= 3 \cdot d = 3 \cdot 16$ | $= 48$ mm |
| $a_{1,t}$ | $= 7 \cdot d = 7 \cdot 12 = 84$ mm | $a_{1,t}$ | $= 7 \cdot d = 7 \cdot 16$ | $= 112$ mm |
| $a_{2,t/c}$ | $= 3 \cdot d = 3 \cdot 12 = 36$ mm | $a_{2,t/c}$ | $= 3 \cdot d = 3 \cdot 16$ | $= 48$ mm |

Die übrigen Knoten werden analog bemessen und konstruiert.

## Verformungen – nach dem Prinzip der virtuellen Verformungen

Grundlage der Verformungsberechnung ist die Arbeitsgleichung (Prinzip der virtuellen Kräfte).

Die virtuelle Arbeit $\bar{A}_a$ der äußeren Kräfte ist gleich der negativen virtuellen Arbeit $\bar{A}_i$ der inneren Kräfte.

$\bar{A}_a = -\bar{A}_i$ bzw. $\bar{A}_a + \bar{A}_i = 0$

Die Längenänderung $\Delta s_i$ kann verschiedene Ursachen haben, so z. B.

- elastische Längenänderung aus äußerer Belastung $\Delta s = \dfrac{N_i \cdot s_i}{E_{||} \cdot A_i}$
- Anschlussnachgiebigkeiten mechanischer Verbindungsmittel $\Delta s = \dfrac{N}{n \cdot K_{\text{ser}}}$

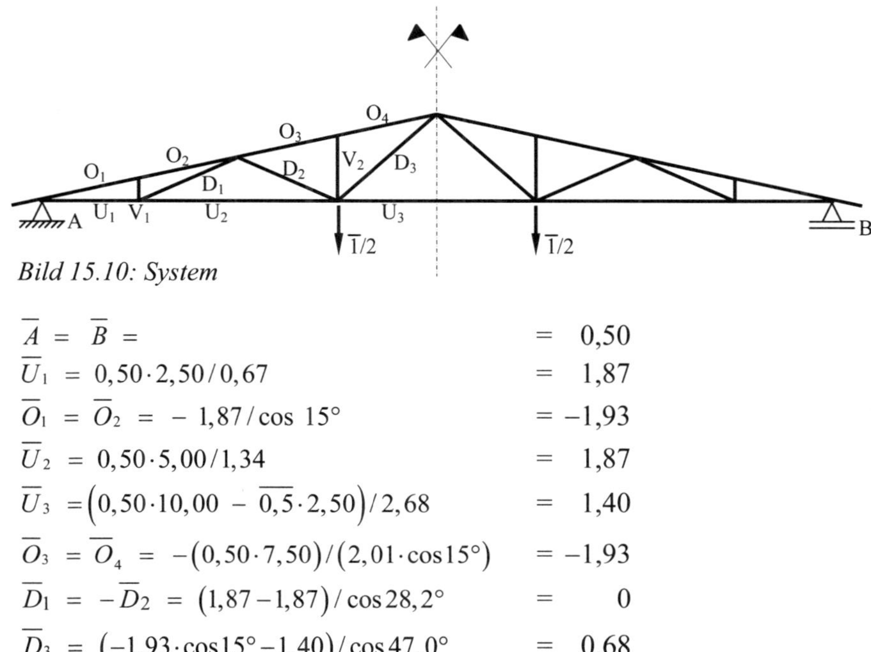


*Bild 15.10: System*

$$\overline{A} = \overline{B} = \quad = 0{,}50$$
$$\overline{U}_1 = 0{,}50 \cdot 2{,}50 / 0{,}67 \quad = 1{,}87$$
$$\overline{O}_1 = \overline{O}_2 = -1{,}87 / \cos 15° \quad = -1{,}93$$
$$\overline{U}_2 = 0{,}50 \cdot 5{,}00 / 1{,}34 \quad = 1{,}87$$
$$\overline{U}_3 = \left(0{,}50 \cdot 10{,}00 - \overline{0{,}5} \cdot 2{,}50\right) / 2{,}68 \quad = 1{,}40$$
$$\overline{O}_3 = \overline{O}_4 = -\left(0{,}50 \cdot 7{,}50\right) / \left(2{,}01 \cdot \cos 15°\right) \quad = -1{,}93$$
$$\overline{D}_1 = -\overline{D}_2 = \left(1{,}87 - 1{,}87\right) / \cos 28{,}2° \quad = 0$$
$$\overline{D}_3 = \left(-1{,}93 \cdot \cos 15° - 1{,}40\right) / \cos 47{,}0° \quad = 0{,}68$$

**Vereinfachtes Verfahren (ohne Berücksichtigung der Anschlüsse)**

**Verformungsanteile der einzelnen Stäbe (am halben Träger gerechnet)**

| Stab i | Länge $s_i$ | Stabkraft $N_i$ aus $g_k+s_k$ | Querschnitt $b/h$ | $A_i$ | $\frac{N_i \cdot 10^3}{E_{0,mean} \cdot A_i} \cdot s_i$ | Stabkraft $\overline{N_i}$ | $\frac{N_i \cdot \overline{N_i}}{E_{0,mean} \cdot A_i} \cdot s_i$ |
|---|---|---|---|---|---|---|---|
| | mm | kN | cm | mm² | mm | | mm |
| $U_1$ | 2 500 | 198 | 16/20 | $320 \cdot 10^2$ | 1,35 | 1,87 | 2,52 |
| $U_2$ | 5 000 | 169 | 16/20 | $320 \cdot 10^2$ | 2,30 | 1,87 | 4,29 |
| $U_3$ | 2 500 | 113 | 16/20 | $320 \cdot 10^2$ | 0,77 | 1,40 | 1,07 |
| $O_1$ | 2 588 | –205 | 16/24 | $384 \cdot 10^2$ | –1,20 | –1,93 | 2,32 |
| $O_2$ | 2 588 | –205 | 16/24 | $384 \cdot 10^2$ | –1,20 | –1,93 | 2,32 |
| $O_3$ | 2 588 | –146 | 16/24 | $384 \cdot 10^2$ | –0,86 | –1,93 | 1,65 |
| $O_4$ | 2 588 | –146 | 16/24 | $384 \cdot 10^2$ | –0,86 | –1,93 | 1,65 |
| $V_1$ | 670 | –15,2 | 12/12 | $144 \cdot 10^2$ | –0,06 | 0,00 | 0,00 |
| $V_2$ | 2 010 | –15,2 | 12/12 | $144 \cdot 10^2$ | –0,18 | 0,00 | 0,00 |
| $D_1$ | 2 837 | 32,5 | 12/12 | $144 \cdot 10^2$ | 0,56 | 0,00 | 0,00 |
| $D_2$ | 2 837 | – 32,5 | 12/12 | $144 \cdot 10^2$ | –0,56 | 0,00 | 0,00 |
| $D_3$ | 3 666 | 41,8 | 12/12 | $144 \cdot 10^2$ | 0,93 | 0,68 | 0,63 |
| | | | | | | Summe | 16,45 |

Die gesamte elastische Anfangsverformung beträgt somit: $2 \cdot 16{,}45 = 32{,}9$ mm
Einzelne Belastungsanteile:

$$g_k = 0{,}51 \cdot 4{,}0 + \frac{0{,}60}{1{,}35} = 2{,}48\,\text{kN/m} \quad \text{und } s_k = 0{,}90 \cdot 4{,}0 = 3{,}60\,\text{kN/m}$$

Damit beträgt

$$w_{g,inst} = 32{,}9 \cdot \frac{g_k}{g_k + s_k} = 32{,}9 \cdot \frac{2{,}48}{2{,}48 + 3{,}60} = 13{,}4\,\text{mm}$$

und

$$w_{s,inst} = 32{,}9 \cdot \frac{s_k}{g_k + s_k} = 32{,}9 \cdot \frac{3{,}60}{2{,}48 + 3{,}60} = 19{,}5\,\text{mm}$$

$\psi_2 =$ 0 für Schnee an Orten bis +1000 m über NN $\quad k_{def} =$ 0,6

**Quasi-ständige Bemessungssituation** (gegen optische Beeinträchtigung):

$$w_{g,fin} = w_{g,inst} \cdot (1 + k_{def}) = 13{,}4 \cdot (1 + 0{,}6) = 21{,}4\,\text{mm}$$

$$w_{s,fin} = w_{s,inst} \cdot (1 + \psi_2 \cdot k_{def}) = w_{s,inst}$$ EC5 1-1, 2.2.3(5)

$$\boxed{w_{fin} = 19{,}5 + 21{,}4 = 40{,}9\,\text{mm} = \ell / 489 < \ell / 300}$$ EC5 1-1, 7.2(2)

Da die Halle im Inneren keine Einbauten enthält, die durch Verformungen beeinträchtigt würden, muss die seltene Bemessungssituation nicht nachgewiesen werden.

**Genaueres Verfahren** mit Berücksichtigung der Verformungen in den Anschlüssen

Für die Anschlüsse der Gurte untereinander muss noch die Anzahl der Stabdübel festgelegt werden.

für $n = 6 \Rightarrow n_{ef} = 6^{0,9} \cdot \sqrt[4]{\frac{5 \cdot d}{13 \cdot d}} = 3{,}95$ $\quad$ für $n = 7 \Rightarrow n_{ef} = 7^{0,9} \cdot \sqrt[4]{\frac{5 \cdot d}{13 \cdot d}} = 4{,}54$

$$O_1 = -\,296\text{ kN} \Rightarrow n_{req} = \frac{7}{4{,}54} \cdot \frac{296}{2 \cdot 11{,}5} = 20$$

$$O_4 = -\,212\text{ kN} \Rightarrow n_{req} \approx \frac{6}{3{,}95} \cdot \frac{212}{2 \cdot 11{,}5} = 14$$

$$U_1 = 286\text{ kN} \Rightarrow n_{req} \approx \frac{7}{4{,}54} \cdot \frac{286}{2 \cdot 11{,}5} = 19$$

Damit können alle Anschlüsse festgelegt werden.

| | |
|---|---|
| Obergurt an Untergurt: | je 21 SDü ∅ 16 |
| Obergurt am First: | je 15 SDü ∅ 16 (oben 3 × 6 angenommen) |
| Gurte an den übrigen Knoten: | je 6 SDü ∅ 16 |
| Diagonalen $D_1$ u. $D_2$, an beiden Enden: | je 5 SDü ∅ 12 |
| Diagonale $D_3$, an beiden Enden: | je 8 SDü ∅ 12 |
| Pfosten an beiden Enden: | je 2 SDü ∅ 12 |

Der Verschiebungsmodul $K_{ser}$ für Stabdübel beträgt:

$$K_{ser,16} = \frac{\rho_k^{1,5}}{23} \cdot d = \frac{385^{1,5}}{23} \cdot 16 = 5255 \text{ N/mm}$$

$$K_{ser,12} = \frac{\rho_k^{1,5}}{23} \cdot d = \frac{385^{1,5}}{23} \cdot 12 = 3941 \text{ N/mm}$$

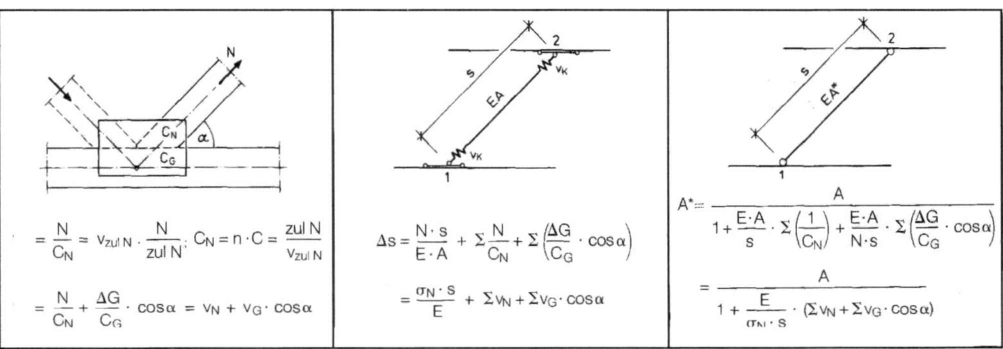


*Bild 15.11: Verformung an Fachwerkknoten mit eingeschlitztem Blech, Auszug aus [31],* $C = K_{ser}$

**Verformungen $\Delta s$:**

Obergurt: $$\Delta s_{O_1} = \frac{O_1}{n \cdot 2 \cdot K_{ser,16}} = \frac{-205 \cdot 10^3}{18 \cdot 2 \cdot 5255} = -1{,}08 \text{ mm}$$

Untergurt: $$\Delta_{U_1} = \frac{U_1}{n \cdot 2 \cdot K_{ser,16}} = \frac{198 \cdot 10^3}{18 \cdot 2 \cdot 5255} = 1{,}05 \text{ mm}$$

Pfosten: $$\Delta s_{V_1} = \frac{3^{*)} \cdot V_1}{n \cdot 2 \cdot K_{ser,12}} = \frac{3 \cdot (-15{,}1) \cdot 10^3}{2 \cdot 2 \cdot 3941} = -2{,}87 \text{ mm}$$

$$= \frac{32{,}5 \cdot 10^3}{5 \cdot 2 \cdot 3864} + \frac{29 \cdot 10^3}{6 \cdot 2 \cdot 5255} \cdot \cos 28{,}2° = 1{,}23 \text{ mm}$$

*) 2× im Pfosten, 1× im Obergurt

Diagonale: $$\Delta s_{D_2} = \frac{D_2}{n \cdot 2 \cdot K_{ser,12}} + \frac{U_2 - U_3}{n \cdot 2 \cdot K_{ser,16}} \cdot \cos 28{,}2°$$

$$= \frac{-32{,}5 \cdot 10^3}{5 \cdot 2 \cdot 3941} + \frac{-56 \cdot 10^3}{6 \cdot 2 \cdot 5255} \cdot \cos 28{,}2° = 1{,}61 \text{ mm}$$

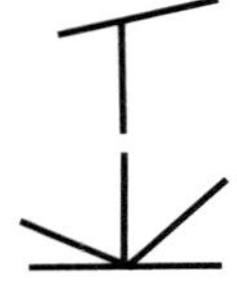

Pfosten: $$\Delta s_{V_2} = \frac{3^{*)} \cdot V_2}{n \cdot 2 \cdot K_{ser,12}} = \frac{3 \cdot (-15{,}1) \cdot 10^3}{2 \cdot 2 \cdot 3941} = -2{,}87 \text{ mm}$$

Diagonale: $$\Delta s_{D_3} = \frac{D_3}{n \cdot 2 \cdot K_{ser,12}} + \frac{U_2 - U_3}{n \cdot 2 \cdot K_{ser,16}} \cdot \cos 47{,}0°$$

$$= \frac{41{,}8 \cdot 10^3}{8 \cdot 2 \cdot 3941} + \frac{56 \cdot 10^3}{6 \cdot 2 \cdot 5255} \cdot \cos 47° = 1{,}55 \text{ mm}$$

Diagonale: $$\Delta s_{D_1} = \frac{N_{D_1}}{n \cdot 2 \cdot K_{ser,12}} + \frac{O_2 - O_3}{n \cdot 2 \cdot K_{ser,16}} \cdot \cos(28{,}2° - 15°)$$

$$= \frac{32{,}5 \cdot 10^3}{5 \cdot 2 \cdot 3941} + \frac{59{,}0 \cdot 10^3}{6 \cdot 2 \cdot 5255} \cdot \cos 13{,}2° = 1{,}74 \text{ mm}$$

Diagonale: $$\Delta s_{D_2} = \frac{N_{D_2}}{n \cdot 2 \cdot K_{ser,12}} + \frac{O_2 - O_3}{n \cdot 2 \cdot K_{ser,16}} \cdot \cos(28{,}2° + 15°)$$

$$= \frac{-32{,}5 \cdot 10^3}{5 \cdot 2 \cdot 3941} + \frac{-59{,}0 \cdot 10^3}{6 \cdot 2 \cdot 5255} \cdot \cos 43{,}2° = 1{,}51 \text{ mm}$$

Obergurt: $$\Delta s_{O_4} = \frac{O_4}{n \cdot 2 \cdot K_{ser,16}} = \frac{-147 \cdot 10^3}{15 \cdot 2 \cdot 5255} = -0{,}93 \text{ mm}$$

Diagonale: $$\Delta s_{D_3} = \frac{D_3}{n \cdot 2 \cdot K_{ser,12}} = \frac{41{,}8 \cdot 10^3}{8 \cdot 2 \cdot 3941} = 0{,}66 \text{ mm}$$

$s_{D_1} = 1{,}26 + 1{,}77 = 3{,}03$ mm; $s_{D_2} = 1{,}66 + 1{,}58 = 3{,}24$ mm;

$s_{D_3} = 1{,}34 + 0{,}68 = 2{,}02$ mm

**Verformungsanteile der einzelnen Stäbe und Verbindungen**

| Stab i | Länge $s_i$ | Stabkraft $N_i$ | Querschnitt $b/h$ | $A_i$ | $\frac{N_i \cdot 10^3}{E_{0,mean} \cdot A_i} \cdot s_i$ | Stabkraft $\overline{N}_i$ | $\frac{N_i \cdot \overline{N}_i}{E_{0,mean} \cdot A_i} \cdot s_i$ | $\Delta s_i$ | $\Delta s_i \cdot \overline{N}_i$ |
|---|---|---|---|---|---|---|---|---|---|
| | mm | kN | cm | mm² | mm | | mm | mm | mm |
| $U_1$ | 2 500 | 198 | 16/20 | $320 \cdot 10^2$ | 1,35 | 1,87 | 2,52 | 1,05 | 1,96 |
| $U_2$ | 5 000 | 169 | 16/20 | $320 \cdot 10^2$ | 2,30 | 1,87 | 4,29 | 0 | 0,00 |
| $U_3$ | 2 500 | 113 | 16/20 | $320 \cdot 10^2$ | 0,77 | 1,40 | 1,07 | 0 | 0,00 |
| $O_1$ | 2 588 | –205 | 16/24 | $384 \cdot 10^2$ | –1,20 | –1,93 | 2,32 | –1,08 | 2,08 |
| $O_2$ | 2 588 | –205 | 16/24 | $384 \cdot 10^2$ | –1,20 | –1,93 | 2,32 | 0 | 0,00 |
| $O_3$ | 2 588 | –146 | 16/24 | $384 \cdot 10^2$ | –0,86 | –1,93 | 1,65 | 0 | 0,00 |
| $O_4$ | 2 588 | –146 | 16/24 | $384 \cdot 10^2$ | –0,86 | –1,93 | 1,65 | –0,93 | 1,79 |
| $V_1$ | 670 | –15,2 | 12/12 | $144 \cdot 10^2$ | –0,06 | 0,00 | 0,00 | –2,87 | 0,00 |
| $V_2$ | 2 010 | –15,2 | 12/12 | $144 \cdot 10^2$ | –0,18 | 0,00 | 0,00 | –2,87 | 0,00 |
| $D_1$ | 2 837 | 32,5 | 12/12 | $144 \cdot 10^2$ | 0,56 | 0,00 | 0,00 | 2,97 | 0,00 |
| $D_2$ | 2 837 | –32,5 | 12/12 | $144 \cdot 10^2$ | –0,56 | 0,00 | 0,00 | –3,12 | 0,00 |
| $D_3$ | 3 666 | 41,8 | 12/12 | $144 \cdot 10^2$ | 0,93 | 0,68 | 0,63 | 1,93 | 1,31 |
| | | | | | | Summe | 16,45 | | 7,16 |

Die gesamte Anfangsverformung beträgt somit: $2 \cdot (16{,}45 + 7{,}16) = 47{,}2$ mm

Einzelne Belastungsanteile:

$$g_k = 0{,}51 \cdot 4{,}0 + \frac{0{,}60}{1{,}35} = 2{,}48\,\text{kN/m} \quad \text{und } s_k = 0{,}90 \cdot 4{,}0 = 3{,}60\,\text{kN/m}$$

Damit beträgt $w_{g,inst} = 47{,}2 \cdot \frac{g_k}{g_k + s_k} = 47{,}2 \cdot \frac{2{,}48}{2{,}48 + 3{,}60} = 19{,}3\,\text{mm}$

und $w_{s,inst} = 47{,}2 \cdot \frac{s_k}{g_k + s_k} = 47{,}2 \cdot \frac{3{,}60}{2{,}48 + 3{,}60} = 27{,}9\,\text{mm}$

$\psi_2 = 0$ für Schnee an Orten bis +1000 m über NN $\quad k_{def} = 0{,}6$

**Quasi-ständige Bemessungssituation:**

$$w_{g,fin} = w_{g,inst} \cdot (1 + k_{def}) = 19{,}3 \cdot (1 + 0{,}6) = 30{,}9\text{ mm}$$

$$w_{s,fin} = w_{s,inst} \cdot (1 + \psi_2 \cdot k_{def}) = w_{s,inst}$$ EC5 1-1, 2.2.3(5)

$$w_{fin} = 30{,}9 + 27{,}9 = 58{,}8\text{ mm} = \ell / 340 < \ell / 300$$ EC5 1-1, 7.2(2)

## Genaueres Verfahren mit ideellen Stabquerschnitten

Will man die Verformungen eines Stabwerkes mit Hilfe eines Statikprogrammes ermitteln, so ist es vorteilhaft, die Verschiebungssteifigkeiten der Anschlüsse und Stöße mit der Dehnsteifigkeit des jeweiligen Stabes zusammenzufassen, d. h. einen Zug- oder Druckstab mit ideellem Querschnitt zu ermitteln, dessen Verformungsverhalten das gleiche wie das des „Originalstabes" ist siehe auch [31].

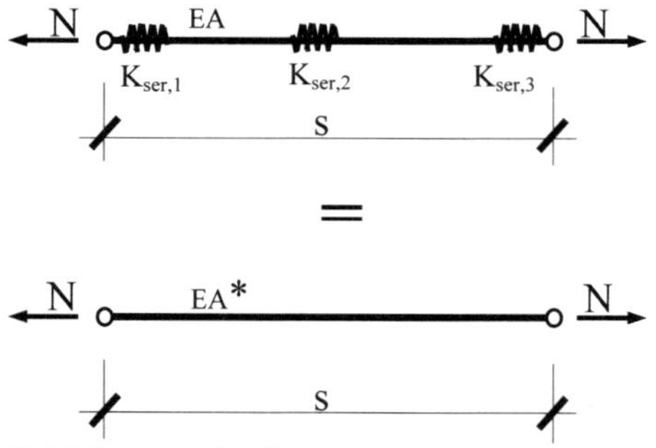

N EA N
$K_{ser,1}$ $K_{ser,2}$ $K_{ser,3}$
s

$$\Delta s = \frac{N \cdot s}{E \cdot A} + \Sigma \frac{N}{n_i \cdot k_{ser,i}} \quad \text{bzw.} \quad \frac{N \cdot s}{E \cdot A} + \Sigma v_i$$

=

N EA* N
s

$$\Delta s = \frac{N \cdot s}{E \cdot A^*}$$

*Bild 15.12: Ideeller Stab*

Durch Gleichsetzen der Längsverformungen $\Delta s$ beider Stäbe ergibt sich

$$A^* = \frac{A}{1 + \frac{E \cdot A}{s} \cdot \Sigma \frac{1}{n_i \cdot K_{ser,i}}} \quad \text{bzw.} \quad \frac{A}{1 + \frac{E}{\sigma \cdot s} \cdot \Sigma v_i}$$

Siehe auch [31], Seite 6 ff.

$$A_D^* = \frac{A}{1 + \frac{E \cdot A}{s} \cdot \sum \left( \frac{1}{K_{j,N}} \right) + \frac{E \cdot A}{N \cdot s} \cdot \sum \left( \frac{\Delta G}{K_{j,G}} \cdot \cos\alpha \right)}$$

für $D_2$:
$$\frac{E \cdot A}{s} \cdot \sum \left( \frac{1}{K_{j,N}} \right) = 2 \cdot \frac{11500 \cdot 144 \cdot 10^2}{2837} \cdot \frac{1}{2 \cdot 5 \cdot 3941} = 2,96$$

$$\frac{E \cdot A}{N \cdot s} \cdot \sum \left( \frac{\Delta G}{K_{j,G}} \cdot \cos\alpha \right)$$

$$= \frac{11500 \cdot 144 \cdot 10^2}{32,5 \cdot 2837} \cdot \left( \frac{56}{2 \cdot 6 \cdot 5255} \cdot \cos 28° + \frac{59}{2 \cdot 6 \cdot 5255} \cdot \cos\left(28° + 15°\right) \right) = 2,64$$

$$A_{D_2}^* = \frac{144 \cdot 10^2}{1 + 2,96 + 2,64} = 2182 \text{ mm}^2$$

$$A^*_{\mathrm{D}_3} = \frac{144 \cdot 10^2}{1 + 2 \cdot \frac{11600 \cdot 144 \cdot 10^2}{3666} \cdot \frac{1}{2 \cdot 8 \cdot 3864} + \frac{11600 \cdot 144 \cdot 10^2}{41{,}6 \cdot 3666} \cdot \left( \frac{56}{2 \cdot 8 \cdot 5153} \cdot \cos 47° \right)}$$

$$= \frac{144 \cdot 10^2}{1 + 1{,}47 + 0{,}55} = 47{,}7 \cdot 10^2 \text{ mm}^2$$

$$A^*_{\mathrm{U}} = \frac{A_{\mathrm{U}}}{1 + \frac{E \cdot A_{\mathrm{U}}}{s} \cdot \sum \left( \frac{1}{K_{\mathrm{j,N}}} \right)} \qquad A^*_{\mathrm{U}_1} = \frac{320 \cdot 10^2}{1 + \frac{11600 \cdot 320 \cdot 10^2}{2500} \cdot \frac{1}{21 \cdot 2 \cdot 5153}} = 190 \cdot 10^2 \text{ mm}^2$$

$$A^*_{\mathrm{U}_2} = A^*_{\mathrm{U}_3} = A_{\mathrm{U}_2} = A_{\mathrm{U}_3}$$

$$A^*_{\mathrm{O}} = \frac{A_{\mathrm{O}}}{1 + \frac{E \cdot A_{\mathrm{O}}}{s} \cdot \sum \left( \frac{1}{K_{\mathrm{j,N}}} \right)} \qquad A^*_{\mathrm{O}_1} = \frac{384 \cdot 10^2}{1 + \frac{11600 \cdot 384 \cdot 10^2}{2588} \cdot \frac{1}{21 \cdot 2 \cdot 5153}} = 214 \cdot 10^2 \text{ mm}^2$$

$$A^*_{\mathrm{O}_2} = A^*_{\mathrm{O}_3} = A_{\mathrm{O}_2} = A_{\mathrm{O}_3} \qquad A^*_{\mathrm{O}_4} = \frac{384 \cdot 10^2}{1 + \frac{11600 \cdot 384 \cdot 10^2}{2588} \cdot \frac{1}{15 \cdot 2 \cdot 5153}} = 182 \cdot 10^2 \text{ mm}^2$$

## Verformungsanteile der einzelnen Stäbe mit Verbindungen

| Stab<br>i | Länge<br>$s_i$ | Stabkraft<br>$N_i$ | Querschnitt<br>$A_i$* | Stabkraft<br>$\overline{N}_i$ | $\frac{N_i \cdot \overline{N}_i}{E_{0,mean} \cdot A_i^*} \cdot s_i$ |
|---|---|---|---|---|---|
| | mm | kN | mm$^2$ | | mm |
| $U_1$ | 2 500 | 198 | $192 \cdot 10^2$ | 1,87 | 4,16 |
| $U_2$ | 5 000 | 169 | $320 \cdot 10^2$ | 1,87 | 4,26 |
| $U_3$ | 2 500 | 113 | $320 \cdot 10^2$ | 1,40 | 1,07 |
| $O_1$ | 2 588 | –205 | $217 \cdot 10^2$ | –1,93 | 4,07 |
| $O_2$ | 2 588 | –205 | $384 \cdot 10^2$ | –1,93 | 2,30 |
| $O_3$ | 2 588 | –146 | $384 \cdot 10^2$ | –1,93 | 1,64 |
| $O_4$ | 2 588 | –146 | $184 \cdot 10^2$ | –1,93 | 3,42 |
| $V_1$ | 670 | –15,2 | | 0 | 0,00 |
| $V_2$ | 2 010 | –15,2 | | 0 | 0,00 |
| $D_1$ | 2 837 | 32,5 | | 0 | 0,00 |
| $D_2$ | 2 837 | –32,5 | | 0 | 0,00 |
| $D_3$ | 3 666 | 41,8 | $53 \cdot 10^2$ | 0,68 | 1,87 |
| | | | | Summe | 22,8 |

Die gesamte Anfangsverformung beträgt somit $2 \cdot 22{,}8 = 45{,}6 \text{ mm} \approx 47{,}2 \text{ mm}$.

## 15.4 Allgemeines zur Aussteifung einer Halle

### Schrittweises Vorgehen bei Hallen-Aussteifungen nach [32]

### Schnittgrößenermittlung bei Dachverbänden

**Stabkraftermittlung für symmetrische räumliche Dachverbände**, bei denen die Verbandsgurte von den Bindergurten des Haupttragwerks gebildet werden.

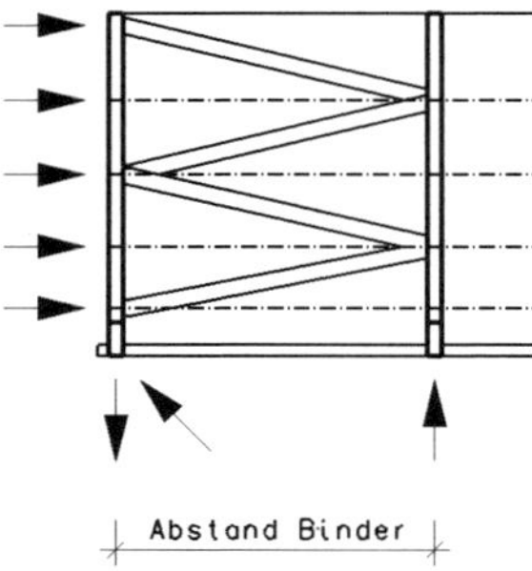


*Bild 15.13: Längsschnitt*

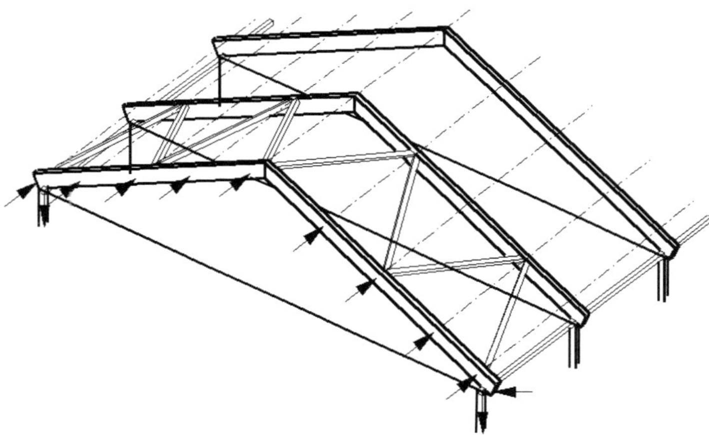

*Bild 15.14: Isometrie (die Füllstäbe der Fachwerkträger sind nicht eingezeichnet)*

### Berechnungsverfahren

Voraussetzung: Der Dachverband ist ein statisch bestimmtes Fachwerk, der Hauptbinder ist ein statisch bestimmter Fachwerk- oder Vollwandträger.

## 1. Schritt: Stabkräfte am „abgewickelten Verband“

Die am ebenen Fachwerk ermittelten Stabkräfte sind für die Füllstäbe bereits als endgültige Kräfte anzusehen; für die Verbandsgurte sind Zusatzkräfte aus dem 2. Schritt zu beachten.

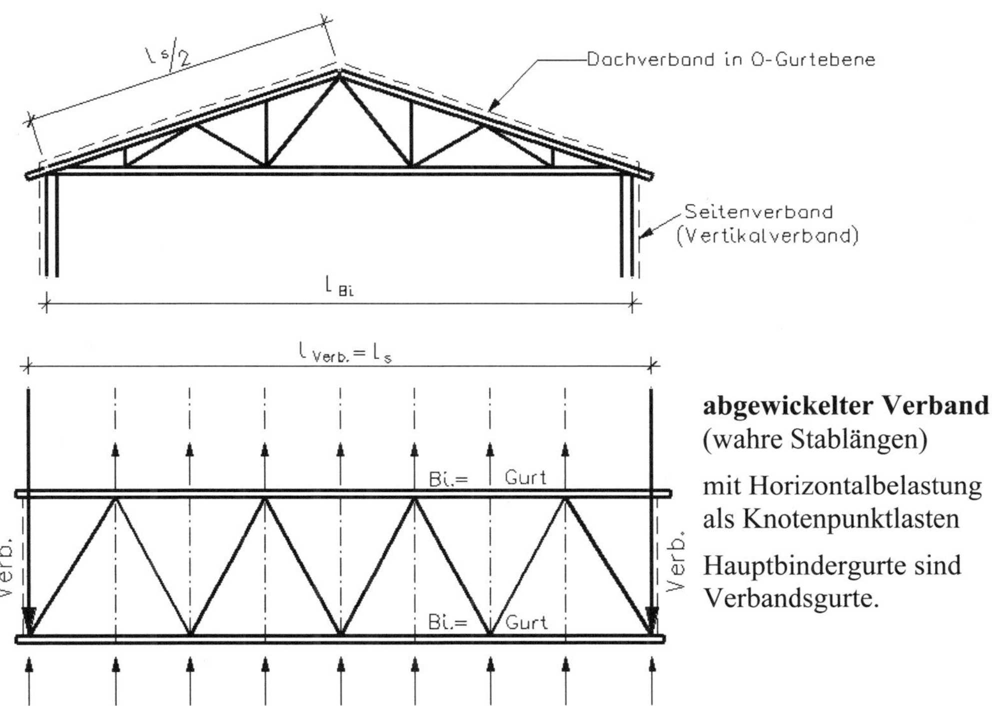


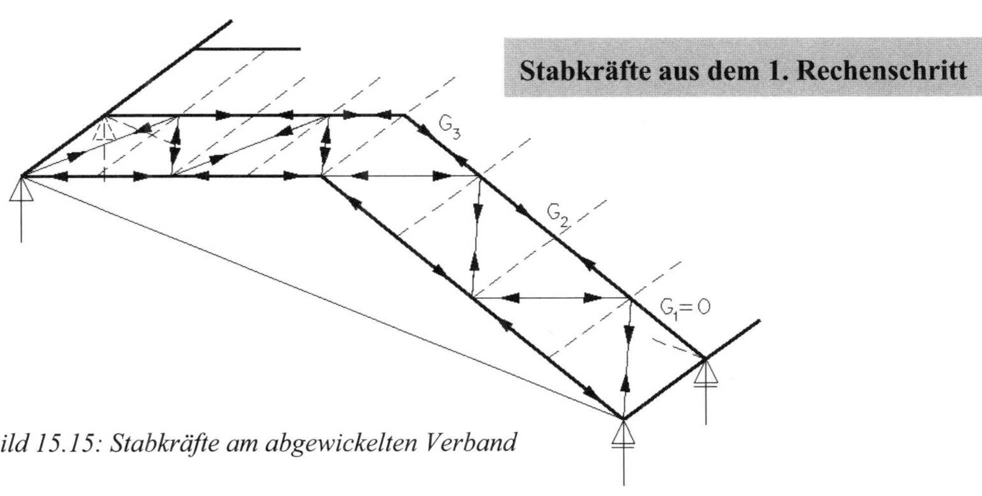


*Bild 15.15: Stabkräfte am abgewickelten Verband*

## 2. Schritt: Umlenkkräfte in den Knickpunkten des Dachverbandes

An den Knickpunkten des Verbandes sind die zuvor ermittelten Stabkräfte nicht im Gleichgewicht (z. B. am Firstpunkt $\Sigma V = 0$).

Die Gleichgewichtskräfte = Umlenkkräfte wirken wie äußere Kräfte auf den Hauptbinder und liefern für diesen zusätzliche Schnittgrößen.

Resultierende aus den Gurtkräften $G$ im Firstpunkt = Umlenkkraft $F_u = 2 \cdot G_3 \sin\alpha$

Die Umlenkkraft $F_u$ belastet die Hauptbinder. Daraus ergeben sich für diese Auflagerkräfte und Stabkräfte.

(Am anderen Verbandsbinder ist $G_3$ eine Zugkraft, d. h.: $F_u$ wirkt nach oben!)

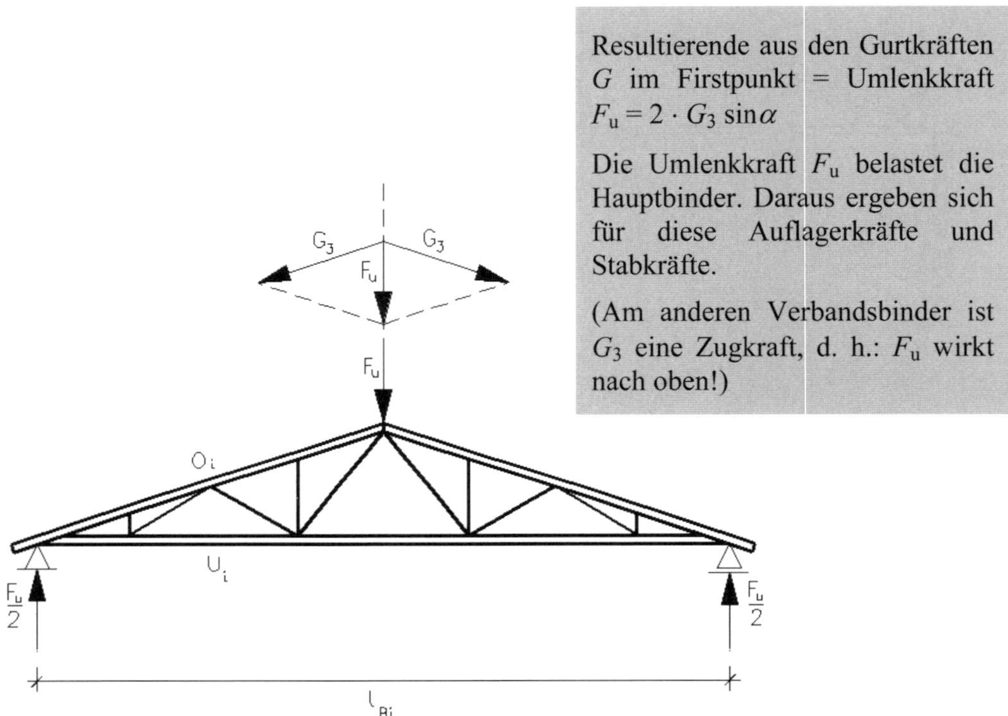


*Bild 15.16: Umlenkkräfte*

## 3. Schritt: Endgültige Stabkräfte für die Bemessung

Für die Diagonalen des Dachverbandes:
⇒ Stabkräfte aus dem abgewickelten Verband (1. Schritt)

Für die Füllstäbe und Untergurte der Hauptbinder:
⇒ Stabkräfte aus vertikalen Hauptlasten
+ Stabkräfte aus Umlenkkräften (2. Schritt)
Sonderfall: Hauptbinder = symmetrischer Dreieckbinder

Für die Obergurte der Hauptbinder:
⇒ Stabkräfte aus vertikalen Hauptlasten
+ Stabkräfte aus dem abgewickelten Verband (1. Schritt)
+ Stabkräfte aus dem Umlenkkräften (2. Schritt)

## 15.5 Pos. 3: Dachverbände

### Einwirkung: Wind auf die Giebelwand

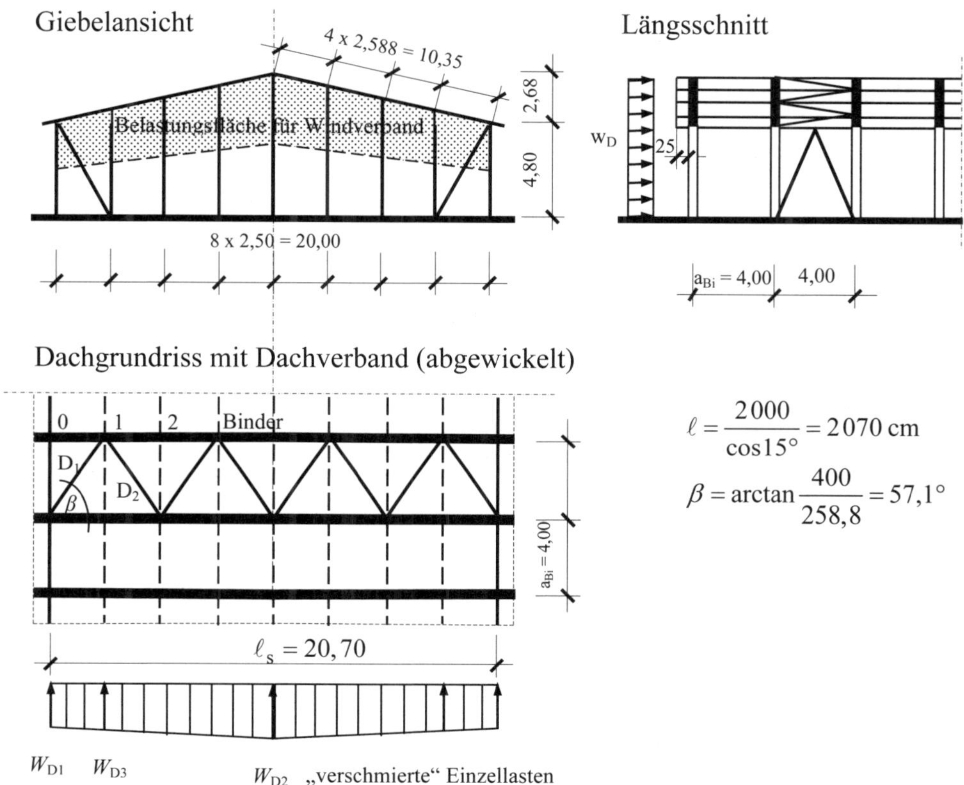


$$\ell = \frac{2000}{\cos 15°} = 2070 \text{ cm}$$

$$\beta = \arctan \frac{400}{258{,}8} = 57{,}1°$$

*Bild 15.17: Belastungsfläche und Verbände für Windbelastung auf den Giebel*

**Windlast**
- $H < 25{,}00$ m (Höhe über Gelände)
  $\Rightarrow$ vereinfachte Annahmen nach 10.2 von EC1 1-4
- Windzone 2, Binnenland
- $H < 10{,}00 \text{ m} \Rightarrow$ Staudruck $q = 0{,}65 \text{ kN/m}^2$

Es werden die Druckbeiwerte $c_{pe,10}$ verwendet, $c_{pe,1}$ sind nur für Verankerungen und deren Unterkonstruktionen maßgebend.

$$\frac{h}{d} = \frac{7{,}5}{20{,}0} = 0{,}375$$

**Winddruck am luvseitigen Hallengiebel:**

$$c_{pe,D} = +0{,}70 + \frac{0{,}50}{0{,}75} \cdot (0{,}8 - 0{,}7) = +0{,}77 \quad \rightarrow w_D = 0{,}77 \cdot 0{,}65 \quad = 0{,}50 \text{ kN/m}^2$$

$$W_{D1,k} = 0{,}50 \cdot \frac{4{,}80}{2} = 1{,}20 \text{ kN/m Gfl} \quad \triangleq \quad 1{,}20 \cdot \cos 15° = 1{,}16 \text{ kN/m Dfl}$$

$$W_{D2,k} = 0{,}50 \cdot \frac{4{,}80+2{,}68}{2} = 1{,}87\,\text{kN/m Gfl} \;\hat{=}\; 1{,}87 \cdot \cos 15° = 1{,}81\ \text{kN/m Dfl}$$

$$W_{D3,k} = 0{,}50 \cdot \frac{4{,}80+\frac{2{,}68}{4}}{2} = 1{,}37\,\text{kN/m Gfl} \;\hat{=}\; 1{,}37 \cdot \cos 15° = 1{,}32\ \text{kN/m Dfl}$$

**Windsog am leeseitigen Hallengiebel:**

$$c_{pe,E} = -0{,}30 + \frac{0{,}50}{0{,}75} \cdot (0{,}5-0{,}3) = -0{,}43 \qquad \rightarrow w_E = -0{,}43 \cdot 0{,}65 \;= -0{,}28\,\text{kN/m}^2$$

$$w_S = \frac{-0{,}28}{0{,}50} \cdot w_D = -0{,}56 \cdot w_D$$

$\Rightarrow$ Die Schnittgrößen können mit dem Faktor 0,56 aus dem Lastfall Winddruck ermittelt werden.

**Stabkräfte des abgewickelten Verbandes:**

**Aus Winddruck** $\qquad A_k = \frac{1{,}16+1{,}81}{2} \cdot 10{,}35 = 15{,}4\ \text{kN}$

$$V_{0-1,k} \cong 15{,}4 - 1{,}16 \cdot \frac{2{,}588}{2} = 13{,}9\ \text{kN} \qquad \Rightarrow D_{1,k} = \frac{V_{0-1,k}}{\sin\beta} = \frac{13{,}9}{\sin 57{,}1°} = 16{,}6\ \text{kN}$$

$$V_{1-2,k} = 13{,}9 - 1{,}32 \cdot 2{,}588 = 10{,}5\ \text{kN} \qquad \Rightarrow D_{2,k} = -\frac{V_{1-2,k}}{\sin\beta} = \frac{10{,}5}{\sin 57{,}1°} = -12{,}5\ \text{kN}$$

$$\max M_k = 20{,}70^2 \cdot \left(\frac{1{,}16}{8} + \frac{1{,}81-1{,}16}{12}\right) = 85{,}3\ \text{kNm}$$

$\Rightarrow$ Gurtkraft $G_{3,k} = \frac{85{,}3}{4{,}00} = 21{,}3\ \text{kN}$

**Aus Windsog**

alle Werte – 0,56-fach, z. B: $D_{1,k} = -0{,}56 \cdot 16{,}6 = -9{,}30\ \text{kN}$

## Einwirkungen: Aus Ersatzlasten

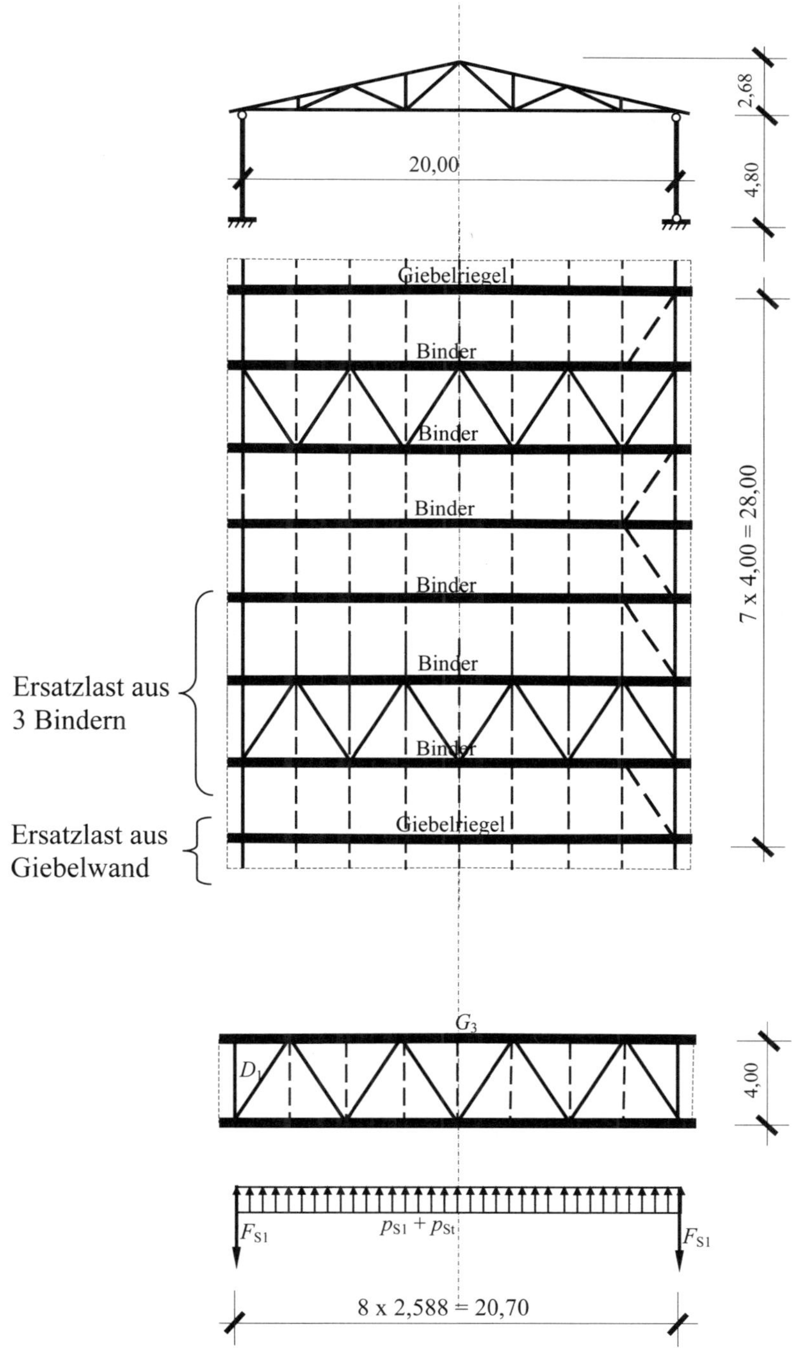


*Bild 15.18: Einzugsbereich für Ersatzlasten*

Die Ersatzlasten werden mit der Lastfallkombination 1,35 $g$ + 1,5 $s$ ermittelt.

mittlere Gurtkraft: $N_{\text{Gurt,d}}^{\text{g,s}} = \dfrac{2 \cdot (2 \cdot 294 + 2 \cdot 210)}{8} = 252 \text{ kN}$

$\ell_{\text{Gurt}} = \dfrac{\ell}{\cos\alpha} = \dfrac{20,0}{\cos 15°} = 20,7 \text{ m}$ $\qquad k_\ell = \min \begin{cases} 1 \\ \sqrt{\dfrac{15}{\ell}} = \sqrt{\dfrac{15}{20,70}} = 0,85 \end{cases}$

Ersatzlast aller 6 Bindergurte: $q_{\text{d}} = k_\ell \cdot \dfrac{n \cdot N_{\text{d}}}{30 \cdot \ell} = 0,85 \cdot \dfrac{6 \cdot 252}{30 \cdot 20,7} = 2,07 \text{ kN/m}$

Ersatzlast je Verband: $\qquad p_{\text{Sl,d}} = \dfrac{2,07}{2} = 1,04 \text{ kN/m}$

Reaktion im Traufriegel: $\qquad F_{\text{Sl,d}} = 1,04 \cdot \dfrac{20,7}{2} = 10,8 \text{ kN}$

Vertikallast der Giebelriegel:

$$p_{\text{GR,d}} = (1,35 \cdot 0,51 + 1,5 \cdot 0,90) \cdot \left( \frac{4,00}{2} + 0,25 \right) \cdot \cos 15° = 4,43 \text{ kN/m}$$

Stabilisierungskraft daraus: $\qquad \varphi = 0,005$ $\qquad$ EC5 1-1, 5.4.4(2)

$$p_{\text{St,d}} = \frac{4,43}{200} = 0,03 \text{ kN/m}$$

$p_{\text{Sl,d}} + p_{\text{St,d}} = 1,04 + 0,03 = 1,07 \text{ kN/m}$ $\qquad F_{\text{Sl,d}} + F_{\text{St,d}} = 1,07 \cdot \dfrac{20,7}{2} = 11,1 \text{ kN}$

**Stabkräfte im Verbandsfeld:**

$V_{0-1,\text{d}} = 11,1 - 1,07 \cdot \dfrac{2,59}{2} = 9,71 \text{ kN}$ $\qquad D_{1,\text{d}} = \pm \dfrac{9,71}{\sin 57,1°} = \pm 11,6 \text{ kN}$

$V_{1-2,\text{d}} = 11,1 - 1,07 \cdot 1,5 \cdot 2,59 = 6,94 \text{ kN}$ $\qquad D_{2,\text{d}} = \pm \dfrac{6,94}{\sin 57,1°} = \pm 8,27 \text{ kN}$

$$G_{3,\text{d}} = \pm 1,07 \cdot \frac{20,7^2}{8 \cdot 4,00} = \pm 14,3 \text{ kN}$$

Die Stabkräfte des Dachverbandes werden in einer Tabelle zusammengestellt.

mögliche Lastfallkombinationen:

$$\Sigma \gamma_{\text{G,j}} \cdot G_{\text{k,j}} + \gamma_{\text{Q,1}} \cdot Q_{\text{k,1}} + \Sigma \gamma_{\text{Q,i}} \cdot \psi_{0,\text{i}} \cdot Q_{\text{k,i}} = 1,35 \cdot g + 1,5 \cdot s + 1,5 \cdot 0,6 \cdot w$$

$$\text{bzw.} = 1,35 \cdot g + 1,5 \cdot w + 1,5 \cdot 0,5 \cdot s$$

Zur Ermittlung der Anteile aus ständigen Einwirkungen und Schnee von $q_{\text{s1}} + q_{\text{st}}$ werden folgende Faktoren verwendet: (Grundwerte der Einwirkungen siehe Seite 223.)

$\mu_{\text{g}} = 0,69/2,04 = 0,338$ und $\mu_{\text{s}} = 1,35/2,04 = 0,662$

## Verbandskräfte

| Lastfall-kombination | $D_1$ max. | $D_1$ min. | $D_2$ max. | $D_2$ min. | $G_3$ | $N$ Traufpfette |
|---|---|---|---|---|---|---|
| $(q_{S1} + q_{St})_{(g+s),d}$ | 11,6 | −11,6 | 8,49 | −8,49 | 14,3 | −11,1 |
| $(q_{S1} + q_{St})_{g,d}$ | 3,92 | −3,92 | 2,80 | −2,80 | 4,83 | −3,75 |
| $(q_{S1} + q_{St})_{s,d}$ | 7,68 | −7,68 | 5,47 | −5,47 | 9,47 | −7,35 |
| $0{,}5\cdot(q_{S1} + q_{St})_{s,d}$ | 3,84 | −3,84 | 2,74 | −2,74 | 4,73 | −3,67 |
| $w_{D.k}$ | 16,6 | | | −12,5 | 21,3 | −15,4 |
| $1{,}5\cdot w_{D,k}$ | 24,9 | | | −18,8 | 32,0 | −23,1 |
| $1{,}5\cdot 0{,}6\cdot w_{D,k}$ | 14,9 | | | −11,3 | 19,2 | −13,9 |
| $w_{S,k}$ | | −9,30 | 7,00 | | | |
| $1{,}5\cdot w_{S,k}$ | | −13,9 | 10,5 | | | |
| $1{,}5\cdot 0{,}6\cdot w_{S,k}$ | | −8,34 | 6,30 | | | |
| $(q_{S1} + q_{St})_{g,d}$ $+1{,}5\cdot w_{D,S,k}$ $+0{,}5\cdot(q_{S1} + q_{St})_{s,d}$ | 32,7 | −21,7 | 16,0 | −24,3 | 41,6 | 30,5 |
| $(q_{S1} + q_{St})_{g,d}$ $+ (q_{S1} + q_{St})_{s,d}$ $+ 1{,}5\cdot 0{,}6\ w_{D,S,k}$ | 26,5 | −19,9 | 14,6 | −19,6 | 33,5 | −25,0 |

## Auswirkungen auf die Verbandsträger

Zusätzlich zu den normalen Binderlasten erhalten die am Dachverband angeschlossenen Binder noch:

- Gurtkräfte des abgewickelten Verbandes (1. Schritt)
- Stabkräfte infolge der Umlenkkraft am First (2. Schritt)

Die Umlenkkraft ergibt bei Dreieckfachwerken keine Stabkräfte in den Füllstäben, d. h. nur die Gurtkräfte sind zu untersuchen. Maßgebend waren $O_1$ und $U_1$.
Für Wind- und Ersatzlast ist die größte $G_3$-Kraft maßgebend.
Umlenkkraft: $F_{u,d} = 2\cdot G_3 \cdot \sin\alpha = 2\cdot 41{,}6\cdot \sin 15° = 21{,}5\ \text{kN}$

Binder 2:

$$\Delta O_{1,d} = \frac{-21{,}5}{2\cdot \sin 15°} = -41{,}5\ \text{kN}$$

$$\Delta U_{1,d} = \frac{21{,}5}{2\cdot \tan 15°} = +40{,}1\ \text{kN}$$

Binder 1:

$$\Delta U_{1,d} = -40{,}1\ \text{kN}$$

**Stabkräfte aus Binderlast und Verbandslast**

| Stabkräfte aus Vertikalbelastung | | | | aus 1. Schritt | | aus 2. Schritt | | endgültige Stabkräfte | Zuwachs In [%] |
|---|---|---|---|---|---|---|---|---|---|
| $O_{1,d}$ | = | −294 | + | 0 | − | 41,5 | = | −336kN | ≙ +14 % |
| $U_{1,d}$ | = | 284 | + | 0 | + | 40,1 | = | 324 kN | ≙ +14 % |
| $O_{4,d}$ | = | $O_{4,d}$ | + | 41,5 | − | 41,5 | = | $O_{4,d}$ | |

Binder 1 erhält infolge der nach oben gerichteten Umlenkkraft Druck im Untergurt. Hier ist noch zu untersuchen, ob bei ungünstigster Lastfallkombination beim maßgebenden Stab $U_3$ die Zugkraft noch überwiegt. Wenn nicht, sind auch in Untergurtebene Knickhalterungen erforderlich.

## 15.6 Pos. 4: Wandverbände in den Längswänden

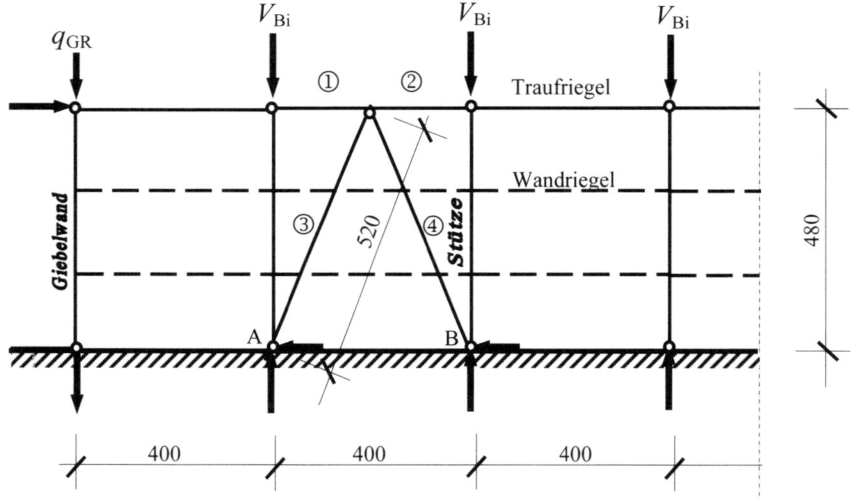


*Bild 15.19: Längswandverband*

**Einwirkungen**

Horizontalbelastung: aus Winddruck auf die luvseitige Giebelwand:

$$H_{w,k} = \frac{1,20 + 1,87}{2} \cdot \frac{20,0}{2} = 15,4 \text{ kN}$$

$$H_{w,d} = 1,5 \cdot 15,4 = 23,1 \text{ kN}$$

Stabilisierungskräfte aus der Giebelwand:

$$H_{S_1} = \frac{4,43}{200} \cdot \frac{20,7}{2} = 0,3 \text{ kN}$$

Stabilisierungskräfte aus 3 „angehängten" Längswandstützen:

$$H_{S_2} = \frac{n \cdot A_{\text{Bi,d}}}{200} = \frac{3 \cdot 91,2}{200} = 1,4 \text{ kN}$$

**Stabkräfte (für *H*-Belastung von links nach rechts):**

Auflagerkräfte:

$$A_{\text{v,d}} = -(23,1 + 0,3 + 1,4) \cdot \frac{480}{400} = -29,8 \text{ kN} \qquad B_{\text{v,d}} = +29,8 \text{ kN}$$

$$A_{\text{h,d}} = +29,8 \cdot \frac{200}{480} = +12,4 \text{ kN} \qquad B_{\text{h,d}} = +12,4 \text{ kN}$$

Traufriegel (Stäbe 1 und 2):

$$N_{1,\text{d}} = -(23,1 + 0,3 + 1,4) = -24,8 \text{ kN} \qquad N_{2,\text{d}} = 1,4 \text{ kN}$$

Streben (Stäbe 3 und 4):

$$D_{3,\text{d}} = +12,4 \cdot \frac{520}{200} = +32,2 \text{ kN} \qquad D_{4,\text{d}} = -32,2 \text{ kN}$$

**Bemessung des Traufriegels (Stäbe 1 und 2):**

Das Biegemoment infolge Eigenlast ist vernachlässigbar!

Gewählt: 120/120 VH C 24

Knicken in Wandebene:

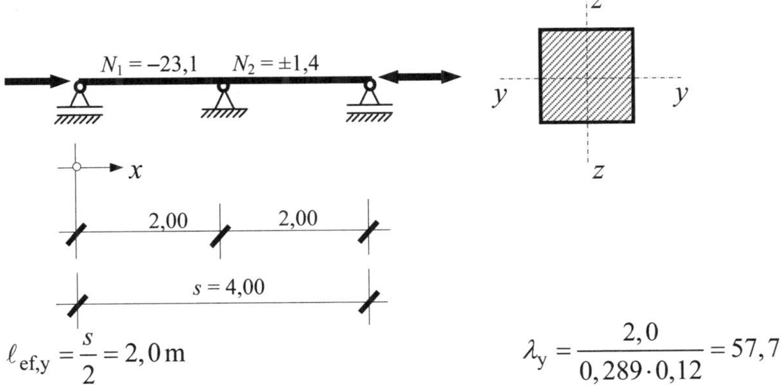


$$\ell_{\text{ef,y}} = \frac{s}{2} = 2,0 \text{ m} \qquad \lambda_y = \frac{2,0}{0,289 \cdot 0,12} = 57,7$$

Knicken aus der Wandebene:

$N_1 = -23,1$ $N_2 = \pm 1,4$

**Knicklängenbeiwerte $\beta$** (für Druckstäbe mit konstantem Querschnitt und veränderlicher Längskraft)

| | Normalkraftverteilung | Lagerungsbedingungen der Stabenden | | | |
|---|---|---|---|---|---|
| | | gelenkig – gelenkig | gelenkig – eingespannt | eingespannt – gelenkig | eingespannt – eingespannt |
| 1 | $s$ | **1** | **0,7** | **0,7** | **0,5** |
| 2 | $N_0$, $N_1$, $s$ | $\sqrt{\frac{1+0,88\cdot\frac{N_0}{N_1}}{1,88}}$ | $\sqrt{\frac{1+1,65\cdot\frac{N_0}{N_1}}{5,42}}$ | $\sqrt{\frac{1+0,51\cdot\frac{N_0}{N_1}}{3,09}}$ | $\sqrt{\frac{1+0,93\cdot\frac{N_0}{N_1}}{7,72}}$ |
| 3 | $N_0$, $N_1$, $s/2$, $s/2$, $s$ | $0,75+0,25\cdot\frac{N_0}{N_1}$ | – | – | – |

$$s_k = \beta \cdot s$$

Nach Zeile 3: $\beta = \left(0,75+0,25\cdot\frac{1,4}{23,1}\right) = 0,77$

$\ell_{ef,z} = \beta \cdot s = 0,77 \cdot 4,00 = 3,08\,\text{m}$ $\qquad \lambda_z = \frac{3,08}{0,289\cdot 0,12} = 89$

maßgebend, da $\lambda_z > \lambda_y$

Die Halle ist beheizt! $\Rightarrow$ Nutzungsklasse 1

Kürzeste Einwirkung: Wind $\Rightarrow$ KLED kurz $\Rightarrow$ $k_{mod} = 0,9$

$E_{0,05} = 7400\ \text{N/mm}^2$

$$\lambda_{rel,c} = \frac{\lambda_z}{\pi}\cdot\sqrt{\frac{f_{c,0,k}}{E_{0,05}}} = \frac{89}{\pi}\cdot\sqrt{\frac{21}{7400}} = 1,51$$

$$k = 0,5\cdot\left[1+\beta_c\cdot\left(\lambda_{rel,c}-0,3\right)+\lambda_{rel,c}^2\right] = 0,5\cdot\left[1+0,2\cdot\left(1,51-0,3\right)+1,51^2\right] = 1,76$$

$$k_c = \frac{1}{k+\sqrt{k^2-\lambda_{rel,c}^2}} = \frac{1}{1,76+\sqrt{1,76^2-1,51^2}} = 0,38$$

oder $k_c = 0,376$ aus Tabelle 9.1

$$f_{c,0,d} = \frac{k_{mod}\cdot f_{c,0,k}}{\gamma_M} = \frac{0,9\cdot 21}{1,3} = 14,5\ \text{N/mm}^2 \qquad \sigma_{c,0,d} = \frac{23,1\cdot 10^3}{120^2} = 1,60\,\text{N/mm}^2$$

$$\frac{\sigma_{c,0,d}}{k_c\cdot f_{c,0,d}} = \frac{1,60}{0,38\cdot 14,5} = 0,29 < 1$$

## Bemessung der Streben (Stäbe 3 und 4):

gewählt: 120/140 VH C 24

Die Streben werden nicht mit den Längswandriegeln verbunden, damit ist

$\ell_{\text{ef,y}} = \ell_{\text{ef,z}} = 520 \text{ cm} \qquad \lambda_y = \lambda_z = \frac{520 \cdot \sqrt{12}}{12} = 150$

$$\lambda_{\text{rel,c}} = \frac{\lambda_z}{\pi} \cdot \sqrt{\frac{f_{\text{c,0,k}}}{E_{0,05}}} = \frac{150}{\pi} \cdot \sqrt{\frac{21}{7400}} = 2{,}54$$

$$k = 0{,}5 \cdot \left[1 + \beta_c \cdot \left(\lambda_{\text{rel,c}} - 0{,}3\right) + \lambda_{\text{rel,c}}^2\right] = 0{,}5 \cdot \left[1 + 0{,}2 \cdot (2{,}54 - 0{,}3) + 2{,}54^2\right] = 3{,}95$$

$$k_c = \frac{1}{k + \sqrt{k^2 - \lambda_{\text{rel,c}}^2}} = \frac{1}{3{,}95 + \sqrt{3{,}95^2 - 2{,}54^2}} = 0{,}14$$

oder $k_c = 0{,}143$ aus Tabelle 9.1

$$\sigma_{\text{c,0,d}} = \frac{32{,}2 \cdot 10^3}{120 \cdot 140} = 1{,}92 \text{ N/mm}^2$$

$$\boxed{\frac{\sigma_{\text{c,0,d}}}{k_c \cdot f_{\text{c,0,d}}} = \frac{1{,}92}{0{,}14 \cdot 14{,}5} = 0{,}95 < 1}$$

## 15.7 Pos. 5: Stützen in den Längswänden

**Alternativen zur Weiterleitung der Horizontalkräfte aus Wind auf die Längswände:**

a) In den Dachebenen werden Längsverbände eingeplant, die die Horizontalkräfte zu den Giebelwänden weiterleiten. Für diesen Fall können die Stützen in Hallenquerrichtung als Pendelstützen, oben und unten horizontal gehalten, ausgebildet werden. In Hallenlängsrichtung werden die Stützen durch die Wandelemente über die gesamte Höhe kontinuierlich gehalten.

b) Die Horizontalkräfte werden durch eingespannte Stützen in jeder Achse direkt auf die Fundamente übertragen. Auch dabei werden die Stützen in Hallenlängsrichtung durch die Wandelemente über die gesamte Höhe kontinuierlich gehalten.

Beide Alternativen werden im Folgenden untersucht.

Bei einem Dach mit 15° Neigung sind auf der Luvseite sowohl Winddruck als auch Windsog anzusetzen.

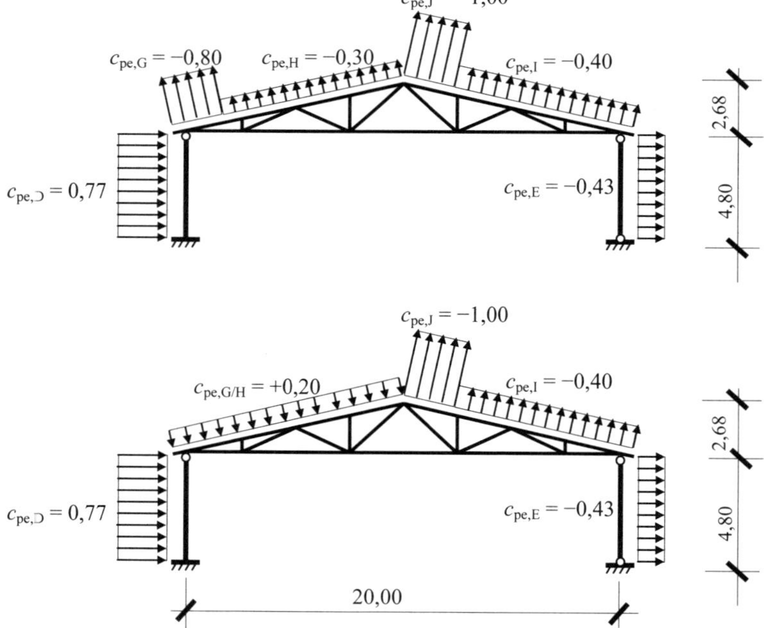


*Bild 15.20: Aerodynamische Beiwerte in Gebäudemitte*

**Zusätzliche Belastungen durch Wind in Höhe des Stützenkopfes**

$$\Delta N_{\mathrm{k}} = \left(\frac{3}{8} \cdot 0,20 - \frac{1}{8} \cdot 0,40\right) \cdot 0,65 \cdot 20,00 \cdot 4,00 = 1,30 \text{ kN} \qquad \Delta N_{\mathrm{d}} = 1,5 \cdot 1,30 = 1,95 \text{ kN}$$

$$N_{\mathrm{d}} = 91,2 + 1,95 = 93,2 \text{ kN}$$

Für die Ermittlung der Horizontalkräfte aus Wind wird nur der Winddruck auf der linken Seite des Gebäudes angesetzt. Dabei wird vorausgesetzt, dass es auf der rechten Seite ebenfalls eine Möglichkeit zur Weiterleitung der Horizontalkräfte gibt.

$$H_{\mathrm{k}} = \frac{0,77 \cdot 0,65 \cdot 4,00 \cdot 4,80}{2} + 0,20 \cdot 0,65 \cdot 4,00 \cdot 2,68 = 6,20 \text{ kN}$$

$$H_{\mathrm{d}} = 1,5 \cdot 6,20 = 9,30 \text{ kN}$$

**Mögliche Alternativen:**

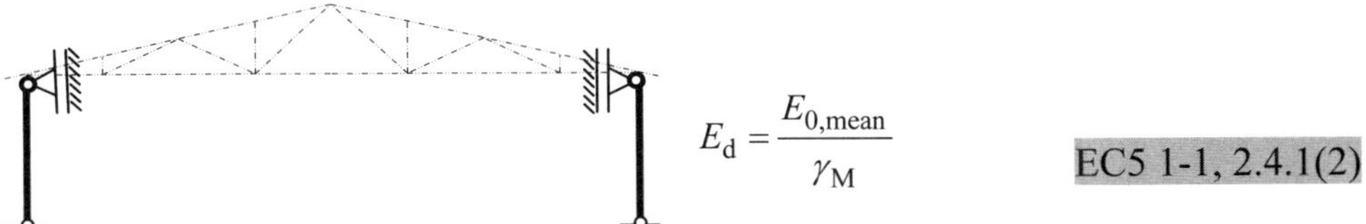


*Pendelstützen + Längsverbände im Dach*

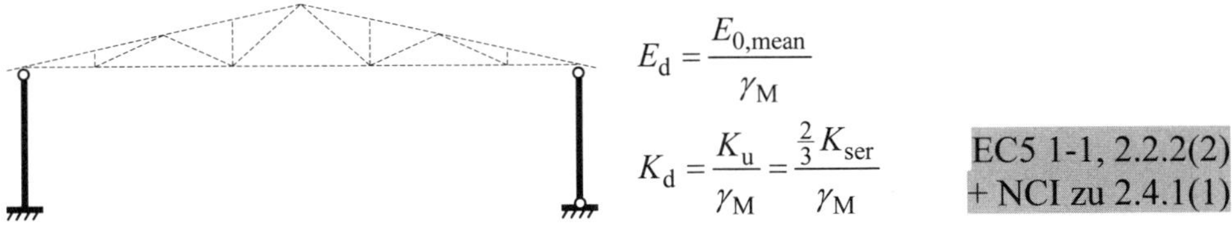


*Links eingespannte Stütze, rechts Pendelstütze*

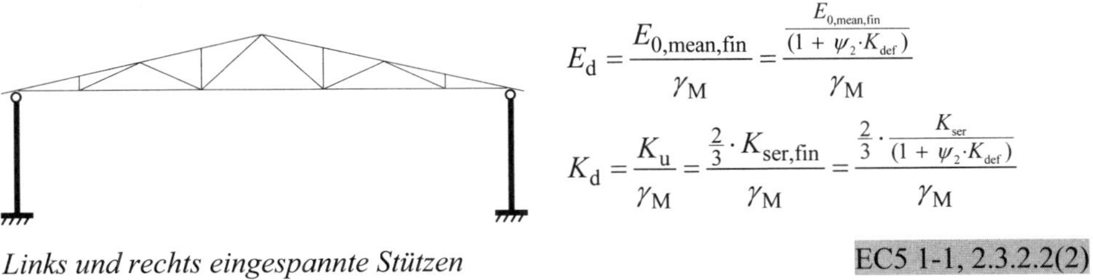


*Links und rechts eingespannte Stützen* EC5 1-1, 2.3.2.2(2)

*Bild 15.21: Möglichkeiten zur Abtragung von Horizontallasten in Querrichtung*

## 15.7.1 Pendelstütze

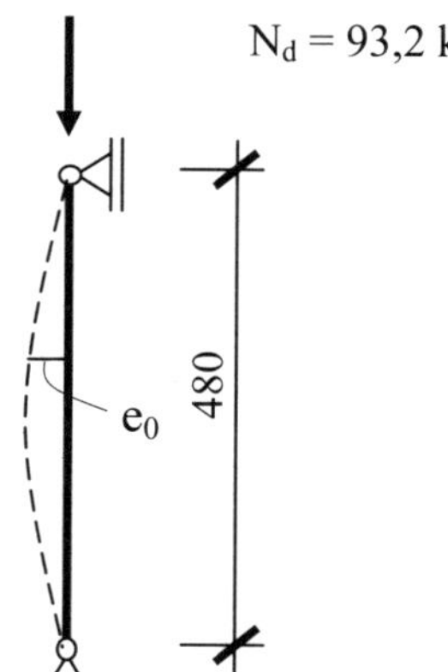


gewählt: 160/160 GL 24

$A = 256 \cdot 10^2\ \text{mm}^2$

$W = 682 \cdot 10^3\ \text{mm}^3$

$I = 5461 \cdot 10^4\ \text{mm}^4$

NKL 1

KLED „kurz“

**Nachweis nach dem Ersatzstabverfahren**

$$E_{0,05} = 9600\text{N/mm}^2$$

$$\sigma_{c,0,d} = \frac{93,2 \cdot 10^3}{160 \cdot 160} = 3,6\ \text{N/mm}^2$$

$$f_{c,0,d} = \frac{k_{mod} \cdot f_{c,0,k}}{\gamma_M} = \frac{0,9 \cdot 24}{1,3} = 16,6\ \text{N/mm}^2$$

$$i_z = 0,289 \cdot 160 = 46,2\ \text{mm} \qquad \lambda_z = \frac{\ell_{ef}}{i_z} = \frac{4800}{46,2} = 104$$

$$\lambda_{rel\,c} = \sqrt{\frac{f_{c,0,k}}{\sigma_{c,crit}}} = \frac{\lambda}{\pi} \cdot \sqrt{\frac{f_{c,0,k}}{E_{0,05}}} = \frac{104}{\pi} \cdot \sqrt{\frac{24}{9600}} = 1,66$$

$\beta_c = 0,1$ für Brettschichtholz und Furnierschichtholz

$$k = 0,5 \cdot \left[1 + \beta_c \cdot \left(\lambda_{rel,c} - 0,3\right) + \lambda_{rel,c}^2\right] = 0,5 \cdot \left[1 + 0,1 \cdot (1,66 - 0,3) + 1,66^2\right] = 1,95$$

Der Knickbeiwert $k_c$ beträgt $k_c = \dfrac{1}{k + \sqrt{k^2 - \lambda_{rel,c}^2}} = \dfrac{1}{1,95 + \sqrt{1,95^2 - 1,66^2}} = 0,34$

oder $k_c = 0,342$ aus Tabelle 9.2

$$\frac{\sigma_{c,0,d}}{k_c \cdot f_{c,0,d}} = \frac{3,6}{0,34 \cdot 16,6} = 0,64 < 1$$

## Nachweis nach Theorie II. Ordnung

$$E_d = \frac{E_{0,\text{mean}}}{\gamma_M} = \frac{11500}{1,3} = 8846 \text{ N/mm}^2$$

Vorkrümmung

$e_0 = 0,0025 \cdot l = 0,0025 \cdot 4800 = 12$ mm EC5 1-1, 5.4.4(2)

Die Vorkrümmung ist in der Regel sinusförmig anzunehmen, kann aber auch parabelförmig angenommen werden. EC5 1-1, 5.4.4(2)

Das maximale Moment in Feldmitte ist zunächst, nach Theorie I. Ordnung:

$$M = N \cdot e_0$$

Für die **parabelförmige** Vorkrümmung erzeugt eine konstante Streckenlast den gleichen Momentenverlauf:

$$M = \frac{q \cdot l^2}{8} \cdot = N \cdot e_0$$

und

$$f = \frac{5 \cdot q \cdot l^4}{384 \cdot E \cdot I} = \Delta_1 e \qquad \cdot \frac{8}{8}$$

$$\Rightarrow \quad \Delta_1 e = \frac{5 \cdot 8}{384} \cdot \frac{q \cdot l^2}{8} \cdot \frac{l^2}{E \cdot I} = \frac{40}{384} \cdot N \cdot e_0 \cdot \frac{l^2}{E \cdot I}$$

$$\Delta_1 e = e_0 \cdot \frac{N \cdot l^2}{9,60^{*)} \cdot E \cdot I}$$

für die **sinusförmige** Vorkrümmung wird dieser Wert:

$$\Delta_1 e = e_0 \cdot \frac{N \cdot l^2}{\pi^2 \cdot E \cdot I} = e_0 \cdot \frac{N \cdot l^2}{9,87^{*)} \cdot E \cdot I}$$

*) der Unterschied ist geringfügig: 9,60 : 9,87

Im Folgenden wird die sinusförmige Vorkrümmung vorausgesetzt.

$$e_1 = e_0 + \frac{M_0 \cdot l^2}{\pi^2 \cdot E \cdot I} = e_0 + \frac{N \cdot e_0 \cdot l^2}{\pi^2 \cdot E \cdot I} = e_0 + e_0 \cdot \frac{N \cdot l^2}{\pi^2 \cdot E \cdot I}$$

$$e_2 = e_0 + e_0 \cdot \frac{N \cdot l^2}{\pi^2 \cdot E \cdot I} + e_0 \cdot \left( \frac{N \cdot l^2}{\pi^2 \cdot E \cdot I} \right)^2$$

$$e_3 = e_0 + e_0 \cdot \frac{N \cdot l^2}{\pi^2 \cdot E \cdot I} + e_0 \cdot \left( \frac{N \cdot l^2}{\pi^2 \cdot E \cdot I} \right)^2 + e_0 \cdot \left( \frac{N \cdot l^2}{\pi^2 \cdot E \cdot I} \right)^3 \qquad \text{usw.}$$

mit $k = \dfrac{N \cdot l^2}{\pi^2 \cdot E \cdot I}$

$e_n = e_0 + e_0 \cdot k + e_0 \cdot k^2 + e_0 \cdot k^3 + \ldots\ldots\ldots\ldots + e_0 \cdot k^n$ geometrische Reihe, konvergent für k < 1

$$e_\infty = \sum_{n=0}^{\infty} e_0 \cdot k^n = e_0 \cdot \sum_{n=0}^{\infty} k^n = \frac{e_0}{1-k} = \frac{e_0}{1 - \dfrac{N \cdot l^2}{\pi^2 \cdot E \cdot I}}$$

$$\frac{N \cdot l^2}{\pi^2 \cdot E_\mathrm{d} \cdot I} = \frac{93{,}2 \cdot 10^3 \cdot 4800^2}{\pi^2 \cdot 8846 \cdot 5461 \cdot 10^4} = 0{,}45 \qquad e_\infty = \frac{12}{1-0{,}45} = 21{,}8 \text{ mm}$$

$$M^{II} = 93{,}2 \cdot 10^3 \cdot 21{,}8 = 2032 \cdot 10^3 \text{ Nmm}$$

$$f_{c,0,d} = \frac{0{,}9 \cdot 24}{1{,}3} = 16{,}6 \text{ N/mm}^2 \qquad \sigma_{\mathrm{c,0,d}} = \frac{93{,}2 \cdot 10^3}{256 \cdot 10^2} = 3{,}6 \text{ N/mm}^2$$

$$f_{m,d} = \frac{0{,}9 \cdot 24}{1{,}3} = 16{,}6 \text{ N/mm}^2 \qquad \sigma_{\mathrm{m,d}} = \frac{2032 \cdot 10^3}{682 \cdot 10^3} = 3{,}0 \text{ N/mm}^2$$

$$\left(\frac{0{,}36}{1{,}66}\right)^2 + \frac{0{,}30}{1{,}66} = 0{,}23 < 1$$

## 15.7.2 Eingespannte Stütze

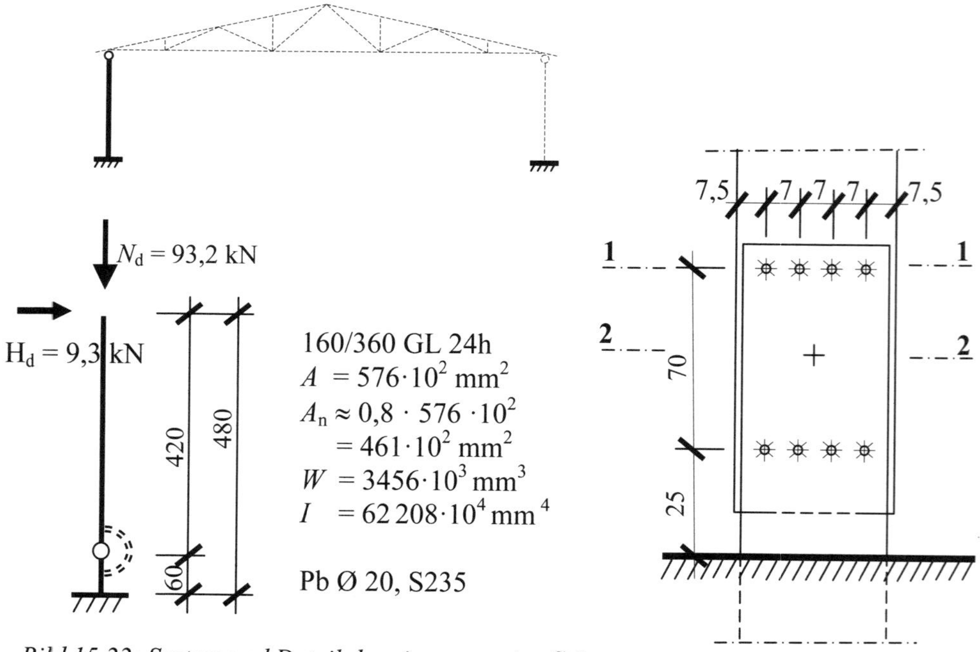


*Bild 15.22: System und Detail der eingespannten Stütze*

Die Flachstähle für die Einspannung werden als so steif angenommen, dass sie bei der Ermittlung der Drehfedersteifigkeit nicht berücksichtigt werden müssen.

**Nachweis nach dem Ersatzstabverfahren**

Das größte Moment in der Holzstütze tritt an der oberen Verbindungsmittelreihe auf.

$$M_\mathrm{d} = 9{,}3 \cdot (4{,}20 - 0{,}35) = 35{,}8 \text{ kNm}$$

Steifigkeit der Holzstütze

$$E_{0,05} = 9600 \text{ N/mm}^2 \qquad (E \cdot I)_{0,05} = 9600 \cdot 62208 \cdot 10^4 = 550 \cdot 10^{10} \text{ Nmm}^2$$

Drehfedersteifigkeit der Verbindung

$$K_\mathrm{ser} = \frac{\rho^{1,5}}{20} \cdot d = \frac{385^{1,5}}{20} \cdot 20 = 7554 \text{ N/mm}$$

$$K_\mathrm{d} = \frac{\frac{2}{3} \cdot \frac{K_\mathrm{ser}}{(1 + \psi_2 \cdot K_\mathrm{def})}}{\gamma_\mathrm{M}} = \frac{\frac{2}{3} \cdot \frac{7554}{(1 + 0 \cdot 0{,}6)}}{1{,}3} = 3874 \text{ N/mm}$$

$$I_\mathrm{p} = 2 \cdot 8 \cdot 350^2 + 2 \cdot 4 \cdot 105^2 + 2 \cdot 4 \cdot 35^2 = 20580 \cdot 10^2 \text{ mm}^2$$

$$K_{\varphi,\mathrm{d}} = K \cdot I_\mathrm{p} = 3874 \cdot 20580 \cdot 10^2 = 79773 \cdot 10^5 \text{ Nmm}$$

$$\beta = \sqrt{4 + \frac{\pi^2 \cdot (E \cdot I)_\mathrm{d}}{h \cdot K_{\varphi,\mathrm{d}}}} = \sqrt{4 + \frac{\pi^2 \cdot 550 \cdot 10^{10}}{4200 \cdot 79773 \cdot 10^5}} = 2{,}37$$

NCI NA.13.2, Tab. NA23

$$l_\mathrm{ef} = 2{,}37 \cdot 4200 = 9954 \text{ mm}$$

$$\lambda = \frac{9954}{0{,}289 \cdot 360} = 96 \qquad \sigma_\mathrm{c,crit} = \pi^2 \cdot \frac{E_{0,05}}{\lambda^2} = \pi^2 \cdot \frac{9600}{96^2} = 10{,}3 \text{ N/mm}^2$$

$$\lambda_\mathrm{rel,c} = \sqrt{\frac{f_\mathrm{c,0,k}}{\sigma_\mathrm{c,crit}}} = \sqrt{\frac{24}{10{,}3}} = 1{,}53$$

$$k = 0{,}5 \cdot \left[1 + \beta_\mathrm{c} \cdot (\lambda_\mathrm{rel,c} - 0{,}3) + \lambda_\mathrm{rel,c}^2\right] = 0{,}5 \cdot \left[1 + 0{,}1 \cdot (1{,}53 - 0{,}3) + 1{,}53^2\right] = 1{,}73$$

Der Knickbeiwert $k_\mathrm{c}$ beträgt $k_\mathrm{c} = \dfrac{1}{k + \sqrt{k^2 - \lambda_\mathrm{rel,c}^2}} = \dfrac{1}{1{,}73 + \sqrt{1{,}73^2 - 1{,}53^2}} = 0{,}39$

$$\sigma_\mathrm{c,0,d} = \frac{93{,}2 \cdot 10^3}{461 \cdot 10^2} = 2{,}02 \text{ N/mm}^2 \qquad \sigma_\mathrm{m,d} = \frac{35{,}8 \cdot 10^6}{3456 \cdot 10^3} = 10{,}4 \text{ N/mm}^2$$

Nachweis der Holzstütze $\dfrac{\sigma_\mathrm{c,0,d}}{k_\mathrm{c} \cdot f_\mathrm{c,0,d}} + \dfrac{\sigma_\mathrm{m,d}}{f_\mathrm{m,d}} = \dfrac{2{,}02}{0{,}39 \cdot 16{,}6} + \dfrac{10{,}4}{16{,}6} = 0{,}94 < 1$

Für den Nachweis der Verbindungsmittel muss ein Zusatzmoment berücksichtigt werden.

$$\Delta M_{\mathrm{d}} = N_{\mathrm{d}} \cdot \frac{h}{6} \cdot \left( \frac{1}{k_{\mathrm{c}}} - 1 \right) = 93{,}2 \cdot \frac{0{,}36}{6} \cdot \left( \frac{1}{0{,}39} - 1 \right) = 8{,}75 \text{ kNm}$$ NCI NA.13.2, (NA.160)

Damit sind die Passbolzen nachzuweisen für

$$M_{\mathrm{d}}' = 35{,}8 \cdot \frac{4{,}20}{4{,}20 - 0{,}35} + 8{,}75 = 47{,}8 \text{ kNm} \qquad V_{\mathrm{d}} = 93{,}2 \text{ kN} \qquad H_{\mathrm{d}} = 9{,}3 \text{ kN}$$

Auf den Nachweis selbst wird hier verzichtet.

## Nachweis nach Theorie II. Ordnung

Vorverdrehung (Imperfektion)

$$\varphi_{\mathrm{Imp}} = 0{,}005$$ EC5 1-1, 5.4.4(2)

Will man die endgültige Horizontalverformung am Stützenkopf mit Hilfe einer geometrischen Reihe ermitteln, dann muss die Anfangsverdrehung auch die Anteile der Verdrehung infolge der Horizontalkraft $H_{\mathrm{d}}$ enthalten. Die Anfangsverdrehung besteht also aus:

a) der Vorverdrehung der Stütze aus Imperfektion $\varphi_{\mathrm{Imp}}$

b) der elastischen Verformung der Stütze infolge von $H_{\mathrm{d}}$ $\varphi_{\mathrm{el}}$

c) der Verdrehung der Stütze an der Drehfeder infolge von $H_{\mathrm{d}}$ $\varphi_{\mathrm{K}}$

$$\varphi_0 = \varphi_{\mathrm{Imp}} + \varphi_{\mathrm{el}} + \varphi_{\mathrm{K}}$$

$$\varphi_{\mathrm{el}} = \frac{w_{\mathrm{el}}}{l_2} = \frac{H_{\mathrm{d}} \cdot l_2^3}{3 \cdot (EI)_{\mathrm{d}} \cdot l_2} = \frac{9{,}3 \cdot 10^3 \cdot 4200^3}{3 \cdot 550 \cdot 10^{10} \cdot 4200} = 0{,}0094$$

$$\varphi_{\mathrm{K}} = \frac{M_{\mathrm{d}}}{K_{\varphi,\mathrm{d}}} = \frac{H_{\mathrm{d}} \cdot l_2}{K_{\varphi,\mathrm{d}}} = \frac{9{,}3 \cdot 10^3 \cdot 4200}{79773 \cdot 10^5} = 0{,}005$$

$$\varphi_0 = 0{,}005 + 0{,}0094 + 0{,}005 = 0{,}0200$$

$$w_{\mathrm{el},\infty} = \frac{\varphi_0 \cdot l_2}{1 - \left( \frac{N_{\mathrm{d}} \cdot l_1^2}{3 \cdot (EI)_{1,\mathrm{d}}} + \frac{N_{\mathrm{d}} \cdot l_1}{K_{\varphi,\mathrm{d}}} \right)} = \frac{0{,}0200 \cdot 4200}{1 - \left( \frac{93{,}2 \cdot 10^3 \cdot 4200^2}{3 \cdot 550 \cdot 10^{10}} + \frac{93{,}2 \cdot 10^3 \cdot 4200}{79773 \cdot 10^5} \right)} = 98{,}8 \,\mathrm{mm}$$

Moment im Schnitt 1-1, für die Bemessung der Stütze

$$M_{1-1,\mathrm{d}} = 9{,}3 \cdot (4{,}20 - 0{,}35) + 93{,}2 \cdot 98{,}8 \cdot 10^{-3} = 35{,}80 + 9{,}21 = 45{,}01 \text{ kNm}$$

Moment im Schnitt 2-2, für die Bemessung der Verbindungsmittel

$$M_{2-2,\mathrm{d}} = 45{,}01 \cdot \frac{4{,}20}{(4{,}20 - 0{,}35)} = 49{,}1 \text{ kNm}$$

Bemessung der Holzstütze im Schitt 1-1:

$$\sigma_{c,0,d} = \frac{93,2 \cdot 10^3}{461 \cdot 10^2} = 2,02 \ \text{N/mm}^2 \qquad \sigma_{m,d} = \frac{45,01 \cdot 10^6}{3456 \cdot 10^3} = 13,0 \ \text{N/mm}^2$$

$$\boxed{\left(\frac{\sigma_{c,0,d}}{f_{c,0,d}}\right)^2 + \frac{\sigma_{m,d}}{f_{m,d}} = \left(\frac{2,02}{16,6}\right)^2 + \frac{13,0}{16,6} = 0,015 + 0,78 = 0,80 < 1}$$

Für den Nachweis der Passbolzen:

$$M_d' = 49,0 \text{ kNm} \qquad V_d = 93,2 \text{ kN} \qquad H_d = 9,3 \text{ kN}$$

**Vergleich der Auslastungen**

| | **15.7.1** | **15.7.2** |
|---|---|---|
| **Am Ersatzstab** | **64 %** | **94 %** |
| **Nach Theorie II. Ord.** | **23 %** | **80 %** |

# Literatur

[1] WEGENER, G. u. a.: Ökobilanzen Holz. Info Holz, 1997

[2] WEGENER, G. und ZIMMER, B.: Erstellung von Ökobilanzen. Info Holz, 1997

[3] FRÜHWALD, A: Holz, Rohstoff der Zukunft. Info Holz, 2001

[4] BLAß, H. J./GÖRLACHER, R./STECK, G.: STEP 1, Bemessung und Baustoffe. Fachverlag Holz, 1995

[5] RADOVIC, B./WIEGAND, T.: Oberflächenqualität von Brettschichtholz. Bauen mit Holz 7/8/2005, Bruderverlag Karlsruhe, 2005

[6] Studiengemeinschaft Holzleimbau (Hrsg.): BS-Holz-Merkblatt. 2012

[7] DIBt (Hrsg.): Verzeichnis der allgemeinen bauaufsichtlichen Zulassungen Zulassungsbereich: Holzschutzmittel, Berlin. 2013

[8] SCHULZE, H. u. a.: Beuth-Kommentare „Holzschutz“, baulich, chemisch, bekämpfend; Erläuterungen zu DIN 68800-2, -3, -4. Beuth Verlag, Berlin, 1998

[9] LEWITZKI, W./SCHULZE, H.: Holzschutz, Bauliche Empfehlungen. Informationsdienst HOLZ. holzbau handbuch, Reihe 3, Teil 5, Folge 1, 1997

[10] SCHULZE, H.: Baulicher Holzschutz. Informationsdienst HOLZ. holzbau handbuch, Reihe 3, Teil 5, Folge 2, 1997

[11] GOCKEL, H.: Konstruktiver Holzschutz, Bauen mit Holz ohne Chemie. Beuth Verlag, Berlin/Werner Verlag, Düsseldorf, 1996

[12] COLLING, F.: Lernen aus Schäden im Holzbau – Ursachen, Vermeidung, Beispiele, 1. Auflage, 2000

[13] Honorarordnung für Architekten und Ingenieure (HOAI), 1996

[14] FÜHRER u. a.: Der Entwurf von Tragwerken, Verlagsgesellschaft Rudolf Müller, 2. Auflage 1995

[15] KÜTTINGER, G./NATTERER, J.: Entwufsüberlegungen bei Holzbauten. Informationsdienst HOLZ. holzbau handbuch, Reihe 1, Teil 1, Folge 1, 1979

[16] SCHNEIDER, K.-J. (Hrsg.): Bautabellen für Ingenieure, 20. Auflage, Werner Verlag, 2012

[17] MILBRANDT, E.: Holzbauzeichnungen. Informationsdienst HOLZ. holzbau handbuch, Reihe 0, Teil, 2 Folge 1, 1999

[18] BRÜNINGHOFF, H./MITTELSTEDT, C.: Zum Stand der Normung bei der Modellierung und Berechnung von fachwerkartigen Strukturen in Holzbauweise mit flächenhaften Knotenverbindungen bei besonderer Berücksichtigung von Nagelplattenverbindungen. Bauen mit Holz Heft 12/2001 und Heft 1/2002, 2001/2002

[19] BRÜNINGHOFF, H.: Verbände und Abstützungen – Grundlagen, Regelnachweise. Informationsdienst HOLZ. holzbau handbuch, Reihe 2, Teil 12, Folge 1, 1988

[20] BLAß, H. J. u. a.: Erläuterungen zu DIN 1052:2004. Informationsdienst HOLZ. 2. Auflage, DGfH (Hrsg.), 2005

[21] Bruderverlag (Hrsg.): Holzbau Kalender 2003. Bruderverlag, Karlsruhe, 2002

[22] BFD (Hrsg.): Moderner Holzhausbau in Fertigbauweise. WEKA, 2001

[23] GÖRLACHER, R. u. a.: Historische Holztragwerke. Sonderforschungsbereich 315, Universität Karlsruhe, 1999

[24] BLAß, H. J. u. a.: Einführung in die Bemessung nach DIN 1052:2004. Informationsdienst HOLZ. holzbau handbuch, Reihe 2, Teil 1, Folge 10, 1997

[25] JOHANSEN, K. W.: Theory of Timber Connections. International Association of Bridge and Structural Engineering, Publication 9, 1949

[26] Bruderverlag (Hrsg.): Holzbau Kalender 2004. Bruderverlag, Karlsruhe, 2003

[27] BLAß, H. J./GÖRLACHER, R.: Querdrucknachweis nach DIN 1052. Bauen mit Holz 106, Heft 9, S. 38–44, 2004

[28] COLLING, F.: Holzbau, Grundlagen, Bemessungshilfen. Vieweg, 2004

[29] MILBRANDT, E.: Dachbauteile – Berechnungsgrundlagen, Schalung, Lattung. Informationsdienst HOLZ. holzbau handbuch, Reihe 2, Teil 3, Folge 1, 1993

[30] MILBRANDT, E.: Dachbauteile – Hausdächer. Informationsdienst HOLZ. holzbau handbuch, Reihe 2, Teil 3, Folge 1, 1993

[31] MILBRANDT, E.: Verbindungsmittel – Genauere Nachweise, Sonderbauarten. Informationsdienst HOLZ. holzbau handbuch, Reihe 2, Teil 2, Folge 2, 1991

[32] MILBRANDT, E.: Vorlesungsunterlagen an der Hochschule für Technik, Stuttgart

[33] KOLLMANN, F.: Technologie des Holzes und der Holzwerkstoffe, Springer-Verlag, Berlin, 1982.

[34] MATTHECK, C.: Denkwerkzeuge nach der Natur Karlsruher Institut für Technologie (KIT) – Campus Nord, 2010

# Normen


[N1] DIN EN 1995: (Eurocode 5) Bemessung und Konstruktion von Holzbauten

- [N1-1] Teil 1-1: Allgemeines – Allgemeine Regeln und Regeln für den Hochbau, Ausgabe Dezember 2010 inkl. A2 aus Juli 2014
- [N1-2] Teil 1-1/NA: Allgemeines – Allgemeine Regeln und Regeln für den Hochbau, Nationaler Anhang, Ausgabe August 2013
- [N1-3] Teil 1-2: Allgemeine Regeln – Tragwerksbemessung für den Brandfall, Ausgabe Dezember 2010
- [N1-4] Teil 1-2/NA: Allgemeine Regeln – Tragwerksbemessung für den Brandfall, Nationaler Anhang, Ausgabe Dezember 2010
- [N1-5] Teil 2: Brücken, Ausgabe Dezember 2010
- [N1-6] Teil 2/NA: Brücken, Nationaler Anhang, Ausgabe August 2011

[N2] DIN EN 1990: (Eurocode 0) Grundlagen der Tragwerksplanung + NA, Ausgabe Dezember 2010 inkl. der Änderung A1 aus August 2012

[N3] DIN EN 1991: (Eurocode 1) Einwirkungen auf Tragwerke

- [N3-1] Teil 1-1: Wichten, Eigengewichte und Nutzlasten im Hochbau, Ausgabe Dezember 2010
- [N3-2] Teil 1-1/NA: Wichten, Eigengewichte und Nutzlasten im Hochbau, Nationaler Anhang, Ausgabe Dezember 2010
- [N3-3] Teil 1-2: Brandeinwirkungen auf Tragwerke, Ausgabe Dezember 2010 inkl. der Ber.1 aus August 2013
- [N3-4] Teil 1-2/NA: Brandeinwirkungen auf Tragwerke, Nationaler Anhang, Ausgabe Dezember 2010
- [N3-5] Teil 1-3: Schneelasten, Ausgabe Dezember 2010
- [N3-6] Teil 1-3/NA: Schneelasten, Nationaler Anhang, Ausgabe Dezember 2010
- [N3-7] Teil 1-4: Windlasten, Ausgabe Dezember 2010
- [N3-8] Teil 1-4/NA: Windlasten, Nationaler Anhang, Ausgabe Dezember 2010
- [N3-9] Teil 1-5: Temperatureinwirkungen, Ausgabe Dezember 2010
- [N3-10] Teil 1-5/NA: Temperatureinwirkungen, Nationaler Anhang, Ausgabe Dezember 2010
- [N3-11] Teil 1-6: Einwirkungen während der Ausführung, Ausgabe Dezember 2010 inkl. der Ber. 1 aus August 2013
- [N3-12] Teil 1-6/NA: Einwirkungen während der Ausführung, Nationaler Anhang, Ausgabe Dezember 2010
- [N3-13] Teil 1-7: Außergewöhnliche Einwirkungen, Ausgabe Dezember 2010
- [N3-14] Teil 1-7/NA: Außergewöhnliche Einwirkungen, Nationaler Anhang, Ausgabe Dezember 2010

[N4] DIN 1052: Entwurf, Berechnung und Bemessung von Holzbauwerken – Allgemeine Bemessungsregeln und Bemessungsregeln für den Hochbau, Ausgabe Dezember 2008 incl. der Berichtigung 1 aus Mai 2010

- [N4-1] Teil 10: Herstellung und Ausführung, Ausgabe Mai 2012

[N5] DIN 4074: Sortierung von Holz nach der Tragfähigkeit

- [N5-1] Teil 1: Nadelschnittholz, Ausgabe Juni 2012
- [N5-2] Teil 2: Gütebedingungen von Baurundholz (Nadelholz), Ausgabe Dezember 1958
- [N5-3] Teil 3: Apparate zur Unterstützung der visuellen Sortierung von Schnittholz; Anforderungen und Prüfung, Ausgabe Dezember 2008
- [N5-4] Teil 4: Nachweis der Eignung zur apparativ unterstützten Schnittholzsortierung, Ausgabe Dezember 2008
- [N5-5] Teil 5: Laubschnittholz, Ausgabe Dezember 2008

[N6] DIN 4102: Brandverhalten von Baustoffen und Bauteilen

[N7] DIN 20000: Anwendung von Bauprodukten in Bauwerken

[N8] DIN 52182: Prüfung von Holz; Bestimmung der Rohdichte, Ausgabe September 1976

[N9] DIN 68364: Kennwerte von Holzarten – Rohdichte, Elastizitätsmodul und Festigkeiten, Ausgabe Mai 2003

[N10] DIN 68800: Holzschutz

- [N10-1] Teil 1: Holzschutz; Allgemeines, Ausgabe Oktober 2011
- [N10-2] Teil 2: Vorbeugende bauliche Maßnahmen im Hochbau, Ausgabe Februar 2012
- [N10-3] Teil 3: Vorbeugender Schutz von Holz mit Holzschutzmitteln, Ausgabe Februar 2012
- [N10-4] Teil 4: Bekämpfungs- und Sanierungsmaßnahmen gegen Holz zerstörende Pilze und Insekten, Ausgabe Februar 2012

[N11] DIN EN 300: Platten aus langen, flachen, ausgerichteten Spänen (OSB) – Definitionen, Klassifizierung und Anforderungen, Ausgabe September 2006

[N12] DIN EN 312: Spanplatten – Anforderungen, Ausgabe Dezember 2010

[N13] DIN EN 335: Dauerhaftigkeit von Holz und Holzprodukten – Gebrauchsklassen: Definitionen, Anwendung bei Vollholz und Holzprodukten; Ausgabe Juni 2013

[N14] DIN EN 338: Bauholz für tragende Zwecke – Festigkeitsklassen, Ausgabe Februar 2010

[N15] DIN EN 350: Dauerhaftigkeit von Holz und Holzprodukten

[N15-1] Teil 1: Natürliche Dauerhaftigkeit von Vollholz, Ausgabe Oktober 1994

[N15-2] Teil 2: Leitfaden für die natürliche Dauerhaftigkeit und Tränkbarkeit von ausgewählten Holzarten von besonderer Bedeutung in Europa, Ausgabe Oktober 1994

[N16] DIN EN 384: Bauholz für tragende Zwecke; Bestimmung charakteristischer Werte für mechanische Eigenschaften und Rohdichte, Ausgabe August 2010

[N17] DIN EN 636: Sperrholz – Anforderungen, Ausgabe Mai 2015

[N18] DIN EN 1912: Bauholz für tragende Zwecke – Festigkeitsklassen – Zuordnung von visuellen Sortierklassen und Holzarten, Ausgabe Oktober 2013

[N19] DIN EN 12369: Holzwerkstoffe; Charakteristische Werte für die Berechnung und Bemessung von Holzbauwerken

[N19-1] Teil 1: OSB, Spanplatten und Faserplatten, Ausgabe April 2001

[N19-2] Teil 2: Sperrholz, Ausgabe September 2011

[N19-3] Teil 3: Massivholzplatten, Ausgabe Februar 2009

[N20] DIN EN 13501: Klassifizierung von Bauprodukten und Bauarten zu ihrem Brandverhalten

[N20-1] Teil 1: Klassifizierung mit den Ergebnissen aus den Prüfungen zum Brandverhalten von Bauprodukten, Ausgabe Januar 2010

[N20-2] Teil 2: Klassifizierung mit den Ergebnissen aus den Feuerwiderstandsprüfungen, Ausgabe Februar 2010

[N21] DIN EN 13986: Holzwerkstoffe zur Verwendung im Bauwesen – Eigenschaften, Bewertung der Konformität und Kennzeichnung, Ausgabe März 2005

[N22] DIN EN 14080: Holzbauwerke – Brettschichtholz und Balkenschichtholz – Anforderungen, Ausgabe September 2013

[N23] DIN EN 14081: Holzbauwerke – Nach Festigkeit sortiertes Bauholz für tragende Zwecke mit rechteckigem Querschnitt

[N23-1] Teil 1: Allgemeine Anforderungen, Ausgabe Mai 2011

[N23-2] Teil 2: Maschinelle Sortierung; zusätzliche Anforderungen an die Erstprüfung, Ausgabe März 2013

[N23-3] Teil 3: Maschinelle Sortierung, zusätzliche Anforderungen an die werkseigene Produktionskontrolle, Ausgabe April 2012

[N23-4] Teil 4: Maschinelle Sortierung – Einstellungen von Sortiermaschinen für maschinenkontrollierte Systeme, Ausgabe Oktober 2009

[N24] DIN EN 14250: Produktanforderungen an vorgefertigte tragende Bauteile mit Nagelplattenverbindungen, Ausgabe Mai 2010

[N25] DIN EN 14279: Furnierschichtholz (LVL) – Definitionen, Klassifizierung und Spezifikationen, Ausgabe Juli 2009

[N26] DIN EN 14592: Holzbauwerke – Stiftförmige Verbindungsmittel – Anforderungen, Ausgabe Juli 2012

[N27] DIN EN 15497: Keilgezinktes Vollholz für tragende Zwecke – Leistungsanforderungen und Mindestanforderungen an die Herstellung, Ausgabe Juli 2014

[N28] DIN EN 16351: Holzbauwerke – Brettsperrholz – Anforderungen, Entwurf von Dezember 2011

# Links

## Internet:

[101] www.holzbau-deutschland.de

[102] www.holzbauphysik.de

[103] www.holz-zentralblatt.com

[104] www.wegezumholz.de

[105] www.holzfragen.de

[106] www.ti.bund.de

[107] www.brettschichtholz.de

[108] www.kvh.eu

[109] www.hkzr.de

## Holzbau an Hochschulen (Auswahl):

http://www.fh-aachen.de

http://www.hs-augsburg.de/~colling/holzbau-colling/

http://www.hochschule-biberach.de/web/ifh

http://www.fh-bielefeld.de/fb2/ueber-uns/personen/schiermeyer

http://www.ibholz.tu-bs.de/

http://www.tu-cottbus.de/fakultaet2/de/stahlbau/lehrstuhl/leitung.html

http://www.stahlbau.tu-darmstadt.de/lehre/holzbau_i/holzbau_i.de.jsp

http://tu-dresden.de/die_tu_dresden/fakultaeten/fakultaet_bauingenieurwesen/ish/holzbau/holzbau/

http://www.hnee.de/de/Fachbereiche/Holztechnik/Ueber-uns/Team/Prof.-Dr.-Ing.-Wolfgang-Rug-E3119.htm

http://www.holz.uni-goettingen.de/

http://www.hawk-hhg.de/bauenunderhalten/185282.php

http://www.holz.uni-karlsruhe.de/

http://team.jade-hs.de/kontakt/index.php?id=250

http://www.hs-owl.de/fb3/fachbereich/team/dozenten/moeller.html

http://www.fh-rosenheim.de/die-hochschule/fakultaeten-institute/fakultaet-fuer-holztechnik-und-bau/

http://www.bau.uni-siegen.de/subdomains/bauko/?lang=de

http://www.uni-stuttgart.de/ke

http://www.hb.bv.tum.de/

http://www.uni-weimar.de/Bauing/holz/index.html

http://www.hs-rm.de/?id=7383

http://www.bauko-holzbau.uni-wuppertal.de/

# Kanthölzer (DIN 4070-2 (Auswahl))

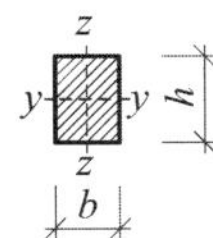


■ Konstruktionsvollholz (KVH) ▲ auch als KVH erhältlich

Zahlenwerte gelten zum Zeitpunkt des Einschnitts bei ca. 20 % Holzfeuchte (ausgenommen KVH mit der Holzfeuchte 15 % ± 3 %).

| $b/h$ mm/mm | $A$ $10^2$ mm$^2$ | $g$ kN/m | $W_y$ $10^3$ mm$^3$ | $I_y$ $10^4$ mm$^4$ | $W_z$ $10^3$ mm$^3$ | $I_z$ $10^4$ mm$^4$ | $i_y$ mm | $i_z$ mm |
|---|---|---|---|---|---|---|---|---|
| ▲ 60/60 | 36 | 0,022 | 36 | 108 | 36 | 108 | 17,3 | 17,3 |
| ▲ 60/80 | 48 | 0,029 | 64 | 256 | 48 | 144 | 23,1 | 17,3 |
| ▲ 60/100 | 60 | 0,036 | 100 | 500 | 60 | 180 | 28,9 | 17,3 |
| ■ 60/120 | 72 | 0,043 | 144 | 864 | 72 | 216 | 34,6 | 17,3 |
| ■ 60/140 | 84 | 0,050 | 196 | 1372 | 84 | 252 | 40,4 | 17,3 |
| ■ 60/160 | 96 | 0,058 | 256 | 2048 | 96 | 288 | 462 | 173 |
| ■ 60/180 | 108 | 0,065 | 324 | 2916 | 108 | 324 | 52,0 | 17,3 |
| ■ 60/200 | 120 | 0,072 | 400 | 4000 | 120 | 360 | 57,7 | 17,3 |
| ▲ 60/220 | 132 | 0,079 | 484 | 5324 | 132 | 396 | 63,6 | 17,3 |
| ■ 60/240 | 144 | 0,086 | 576 | 6910 | 144 | 432 | 69,4 | 17,3 |
| ▲ 80/80 | 64 | 0,038 | 85 | 341 | 85 | 341 | 23,1 | 23,1 |
| ▲ 80/100 | 80 | 0,048 | 133 | 667 | 107 | 427 | 28,9 | 23,1 |
| ■ 80/120 | 96 | 0,058 | 192 | 1152 | 128 | 512 | 34,6 | 23,1 |
| ■ 80/140 | 112 | 0,067 | 261 | 1829 | 149 | 597 | 40,4 | 23,1 |
| ■ 80/160 | 128 | 0,077 | 341 | 2731 | 171 | 683 | 46,2 | 23,1 |
| ▲ 80/180 | 144 | 0,086 | 432 | 3888 | 192 | 768 | 52,0 | 23,1 |
| ■ 80/200 | 160 | 0,096 | 533 | 5333 | 213 | 853 | 57,7 | 23,1 |
| ▲ 80/220 | 176 | 0,106 | 645 | 7099 | 235 | 939 | 63,5 | 231 |
| ■ 80/240 | 192 | 0,115 | 768 | 9216 | 256 | 1024 | 69,4 | 23,1 |
| ▲ 100/100 | 100 | 0,060 | 167 | 833 | 167 | 833 | 28,9 | 28,9 |
| ■ 100/120 | 120 | 0,072 | 240 | 1440 | 200 | 1000 | 34,6 | 28,9 |
| ▲ 100/140 | 140 | 0,084 | 327 | 2287 | 233 | 1167 | 40,4 | 28,9 |
| ▲ 100/160 | 160 | 0,096 | 427 | 3413 | 267 | 1333 | 46,2 | 28,9 |
| ▲ 100/180 | 180 | 0,108 | 540 | 4860 | 300 | 1500 | 52,0 | 28,9 |
| ■ 100/200 | 200 | 0,120 | 667 | 6667 | 333 | 1667 | 57,7 | 28,9 |
| ▲ 100/220 | 220 | 0,132 | 807 | 8873 | 367 | 1833 | 63,5 | 28,9 |
| ▲ 100/240 | 240 | 0,144 | 960 | 11 520 | 400 | 2000 | 69,3 | 28,9 |

| $b/h$ mm/mm | $A$ $10^2$ mm$^2$ | $g$ kN/m | $W_y$ $10^3$ mm$^3$ | $I_y$ $10^4$ mm$^4$ | $W_z$ $10^3$ mm$^3$ | $I_z$ $10^4$ mm$^4$ | $i_y$ mm | $i_z$ mm |
|---|---|---|---|---|---|---|---|---|
| ■ 120/120 | 144 | 0,086 | 288 | 1728 | 288 | 1728 | 34,6 | 34,6 |
| 120/140 | 168 | 0,101 | 392 | 2744 | 336 | 2016 | 40,4 | 34,6 |
| ▲ 120/160 | 192 | 0,115 | 512 | 4096 | 384 | 2304 | 46,2 | 34,6 |
| ■ 120/200 | 240 | 0,144 | 800 | 8000 | 480 | 2880 | 57,7 | 34,6 |
| ■ 120/240 | 288 | 0,173 | 1152 | 13 824 | 576 | 3456 | 69,3 | 34,6 |
| ▲ 140/140 | 196 | 0,118 | 457 | 3201 | 457 | 3201 | 40,4 | 40,4 |
| 140/160 | 224 | 0,134 | 597 | 4779 | 523 | 3659 | 46,2 | 40,4 |
| ▲ 140/200 | 280 | 0,168 | 933 | 9333 | 652 | 4573 | 57,7 | 40,4 |
| ▲ 140/240 | 336 | 0,202 | 1344 | 16 128 | 784 | 5488 | 69,3 | 40,4 |
| 160/160 | 256 | 0,154 | 683 | 5461 | 683 | 5461 | 46,2 | 46,2 |
| 160/180 | 288 | 0,173 | 864 | 7776 | 768 | 6144 | 520 | 46,2 |
| 160/200 | 320 | 0,192 | 1067 | 10 667 | 853 | 6827 | 57,7 | 46,2 |
| 180/180 | 324 | 0,194 | 972 | 8748 | 972 | 8748 | 52,0 | 52,0 |
| 180/220 | 396 | 0,238 | 1452 | 15 972 | 1188 | 10 692 | 63,5 | 52,0 |
| 200/200 | 400 | 0,240 | 1333 | 13 333 | 1333 | 13 333 | 57,7 | 57,7 |
| 200/240 | 480 | 0,288 | 1920 | 23 040 | 1600 | 16 000 | 69,3 | 57,7 |
| 220/220 | 484 | 0,290 | 1775 | 19 520 | 1775 | 19 520 | 63,5 | 63,5 |
| 240/240 | 576 | 0,346 | 2304 | 27 648 | 2304 | 27 648 | 69,3 | 69,3 |

# Stichworte

# Konstruktionszeichnungen

**Holzbau kompakt nach Eurocode 5**

# Jetzt diesen Titel zusätzlich als E-Book downloaden und 70 % sparen!

Als Käufer dieses Buchtitels haben Sie Anspruch auf ein besonderes Kombi-Angebot: Sie können den Titel zusätzlich zum Ihnen vorliegenden gedruckten Exemplar für nur 30 % des Normalpreises als E-Book beziehen.

Der BESONDERE VORTEIL: Im E-Book recherchieren Sie in Sekundenschnelle die gewünschten Themen und Textpassagen. Denn die E-Book-Variante ist mit einer komfortablen Volltextsuche ausgestattet!

**Deshalb: Zögern Sie nicht. Laden Sie sich am besten gleich Ihre persönliche E-Book-Ausgabe dieses Titels herunter.**

## In 3 einfachen Schritten zum E-Book:

❶ Rufen Sie die Website **www.beuth.de/e-book** auf.

❷ Geben Sie hier Ihren persönlichen, nur einmal verwendbaren E-Book-Code ein:

**25455260FCB2125**

❸ Klicken Sie das „Download-Feld" an und gehen dann weiter zum Warenkorb. Führen Sie den normalen Bestellprozess aus.

Hinweis: Der E-Book-Code wurde individuell für Sie als Erwerber dieses Buches erzeugt und darf nicht an Dritte weitergegeben werden. Mit Zurückziehung dieses Buches wird auch der damit verbundene E-Book-Code für den Download ungültig.